JN451847

유기가공식품 인증심사론

한옥수 저

전남대학교출판문화원

책머리에

유기란 용어는 화학 분야에서 탄소 원자로 이루어진 분자의 세계를 의미하며 유기화합물은 흔히 탄소화합물을 일컫는다. 농업에서 유기적 시스템은 농가들이 농작물을 재배·생산하는 경작 시스템의 하나로서, 농산물의 생산·저장·유통 과정에서 유기적 순수성을 유지하고 자연 자원에 대한 지속 가능한 영속성에 기반을 둔 포괄적 시스템을 의미한다. 유기적 시스템은 땅에서 얻은 것은 땅으로 돌려주어 재활용하는 생산과 소비시스템을 통하여 지구상에 존재하는 모든 생명체의 조화로운 공존을 모색함으로써 영속적인 미래를 추구한다. 인구의 증가와 함께 눈부시게 발전하여온 현대의 농업기술은 농업 생산성을 혁신적으로 높였으나, 화학비료와 농약을 과다하게 사용하여 수질과 토양을 오염시켜 자연 생태계를 파괴하고 있으며, 농산물의 농약 잔류 등 심각한 문제를 야기하고 있다. 소비자들에게 품질 좋은 먹거리를 제공하면서 국토환경을 보존할 수 있는 유기농업은 농업의 역할이 단순한 식량 산업보다는 자연생태계와 조화를 이룰 수 있는 생명산업으로 변화할 수 있는 동기를 제공하고 우리의 농업을 지속 가능한 농업으로 정착시킬 수 있는 기반을 마련하여 주고 있다.

유기농산물을 원료로 사용하여 유기적 방법으로 제조·가공하는 유기가공식품은 건강과 환경을 중시하는 현대인의 관심을 끌고 있다. 친환경농어업 육성 및 유기식품 등의 관리·지원에 관한 법률에서는 친환경농산물의 생산이나 유기가공식품의 제조·가공에 대하여 규정하고 있으나, 유기 가공품의 인증 관련 심사업무 요령이나 심사방법론 등 인증심사에 관한 체계적인 방법론이 마련되어 있지 않아 유기 가공품의 인증심사에 대하여 인증기관별로 일관성이 부족하고 이는 소비자에 의한 인증의 신뢰도 부족 문제로 이어지고 있다. 이 책은 기존의 '유기가공품 인증심사 방법론'에 대한 증보판으로서 유기식품 인증의 원칙과 다양한 종류의 유기가공품 생산시스템에 대한 인증심사 및 사후관리의 요령을 기술하고자 한다. 유기 원료가 다양하고 품목마다 가공 방법이 다름을 고려할 때, 모든 심사과정에 대한 완벽한 매뉴얼을 제공함이 매우 어려운 일이지만 인증기관이 이 책을 인증심사원의 교육과 훈련을 위한 기본 자료로 활용함으로써 우리나라의 인증심사가 국제적 수준의 인증심사로 발돋움할 수 있다면 저자로서 큰 보람을 느낄 것이며, 한편 부족한 점은 엄격히 지적받아 교정의 기회를 얻게 되기를 간절히 염원한다.

이 책의 구성 및 집필을 위하여 국제유기연맹/국제유기심사 매뉴얼(IFOAM and IOIA. 2,000; IFOAM/IOIA. 2006; 2012), IFOAM Norms for Organic production and processing (IFOAM, 2012), KS Q ISO 19011(산업표준심의회, 2021), KS Q ISO/IEC 17065(한국제품 인정기구, 2015), 친환경농산물 인증심사 매뉴얼(국립농산물품질관리원, 2012), 유기가공식품 표준모델(농수산물 유통공사, 2010), 유기식품 가공학 개론(이승주 외, 2005) 등을 참조하였다.

2022. 11

한 옥 수
전남대학교 농업생명과학대학

목 차

제 1 장 유기농업과 유기기준 ___ 9

제 2 장 인증심사원 ___ 39

제 3 장 인증심사 일반론 ___ 53

제1장

유기농업과 유기기준

1. 유기농업의 철학과 이념
2. 유기식품과 유기농의 원칙
3. 해외의 유기식품 표준
4. 유기식품 표준의 국제적 동등성
5. 우리나라 친환경 농산물 인증현황

유기농업은 화학 물질을 배제하고 농장에서 생산된 자원을 농토에 순환시켜 토양의 비옥도를 높이며 생물 다양성을 유지시키는 생태농업에 기초를 두고 있다. 유기적 시스템은 생산과 소비 과정에서 땅에서 얻은 것은 땅으로 돌려주어 재활용하는 시스템을 통하여 지구상에 존재하는 생명체의 조화로운 공존을 모색하여 영속적으로 지속 가능한 미래를 추구한다. 제1장에서는 유기식품 생산의 근원을 이루는 유기농업의 개념과 인증 및 무역에서 중요한 유기식품의 표준 및 국제적 동등성에 대하여 알아보도록 한다.

1. 유기농의 철학과 이념

1.1 유기농업의 개념 및 역사

1.1.1 유기농업의 개념

유기란 용어는 화학 분야에서 탄소 원자들로 이루어진 분자의 세계를 의미하며 유기화합물은 흔히 탄소화합물을 일컫는다. 그러나 농업에서 사용되는 유기란 농가들이 농작물을 재배하는 경작 시스템의 하나로서 유기적 시스템은 경작 과정에서 유기적 순수성을 유지하고 자연 자원에 대한 지속 가능한 영속성에 기반을 둔 작부 시스템을 의미한다. 유기적 시스템은 생산과 소비 과정에서 땅에서 얻은 것은 땅으로 돌려주어 재활용하는 시스템을 통하여 지구상에 존재하는 생명체의 조화로운 공존을 모색하여 지속 가능한 미래를 추구한다. 우리가 토양으로부터 산물을 취하게 되면 반드시 무언가를 다시 토양에 돌려주어야 하며, 지구상에 생명이 있다면 그 생명은 반드시 존중받고 지지받아야 한다는 것이다. 즉 토양으로부터 식물에 의해 제거된 영양분은 제거된 양 이상으로 다시 토양에 돌려주어야 한다. 그러나 잊지 말아야 할 점은 토양의 영양분이 완전히 고갈될 때까지 농작물을 경작할 수는 있지만 가용한 땅은 한정되어 있다는 것이다. 따라서, 자연 자원에 대한 영속성을 지니지 못한 농업 시스템은 인공적인 농약이나 합성 비료와 같이 위험하다고 할 수 있으며, 비록 화학적 첨가물을 토양에 사용하지 않았다 하더라도 이것이 유기농업의 진정한 의미는 아니다. 유기농업은 토양이 살아있는 생물체이며 이러한 생물체를 잘 가꾸고 보존해야 한다는 개념에서 시작된다. 우리가 지구에 기생하여 살고 있다고 할 때 다른 기생 방법과 마찬가지로 우리들의 숙주와 지속적인 관계를 유지 할 수 있는 방안을 모색하여야 하며 유기농업은 이러한 지속 가능한 영속성에 기초를 두고 있다.[1)]

토양은 유기농업의 바탕을 이루는 가장 중요한 요소로서 토양비옥도가 유지되거나 향상될 때 유기농업은 그 의미를 지닌다. 관행농업도 유기농업을 외면하지는 않고 토양 구조, 비옥도, 배수 관리, 돌려짓기 등을 고려하지만, 외부 자재의 투입 등 노동력을 감소시키는 경제적 방법이 있으면 주저하지 않고 외부적 투입 시스템을 선택한다. 외부적 투입 시스템에 대한 집착도가 높은 관행농업은 점차 내부적 자원을 고갈시키고 지속 가능한 영속성을 무너뜨리게 된다. 관행농업과 유기농업의 차이는 전쟁과 평화의 차이와 비슷하다. 관행농업의 농부들은 자연을 상대로 화학 무기들을 이용하여 전쟁을 수행하며 그들이 자연으로부터 거둘 수 있는 것은 모두 다 얻기 위하여 약탈적 방법들을 사용한다. 반면에 유기농업 농부들은 상반되는 방법으로 해결책을 찾기 위하여 창조적인 과정을 적용하려고 애쓰는데. 이러한 해결책에 의해 자연은 참살이를 위한 균형을 맞추기 위해 자발적으로 그에 맞는 혜택을 제공한다. E. M. Schumacher는 이에 대해 "우리는 자연과의 전쟁에 대해 언급하지만, 우리가 전쟁에서 이기거나 지는지에 관하여 잘 생각할 필요가 있다"라고 말했다.[2)]

1.1.2 유기농업의 탄생

유기농업은 화학물질을 배제하고 농장에서 생산된 자원을 농토에 순환시켜 토양의 비옥도를 높이며 생물 다양성을 유지 시키는 생태농업에 기초를 두고 있다. 이러한 유기농업은 1920년대에 슈타이너가 주창한 생명역동농업[3)] 이론에서 그 기원을 찾을 수 있다.

---

1) 이승주, 이광근 2005(관련 인용 내용에 대한 권리는 원저자 및 역·저자에게 있음)
2) Schmacher. 1973
3) Bio-dynamic Agriculture

생명역동농업은 생명[4]과 조직[5]을 뜻하는 bio와 역동적 변화를 의미하는 dynamic의 합성어로서 생물과 환경의 종합적 균형을 유지하는 농업을 의미한다고 할 수 있다. 생명역동농업을 기반으로 한 슈타이너의 농업관을 현대과학으로 이해하기는 무리한 점이 있으나, 농산물의 생장에 있어서 식물체의 영양은 그 농장에서 생산된 가축분뇨로부터 충당하여야 한다고 믿는 등 유기농업의 경축순환농법 등과 일치하는 개념을 포함하고 있다. 생명역동농업은 그 이후 슈타이너의 이론을 기초로 그의 추종자들에 의하여 계승 발전되었으며, 1931년 미국으로, 1950년부터는 서유럽에서 북부유럽으로 확산하여 오늘날 서구의 유기농업에 이르게 되었다.

1.2 서구의 농업정책과 유기농업

1.2.1 농업에 대한 정부 지원정책과 유기농업

서구의 농업에서 제2차 세계대전까지는 농약이나 합성 비료의 사용이 흔하지 않았으나, 전쟁을 통하여 개발된 화학적 제조 방법을 응용하여 합성 질소 비료와 함께 DDT와 같은 독성 물질의 생산도 가능하게 되었다. 농약이나 합성 비료와 같은 화학물질의 대량생산 기술은 크게 진보하였으나, 이러한 기술을 이용한 광범위한 화학 농업을 지탱해줄 만한 재정적 지원이 존재하지 않아서 농부들은 경비의 절감을 위해 자연적 방법으로 농토의 비옥도를 유지하려 했다. 그러나, 전쟁 중에 높아진 식품의 수입의존도는 전쟁 후에도 지속해서 고조되었고, 식민지로부터 공급되는 수입식품의 공급처들을 차지하기 위한 또 다른 전쟁의 형태로 발전될 만큼 위험해 보였다.

식량의 공급에 대한 이러한 상황은 자국의 식량 자급을 향한 국민적 공감대를 형성하게 되었는데, 자국민의 식량 자급에 맞추어진 정부의 정책에 대하여 국민은 긍정적인 면만 직시하고 그것의 비용이나 차선책에 대해서는 무관심했다. 식량의 자급을 명분으로 정부의 농업 보조 정책이 시행되었고 이러한 정치적 시스템은 관행농업에 대한 국가 보조금 지원정책의 바탕을 이루고 있으며, 오늘날까지도 대량생산을 위한 화학 약품 사용을 선호하는 방향으로 적용되어 왔다. 정부가 농업생산물의 가격을 보장하는 정책을 시행하면서 토지의 가격도 신속하게 상승하였다. 그러나, 농부의 단위면적당 이익은 투입되는 비용과 생산물의 가격의 차이에 의해 결정된다. 만약 토지 가격이 상승하면 상승한 토지 가격을 반영하여 그 토지에서 생산된 농산물의 생산 효율이 높아지거나 농산물의 가격이 올라야 한다. 가격이 인위적으로 높게 책정되면 높은 생산 효율을 갖기 위해 유기합성농약의 사용을 피하기 어렵게 된다.

일반적으로 유기농업이건 관행농업이건 상관없이 농지와 농자재 및 각종 경작 비용의 차이는 크지 않다. 관행농업에 사용되는 화학농약의 비용이 관행농업으로 생산된 잉여 생산물의 수입보다 높다면 화학농약 사용에 의한 수익성은 낮아지므로 화학농약은 사용되기 어렵다. 따라서, 농산물의 가격을 인위적으로 높게 유지할수록 관행농업에서 화학농약이나 합성 비료의 사용은 더욱 늘어나게 된다. 반면에 농산물의 가격이 낮아지면 농가의 경제적 사정이 매우 나쁘게 되어 정부는 가격 부양책을 쓰지 않을 수 없게 된다. 이러한 농업보조금 정책에 대해서는 매우 많은 논쟁이 있고, 농업 재정지원 정책에 대한 반발도 있었으나, 대부분의 서유럽 국가의 사회단체를 비롯한 정당들은 농업정책은 반드시 농업에 종사하는 사람들의 지지를 받아야 한다고 주장하면서 관행농업에 대한 보조금 정책은 계속적으로 유지되어 왔다. 그러나 고품질의 먹거리를 생산할 수 있는 농산물을 유기농업 시스템에 기반하여 재배하고 지속 가능한 방법으로 토지를 비옥하게 유지하도록 농부들을 고무시킨다면, 국가의 보조금은 환경보존, 국제적 협력,

4) Life

5) Organism

그리고 일반건강복지를 위하여 사용할 수 있어서 국가 전체적인 세금은 궁극적으로 감소하게 된다.

1.2.2 관행농업에 대한 지원과 사회적 비용

일반적으로 유기 농가가 유기농업을 처음 시작할 때는 그 생산성이 관행농업의 생산성에 비하여 떨어진다. 관행 농가가 사용하는 농약과 합성 비료의 양은 이를 구매하기 위하여 투입하는 비용을 결정하고, 이러한 비용은 유기농의 생산성 저하에 따른 수익의 감소량과 밀접한 관계를 갖는다. 유기 농작물의 높은 가격은 전체 비용 측면에서 관행 농산물과 수익 균형을 맞추고 있는데, 만약 관행 농가와 유기 농가 모두에 대해서 국가 보조금에 의한 재정지원이 없다면 두 농가 모두 경제적 손실이 크지만, 유기 농가의 경우가 조금 더 적은 손실을 볼 것이고, 따라서, 소비자들과 환경에는 도움이 될 수 있다. 이러한 점에서 사회적 결단과 합의가 이루어져야 하는데 어떻게 농토를 보존하면서 식량을 비롯한 먹거리의 자급자족을 이룰 수 있을까? 하나의 방법은 모든 가격 지원책을 포기하고 유기농업을 실시하는 농가에만 지원금을 주거나, 관행농업을 유기농업으로 전환하는 데 필요한 비용보다 더 낮은 단위면적당 지원금을 관행 농가에게 지급한다면, 유기농산물 생산을 유도할 수 있다.

관행농업을 지원하는 것은 또 다른 환경보존에 대한 비용을 요구한다. 관행농업의 지원정책은 이윤이 더 많은 농약이나 합성 비료 산업으로 투자가 유도되는 효과를 낳는다. 이러한 가격 왜곡 정책은 경쟁력을 갖춘 국가로 만들지 못한다. 유럽연합 가격 보조 정책의 사회적 비용을 유기농의 4원칙[6]에 따라 구분하면 다음과 같다(표 1-1)[7]. 만일, 유기 농가들이 농업 지역의 관리인으로 급료를 받거나, 유기농업에 대한 유인책을 받고, 농약사용으로 벌금을 문다면 수요와 공급은 균형을 이루게 되고, 농부들은 시장이 원하는 유기농산물을 경작할 것이다. 또한 정부는 이를 토대로 환경오염 방지에 대한 보상을 지급하여 아름답고 쾌적한 농촌을 이룩하게 될 것이다.

표 1-1. 관행농업의 정부 보조금 지원에 따른 사회적 비용

유기농의 원칙	관행농업에 대한 정부의 보조금 지원에 따른 사회적 비용
건강의 원칙	· 식품 품질의 저하 · 농약으로 인한 여러 퇴행성 질환 발생
생태의 원칙	· 환경의 파괴 · 농장에 대한 제한된 접근과 화학농약의 위험성 · 소규모 농업에서 대규모 농업으로의 전환에 따른 비용
공정의 원칙	· 농업 취업률 감소 · 보조금의 전용: 토지 가격 상승 및 화학 약품의 생산 비용으로 전용 · 포도나 곡물과 같은 원료 농산물이 과도하게 생산되면 정부지원금의 25%는 남는 원료 농산물의 일시적 혹은 장기적 저장비용으로 사용 · 정부지원금의 25%는 농업보조금 예산정책의 집행을 위한 행정비용과 잘못된 지급으로 낭비 · 정부지원금의 나머지 50%는 농약과 합성 비료의 구매비용으로 사용
책임의 원칙	· 사회적 안정도 감소 · 필요 이상의 농산물 생산으로 토양비옥도가 고갈되고, 토지의 미래가치 저하 · 질산염과 잔류농약을 제거하기 위하여 사용되는 과도한 비용으로 관행 농산물의 가격 상승

6) 제1장 2.2 유기농의 원칙 참조
7) 이승주, 이광근. 2005(관련 인용 내용에 대한 권리는 원저자 및 역·저자에게 있음)

1.3 원조 산업경제와 세계무역

1.3.1 원조 산업경제의 탄생

농지의 가격은 농지에서 생산되는 농산물의 가격을 반영하므로 같은 농지에서 다른 양의 농산물이 생산될 때 생산된 농산물의 단위가격은 농작물의 생산량에 따라 결정된다. 유럽연합과 미국은 관행농업에 대한 정부의 무분별한 보조금 지원의 결과 생산된 남는 농산물을 제3국에게 식품 원조를 제공하면서 제3국의 식품 가격과 농지의 가격이 낮아지게 된다. 예를 들어 사하라사막 남부지역은 농지의 관개수로가 잘 형성되어 있고 농업에 필요한 모든 시스템을 잘 갖추어져 있음에도 불구하고 그들이 생산한 작물인 기장과 사탕수수는 판매에 고전을 면치 못하였다. 그 이유는 미국이나 프랑스에서 들여온 원조 작물과 시장경쟁에서 비교가 되지 않았기 때문이다. 이로 인해 사하라사막의 농부들은 농지를 버려야 했고, 그 농지는 마침내 사막으로 변하게 되었다. 아주 낮은 가격으로 원조되는 콩, 옥수수, 밀 등을 생산하는 제3국의 생산자는 가격경쟁에 밀려 고사하였다. 그러나, 원조되지 않는 품목을 재배하는 제3국의 농가는 경쟁력을 가질 수 있었다. 결국 원조 농산물을 재배하는 농업 및 농가가 쇠퇴하면서, 농지가격은 하락하고, 기업형 농업이 개별 농업을 대체하기 시작하였다. 기업형 농업은 오렌지, 코코아, 커피 등 한 종류의 작물을 전문적으로 재배하는 단작[8] 형태가 일반적이다. 이러한 농업에서는 필연적으로 병충해를 방지하기 위해 다량의 농약을 사용하였고, 노동력 비용을 절감하기 위하여 합성 질소 비료를 사용하여 토양의 비옥도를 유지했다. 기업형 농산물의 가격도 원조 작물이 유입되면서 하락하는 것이 보통인데, 예를 들어 콩이 원조 됐다면 식물성 기름 가격도 하락한다. 이에 따라 농산물의 원조를 받는 모든 제3국의 농지와 원료 농산물의 가격은 왜곡된 원조 산업경제의 비정상적인 모습을 탄생시켰다.

1.3.2 공정거래와 유기농업

Rachel Carson이 쓴 침묵의 봄[9]이 출판될 당시에는 각국이 DDT와 같은 농약의 지속적인 사용을 금지하는 방향으로 정책을 폈으나, 사실상 그 이후에 농약 사용은 정반대로 증가하였다. 이는 제3국으로 더 많은 유기합성농약이 수출되었기 때문이다. 현재의 카카오 재배가 그 극명한 예를 보여준다. 말레이시아에서는 열대우림 지역의 고무 농장을 카카오 농장으로 전환하였고, 브라질에서는 소규모 농가의 대부분이 대규모 기업용으로 전환됐다. 대규모 기업농업에서는 다양한 작물을 함께 재배하는 방식 대신 카카오와 같은 단일 품목을 재배하였고, 농장에서는 대량의 비료를 사용하였으며, 정기적으로 항진균제를 살포하였다. 그 결과, 농장 노동자들은 농약 관련 질환에 시달리고 여성 노동자들은 유산과 기형아 출산을 경험하였으며, 어린이들은 부모를 돕기 위해 아주 낮은 임금으로 일하게 되었다. 커피, 팜유 등의 열대성 작물 농장도 마찬가지였다. 이러한 결과를 세계에서는 공정한 무역이라고 표현하였고, 종종 기업농장의 노동자들에게 보호 의류를 입히자는 양심적인 구호도 있었지만, 공정한 무역의 기치에 묻혀, 기업농업회사, 무역상, 정부 독점 등에 의해 오히려 옹호되었다.

제3국의 농업인들은 선진국의 다국적 농업기업과 손을 잡고 가격 경쟁력이 우수한 농작물을 더 많이 생산하기 위하여 은행으로부터 투자금을 유치하였다. 가격이 하락하면 농부들은 자연적으로 농토의 비옥도를 하락시킴과 동시에 육종 또는 유전자 조작된 농작물을 재배하면서 화학 약품들을 더 많이 사용하게 되었다. 화학 약품이 결부된 농사 비용을 충당하기 위해 농부들은 반드시 은행 차입금을 이용하게 되는데, 그러다 보면 빚을 갚지 못하여 파산하는 농가도 있으며, 개인 농지를 잃은 농민들은

8) 홑짓기
9) 김은령. 2019

소작농으로 전락하거나, 다른 대규모 기업농의 근로자로 취업하고, 도시의 유랑민으로 전락하기도 한다. 필리핀 대학의 국제미작연구소 연구에 따르면 화학 약품 처리로 얻어지는 쌀의 초과 생산에 의한 수익은 화학 약품 사용으로 인한 의료비를 충당하지 못하며, 환경의 파괴와 농토 파괴까지 고려하면 그 폐해는 훨씬 커진다고 한다. 네덜란드, 독일, 영국에서는 표준안을 마련하여 이들 공정무역 농산물에 대한 감시와 인증업무를 수행하고 있다. 유럽연합에서는 유기농업에서 정의하는 수준에 비해 낮지만, 사용이 허용되지 않는 여러 가지 농약의 사용을 엄격하게 금지하고 있다. 더불어 소규모의 가족경영 농가를 위하여 재배자와 시장을 직접 연결하는 직거래를 활성화하고 있으나, 여전히 사회적 요인으로 인해 대규모 기업농에서 생산한 농작물도 허용되고 있다. 이러한 공정거래 표준안과의 조화를 통해 유기농업의 비준안이 마련되고 단일화된 공정거래 표시가 현재 유럽 국가에 개입되고 있으며, IFOAM[10]은 기초적인 공정거래 원칙을 충족시키기 위해 유기농산물 및 가공업 표준안을 사회정의의 차원으로 승화시키기 위하여 노력하고 있다.

1.4 우리나라의 유기농업 정책

1.4.1 유기농업의 출현[11]

우리나라 최초의 농서인 농사직설에 따르면 조선 시대의 농업은 오늘날 유기농업의 원칙들이 지켜지고 있었음을 알 수 있다. 벼농사는 품종에 따라 논·밭을 달리하여 재배하였고 토양의 비옥도에 따라 작기와 휴경을 조절하였으며, 비전법과 엄경법 등의 농법에 따라 두과를 이용하거나 잡초를 뒤집어 토양의 비옥도를 유지하였다. 일제 강점기 이후 근대화 이전까지의 우리나라 농업도 역시 유기농업의 원칙이 적용된 농업이라고 할 수 있다. 1970년대 산업화 이전의 작부체계는 논농사에서 벼와 그 후작으로 보리, 밭에서는 보리와 그 후작으로 콩을 재배하였다. 그러나 1930년부터 합성 질소 비료를 사용하기 시작하였고, 1951년 유기수은제인 메르크론이 합성되고 1950년대 파라티온이 수입되었으며, EPN의 생산을 시발로 유기합성농약이 사용되기 시작하였다. 우리나라 유기농업의 재조명은 종교적 신앙에 기반을 둔 기독교인들에 의하여 시작되었으며 정농회, 풀무원, 국민보건관리연구회 등은 모두 기독교인들이 만든 초기의 유기농업 단체이다. 이들은 기독교의 논리에서 성서를 통하여 농업의 원리에 대한 교훈을 찾고자 노력하기도 하였다. 그 외에도 유기농업협회, 친환경농업생산자연합회, 소비자단체 연합회 등의 민간단체들이 있으며, 이들은 환경보호, 재생 불가능한 자원의 보존, 식품의 질 향상, 과잉농산물에 대한 대안, 지속 가능한 농업을 목표로 유기농업을 이끌어 왔다. 이러한 민간단체들의 노력과 함께 관행농업에서 파생되는 문제점들을 해결하기 위한 대안으로 유기농업이 제시되었고, 1990년에 농림부에 설치된 유기농업발전기획단, 1997년 환경농업육성법의 제정, 2001년 친환경농업육성법 제(개)정 등 농업정책의 재구성을 목표로 시작된 정부의 정책은 유기농업을 빠른 속도로 발전시키고 있다.

1.4.2 유기농업 출현의 배경

과거 단위면적당 생산량을 증대시키는 관행농업에 치중하였던 우리나라에 유기농업이 출현하게 된 배경으로 여러 가지의 복합적 요인을 들 수 있으나, 다음과 같은 직접적인 원인을 들 수 있다[12]. 첫째로 농촌 인구의 감소와 농가소득의 저하로 관행 농산물의 국제 경쟁력이 낮아지면서 기존의 관행농업에

---

10) International Federation of Organic Agriculture Movement (국제유기농업연맹)

11) 이효원. 2004

12) 이효원. 2009

대한 대안이 필요하였다. 관행농업에서는 노동에 대한 대체 자본의 투여와 농장 규모의 확대를 통하여 1970년대 1인당 생산성은 1930년대에 비하여 4배나 증가하였고, 호당 경지면적도 1980년 101.1 a에서 2002년 145.5 a로 농장 규모도 증가하였으나, 다른 농업 경쟁국의 호당 경지면적과 10배~100배 차이가 났다. 한편, 농업인구와 농지면적이 현격히 감소함에도 생산성의 유지를 위해서는 합성 비료나 농약 등의 중간재나 농기계의 구매 등 자본재의 투입이 필요 불가결하였으며, 이러한 농자재 투입의 증가는 가격 경쟁력이 없는 농산물의 생산과 농가의 부채 문제를 키워 여러 가지의 농촌문제를 초래하였을 뿐만 아니라, 외국 농산물과의 경쟁력이 상실되고 있다 할 수 있다. 이러한 농업의 상황은 결국 관행농업과는 다른 새로운 차원의 농업에 대한 필요성을 요구하였고, 유기농업을 통한 농산물의 부가가치 향상으로 농업경쟁력을 갖추고자 하는 유기농업이 대두하게 되었다. 둘째는 환경의 보호에 대한 국민적 관심의 증대를 들 수 있다. 농업 생산성의 증대를 위하여 농가들은 여러 작물을 재배하는 대신 단작을 시행하게 되었으며, 완전 경운, 합성 화학비료의 과용, 유기합성농약의 남용, 가축분뇨의 생성 등으로 토양의 유실, 환경의 오염 등 환경적 문제를 초래하였다. 이러한 환경오염을 최소화하기 위한 생태농업으로서 유기농업이 출현하게 되었다. 셋째는 소득의 증가와 함께 양질의 먹거리에 대한 국민의 관심이 높아졌다는 것이다. 관행농업에서 유기합성농약 및 항생제의 과도한 사용으로 식품에 잔류하는 농약이나 항생제가 관행 농산물에서 검출되면서 웰빙 농산물을 선호하는 소비자의 욕구에 따라 유기식품이 호평을 받게 되었다. 그 외에도 개방화에 따른 국가 간의 협약과 관련된 기후 문제, 야생동식물의 감소, 자원 재생의 필요성 등 환경 생태적 원인도 유기농업이 대두하게 된 원인으로 꼽을 수 있다.

1.4.3 유기농업에 대한 정부의 정책

우리나라의 경우 유기농업은 2001년 제정된 친환경농업육성법에 따른 정부 주도의 친환경 농업 육성 정책과 함께 본격적으로 발달하기 시작하였다. 2002년도부터는 민간 인증기관 육성정책을 일관되게 추진한 결과, 2022년 현재 약 50여 개의 민간 인증기관이 운영되고 있다[13]. 그러나 친환경농어업 육성 및 유기식품 등의 관리·지원에 관한 법률에 규정된 인증기준에 따라 인증심사가 이루어지고 그 결과 적합 판정을 받은 인증품만 생산 판매됨에도 불구하고, 판매되는 유기식품의 품질에 대한 소비자들의 의혹을 완전히 불식시키기는 쉽지 않은 것이 사실이다. 오늘날 서구의 유기농업은 오랜 기간의 경험을 통하여 유기농업의 기술적 문제와 이념적 문제를 해결하기 위한 부단한 노력의 결과이며, 우리나라는 이러한 시간과 노력이 부족하였기 때문에 유기식품 인증에 대한 생산자와 소비자 간에 존재하는 인식의 괴리는 어쩌면 당연한 결과이다. 현시점에서 인증품에 대한 소비자의 신뢰를 구축하고 유기농업을 지속해서 발전시키기 위한 당면과제로는 생산자들을 위하여 유기농업 기술을 개발·보급하는 기술적 측면과 국민에게 유기농업의 이념을 정립하고 교육하는 철학적 측면을 들 수 있다. 현재 우리나라에서 생산하는 유기농산물의 품목이 매우 다양하고 품목별로 적용하는 농법이 달라서 모든 유기농산물에 대한 일관된 인증기준을 확립하기 어려울 뿐만 아니라, 유기농업에 사용할 수 있는 자재 연구가 부족하여 허용 자재에 대한 소비자의 신뢰도가 낮은 형편이다[14]. 이러한 상황에서 유기식품에 대한 소비자의 신뢰도를 확보하기 위하여서는 유기농의 원칙 등 이념적 측면에 대한 문제의 해결 방안이 기술적 측면에 대한 문제의 해결보다 더 중요하다고 할 수 있다.

---

13) 인증기관 목록은 부록 1을 참고 바람

14) 허용 자재에 대한 인증은 유기농자재 공시제도를 통하여 이루어지고 있다.

2. 유기식품과 유기농의 원칙

2.1 유기식품의 생산관리 체인

유기식품은 사람이 섭취할 수 있는 음식물로서 유기적인 방법으로 생산하여 공급되는 식품을 말하며, 이는 유기농업을 통하여 얻어지는 농축산물과 이들을 원료로 하여 유기적인 방법으로 제조·가공되는 가공식품을 통칭한다. 미국 국가 유기 프로그램(NOP)[15]의 세부 사항을 규정하는 연방관보 등재 법령(CFR)[16] part 205에서는 '유기적 생산'을 '자원의 순환을 고취하고, 생태학적 균형을 촉진하며 생물다양성을 보존하는 문화적, 생물학적 및 물리적 농업 기준을 통합하여 현장의 상황에 맞게 유기식품 생산법과 이 규정에서 정한 바에 따라 관리되는 생산시스템'으로 정의한다. 한편 미국 농무부 농산물 마케팅청 NOP국이 발간한 소비자용 홍보 책자인 Consumer Brochure에서는 '유기식품'은 '다음 세대를 위한 환경보호를 위하여 토양과 수질을 보존하고 재생 가능한 자원을 사용하였음을 강조하는 농업인이 생산한 식품'을 말하고, '유기축산물'은 '항생제 및 성장호르몬을 투여하지 않은 가축으로부터 얻어지는 식육과 가금육, 알류 및 낙농품'이며, '유기식품'은 '화학적으로 합성한 성분으로 만든 대부분의 농약과 비료뿐만 아니라 폐수 침전물과 생명공학적 방법 및 전리 방사선을 사용하지 않으면서 생산되는 제품'으로 규정하고 있다.

유기농업을 기반으로 생산된 유기농산물은 유기가공식품 등 유기식품의 생산을 위한 원료를 제공하는 중요한 역할을 한다. 유기 원료 농산물은 단순 가공을 거치는 소포장 또는 보다 높은 수준의 복잡한 가공과정을 거치면서 부가가치를 한층 더 높이게 된다. 원료 농산물로부터 출발하여 가공 단계를 거쳐 생산되는 유기식품은 대부분 일반화된 공정방식에 따라 생산되는데, 원료 농산물의 생산지로부터 출발하여 수확 후 처리, 포장, 가공을 거쳐 유통 과정을 통하여 최종 소비자에 이르기까지, 각 단계에서는 유기적 순수성[17]이 잘 유지되도록 유기 관리 요점(OCP)[18]들이 반드시 조절되고 모니터링이 되어야 한다(표 1-2).[19]

표 1-2. 유기식품의 생산 단계와 가공 비용

단계와 비용		단계별 특성
단계	생산	· 유기농업의 원칙에 따라 원료 농산물을 생산하는 단계로서, 유기식품의 원료를 생산하는 유기농업의 기본 생산단계이다.
	수확 후 처리	· 생산된 농산물의 품질 등급을 매기고, 세척, 위생적 상태에서 저장하는 과정으로서, 해충, 곰팡이 등 기타 여러 해로운 물질로부터 보호하는 중요한 과정으로 유기적 순수성이 유지되도록 오염과 혼입에 유의하여야 하는 단계이다.
	포장	· 신선 제품이나 곡류는 농장이나 포장센터에서 포장한다. 이 단계에서 생산자인 농부는 생산물의 소유권을 포장자에게 양도하게 되는 경우도 발생할 수 있어서 유기적 순수성을 보호하기 위한 각종 거래 행위가 이루어질 수 있다.

15) National Organic Program
16) Code of Federal Register
17) Organic Integrity
18) Organic Control Point
19) 이승주, 이광근. 2005(관련 인용 내용에 대한 권리는 원저자 및 역 저자에게 있음)

단계와 비용		단계별 특성
	가공	· 유기가공식품의 인증심사는 유기농산물을 원료로 사용하여 가공하는 사업자가 유기적 기준에 따라 식품을 제대로 제조하였는지, 특히 포장지에 적힌 유기식품의 재료가 정확한지에 대한 심사과정을 포함한다.
가공 규모와 비용		· 유기식품의 가격이 높은 이유 중 하나는 실제 농장에서의 생산 비용이 많이 들기 때문이 아니라, 관행 농산물의 가공에 비하여 유기농산물의 가공 규모가 작기 때문인 경우가 많다. · 관행 농산물도 소규모 가공으로 인하여 단위비용이 확대되는 것은 마찬가지이지만, 유기농산물의 가공보다는 큰 규모를 유지할 수 있다. 따라서, 생산량이 적은 유기 원료의 가공업자는 불가피하게 높은 간접비를 지급하게 되는 셈이다. · 유기농산물의 가공에서 발생하는 이러한 초과 비용은 반드시 판매가에 반영되며, 유기가공식품의 단가를 높이는 주요 원인으로 작용한다. · 그러나, 유기 원료 농산물이 대량으로 공급되어 가공 규모가 커지게 되면 유기식품과 관행 식품의 가격 차이는 크게 감소하게 된다. 또한 소규모의 가공에서도 사용될 수 있는 효율적인 가공기술은 유기식품 생산의 부가적인 비용 증가를 방지하는 좋은 방법을 제공한다.

2.2 유기농의 원칙

IFOAM에서는 유기농이 성장하고 발전하는 기본 방향에 대하여 다음과 같은 4가지의 기본 원칙을 제시하고 있다. 이들 원칙은 국제적인 수준의 유기농 관련 정책의 수립, 프로그램의 개발, 인증기준의 개정 등에 있어서 기본 원칙과 지침을 제공할 수 있다는 측면에서 중요한 의미가 있다.

2.2.1 건강의 원칙[20]

국민의 생활 수준이 올라감에 따라 건강과 삶의 질을 중요시하면서 유기농에 대한 일반인의 관심이 높아지고 있다. 그러나 유기농업에서 건강의 원칙은 인간의 건강뿐만 아니라 인류가 사는 토양, 인간과 공존하고 있는 동물과 식물, 그리고 이들 생태계를 이루고 있는 지구의 건강을 보존하고 증진 시켜야 한다는 것을 의미하며, 나아가 인류 사회의 건강과 복지에도 관련된다. 이러한 건강의 원칙은 지구상의 개별적인 생명체가 전체 생명계와 분리되어 고려되어서는 안 된다는 것을 의미하며, 유기농은 생산, 가공, 유통, 소비의 전 과정에서 토양 속에 존재하는 작은 미생물로부터 인간에 이르는 생명체 및 생태계의 건강을 개별적으로 그리고 종합적으로 고려하여야 한다. 유기농의 이러한 원칙을 고려할 때, 합성 비료, 농약, 동물 약품, 식품첨가제 등의 과도한 사용은 제한되어야 한다.

2.2.2 생태의 원칙[21]

유기농업은 살아있는 생태계와 자연의 순환 원리에 기반을 두어야 한다. 환경은 단지 인간에게만 국한된 것이 아니고 지구상의 모든 생명체와 함께 공유되어야 한다. 환경은 인간으로 구성되었다기보다는 비인간적인 자연으로 구성된 것으로 식물, 동물, 풍경, 생태를 모두 포함한다. 작물의 생산에서 토양 생태계, 동물의 사육에서 목장의 생태를 고려한 경축 순환 체계, 수산물의 생산에서 해양생태계 등이

20) Principle of Health

21) Principle of Ecology

주요 생태인자라고 할 수 있다. 대부분의 농업생산 활동은 특정 지역에 한정되어 일어나므로 유기농업은 원칙적으로 그 지역에서 생산되어 그 지역에서 소비함을 원칙으로 한다. 흔히 말하는 신토불이(身土不二)의 신념이나 지산지소(地産地消)의 원칙과 일맥상통한다고 할 수 있다. 현대 농업은 교통과 통신의 발달에 따라 지역 간, 국가 간, 대륙 간 이동을 통한 농산물의 이동이 일반화되었으나, 물질 이동의 편중화를 초래하여 많은 문제점을 안고 있다. 따라서 생태의 원칙은 교역을 통한 농산물의 유통에 대하여 긍정적인 견해를 취하지는 않는다. 그러나 어느 지역이든 그 지역에 필요한 모든 농산물을 그 지역에서 생산하기는 현실적으로 불가능하여 농산물의 지역 간 이동이 불가피할 뿐만 아니라, 생태계의 보전 및 균형의 유지를 위한 자연 순환의 과정도 여러 지역을 포함하여 이루어지므로 유기농에 관한 생태의 원칙은 조경, 기후, 서식, 생물 다양성, 수질, 공기를 포함한 환경을 보존하면서 지역적 특성, 지역의 문화 등을 고려하되, 공장형 유기농업을 줄이고 양분 순환형 유기농업을 발전시켜야 함을 의미한다. 또한, 국가 간 농산물의 수출입은 무역의 자유화를 통한 산업의 발전과 고용의 창출 등에 있어서 현실적으로 중요한 역할을 할 뿐만 아니라, "2.2.3 공정의 원칙"을 고려할 때 논쟁의 여지가 충분하다 할 수 있다.

2.2.3 공정의 원칙[22)]

유기농은 환경과 생물체의 공존을 위한 공정성에 기반을 두어야 한다. 공정성은 생물계와 자연환경이 공존하면서 공유된 세상에 대한 공평(equity), 존중(respect), 관리(stewardship) 등으로 특정 지어진다. 이러한 공정의 원칙은 생산자, 노동자, 가공업자, 유통업자, 소비자 등 모든 집단의 모든 수준에서 고려되어야 한다. 따라서 유기농에서는 모두에게 공평하게 양질의 농산물을 공급하고 빈곤을 퇴출하도록 노력하여야 하며, 아울러 동물의 생리적 조건에 따른 동물복지를 위하여 노력하여야 한다. 유기농에서의 공정의 원칙은 생산, 유통뿐만 아니라 국가 간의 무역에서도 개방적이고 공정하게 적용되어야 하며, 이에 따른 환경적, 사회적 비용에 대한 책임도 다루어야 한다. 이러한 원칙은 지역농산물(local food)에 대한 개념과 농산물의 생산과 판매에 있어서 노동에 대한 정당한 대가 및 생산물에 대한 적절한 가격을 지불하는지에 대한 공정거래의 개념도 포함하고 있다고 할 수 있다.

2.2.4 배려(책임)의 원칙[23)]

유기농은 현재뿐 아니라 후세대의 건강과 복지를 배려하고 이들을 위한 환경의 보존에 대한 책임을 고려하여야 한다. 유기농의 효율과 생산성을 증대시키기 위하여 과학의 발전이 필요하며 새로운 기술의 개발은 장려되지만, 개발된 신기술이 건강, 생태, 공정의 원칙과 부합되는지 조심스럽게 평가하여야 하며, 그 도입은 신중하여야 한다. 신기술의 도입에 대한 검토는 관련되는 다양한 집단의 투명하고 공정한 의견수렴과정을 포함하여야 한다.

22) Principle of Fairness

23) Principle of Care

3. 해외의 유기식품 표준[24)]

3.1 영국 토지 조합과 유기 표준안

1920년대에서 1940년대에 이르는 기간 동안 Rudolf Steiner, Albert Howard, Eve Balfour 등 유기식품의 선구자들은 동물과 사람의 생활 터전인 토지의 비옥도는 사람의 건강에 큰 영향을 준다고 주장하였다. 그러나 이러한 그들의 주장은 단순한 생물학적 관점으로서 오늘날 유기농업의 관점과는 큰 차이가 있으며, 토지의 비옥도가 토양에 존재하는 무기이온의 함량에 따른다는 당시의 관념과도 차이가 있었다. 이들의 이러한 주장과 함께 유럽의 일부 국가 및 미국의 농업인들은 철학에 가까운 그들의 아이디어를 발전시키고 초보적 수준의 유기농업에 대한 지도와 비공식적인 심사가 부분적으로 이루어졌다. Eve Balfore가 창립한 자선단체인 토지 조합[25)]은 소비자와 허위 제소에 시달리는 유기 농가를 보호하기 위하여 토지관리, 작물관리, 가축 관리에 관한 유기 표준안을 1967년에 처음으로 마련하였다(표 1-3)[26)], 이러한 원리들은 오늘날까지 유기농업 경영의 핵심으로 남아있다. 농부들은 토지 조합으로부터 그들의 농장을 토지 조합에 등록하도록 권유받고 이러한 가이드라인을 지킬 것을 서약했다. 그러나 농부들의 표준안 준수 여부를 위한 현장 실사는 최초의 유기 표시인 Demeter의 생동역학적[27)] 로고가 만들어진(표 1-3) 1970년대 중반까지 시작되지 않았지만, 유기 표준안이 최초로 출판되면서 인증의 표준화를 위한 개발과 유기식품 구매자들에게 확신을 심어줄 수 있는 제도적 장치에 관한 논의가 유럽을 중심으로 집중적으로 이루어졌다. 이 당시 유기식품 시장은 여전히 소규모였고, 유기식품의 구성에 대해 무역 담당관이나 법률가들은 무관심한 상태였으며, 자발적인 유기 표준안과 검사 시스템이 유럽, 미국, 호주에서 독립적으로 개발되기 시작하였다. 자발적 유기 시스템의 성장과 발전의 동기는 주로 생산자와 농산물을 염려하는 특정 소비자들에 의하여 부여되었으며, 많은 초기 인증 프로그램들은 생산자와 소비자 그룹에 의해 발전되었는데, 때로 토지 조합이나 미국 캘리포니아 소재 인증 유기 농가들에 의해 발전되기도 하였으며, 이러한 일은 현재까지도 이어지고 있다.

표 1-3. 영국의 토지 조합이 출판한 최초의 유기 표준안

구분		실천방안
토지관리	추천	· 다양한 목초나 방목 초지를 활용하고 여러 작물로 윤작 작부체계 실시 · 토지 비옥도 유지를 위한 녹비 작물 이용 · 사용 가능한 유기질 비료로 자연산 퇴비나 농장에서 제조된 농장 퇴비, 말린 혈액, 생선류·조류 발급이나 뿔사료, 해조류, 액체 추출물, 돼지털, 뼈 사료, 양의 발, 목재 등 사용 · 사용 가능한 무기질 비료로 기초 광물, 석회석, 암인산, 화강암 사용
	허용	· 토양에 투입되는 재질에 화학, 항생제 잔류 물질이 전혀 없는 자재 · 닭 비료, 농가 퇴비
	금지	· 모든 용해성 화학비료 · 자라고 있는 곡물

24) 이승주, 이광근. 2005; Michaud 외 1994

25) Soil Association

26) 이승주, 이광근. 2005(관련 인용 내용에 대한 권리는 원저자 및 역 저자에게 있음)

27) Bio-dynamic

구분		실천방안
작물관리	허용	· 구리를 함유한 진균제(잎사귀가 났을 때만 사용), 황 함유제, 식물 유래 스프레이 · 식물에서 유래한 살충제인 Derris, Nicotine, Pyrethrum, Quassia
	금지	· 모든 진균제 · 모든 제초제는 의문시되며, 유기 농작물에는 절대 사용 불가 · 모든 살충제는 축적되며 다른 생물종에 독성을 나타냄 · 대부분의 씨앗 세척제는 의문시되며, 구리-인계 진균제를 제외하고 유기농 작물에는 사용 불가
가축관리	추천	· 송아지나 어린 돼지 등 어린 가축은 햇볕이 잘 들고 통풍이 잘되는 시설 등 모든 조건이 완비된 곳에서 사육 · 소, 양 등의 가축은 자유 방목 · 비육 조류는 통풍 채광 온도가 알맞은 곳에서 사육 · 송아지는 최소 4일간 어미의 젖을 먹이고 6주간 우유를 먹일 것 · 해조류, 골분, 식물성 목초 등 자연산 무기질로 구성된 성분으로 곡류가 포함된 사료 · 안락한 환경과 먹이의 채택은 동물이 질병을 극복하는 중요한 요인으로 작용한다는 것을 인식해야 하며, 질병이 발생하면 초기에 반드시 약초 등의 식물 처방을 해야 함
	허용	· 비육우나 돼지는 공기, 채광, 온도 및 확보된 공간이 있는 축사에서 도살 · 암탉은 적절한 풀밭에서 푸른 채소를 공급하며 사육 · 사료는 사용금지 첨가제가 포함되지 않고, 그 지역 업체에 의해 준비되어야 함 · 심각한 질병의 경우 최소한의 의약품과 항생제 사용은 허용
	금지	· 젖소나 양들을 지속적으로 축사에서만 사육 · 짖지 못하게 하는 행위 · 송아지를 대체 우유로 사육 · 발한시설, 다단식 닭장 및 과다 수용시설 · 항생제가 함유된 사료, 요소, 화학첨가물, 약품이나 항생제를 정기적으로 사용 · 살균과 성장 촉진을 위하여 호르몬 제제 사용
로고		DEMETER CERTIFIED BIODYNAMIC®

21세기 초반에 유기농 방식, 생물학적 또는 생태적이라는 용어에 대한 인식이 세계적으로 확대되어 가면서, 사람들은 유기적 시스템이란 용어를 화학 약품을 사용하지 않은, 농약이 없는, 환경을 염려하는 생산방식으로 이해하였고, 이렇게 생산된 유기농산물은 관행 농산물과 차별성이 있는 것으로 이해하였으나, 유기식품의 높은 가격은 유기농업에 대한 소비자들의 열정을 일부분 감소시킨 것도 사실이다. 유기농산물에 대해 높은 가격을 지불하는 소비자들은 유기식품이 유기적 순수성을 지닌 제품이며, 상품에 부착된 유기라는 상표가 정직하다고 믿는다. 유기농업에 대한 관심이 세계적으로 증가하면서 1972년에 탄생한 IFOAM은 유기농업 관련 정보와 아이디어의 교류를 증진하고, 문화, 언어, 지리적 장벽을 초월한 협동 정신의 함양을 위하여 노력하였다. IFOAM은 1987년 유기농산물 인증을 위한 문서[28]를 출판하였고, 현재까지도 2년마다 개정판을 만들어 오고 있다. 1980년대까지만 해도 각국 정부는 이러한 운동을 단지 농업 전반적인 부분에서 작은 사건으로 여겼다. 유럽과 미국의 주류 도소매상에 유기농산물들이 모습을 드러내자 국가 간 무역이 증진되었고, 관련 전문가들은 더욱더 유기농산물 시장의 법적 규제에 관심을 높임과 동시에 소비자들의 유기 제품에 관한 염려에 대하여 고민하기 시작했다. 이와 같은 변화에 따라 유기식품 관련 법령의 제정은 시대적으로 필수적인 산물이었다고 볼 수 있다.

3.2 유기표준

유기식품의 생산 및 상태를 관리하는 법령의 형태는 다양하다. 유럽, 미국, 아르헨티나, 호주, 헝가리, 이스라엘, 스위스, 중국, 일본, 한국 등 일부 국가는 활발하게 법령들을 제정하여 운용하고 있으나, 대부분의 나라는 법령이나 체계를 갖춘 프로그램이 마련되어 있지 않다. 하지만 법령의 미비가 곧 유기 생산이 덜 엄격하다거나 시장 개발이 필연적으로 늦게 개발됐다는 것을 의미하지는 않는다. 미국이나 일본은 유기 법령이 늦게 제정되었지만 가장 큰 유기식품 시장을 형성하고 있다. 많은 개발도상국이나 저개발 국가에서는 외국의 인증기관을 이용하거나 그들의 인증 시스템을 표준 시스템으로 수용하고 있다.

3.2.1 유기적 생산시스템

유기 제품의 신뢰에 대한 핵심적인 어려움은 분석이나 측정으로 유기 생산물에서 유기적 순수성을 나타내는 유기 성분들을 검사할 수가 없다는 것이다. 일부 연구에는 건조량의 차이가 유기 또는 관행 농법으로 만든 감자를 구분할 수 있다고 하였고, 독일 과학자는 결정 화학적 방법으로 두 가지 방식에 의한 생산물을 구별할 수 있다고 하였으나, 이러한 기술들은 너무 실용성이 없고 학술적으로도 논란이 많다. 생산물의 분석 결과 화학물질 잔류량의 존재 여부에 의존하여 유기적으로 생산되어 있는지를 판단할 수는 있으나, 앞서 언급한 유기농의 원칙을 상기할 때, 유기식품에 대한 유기적 순수성에 대한 적합성은 최종 생산물의 성분 분석보다는 생산과정을 포함한 생산시스템의 분석에 근거하여 판단되어야 한다. 따라서, 최종 산물의 분석 결과보다는 생산방식을 검증할 수 있는 유기 표준안을 제정하는 것이 바람직하다고 할 수 있다. 이는 원료를 생산하는 생산농장으로부터 가공이 이루어지는 가공공장의 제조공정 및 최종 제품이 소비자에게 도달하기까지의 일련의 과정에 대한 유기적 관리체계의 표준화를 말한다. 또한 화학물질이 첨가되지 않았다는 확인만으로는 유기적 순수성을 소비자들에게 이해시키기 어려우며, 허용 또는 금지물질에 대한 상세한 정의와 사용 방법에 대한 구체적인 기술을 요구한다. 표준안에 대한 이러한 세부 원칙들은 각국의 여러 기관에서 달리 제정되었으며, 같은 국가에서도 다른 표준안들이 제정되어 표준안 개념이 다분화되기도 하였다. 이러한 현상은 농업 시스템의 복잡성과

28) IFOAM Norm

이들에 영향을 끼치는 농업·생태학적, 사회적 조건들의 다양성 때문이기도 하다. 그런데도, 1990년대 말부터 유기식품의 생산과 가공에 대한 세계적인 논의와 합의가 활발하게 이루어지고 있다. IFOAM은 비정부 기관으로서의 신뢰와 대표성까지 획득하면서 유기농업운동을 전 세계적으로 확대했다. 그 결과 IFOAM의 기본규격, 인정 강령은 광범위하게 국제적 기준으로 여겨지고 있으며, 국가적 유기표준과 유기 인증심사 시스템을 제정하는 유기 표준안 제정자 및 법령 제정자들이 참고문헌으로 이용하고 있다. 그러나 앞서 언급한 바와 같이 유기 표준안의 상세 부분인 유기 인증의 운용과정과 강령, 그리고 다양한 환경에서 다른 생산방식을 사용하는 각국의 생산자 사이에서 균형 감각을 이루기 위해서는 아직도 풀어야 할 과제가 많이 남아 있다.

3.2.2 유럽의 표준안 및 관련 규정

1980년대 이후 유럽에서 발생하기 시작한 각종 식품 안전사고와 이에 따른 소비자들의 인식 및 식품 수요 패턴의 변화가 계기가 되어 유기농업에 대한 정책적 지원의 필요성이 제기되기 시작하였다. EU 회원국들 가운데는 덴마크가 처음으로 유기농업에 대한 국가적 차원의 보조금 지급 정책을 시행하기 시작하였다(표 1-4)[29]. 덴마크의 뒤를 이어 독일이 1980년에 EU 규정 (EC4115/88)에 의거해서 유기농 전환을 장려하고 보조금을 지급하는 정책을 도입하였다. 이러한 개별 회원국의 유기농업 정책에 대응해서 EU는 1991년에 회원국 간 또는 회원국 내 유기농산물의 시장교환을 원활하게 하기 위한 기준으로 유기농 산물의 생산 및 표시에 관한 EU 규정 EC2092/91을 도입하였다. 하지만 이는 기본적으로 EU 내에서 유기농산물의 생산과 유통을 원활히 하는 데 목적이 있었으며, EU 차원에서 유럽 공동농업정책(CAP)[30]의 하나로 유기농업을 장려하는 조치를 포함하고 있던 것은 아니었다.[31] EC2092/91은 유기 표준안과 관련하여 국가적으로 합의된 최초의 법령이라고 할 수 있으며 유럽 전체적으로 채택되었으나, 프랑스, 스페인, 덴마크, 미국은 유기식품의 라벨에 대한 자체적 규정을 별도로 가지고 있었다. EC2092/91은 유럽으로부터 수입하는 유럽 안팎의 국가들이 반드시 따라야 하는 법규로서 그림 1-1에 나타낸 바와 같이 16개의 조항과 6개의 부칙으로 구성되었다. EC2092/91에서는 오직 원료 또는 가공 농산물에만 적용되었기 때문에 야생 농작물과 야생 버섯에 대한 기준이 차후에 보충되는 등 첨가되거나 개정될 여지가 많았다. 일부 치료용 약용 식물과 면화, 포도주 등은 이 법규 영역에 포함되어 있지 않았기 때문에 일부 사설 인증기관들은 이러한 산물에 대한 검사와 인증과정을 거쳐 '유기'라는 상표가 사용되기도 하였다.

표 1-4. EU 유기농업 정책의 발전과정

연도	EU 규정	내용
1991	유기농산물의 생산 및 표시에 관한 규정 EC2092/91	회원국 간 또는 회원국 내 유기농산물의 시장교환을 원활하게 하기 위한 기준
1992	전원 유지와 환경보호에 필요한 농업생산 방법에 관한 규정 EC2078/92	농민들에게 유기농업 실행에 따른 소득 감소분과 추가 생산비에 대한 지원을 제공
2007	유기농 생산 및 유기농산물 표시에 관한 이사회 규정(Council Regulation) EC834/2007	유기농업 분야에 한정해서 유기농 생산 및 유기농산물 표시 관련 기준을 제시
2007	인증 취소 규정(Repealing Regulation) EC2092/91 적용	유기농산물 인증을 취소할 수 있는 기준을 제시

29) 이승주, 이광근. 2005(관련 인용 내용에 대한 권리는 원저자 및 역 저자에게 있음)

30) Common Agricultural Policy

31) 정학균, 박단비. 2013

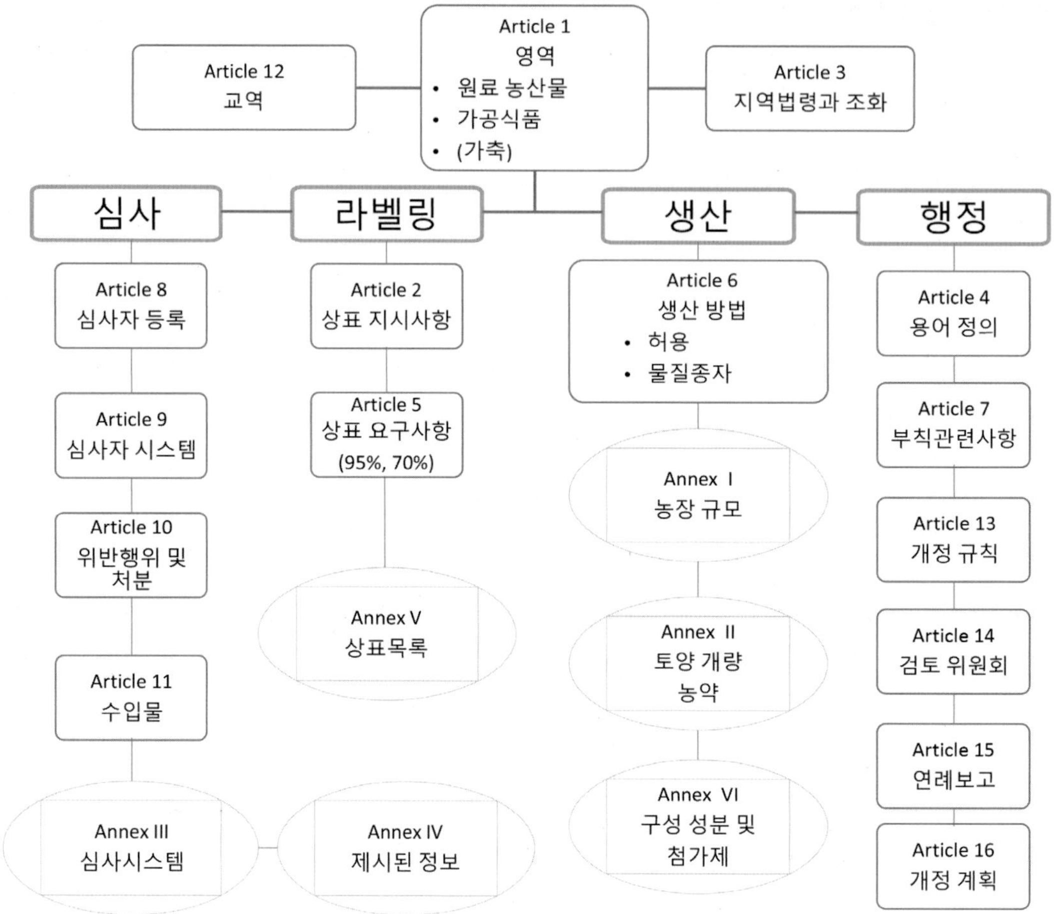

그림 1-1. EC2092/91의 간략한 구조

유럽연합의 법안이 명확하고 유기농업 시장에 통합성을 부여했다는 점에서는 의의가 크지만, 각 나라에 따라 정확한 해석의 차이가 존재하였으며 이에 따라 부가적인 기준이 필요하였다. 또한 이 법안이 지나치게 규제 위주로 만들어졌다는 비판도 등장하였다. 하지만 법안의 내용이 자세할수록 다양한 사회구조와 농업구조 및 환경·생태학적 차이를 가진 그리스, 독일, 핀란드와 같은 나라에서는 지역간의 충돌을 가져올 수 있다. 이러한 이유로 법안의 서론에서는 '심사기관에 의하여 인식되는 것이 필요함'이라고 명시하게 되었으며, 이는 필연적으로 중요한 결정을 각 지역과 직접 이 법안을 집행하는 심사 시스템에 양도한다는 것을 의미한다. 이것은 지역적 차이를 인정한다는 것처럼 보일 수 있지만, 심사기관마다 달리 해석할 수가 있어서 불공정한 심사 및 경쟁의 근원을 제공할 수 있으며, 특히 한 국가의 인증기관에 의해 인증된 생산물이 다른 나라에 팔렸을 때 국제적인 충돌 문제를 발생시킬 수도 있다.

각국 정부가 소극적인 시장 관리적 차원에서 벗어나서 유기농업을 직접적으로 지원하는 정책으로 전환하는 정책적 변화는 1992년 '전원 유지와 환경보호에 필요한 농업생산 방법에 관한' EU 규정(EC2078/92)의 도입을 통하여 이루어진다. EC2078/92에 따른 가장 대표적인 시책은 농업환경 정책[32] 이지만 이 정책을 통해서 농민들에게 유기농업 실행에 따른 소득 감소분과 추가 생산비에 대한 지원을 제공할 수 있었다. 하지만 이 또한 유기농업 분야에 한정해서 적용되는 유기농업 지원정책은 아니었다. EU는 2007년에야 비로소 유기농업을 지원하기 위한 다양한 정책을 펼 수 있는 EU 규정 EC834/2007을 도입하였다[33]. EC834/2007은 유기농 생산 및 유기농산물 표시[34]를 위한 목표, 원칙, 기본규정을 나타내고 있으며, 수입 관리제도를 포함한 일관성 있는 유기 관리제도를 포함하고 있어서 유기농업 분야에 대한 유기농 생산 및 유기농산물 표시 관련 기준을 제시하고 있다고 할 수 있다. EC834/2007이 인증취소를 규정한 EC2092/91과 함께 적용되면서 EU 유기농 로고의 사용은 의무가 되었으며, 개별 국가들은 국가 혹은 민간의 로고도 함께 사용할 수 있었다.

유기표준의 규정에 있어서 아직도 가장 큰 고민거리는 누가 표준안을 제정하며 어떻게 다른 산업과의 연관성 및 연관 정도를 규정하느냐 하는 것이다. EC2092/91의 Article 14(그림 1-1)에서 규정한 '유럽법령의 검토를 위한 위원회'는 공공부문의 위원으로 구성돼 있다고 할 수 있다. 유럽연합에서 유기산업의 대표적인 기관이라고 할 수 있는 IFOAM은 민간기관으로서 유기식품 부문의 자문을 할 수는 있지만, 자문의 세부 내용이 이 회의의 공식적인 문서로 채택되지는 않는다. 토지 개량제, 살충제, 첨가물 및 가공보조제 목록의 작성과 이 목록을 개정하기 위한 절차적 노력 및 전문성 확보도 어려운 문제이다. 검토 위원회는 유기식품 소비자들의 기대와 신뢰를 잃지 않고, 현실적으로 달성 가능한 유기식품 표준안을 만들기 위하여 각 지역 대표와 많은 논의를 거듭하면서 생산자와 소비자의 균형을 맞추기 위하여 노력하였다. IFOAM 유럽 그룹에 의하면, 현재의 공동 농업정책(CAP)은 지속 가능한 자원 이용을 통해 미래의 고품질 식량을 공급하고 공정한 경제개발을 실현하는 데 있어 환경적인 도전을 극복할 수 있는 대책을 세우기 위하여 결정적인 역할을 하도록 개혁되어야만 한다.[35]

3.2.3 미국의 유기 인증제도[36]

미국의 유기농업은 수년 동안 농가 중심으로 발전해 왔고, 정부는 기본적으로 국가적 차원의 인증기준을 설정하였으며, 일부 주 정부에서는 유기농업으로 전환하는 농가에 보조금을 지불하였다.[37] 최근까지 시장 중심의 연방 유기농 정책은 미국 유기농 부문의 성장을 쉽게 해 왔다. 특히, USDA의 유기규정 프로그램, 상표 등이 성공적으로 개발되면서 유기식품에 대한 미국 소비자 수요가 빠르게 증가하였다. 미국 농무부는 유기식품에 관한 소비자의 관심 증가와 함께 지속 가능한 농업을 장려하기 위한 목적으로 이전까지 민간 차원에서 운영되던 유기식품 인증제도를 연방정부 차원에서 관리하기 위해 1990년 유기식품 생산법(OFPA)[38]을 공표하였다. 유기식품 생산법에서는 유기로 판매되는 제품이 일관되고 통일된 표준에 적합함을 소비자에게 보증하기 위하여 미국 농무부가 유기적으로 생산되는 식품의 국가 표준을 개발하여 유지하도록 요구하고 있다. USDA는 2000년 국가유기농프로그램(NOP)[39]을 발효하여 유기 제품에 대하여 '100% 유기농', '유기농', '유기 원료로 제조', '유기농 함량이 70% 미만인 제품'의 4단계로 나누어 제시하였다(표 1-5).[40] 또한, 미국 내에서 유기로 표시하여 유통하기 위하여 미국 내에서 생산되거나 다른 국가로부터 수입되는 모든 식품이 준수해야 하는 일련의 국가 표준을

32) Agri-envoronmental Scheme
33) 김태연. 2015
34) labelling
35) Michaud. 1994
36) 김명호. 2014
37) 김명호. 2004
38) Organic Food Production Act
39) National Organic Program
40) 김명호. 2014

2001년 12월에 CFR Part 205로 규정하고, 그동안 주 정부 차원에서 운영되던 유기식품 인증제도까지 통합한 완전한 유기식품 인증제도를 2002년 10월 21일부터 전면 시행하였다. 또한 유기식품 생산법과 NOP 규정에서는 유기로 표시되는 농산물은 미국 농무부가 인정한 주 정부 또는 민간 인증기관으로부터 인증을 받은 농장으로부터 공급되도록 규정하고 있다. 이러한 법률적 책임을 다하기 위하여 미국 농무부는 농산물 마케팅청(USDA-AMS)[41]에 NOP국(그림 1-2)[42]을 설치하여 그 업무와 함께 인증 비용 분담 프로그램의 관리와 미국의 정보공개법에 따른 신청서 처리 및 NOP 프로그램에 대한 정보 보급 업무를 전담하게 하고 있다.

표 1-5. 미국의 유기 제품에 관한 규정

구분	내용
100% 유기농	· 유기적으로 생산된 원료만을 사용하여 제조함(물과 소금은 제외)
유기농	· 수분과 염분을 제외한 중량의 최소한 95%가 유기적으로 생산된 원료임 · 5% 이하의 나머지 원료는 천연 목록에서 허용되는 비유기적 성분일 수 있음 · 같은 원료를 유기농 공급자와 비유기농 공급자에게서 동시에 가져올 수 없음 · 유전 공학, 하수 침전물 또는 방사선을 사용하지 않음
유기 원료로 제조	· 원료의 최소 70%, 최대 90%는 유기적으로 생산됨 · 유기적으로 생산된 원료 또는 식품군이 최대 3개까지 기명됨 · 같은 원료를 유기농 공급자와 비유기농 공급자에게서 동시에 가져올 수 없음
유기농 원료의 함량이 70% 미만인 제품의 경우	· 생산자들은 제품 라벨에 유기 원료의 정확한 백분율 함량을 표시할 수 있다. 예를 들어 97% 유기농 제품이라고 표시할 수는 있으나 95% 이상 유기 제품만 미국 농무부의 인증 표시를 사용할 수 있다.

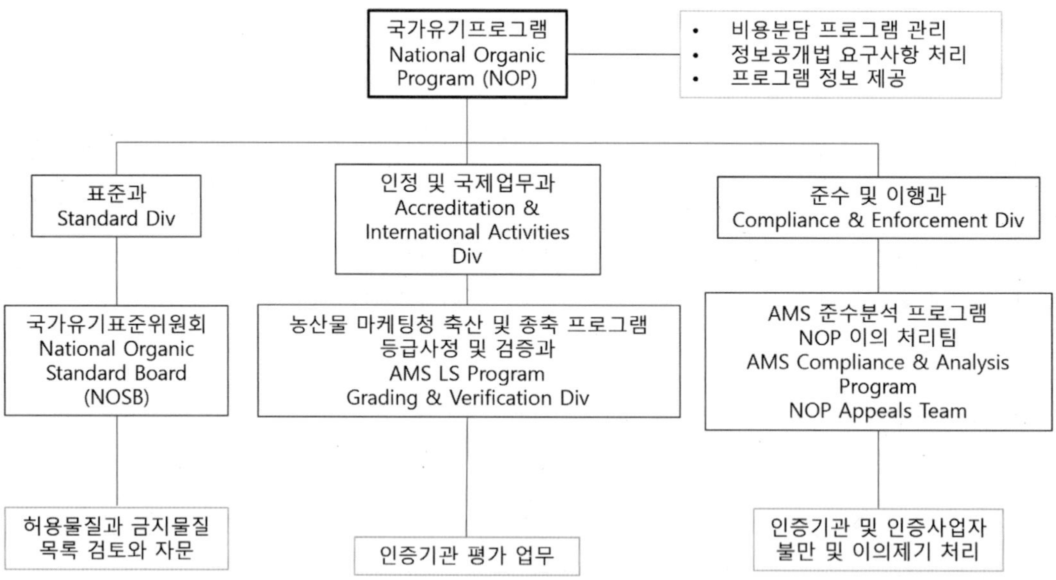

그림 1-2. 미국 농무부 NOP국의 조직도

41) USDA-Agricultural Marketting Service

42) 김명호. 2014

미국 NOP 규정에 따른 유기식품 인증제도의 운용 총괄은 USDA-AMS의 NOP가 맡고 있으며, NOP는 기본적으로 미국 국내뿐만 아니라 외국에 소재한 인증기관에 대한 적격성 평가를 통해 인증기관의 지위를 부여하는 역할을 담당하고 있다. NOP는 인증기관 인정 업무의 투명성을 높이기 위하여 자체 인정 업무 절차에 대하여 미국 국립 기술표준원으로부터 ISO/IEC 17011에 따라 인정기관으로서의 적합성 평가를 받아 그 자격을 유지하고 있다. NOP의 인증기관 지정 업무는 원칙적으로 USDA 유기 인증을 하려는 사업자의 신청을 받아서 NOP가 직접 평가하여 지정하지만, 별도로 외국 정부의 능력을 평가하여 외국 정부가 인정기관을 지정할 수 있도록 권한을 위임하는 제도를 운용하고 있다. NOP 인증기관이 되기 위해서는 CFR Part 205에서 정한 인증기관에 대한 요구사항에 적합한지를 해당 절차에 따라 평가받아야 하며, 신청시에는 인증기관의 품질경영 체제에 대한 평가 신청서(ISO/IEC 17065 에 따른 적합성 평가용으로 USDA의 품질보증과에서 평가)와 NOP 평가용 신청서를 모두 작성하여 제출하여야 하며, 인증기관 지정 심사는 USDA의 품질보증과와 NOP가 합동으로 진행한다.

3.2.4 일본의 유기농업 관련 정책

일본에서는 1961년에 농업 기본법의 제정과 농업 근대화 정책의 추진 이후 농약이나 화학비료의 적극적인 사용이 장려된 바 있다. 그 결과 농업과 농촌의 환경 및 먹거리 안전에 문제가 생기게 되어 정부 정책의 방향 전환을 요구하는 방향으로 유기농업의 운동이 전개되었다. 이로 인해 일본 정부 내에서는 유기농업 운동이 반정부 활동이라는 인식이 생겼으며, 정부는 유기농업에 대해 계속 부정적인 대응을 해왔다. 이러한 정부의 태도는 1980년대 후반부터 바뀌기 시작해 농촌의 지역 활성화 활동의 한 유형으로써 유기농업 등과 관계된 활동을 긍정적으로 평가하기 시작했으며 정부 주도로 시장 유통시 농산물의 표시 규칙을 제정하게 됐다. 1980년에 농림수산성의 농업 백서에서 처음으로 유기농업을 언급하였고, 1989년에는 유기농업 대책실을 설치하였다.

1992년에 유기농업 대책실을 환경보전 영농업 대책실로 확대 개편한 뒤 우루과이라운드 교섭 타결에 대비하여 새로운 농업정책을 발표하였다. 이 정책의 주요 사안 중 하나로 정의된 환경 보전형 농업의 한 형태로 유기농법이 정의돼 있다. 또한 농림수산성은 유기농산물 등에 관한 청과물 등 특별 표시 기준을 제정하였고, 이는 1990년에 유기농산물 및 특별 재배 농산물에 관한 표시 기준으로 농업 기본법을 대신하는 식량·농업·농촌 기본법이 제정됐다. 이 법에서는 농업생산 활동이 자연계에서의 물질 순환에 의존하고 이를 촉진하는 기능인 자연 순환 기능의 유지 증진으로 인한 지속적인 발전을 도모한다. 또한 농업생산 활동이 이루어짐으로써 생기는 식료품, 기타 농산물 공급 기능 이외에 측면에 걸친 기능인 다면적 기능을 중시하는 정책 방향이 세워지는 등 환경에 대한 농업정책의 인식 전환이 이루어졌다. 이와 동시에 지속성이 높은 농업생산 방식의 도입 촉진에 관한 '지속농업법'이 제정되었다. 이 당시 농산물에 대한 안전성이나 건강에 대한 소비자의 관심이 고조되면서 '유기', '무농약' 등의 표시가 범람해 소비자들이 적정한 상품선택에 어려움이 빚어지고 있었기 때문에, 1998년에 표시 기준을 제정해 표시의 적정화를 도모했으나, 기준에는 강제력이 없다는 점에서 검토 작업이 시작되어 1999년의 '유기 생산 식품의 생산 가공 표시 및 판매 관련의 기준'이 채택됐고, '농산물의 품질 표시에 관한 JAS[43)]법'이 채택됐다. 2000년에는 '유기농산물' 및 '유기가공식품' 규격이 제정됐으며, 2001년에 유기농산물의 국가 인증제도 (유기 JAS 제도)가 시행되었고, 2005년에는 유기축산물과 유기 사료에 대한 일본 농림 규격도 개정되었다.

2006년 12월에는 유기농업의 종합적인 생산 환경 조성을 지원하기 위한 '유기농업 추진법'이 제정됐

---

43) Japanease Agricultural Standards

다. 여기서 밝히고 있는 유기농업의 정의는 화학적으로 합성된 비료와 농약을 사용하지 않는 것과 유전자조작 기술을 이용하지 않는 것을 기본으로 하고 농업생산에서 발생하는 환경에의 부하를 최대한 낮춘 농업생산의 방법을 사용하여 이루어지는 농업을 한다는 것이다. 또한 정부 및 지방자치단체와 유기농업 종사자 등 민간과의 협력을 통한 유기농업 추진이라는 행정방식은 이 법의 큰 특징이다. '유기농업 추진법'의 규정에 근거해 유기농업의 추진에 관한 기본적인 방침이 2007년 4월에 공표되었다. 유기농업은 관행농업에 비해 품질 및 수량의 저하가 생기기 쉬우며, 유기농업에 대한 소비자나 실수요자의 이해가 충분하지 않기 때문에 국가 및 지방 공공 단체가 생산, 유통, 소비의 측면에서 유기농업의 추진에 관한 시책을 마련하기 위한 기본 방침을 제정했다. 이러한 기본 방침은 유기농업에 관한 기술의 개발·보급, 충실한 교육, 소비자의 이해와 관심 증진 등 농업인이 유기농업에 종사하기 위한 요건 정비에 중점을 두고 있다. 유기농업의 추진에 관한 기본적인 사항으로는 농업인이 유기농업에 쉽게 종사할 수 있도록 유기농업에 관한 기술 체계의 확립과 보급, 유기농업인을 대상으로 하는 각종 지원시책의 추진, 유기농산물의 생산자가 유통 및 판매에 적극적으로 대처할 수 있도록 유기농업인 단체, 유통·판매업자, 소비자의 중개를 추진하는 것이다.

2008년부터는 정부 예산으로 유기농업 지원시책이 본격적으로 시작되었고, 2009년도에는 지역 유기농업 추진사업, 즉 유기농업 타운 사업을 실시하였다. 또한 지방자치단체에서는 중앙정부의 기본 방침에 따라 유기농 추진계획이 만들어졌고, 각 지역의 유기농업 실태 조사 등도 폭넓게 실시되어 지역 유기농업의 실태 파악도 이루어졌다. 2011년부터 환경보전 효과가 높은 영농활동에 대한 메뉴 방식의 환경 보전형 농업 직접지원 교부금을 주고 있는데, 여기에 유기농업 사업도 포함되었다. 2012년도에 생산지역 활성화 종합대책 사업의 하나로 유기농업 지구 추진사업을 실시하였으며, 2013년에는 유기농업 공급력 확대 지역 추진사업을 공모하여 효율적인 유기농업의 추진을 위해 생산자가 생산지 수익력 향상 프로그램을 제정하여 실행하고, 생산물의 안정적인 공급, 생산지 판매력 강화, 유기농업인 육성을 지원하는 사업 이외에도 기계·시설 임대 지원 사업도 실시하였다. 2013년 5월에는 전국 추진사업으로 생산 환경 종합대책 중 유기농업 종합지원 사업을 공모하여 지역에 정착하는 유기농업에 의한 경제적 파급효과 분석, 유기농업 표준 재배 기술의 체계화, 유기 JAS 인증 농산물의 소비 촉진을 위한 강습회 등을 실시하였다.

3.2.5 중국의 인증제도[44)]

중국도 세계적인 흐름에 따라 유기농산물의 인증제도를 도입하였다. 다만, EU나 미국 등은 민간 인증기관을 설립하여 인증업무를 담당하는 민간 주도형이지만, 중국은 '중국 녹색식품 발전 센터(GFDC[45)])'라는 정부 기관이 직접 생산, 인증 등의 모든 부분에서 행정력까지 동원하여 유기농업을 강력히 추진하는 정부 주도형이다. 중국의 유기농산물 생산은 국내 수요의 변화와 요구에 부응하기 위한 것이라기보다는 향후 커다란 성장 잠재력을 가지고 있는 세계 유기농산물 시장을 겨냥한 무역 전략적 성격이 강하다고 볼 수 있다. 중국의 녹색식품 생산 기준은 대미 수출을 위한 목적으로 주로 미국의 유기농산물 생산 기준을 참고하였다. 중국의 녹색식품[46)]은 전문 기관에서 인증하고 녹색식품 표지 사용을 허용한 안전하고 오염이 없는 양질의 영양 식품을 의미한다. 녹색식품은 다시 유기농산물에 해당하는 AA급 녹색식품과 친환경 농산물에 해당하는 A급 녹색식품의 두 가지로 구분된다(표 1-6).

---

44) 손상목. 2010

45) Green Food Development Center

표 1-6. 중국의 녹색식품 분류

녹색식품	정의
AA급 녹색식품	생태환경이 표준규정에 부합되는 산지로서 생산과정 중에서 그 어떤 유해 화학 합성 물질을 사용하지 않고 특정한 생산 규정에 따라 생산 가공하고. 생산품의 질과 양 및 포장을 검측, 검사하여 특정 표준에 부합되고, 전문 기관의 인정을 받아 AA급 녹색식품 표지 사용을 허용받은 식품
A급 녹색식품	생태환경이 표준규정에 부합되는 산지로서 생산과정 중에서 일정한 양의 제한된 화학적 합성 물질을 사용하는 것을 허용하며, 특정한 생산 규정에 따라 생산 가공하고, 생산품의 질과 양 및 포장을 검측, 검사하여 특정 표준에 부합되고, 전문 기관의 인정을 받아 A급 녹색식품 표지 사용을 허용받은 식품

중국의 유기식품은 중국 유기농산물 인증기준에 따라 OFDC[47], GFDC, 유기차 인증센터(OFTDC) 등에서 담당하고 있다. GFDC가 인증하는 녹색식품은 녹색식품 인증기준에 따라 이루어지며 중국 국내시장과 일본 한국을 겨냥한 신선 농산물 수출에 노력하고 있음에 비하여, OFDC는 가공식품 위주로 인증하여, 미국과 유럽 시장을 겨냥하고 있다. 중국의 인증 종류에 따른 인증기준 및 인증기관을 정리하면 표 1-7과 같다.

표 1-7. 중국의 인증 종류에 따른 인증기준 및 인증기관

인증 종류	인증기준	인증기관
유기농산물 인증	중국 유기농산물 식품인증기준서	OFDC, GFDC, OFTDC
녹색식품 인증	녹색식품 제품인증기준서	GFDC
무공해 농산물 인증	무공해 농산물 관리법률	각, 성, 시, 현의 정부 기관
HACCP 인증	국제 HACCP 규격	인증인가 감독 관리 위원회의 인정을 받은 인증기관
ISO 9000, ISO 14000 인증	ISO 9001, ISO 14000 규격	

3.2.6 해외 유기농업 정책의 시사점

EU는 미국이나 일본보다 비교적 일찍부터 유기농업 정책을 펴 농가들에 대한 보조금 형식의 직접 지불금을 주고 있다. 일본은 최근 들어 유기농업에 대한 환경 보존형 농업 직접지원 교부금을 지원하기 시작했다. 미국의 경우 연방정부는 국가 인증 비용 분담, 연구개발 등 유기농업 육성을 위한 환경 조성의 간접적인 지원방식을 택하고 있으며, 지방정부의 따라서는 보조금 형식의 직접 지불금도 지불하고 있다. EU와 일본의 직불금 지원은 우리나라와 같이 한시적인 지원이 아니라, 지속해서 이루어지고 있다. EU 직불금은 우리나라와는 달리 품목별로 차등적으로 이루어지고 있다. EU, 일본의 직불금 단가의 경우 우리나라와 비교해 볼 때 상대적으로 높게 나타난다. 대부분의 이들 국가에서는 무농약 인증은 없고 유기 인증만 있는데 우리나라도 중장기적으로 국제적인 조화를 위해 친환경 인증을 유기농 인증으로 일원화할 필요가 있을 것이다.

47) Organic Food Development Center

4. 유기식품 표준의 국제적 동등성

4.1 각국 인증제도의 비교

유기농산물과 유기축산물 및 유기가공식품을 포함하는 유기식품의 생산 및 인증과 관련하여 앞에서 설명한 바와 같이 각국은 개별적인 인증제도를 시행하고 있다(표 1-8)[48]. 우리나라에서는 친환경농어업 육성 및 유기식품 등의 관리·지원에 관한 법률에 따라 무농약농산물, 유기축산물, 무항생제축산물, 유기양봉 제품, 유기가공식품, 비식용유기가공품, 취급자 인증을 인증범위로 하는 제도가 마련되었다.

표 1-8. 각국의 유기 인증제도 비교

국가	우리나라	미국	EU	일본	호주	중국
법적근거	친환경농어업 육성 및 유기식품 등의 관리·지원에 관한 법률	OFPA NOP	EEC No2092/91 (농산물) EEC No 1804/1999 (축산물)	JAS	National Standard for organic and Biodynamic Produce	녹색식품 관리 규정 GB/ T196302005
주무기관	농림축산 식품부	USDA	EC	농림수산성	농림수산부	농업부 CNCA
인정기관	국립농산물 품질관리원	AMS NOP		소비 안전 기술센터	AQIS	CNAS
인증기관	민간전문 인증기관	주 정부 민간전문 인증기관	EN45011(ISO65) 자격요건기관	민간전문 인증기관	민간전문 인증기관	녹색식품 발전센터 OFCC
표시	유기농 무농약 무항생제 등	100 % organic Organic Made with Organic Ingredient	Organic	유기농산물 특별재배농 산물	100 % Organic Organic Produced from Organic	녹색식품 (AA 급, A급) 유기, 유기 전환기
특이사항	인증제도가 다원화됨	인증기관과 심사원이 독립된 인증제도를 시행함	대체로 IFOAM 기준에 근거하여 인증제도를 시행함	특별재배 농산물은 자발적 표시이며 법적 구속력이 없음	유기 제품의 수출 규정을 내수용으로 이용함	정부 주도형 인증제도임
인증로고						

49)약어

48) 신용광, 황윤재. 2007

49) JAS: Japan Agriculture Standard, IOAS: International Organization of Accreditation Service, OFPA: Federal

유기식품의 생산과 가공을 규정한 국제적인 유기식품 기준에는 IFOAM 기본규정, 유럽연합의 규제, 국제식품기준(CODEX)[50] 등이 있다.[51] IFOAM은 유기농업의 실천, 연구, 인증 등에 관한 업무를 수행하는 국제적인 비영리기관이다. 유기식품의 수출입이 증가함에 따라 각국 간의 무역에서 인증의 표기 문제, 인증의 동등성 문제 등을 UN 등 국제기구들과 협의하는 대표적인 국제연맹이라고 할 수 있다. IFOAM에서는 유기농식품의 생산과정에 대한 기준인 IFOAM Basic Standards for Organic Production and Processing(IBS)와 인증기관의 요건과 인증 절차에 관한 규정인 IFOAM Accreditation Criteria for Certification of Organic Production and Processing(IAC)을 통합한 IFOAM Norm의 기준을 제시하고 있다. 국제 식품 기준(CODEX)은 국제식품규격위원회(CAC: Codex Alimentarius Commission)에서 채택한 규격(standards), 실행규범(code of practices), 지침서(guidelines) 및 권고사항(recommendations)으로 구성되어 있으며 소비자, 식품제조업자, 식품 가공업자, 국가 식품 관리기관, 국제 식품 교역에서 영향력 있는 국제적인 참고 기준이다. IFOAM과 CODEX는 다 같이 유기농업 및 인증제에 대한 국제적인 지침을 제공하고 있으나 IFOAM의 유기 규정이 비교적 상세하게 인증 관련 사항을 규정하고 있음에 비하여 CODEX는 상대적으로 기본적인 생산 관련 사항만을 규정하고 있다. 제품 및 서비스 인증기관을 위한 요구사항을 규정한 ISO/IEC 17065는 인증기관의 자격요건과 인증심사의 절차, 품질관리 등 인증업무에 대한 일반적인 요건을 명시하고 있으며, ISO 19011은 인증기관의 경영 관련 요구사항을 제시하고 있다.[52]

4.2 국제적 동등성

4.2.1 민간 인증기관과 동등성

유기농업 운동과 법률에 관해 세계 여러 나라에서 전문가들이 활약하고 있지만, 이는 한 국가에 국한된 표준안에 대한 활동일 뿐, 국제적으로 의견일치를 보는 것은 아니다. 따라서, 유기 인증과정을 요구하는 유기식품에 대한 유기 표준안과 인증심사과정에 대한 각국의 동등성을 결정하는 것은 원활한 무역을 위하여 매우 중요한 사안이라고 할 수 있다. 세계무역에 있어서 유기식품 시장이 빠르게 성장하면서 각국의 유기 표준안이 매우 다양한 관계로 각 인증기관의 유기 표준안 및 인증스킴에 대한 동등성의 평가가 중요한 쟁점이 되었다. 동등성의 평가는 주로 각 수입품에 대한 심사보고서, 표준안과 인증 프로그램의 운영에 대한 총체적 평가를 기반으로 이루어진다. 수입 의존도가 높거나 자국 내에 많은 인증기관을 가진 나라는 동등성 평가를 위하여 많은 시간과 노력이 요구된다.

오래된 인증기관들은 기관 자체의 엄격한 평판이 있었고, IFOAM에 의해 강화된 환경에서 피할 수 없이 법률이 정하는 것보다 높은 표준안을 유지하고 있었다. 스웨덴의 KRAV, 영국의 토지 조합, 프랑스 정부 지원의 AB 레벨 등 여러 나라에서 다양한 유기 브랜드들이 개발되기도 하였다. 그러나, 급격하게 늘어난 새로운 인증기관들은 법령에서 정한 최소한의 규제를 적용한 표준안을 사용하였다. 인증기관별 표준안의 차이는 관행 농법에서 쓰이는 여러 방법을 얼마나 허용하는가 하는 것이 가장 컸다. 이러한 환경에서 각국의 생산자들은 평판이 높은 어려운 인증기관보다 낮은 표준안을 제시한

Organic Foods Production Act, NOP: National Organic Program, EC: European Council, AQIS: Australian Quarantine and Inspection Service, AMS: Agricultural Marketing Service, CNCA: China National Certification and Accreditation Administration, CNAS: China National Accreditation Service for Conformity Assessment.

50) Codex Alimentarius

51) 자세한 설명은 본서 '제1장 3.2 유기표준'과 '제1장 4. 유기식품 표준의 국제적 동등성'을 참조하기를 바람.

52) 본서'제3장 3. 인증 관련 국제표준' 참조

쉬운 인증기관에 의해 인증받기를 원했으며, 이러한 제품도 여전히 '유기'의 상표가 붙어 시장에 나왔다. 이러한 현상은 소비자들에게 선택권을 주긴 했으나 유기농산업을 구성하는 전반에 걸쳐 혼란을 일으킨 측면도 있었다. 유기식품에 대한 소비자의 선택이 시장에 의하여 이루어진다고 할지라도 여전히 서로 다른 기관에 의해 제정된 유기표준안으로 말미암아 인증기관은 유기식품의 소비자와 생산자 사이에서 풀기 어려운 숙제를 안게 되었다.

4.2.2 IFOAM과 국제 식품 규격

IFOAM은 전 세계의 유기 관련 운동을 총괄하는 비영리기관이다. 이를 통해 유기 산업에 대한 지식과 표준안 개발, 유기 생산의 완전성을 국제적으로 보장받고 있다. IFOAM의 기초 표준안은 전 세계적으로 처음으로 동의받은 문서라는 측면에서 의미가 있다. 유럽연합 위원회는 EU 규제 법안을 마련할 때, 상당 부분 이 기초 표준안을 토대로 하였으며, 국제 식품 규격인 코덱스(Codex) 위원회도 그들의 가이드라인을 마련할 때 유럽연합의 법안을 참고로 하였다. 이런 방식으로 IFOAM은 유기식품 규격안에 있어 전 세계적으로 주된 영향을 주었다고 할 수 있다. 1992년에 IFOAM은 규격안과 인증 시스템의 전 세계적인 조화를 위해 IFOAM 인정프로그램[53] 을 제정하고 이 기능을 원만히 수행하기 위해 국제 유기 인정 서비스(IOAS)[54]를 독립적으로 운영하고 있다. IOAS 프로그램은 ISO65를 수용하는 것으로 유기 인증 프로그램을 시행하는 데 있어 EN4501보다도 더 적절한 기준을 제시하고 있으며, 독립적인 유기 생산물에 대한 질적 보장과 각 농장에서 생산된 산물을 인증하는 기본을 제공함을 목적으로 하고 있다. 그러나 전 유럽 연합국의 권위 있는 당국에 의해 이 프로그램이 비공식적으로는 인정받고 있으나, 유럽 연합국 법안 11조에 의해서는 정식으로 인정받지 못하고 있는 것이 사실이다. 유럽연합에 의하여 공식적으로 신임받기 위해서는 국제 인정포럼(IAF)[55]의 회원증을 획득해야 한다.

국제 식품 규격(Codex)은 국제적인 기구로 세계 농업기구와 세계보건기구의 식품 표준안 프로그램을 관장하는 국제적 표준이라고 할 수 있다. 국제 식품 규격의 목표는 소비자를 보호하고 국가간의 식품 교역을 활성화하는 데 있는데, Codex 표준안은 국제 교역의 법칙과 분규에 관한 내용을 다루고 있어 중요할 뿐 아니라, 세계무역기구(WTO)[56]에서도 중요하게 취급되고 있다. 1998년 WTO 동의안이 협약되면서 각 회원국은 당시 표준안이 준비되어 있지 않음을 직시하고 무역의 장애가 되는 사항을 해소하는 방향으로 제정되었다. 각 정부는 개별표준안을 제정하는 기관들도 반드시 이 목적에 부합해야 한다는 것으로 통보받았으며, 이러한 가이드라인은 유기 표준안의 제정과 인증제도의 수립 및 운영에 크게 영향을 주었다. Codex 위원회에서는 유기식품에 관한 2가지 사항을 다루고 있다. 식품 상표 위원회에서는 유기식품의 생산 가공 상표 마케팅에 대한 가이드라인을 제시하고 있으며, 식품 수출입 감시 및 인증 시스템 위원회에서는 국제무역에 있어서 유기식품의 검사 및 인증에 관한 가이드라인을 제시하였다. EU와 IFOAM을 포함한 여러 다양한 기관들은 그들의 표준안 및 인증스킴이 적합하다고 여러 경로를 통해 알리고 있으며, 식품 상표 위원회는 가축 사육에 관한 기준을 제외하고는 모든 사항에 동의한 바 있다.

4.2.3 우리나라의 동등성 협정

우리나라는 친환경농어업 육성 및 유기식품 등의 관리·지원에 관한 법률 제25조의 규정에 따라

53) IFOAM Accreditation
54) International Organic Accreditation Service
55) International Accreditation Forum
56) World Trade Organization

미국 및 EU국[57])과 유기가공식품 상호 동등성 인정 협정이 체결되어(표 1-9)[58]) 양국에서 유기로 인증을 받은 가공식품은 아래 사항을 충족하면 상대국의 규정에 따른 인증을 별도로 획득할 필요 없이 "유기"로 표시하여 수출입 할 수 있다.

표 1-9. 동등성 협정 내용

국가명	미국	EU
인정 범위	가. 한국(또는 미국)의 규정에 따라 유기인증을 받고, 양국 내에서 최종 가공된 식품 나. 가공식품의 범위는 한국의 식품공전 상의 분류기준 적용 다. 유기 원료가 95% 이상 함유된 제품	가. 한국(또는 유럽연합)의 규정에 따라 유기인증을 받고, 양국 내에서 최종 가공된 식품 나. 가공식품의 범위는 수입국의 분류기준 적용 다. 유기 원료가 95% 이상 함유된 제품
발효 일시	2014.7.1	2015.2.1
유효 기간	별도 협의 시까지	양국 간 별도 협의 시까지
제한 조건	가. 항생제(스트렙토마이신, 테트라사이클린)가 사용된 사과·배가 원료로 사용된 제품은 한국에서, 항생제를 사용한 축산물이 원료로 사용된 제품은 미국에서 각각 유기 표시 불가 나. 화학 합성농약, 유전자변형농산물, 방사선조사 등 금지된 물질(방법)은 사용할 수 없으며, 통관 및 유통 과정에서의 금지물질에 대한 검사 및 후속 조치는 수입국의 규정 적용 다. 라벨에 대한 표시사항은 수입국의 규정 적용	가. 화학 합성농약, 유전자변형농산물, 방사선조사 등 금지된 물질(방법)은 사용할 수 없으며, 통관 및 유통 과정에서의 금지물질에 대한 검사 및 후속 조치는 수입국의 규정 적용 나. 라벨에 대한 표시사항은 수입국의 규정 적용
수출입 요건	한국 유기 제품의 미국 수출을 위해서는 미국에서 요구하는 수입증명서(NOP import certificate)를 첨부하여야 하며, 미국 유기 제품의 한국 수출을 위해서는 한국에서 요구하는 수입증명서(NAQS import certificate)를 첨부하여야 합니다	한국 유기 제품의 유럽연합 수출을 위해서는 유럽연합에서 요구하는 검사증명서(certificate of inspection)를 EU TRACES 시스템에 접속하여 작성하여야 하며, EU 유기 제품의 한국 수출을 위해서는 한국에서 요구하는 수입증명서(NAQS import certificate)를 첨부하여야 합니다. (세부 절차는 수출입 정보 → EU → "한-EU 동등성 인정 협정 유기가공식품 수출을 위한 검사증명서(COI) 발급 절차 안내" 자료 참고)

57) 독일, 프랑스, 이탈리아, 네덜란드, 벨기에, 룩셈부르크, 영국, 아일랜드, 덴마크, 그리스, 스페인, 포르투갈, 스웨덴, 핀란드, 오스트리아, 헝가리 폴란드, 체코, 슬로베니아, 에스토니아, 사이프러스, 라트비아, 리투아니아, 몰타, 슬로바키아, 루마니아, 불가리아, 크로아티아

58) 동등성 협정문 전문은 부록 2 참조

5. 우리나라 친환경 농산물 인증현황

5.1 친환경 농산물 인증제도의 변천

소비자들에게 품질 좋은 먹거리를 제공하면서 국토환경을 지속해서 보전할 수 있는 친환경 농업은 농업의 역할이 단순한 자급을 위한 식량 산업보다는 자연생태계와 조화를 이룰 수 있는 생명산업으로 변화할 수 있는 주요 동기를 제공하고 우리의 농업을 지속 가능한 농업으로 정착시킬 수 있는 기반을 마련하여 준다. 우리나라에서는 홍수조절, 토양보전 등 공익적 기능을 최대한 살리고 화학비료와 농약이 최소한으로 사용될 수 있는 자연 순환 농법을 추구하여 환경을 보전하면서 지속 가능한 농업체계를 마련하기 위하여 1990년 유기농업발전기획단의 설치, 1997년 환경농업육성법의 제정, 2001년 친환경농업 육성법이 제정되고, 2013년 친환경 농어업의 육성 및 유기식품 등의 관리·지원에 관한 법률로 개정되면서 민간 전문 인증기관의 육성정책 등을 추진하여 친환경 인증제도가 확립되어왔다. 1990년대 이후 유기식품의 생산과 소비가 세계적으로 증가하고 있고 우리나라도 국민소득이 높아짐에 따라 친환경 농산물에 대한 수요가 급증하면서 친환경 농산물인증사업자의 인증제도에 대한 이해도 및 인증품 생산에 대한 인식도는 친환경 농업정책의 수립에 있어서 중요한 척도라고 할 수 있다.

5.2 친환경 농산물 인증현황

5.2.1 친환경 농산물 인증의 연도별 변화

연도별 인증사업자 수의 변화를 살펴보면, 2014년도 79,000여 사업자에 이르던 인증사업자는 그 수가 줄기 시작하여 2019년도에는 67,745 사업자로 약 14%가 감소하였다(표 1-10, 그림 1-3). 인증 건수는 꾸준히 증가하였으나, 인증사업자 수는 점진적으로 감소한 결과, 건당 인증사업자 수는 점차 감소하였으며, 2014년도 2.73명/건이었던 건당 사업자 수는 2018년도부터는 2명/건 이하로 내려갔다. 이러한 결과는 농산물의 단체인증에서 단체의 크기가 작아지고 있음을 나타내고 있으며, 인증사업자가 단체인증에서의 인증 부적합에 대한 리스크를 줄이려는 노력의 하나로 해석된다. 인증사업자 수의 감소에 따라 2014년도에 76개에 이르던 인증기관의 수도 감소하여 2019년도에는 54개의 인증기관이 운영되고 있다. 이러한 결과는 신규 인증기관의 지정이 제한적으로 이루어졌음에도 불구하고, 인증사업자 수의 감소와 함께 인증기관의 경영수지가 악화했음을 나타내고 있다.

표 1-10. 인증기관 수 및 평균 인증사업자 수의 연도별 변화

연도	2014	2015	2016	2017	2018	2019
인증사업자 수(명)	79,212	70,542	72,930	70,118	66,384	67,745
인증 건수(건)	28,968	29,435	32,561	33,868	33,614	35,393
건당 인증사업자 수(명/건)	2.73	2.39	2.23	2.07	1.97	1.91
인증기관 수(개)	76	72	65	64	62	54
인증기관당 평균 인증사업자 수(명/개)	1,042	979	1,122	1,095	1,070	1,210

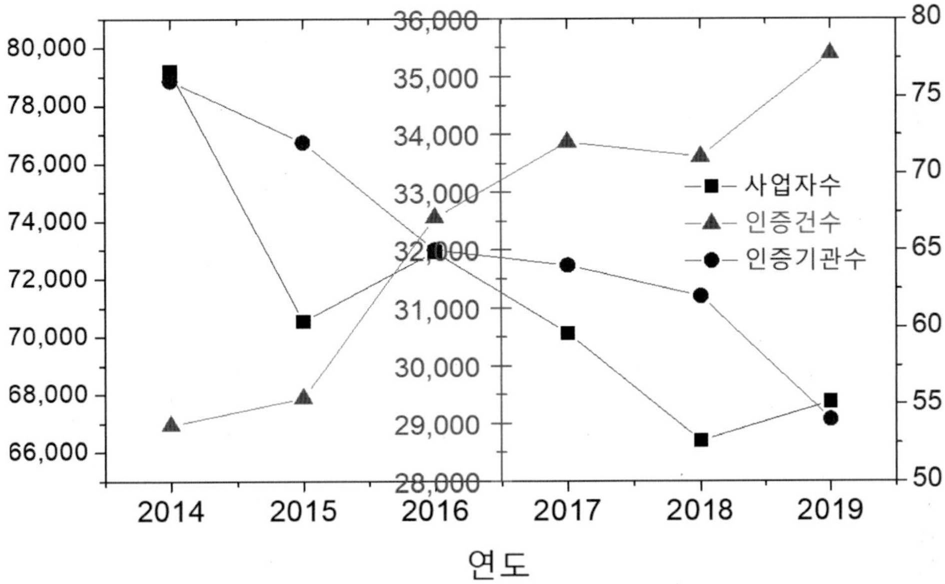

그림 1-3. 친환경 농산물 인증의 연도별 변화

5.2.3 유기농산물과 무농약농산물의 인증현황

인증구분별 인증사업자 수의 변화를 살펴보면 농산물의 경우 인증의 대부분을 차지하는 무농약 및 무항생제 인증사업자 수는 줄고 있는 반면에 유기농산물, 유기축산물, 취급자 및 유기가공식품의 인증사업자 수는 증가 추세에 있다. 이러한 결과는 유기 원료의 인증은 대체로 증가하지만, 무농약이나 무항생제 원료의 인증은 감소하고 있음을 알 수 있다. 유기가공식품의 인증이 증가함은 유기 원료의 공급이 증가함에 따른 결과이기도 하지만, 다른 한편으로는 유기가공식품의 동등성 인정 시행의 결과가 반영된 것으로 판단된다. 연도별 인증현황을 살펴보면 유기농산물의 인증사업자 수는 증가했지만, 무농약농산물의 인증사업자 수는 점진적으로 감소하였다(표 1-11). 인증 건수는 유기농산물과 무농약농산물에서 모두 증가하였으나, 건당 인증사업자 수는 유기농산물과 무농약농산물에서 모두 감소하였고, 그 감소율은 무농약농산물이 유기농산물보다 더 컸다(그림 1-4).

표 1-11. 유기농산물과 무농약농산물 인증의 연도별 변화

구분	인증 종류						합계		
	유기농산물			무농약농산물					
연도	사업자 수	건수 (건)	건당 사업자 수	사업자 수	건수 (건)	건당 사업자 수	사업자 수	건수 (건)	건당 사업자 수
2014	11,633	3,753	3.1	56,758	16,588	3.4	68,391	20,341	3.4
2015	11,611	3,951	2.9	48,407	16,591	2.9	60,018	20,542	2.9
2016	12,905	4,453	2.9	48,818	18,411	2.7	61,723	22,864	2.7
2017	13,379	4,920	2.7	46,044	19,336	2.4	59,423	24,256	2.4
2018	15,528	5,574	2.8	41,733	19,517	2.1	57,261	25,091	2.3
2019	18,199	6,579	2.8	39,856	20,049	2.0	58,055	26,628	2.2

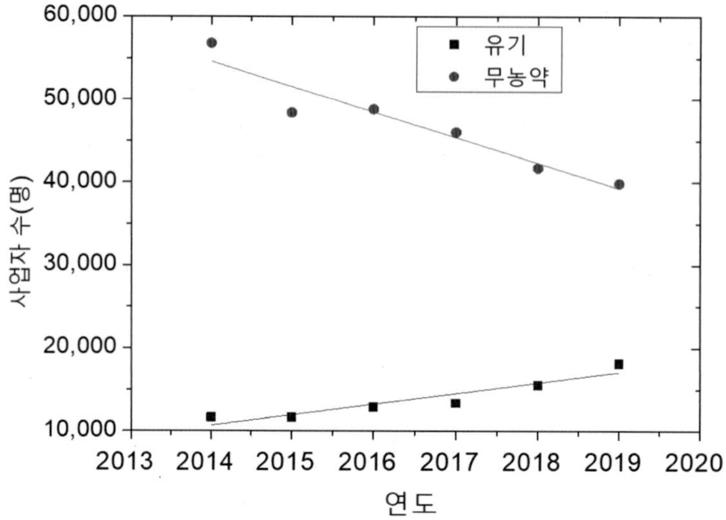

그림 1-4. 유기농산물과 무농약농산물 인증사업자 수의 연도별 변화

5.2.4 유기가공식품의 인증현황

유기가공식품 인증사업자 수는 유기농산물보다 매우 작은 편이지만 유기농산물의 인증이 증가함에 따라 꾸준히 증가하고 있다. 유기가공식품 인증업체당 출하하는 제품의 수는 비교적 많아서 업체당 제품 수는 2014년도에 5.7개/업체였지만, 2021년도에는 9.3개/업체로 많이 증가하였다(표 1-12, 그림 1-5)[59]. 유기농산물보다 유기가공식품의 인증이 현저히 떨어지는 근본적인 이유는 유기 가공을 위한 원료의 공급이 원활하지 않기 때문으로 추정되며, 이러한 점을 고려하여 2022년 12월부터 무농약원료가공식품 인증이 시작되면서[60] 가공식품의 인증이 늘고 있다.

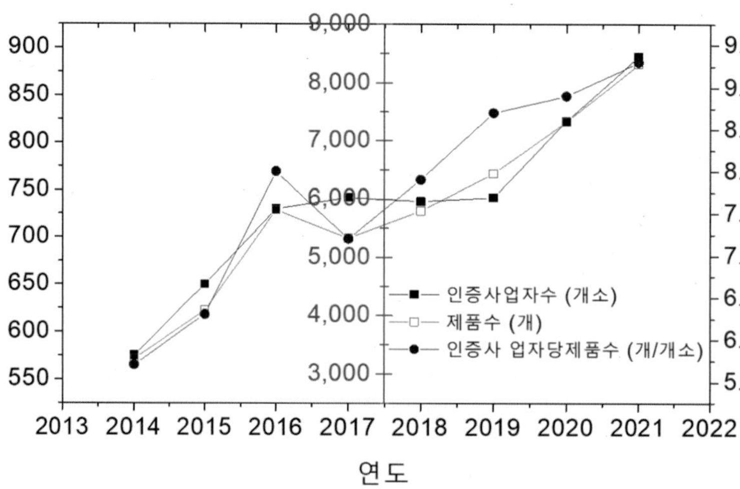

그림 1-5. 유기가공식품 인증의 연도별 변화

59) 유기식품 등 인증통계, 2022 (국립농산물 품질관리원(https://www.naqs.go.kr/) 참조
60) 무농약원료가공식품 인증은 '20.12.1 부터 시행됨

표 1-12. 유기 및 무농약원료 가공식품의 연도별 인증현황

인증 종류	인증현황								
	연도	2014	2015	2016	2017	2018	2019	2020	2021
유 기 가 공 식 품	업체 수(개소)	575	650	730	742	738	742	823	891
	제품 수(개)	3,253	4,083	5,814	5,325	5,799	6,435	7,330	8,318
	업체당 제품 수 (개/개소)	5.7	6.3	8.0	7.2	7.9	8.7	8.9	9.3
	출하량(킬로톤)					80	90	101	109
무농약 원 료 가 공 식 품	업체 수(개소)							2	163
	제품 수(개)							27	654
	출하량(킬로톤)								5,981
비식용 유 기 가공품	업체 수(개소)	4	5	3	7	14	19	19	20
	제품 수(개)	43	45	39	50	176	245	278	339
	업체당 제품 수 (개/개소)	10.8	9.0	13.0	7.1	12.6	12.9	14.6	17.0
	출하량(킬로톤)					14	24	21	28

제2장

인증심사원

1. 상근 심사원과 비상근 심사원
2. 심사원의 역할과 책임

인증심사원은 인증심사와 관련된 문서심사 및 현장심사를 수행하는 주체로서 인증기관과 인증신청인에게 있어서 중요한 중간매개자이다. 인증심사원은 인증신청자, 소비자, 인증기관의 눈(시각), 코(후각), 귀(청각), 입(미각)이 되어서 이들 인증심사의 세 주체 간의 매개자 역할을 충분히 수행하여야 한다. 제2장에서는 인증업무 수행 중 심사원이 지켜야 할 규칙에 대하여 생각하여보고 ISO 19011 지침에 따른 심사원의 역량 및 평가에 대하여 알아보도록 한다.

1. 상근 심사원과 비상근 심사원

심사원은 인증심사와 관련된 문서심사 및 현장심사를 수행하는 주체로서 인증기관과 인증신청인에게 있어서 중요한 중간매개자이다. 우리나라의 인증심사원 제도는 상근 심사원(staff inspector)제도와 비상근 심사원(independent inspector)제도를 병행하고 있으며 상근 심사원과 비상근 심사원의 특징은 표 2-1과 같이 요약할 수 있다.[1)]

표 2-1. 심사원의 구분에 따른 특징

구분	상근 심사원	비상근 심사원
고용	• 안정적인 고용상태가 유지되어 재정적으로도 안정하다. • 인증기관의 책임 있는 보장제도(4대 보험)와 전문인 배상책임보험 등에 의하여 보호를 받는다.	• 고용불안과 재정적 어려움이 있을 수 있다. • 인증기관은 심사원의 벌금이나 보장제도에 대한 책임이 거의 없다.
교육 및 훈련의 책임	• 교육 및 훈련의 책임이 인증기관에 있다.	• 능력배양을 위한 교육/훈련을 스스로 해야 한다.
업무의 범위	• 인증기관의 필요에 따라 인증심사 외의 업무를 수행할 수 있다. • 인증기관은 인증심사 외의 업무에 대하여 심사원에게 추가 비용을 지급할 필요가 없다. • 긴급한 사후 조사 등의 업무에 즉시 투입이 가능하다.	• 인증심사 외의 업무에 대하여 인증기관은 추가 비용을 지급하여야 한다.
특성	• 인증기관의 교육 프로그램에 따라 심사원 업무의 질을 높일 수 있다. • 개별 인증기관의 특성에 따른 인증정책에 따라 특화된 인증체계를 운용할 수 있다. • 개별 인증기관에 따른 인증 신뢰도를 증진시키기가 쉽다.	• 특정 지역이나 품목의 전문성을 고양할 수 있다. • 특정 인증의 성공과 실패로부터 독립적이어서 공평하게 인증심사 업무를 처리할 수 있다. • 다양한 경험과 능력이 있는 심사원을 위한 제도이다. • 여러 인증기관을 위해 일할 수 있으므로 많은 경험과 지식이 필요하다.

1) IFOAM and IOIA Inspection Manual. 2000

2. 심사원의 역할과 책임

2.1 심사원의 역할

심사원은 인증신청자, 소비자, 인증기관의 눈(시각), 코(후각), 귀(청각), 입(미각)이 되어서 이들 인증심사의 세 주체 간의 매개자 역할을 충분히 수행하여야 한다. 심사원은 인증기관의 기준과 정책을 정확하게 인지하고 그 기준에 따라 심사하여야 하므로 인증신청인과 심사대상에 대하여 사전에 충분히 숙지하고 심사하는 동안 공손하고 예의가 바른 자세로 신청인의 말을 경청하여 인증심사에 필요한 모든 자료를 모아야 한다. 그러나 신청인에게 투입 자재 관련 객관적 정보만 제공할 뿐 판매 활동에는 관여하지 말아야 한다. 심사원은 심사 중에도 인증의 세부 기준에 대하여 항상 인증기관과 소통하여야 하며 인증심사 후 객관적이고 입증된 사실을 심사보고서를 통하여 인증기관에 보고한다. 인증서가 발부된 후에도 심사원은 사후관리를 통하여 인증신청자와 지속해서 의사소통을 유지하여야 하며 인증된 시판품을 통하여 소비자의 의견도 경청하여야 한다.

2.2 심사원의 책무

2.2.1 심사원이 확인하여야 하는 일반적 사항

심사원은 심사를 시작하기 전 미리 제공된 문서의 기록을 검토하고 심사계획을 세워야 한다. 인증의 판정은 사실을 기초로 진행되어야 하므로 심사계획에 따라 문서심사, 현장심사, 사후관리 등을 통하여 심사원은 주어진 신청서의 자료가 정확한지, 신청인이 기재한 농산물, 사용된 투입 자재의 정보가 정확한지, 전체적인 생산체계의 운영이 인증기관의 기준에 부합하는지 등을 확인한다. 또한 인증신청자나 공인기관이 제출한 문서(행정적 문서, 분석성적서, 이행계획서, 각종 확인서 및 계약서) 및 모든 정보에 대해 사실 여부를 판단할 수 있어야 하며 과거의 인증상태와 승인내용이 있는지도 확인해야 한다. 심사원은 신청인이 인증을 받는 데 필요한 정보 즉 인증기관의 정책과 절차, 인증기준에 따른 요구사항을 설명하고 알려줄 의무가 있으며 만약 문서심사나 현장심사에서 인증기준에 부합하지 않는다고 판단되면 신청인이 자신의 부족한 점을 알 수 있도록 잠재적 부적합 사항을 알려주어서 신청자가 개선할 수 있도록 하여야 한다. 이때 심사원은 정보의 제공과 상담을 분명히 구분해야 한다. 즉 심사원은 신청인에게 관련 기관이나 참고할 수 있는 문헌은 추천할 수 있으나 특정 회사의 농자재를 추천하거나 다른 신청인의 인증심사나 농법에 관해 이야기해서는 안 된다. 정보의 제공과 상담을 구분하기 위해서는 신청자가 인증을 받기 위한 구체적인 세부 방법보다는 생산자의 능력에 관련된 이슈에 집중하여야 한다. 현장심사를 나갈 때는 예의에 어긋나지 않는 복장을 착용하고 신청인과의 시간 약속을 엄수해야 한다. 현장심사 과정에서는 신청인과의 대화, 포장에서의 관찰, 제공된 문서의 검토를 통해 생산과정과 관련된 모든 부분(완충지대, 잠재적 오염원, 작물, 가축, 장비, 기록, 투입 자재, 재포장 시설, 보관 장소, 원료 등)을 심사한다. 이 과정에서 관찰된 사항은 꼼꼼히 기록되어야 하고 사실을 입증하기 위해 사진을 찍어둔다. 필요하다면 서명을 받도록 하고 심사보고서에 첨부하도록 한다. 농산물 인증의 문서심사 및 현장심사에 있어서 심사원이 확인하여야 할 주요 사항은 다음 표 2-2와 같다.

표 2-2. 농산물의 인증심사에 있어서 심사원이 확인하여야 할 주요 사항

구분	항목	
문서심사	인증신청서	
	생산계획서	
	경영 관련 자료	
	추적조사자로	
	생산 현장의 과거를 알 수 있는 기록의 확인	
	분석성적서	
	이행계획서	
	시비처방서[2]	
	각종 확인서 및 계약서	
	과거 인증 이력의 확인	
현장심사	생산자와의 인터뷰	
	생산과정 관련 문서의 검토	시비처방서
		경영 관련 자료
		구매 및 판매 관련 추적조사자료
		각종 계약서
		투입 자재의 구매 관련 문서
		생산품의 판매 관련 문서
	생산 현장의 관찰	영농 방법의 확인
		경계지의 관찰
		투입 자재의 확인
		생산품의 저장 현황
		생산품의 판매, 유통 과정 현황 및 관련 문서
		각종 확인서 및 계획서
		객관적 근거를 위한 사진의 촬영
	심사보고서의 작성	심사보고서
		보고서 내용을 보완할 수 있는 첨부 문서
사후관리	인증기준 위반사항	
	현장 심사 시 확인한 사항에 대한 변동 사항	
	심의관의 요청 사항	
기타	행정업무	

2.2.2 심사원의 능력 및 공정성

심사원에게 의사소통(communication)은 매우 중요한 심사의 수단이 된다. 심사원은 인증기관과 신청인 사이에서 지속적으로 의사소통하기 위해서 언제 어디서나 이들과 연락이 가능하도록 유지해야 한다. 심사원은 의사소통을 통하여 신청인과 신뢰감을 형성하여야 하며 추가적인 자료의 필요 여부나 추가조사 등에 대해 인증기관과 논의하여야 한다. 효율적인 의사소통을 위하여 심사원은 전문성을 지녀야 하므로 심사 전에 심사대상과 심사지역, 기후 등에 대해 필요한 지식을 충분히 쌓아야 한다. 이러한 지식은 심사원이 심사계획을 세우고 심사대상을 평가하는 데 크게 도움이 된다.

---

2) 시비처방서

심사원은 심사내용에 대해 기밀성을 지켜야 하며 심사와 관련된 사항은 신청인과 인증기관을 제외한 그 누구에게도 공개해서는 안 된다. 심사원은 신청인과 친족관계이거나 경제적인 이해관계 등 인증심사의 공정성을 해치는 어떠한 이해관계도 없어야 한다. 그러므로 문서심사와 현장심사 과정 중 심사의 공정성을 해치는 상황이 발생하며 심사요청을 거절하거나 심사를 중지하여야 한다. 인증심사가 심사원이 가진 능력 이상의 것을 요구할 때도 심사원은 심사요청을 거절해야 한다. 심사의 핵심 내용이나 잠재적 부적합 사항 등의 심사 결과는 인증기관에 보고되어야 할 뿐만 아니라 신청인이 이를 인지할 수 있도록 하여야 한다. 따라서 심사원은 심사보고서의 내용이 확정되기 전 신청인에게 심사보고서의 내용을 설명하여야 하며 부적합한 사항에 대해서는 반드시 신청인의 이야기를 들어봐야 한다. 이는 심사원이 상황을 잘못 이해하거나 판단했을 수도 있기 때문이다. 인증심사 과정에서 신청인과 충분히 의사소통하고 심사 결과에 대하여 신청인에게 충분히 설명함으로써 신청인으로부터 발생하는 민원을 사전에 방지할 수 있게 된다.

2.3 심사원 규칙

인증심사원은 인증심사과정에서 다음과 같은 윤리 규칙과 행동 규칙을 준수하여야 한다.[3].

2.3.1 윤리 규칙

1) 인증심사원은 인증심사과정에서 획득하는 모든 정보에 대하여 기밀을 유지하여야 한다.
2) 인증심사원은 유기농업의 발전과 진보를 지지하고 장려하여야 한다.
3) 인증심사원은 자신이 수행하는 심사의 업무를 인증의 결정과 명백하게 분리하여야 하며 인증에 대한 최종 판정 강요를 거절하여야 한다.
4) 인증심사원은 여러 가지 종류의 다양한 인증프로그램에 대하여 공정하여야 하며 특정 인증기관의 프로그램에 대하여 편파적인 입장을 취하지 말아야 한다.
5) 인증심사원은 이해관계의 갈등 상황을 피하여야 하며 회피 및 배제 관련 규정을 준수하여야 한다.
6) 인증심사원은 스스로 심사 역량을 발전시키고 향상시켜야 한다.
7) 인증심사원은 심사과정에서 심사지역의 사회적, 정치적, 환경적 가치 기준을 고려하여야 한다.
8) 인증심사원은 높은 수준의 정직함을 유지하여야 하며 인증심사와 관련된 기만행위가 의심되면 인증기관에 보고하여야 한다.

2.3.2 행동 규칙

1) 인증심사원은 인증심사의 기밀성과 관련하여 피심사자가 요구할 때 서명한 비밀 보장동의서 사본, 윤리 규칙, 행동 규칙을 피심사자에게 공개하여야 한다.
2) 인증심사원은 유기농업과 관련된 사업에 협조하여야 한다.
3) 인증심사원은 회피/제척 사유와 관련하여
   (1) 최소 1년 전후로 피심사자와 재정적 또는 컨설팅 관계를 갖지 말아야 한다.
   (2) 가까운 동료나 경쟁자를 심사하지 않아야 한다.
   (3) 심사 중에 주고받은 정보로부터 상업적 이익을 취하지 않아야 한다.
   (4) 인증기관의 허락 없이 인증업무를 수행하지 않는다.
   (5) 피심사자로부터 물품은 구매할 수 있으나 개인적인 용도로만 사용하여야 하며 상업적인 목적으

3) IFOAM and IOIA Inspection Manual. 2000

로 재판매하여서는 안 된다.

(6) 선물을 정중히 거절하고 지역문화를 따라야 한다.

4) 심사보고는 인증기관의 인증기준 및 절차에 따라 정확하고 치밀하여야 한다.
5) 인증심사원은 효율적 심사를 위하여 단독 혹은 여러 심사원이 공동으로 심사할 수 있으며, 능력 밖의 일은 거절하여야 한다. 특히 수입품 인증의 경우, 언어적 유창함, 문화적 경험, 작물에 대한 지식 가운데 최소한 두 영역에 대하여 충분한 능력이 있어야 한다.
6) 인증심사원은 해당 인증 건에 대한 과거의 인증경력을 상세하게 조사하고 인증심사에 임하여야 한다. 특히 연장심사, 생산계획변경심사 등에 대하여 과거의 인증심사보고서, 인증심의위원회의 결과 등에 대하여 충분히 검토하고 심사에 임하여야 한다.

2.4 심사원의 자격 및 교육

2.4.1 심사원의 자격

친환경농어업 육성 및 유기식품 등의 관리·지원에 관한 법령에서는 법적 자격을 갖춘 심사원 지정 희망자가 인증심사업무를 수행하기 위해 심사원 양성교육을 수료하도록 요구하고 있으며 기존 심사원에게도 보수교육을 의무화함으로써 심사원 교육을 법정화하였다(고시 제2017-31호). 심사원 양성교육 및 심사원 보수교육을 비롯한 심사원 교육은 국립농산물품질관리원, 농식품공무원교육원, (사)한국친환경인증기관협회, 국제유기심사원협회(IOIA) 등에서 이루어지며 이 교육과정은 인증심사원의 자질과 심사 능력을 배양할 수 있는 핵심 분야인 인증심사 일반론 등을 포함하는 교육과정과 친환경농어업 육성 및 유기식품 등의 관리·지원에 관한 법률 및 관련 규정, 인증기준, 인증심사의 절차와 방법, 문서심사 및 현장심사 요령 등을 포함하고 있다. 심사원 양성교육 이수자는 심사에 투입되기 전 3회의 수습과정이 필요하며 1년에 1회 이상 보수교육을 받아야 하고 인증기관은 소속 심사원에 대해 자체 교육을 시행해야 한다. 심사원의 자격을 요약하면 다음과 같다.

1) 법적 자격요건을 갖추어야 한다.
2) 심사원 양성교육을 수료하여야 한다.
3) 실제 심사에 투입되기 전 3회 이상의 수습과정을 통하여 실질적이고 전문적인 심사경험을 쌓아야 한다.
4) 친환경농어업 육성 및 유기식품 등의 관리·지원에 관한 법령과 인증기관의 기준을 정확히 이해하고 있어야 한다.
5) 관행농업을 포함하는 전반적인 농업 지식을 갖추어야 한다.
6) 의사소통 기술이 좋아야 한다.
7) 조사와 평가기술이 좋아야 한다.
8) 신청인과 이해관계가 없어야 한다.

2.4.2 심사원 교육의 3차원적 접근

심사원 교육은 일반적인 다른 교육들과 마찬가지로 유기농의 철학 및 인증기준 등 인증과 관련된 지식(유기성)을 전달하는 앎[4]의 차원과 문서심사, 현장심사, 사후관리 등을 통하여 습득한 지식을 행동에 옮기는 함[5]의 차원, 그리고 그 앎과 함의 결과에 의한 심사원의 됨[6]의 차원으로 이루어진 틀에서

4) Knowing

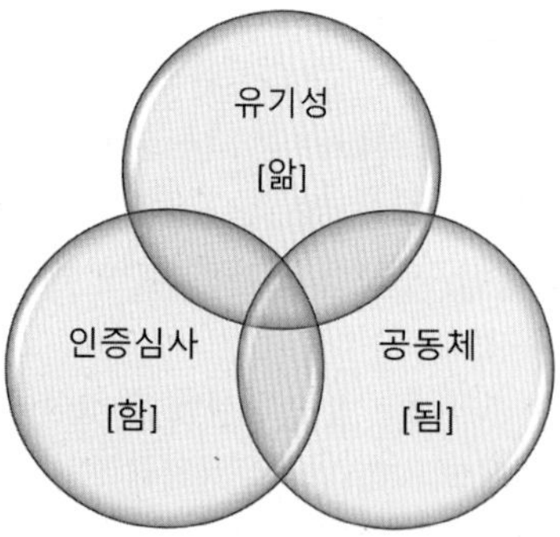

그림 2-1. 심사원 교육의 3 차원

접근될 수 있다 (그림 2-1). 앎의 차원(know what)은 명제적 학습을 통하여 심사원에게 유기농 및 인증과 관련된 튼튼한 지식기반을 축적하게 하며, 함의 차원(know how)은 주로 전략적 의사소통과 경험적 학습을 통하여 이루어지게 되고, 됨의 차원(reflective knowing)은 심사원으로 사는 삶을 통한 공동체적 삶의 능력을 키워줄 수 있어야 한다. 교육과정이나 피교육자의 필요에 따라 3가지 차원에 대한 가중치는 다를 수 있으나 일반적으로 양성자 교육과 같은 초기의 교육과정에서는 앎의 차원에 대한 비중이 높을 것이며 심화교육이나 보수교육 등에서는 함의 차원에 초점을 맞추어야 하고 궁극적으로는 공동체적 삶의 차원에 이어지는 됨의 교육이라야 성공적인 심사원 교육 체계라 할 수 있다.

2.5 심사원의 역량 및 평가[7)]

2.5.1 일반사항

○ 심사 프로세스에 대한 자신감과 심사 목표 달성 능력은 심사원과 심사팀장을 포함하여 심사 수행에 포함된 개인의 역량에 달려 있다. 역량은 개인적 태도와 교육, 업무 경험, 심사원 교육 및 심사 경험을 통해 얻은 지식과 솜씨를 적용할 수 있는 능력을 고려한 프로세스를 통해 정기적으로 평가되어야 할 것이다. 이 프로세스는 심사프로그램 및 심사 목표의 필요성을 고려하여야 할 것이다. 2.5.2.3에 설명된 어떠한 지식과 기술은 모든 경영시스템 분야의 심사원에게 공통적이고 그 외의 지식과 기술은 개별 경영시스템 분야에 특화되어 있다.

○ 심사팀의 각 심사원이 같은 역량을 갖출 필요는 없다. 그러나 심사팀의 전체 역량은 심사 목표를 달성하기에 충분할 필요가 있다. 심사원 역량의 평가는 객관적이고, 일관성이 있으며 공정하고 신뢰성 있는 결과를 제공하기 위하여 기획, 실행 및 문서로 만들어져야 할 것이다. 평가 프로세스는 다음과 같은 네 가지 주요 단계를 포함하여야 할 것이다.

a) 심사프로그램의 요구를 충족하는 데 필요한 역량을 결정
b) 평가 기준을 수립
c) 적절한 평가 방법을 선정
d) 평가 수행

○ 평가 프로세스의 결과는 다음 사항에 대한 근거를 제공하여야 할 것이다.

- 심사팀 인원의 선출(KS Q ISO 19011: 2018, 5.5.4에서 설명)
- 개선된 역량을 위한 니즈를 결정(예: 추가 교육)
- 심사원에 대한 지속적인 성과 평가

○ 심사원은 지속적인 전문성 개발 및 심사에 대한 정기적인 참여를 통하여 역량을 개발, 유지 및 개선하여야 할 것이다(2.5.6 참조).

○ 심사원이나 심사팀장을 평가하는 프로세스는 2.5.3, 2.5.4 및 2.5.5에 기술되어 있다.

5) Acting
6) Being
7) 산업표준 심의회. 2021; ISO 19011: 2018

○ 심사원이나 심사팀장은 2.5.1에서 정한 기준 뿐만 아니라 2.5.2.2와 2.5.2.3에 설정된 기준에 따라 평가되어야 할 것이다.
○ 심사프로그램 관리자에게 요구되는 역량은 KS Q ISO 19011: 2018, 5.4.2에 기술되어 있다.

2.5.2 심사원 역량의 결정

2.5.2.1 일반사항

○ 심사에 필요한 역량을 결정할 때, 다음 사항과 관련된 심사원의 지식과 기술을 고려하여야 할 것이다.
a) 피심사조직의 크기, 성격, 복잡성, 제품, 서비스 및 프로세스
b) 심사방법
c) 심사대상 경영시스템 분야
d) 심사대상 경영시스템의 복잡성 및 프로세스
e) 경영시스템이 다루는 리스크와 기회의 유형과 수준
f) 심사프로그램의 목표 및 범위/정도(extent)
g) 심사 목표 달성에 대한 불확실성
h) 해당하면, 심사의뢰자 또는 그 밖의 관련 이해관계자가 부과하는 요구사항과 같은 기타 요구사항
○ 이 정보는 2.5.2.3에 열거된 항목에 대응되어야 할 것이다.

2.5.2.2 개인적 태도(personal behaviour)

○ 심사원은 KS Q ISO 19011: 2018의 4절에 기술된 심사원칙에 따라 행동할 수 있도록 필수적인 자질을 갖추어야 할 것이다. 심사원은 심사활동 수행 시 전문가적 태도를 보여야 할 것이다. 바람직한 전문가적 태도에는 다음 사항이 포함된다.
a) 윤리적(ethical), 즉 공정, 정직, 진실, 솔직 및 분별
b) 개방적(open-minded), 즉 대안적 방법이나 관점을 고려하려는 의지
c) 외교적(diplomatic), 즉 사람을 대하는 솜씨
d) 관찰력(observant), 즉 물리적인 주위 상황 및 활동을 적극적으로 관찰
e) 통찰력(perceptive), 즉 상황을 인지하고 이해
f) 적응성(versatile), 즉 상이한 상황에 쉽게 적응
g) 끈기(tenacious), 즉 목표달성에 꾸준하게 집중
h) 결단력(decisive), 즉 논리적 이유 및 분석에 근거하여 시의적절한 결론에 도달
I) 자립적(self-reliant), 즉 다른 사람들과 효과적으로 상호작용을 하면서 독립적으로 활동하고 역할 수행
j) 의연하게 행동함(able to act with fortitude), 즉 심사 활동이 인기가 없고 때때로 의견불일치 또는 대립을 초래할지라도 책임감 있고 윤리적으로 활동
k) 개선 수용력(open to improvement), 즉 상황으로부터 배우려는 의지
l) 문화적 민감성(culturally sensitive), 즉 피심사조직의 문화에 유의하고 존중
m) 협력적(collaborative), 즉 심사팀원 및 피심사조직의 인원을 포함한 다른 사람들과 효과적으로 상호작용

2.5.2.3 지식과 스킬

1) 일반사항

○ 심사원은 다음 사항을 갖추어야 할 것이다.

a) 수행에서 예상되는 심사의 의도된 결과를 달성하는 데 필요한 지식과 스킬

b) 기반(generic) 역량 그리고 해당 분야 및 부문-특정(sector-specific) 지식과 스킬

○ 심사팀장은 심사팀에 리더십을 발휘하기 위하여 필요한 추가적인 지식과 스킬을 갖추어야 할 것이다.

2) 경영시스템 심사원의 기반 지식과 스킬

○ 심사원은 아래에 제시된 분야의 지식과 스킬을 갖추어야 할 것이다.

a) 심사 원칙, 프로세스 및 방법 : 이 분야의 지식과 스킬을 통해 심사원은 일관성 있고 체계적인 방식으로 심사가 수행되도록 보장하기 위함. 심사원은 다음 사항을 할 수 있어야 할 것이다.

- 심사와 관련된 리스크와 기회의 유형과 심사에 대한 리스크 기반 접근법의 원칙을 이해
- 업무를 효과적으로 계획하고 준비
- 합의된 일정 내에 심사 수행
- 중요한 사항에 대한 우선순위 결정 및 집중
- 구두 및 서면으로 효과적인(직접 또는 통역사를 통해) 의사소통
- 효과적인 면담, 경청, 관찰 그리고 기록 및 데이터를 포함한 문서화된 정보의 검토를 통한 정보 수집
- 심사에 대한 샘플링 기법 활용의 적절성 및 발생결과 이해
- 기술전문가의 의견을 이해하고 고려
- 해당되는 경우, 기타 프로세스 및 다른 기능과의 상호관계를 포함하여 프로세스를 처음부터 끝까지 심사
- 수집된 정보의 관련성 및 정확성을 검증
- 심사 발견사항 및 결론을 뒷받침하는 심사증거의 충분성과 적절성을 확인
- 심사 발견사항 및 결론의 신뢰성에 영향을 미칠 수 있는 요인을 평가
- 심사 활동 및 심사 발견사항의 문서화, 그리고 보고서 준비
- 기밀성과 정보의 보안 유지

b) 경영시스템 표준 및 기타 기준문서(reference) : 이 분야의 지식과 스킬은 심사원이 심사 범위를 이해하고 심사기준을 적용 할 수 있게 하며, 다음 사항을 포함하여야 할 것이다.

- 심사기준 또는 방법 수립에 사용되는 경영시스템 표준 또는 기타 규정(normative) 또는 가이던스/보조 문서
- 피심사조직 및 기타 조직에 의한 경영시스템 표준의 적용
- 경영시스템 프로세스 간의 상호관계 및 상호작용
- 다양한 표준이나 기준문서의 중요성과 우선순위 이해
- 상이한 심사상황에 대한 표준 또는 기준문서의 적용

c) 조직과 조직상황 : 이 분야의 지식과 스킬은 심사원이 피심사조직의 구조, 목적 및 경영 실무를 이해할 수 있게 하며, 다음 사항을 포함하여야 할 것이다.

- 경영시스템에 영향을 미치는 관련 이해관계자의 니즈와 기대
- 조직의 형태, 지배구조, 규모, 구조, 기능 및 관계

• 기획, 예산 및 인사관리를 포함한 일반적인 비즈니스 및 경영 개념, 프로세스 및 관련 용어
• 피심사조직의 문화적 및 사회적 측면

d) 적용 가능한 법적 및 규제적 요구사항과 기타 요구사항 : 이 분야의 지식과 스킬은 심사원이 조직의 요구사항을 인식하고 그 범위 내에서 업무를 수행할 수 있게 한다. 사법권(jurisdiction)에 특정한, 또는 피심사조직의 활동, 프로세스, 제품 및 서비스에 특정한 지식과 스킬은 다음 사항을 포함하여야 할 것이다.
• 법적 및 규제적 요구사항 및 관련 당국
• 기본적인 법률 용어
• 계약 및 책임(liability)

【비고】 법적 및 규제적 요구사항에 대한 인식은 법률 전문지식을 의미하지 않으며 경영시스템 심사는 법률 준수심사로 취급해서는 안 된다.

3) 심사원의 분야 및 부문 - 특정 역량

○ 심사팀은 특정 유형의 경영시스템 및 부문 심사에 적절한 분야 및 부문-특정 역량을 전체적으로 갖추어야 할 것이다.
○ 심사원의 분야 및 부문-특정 역량에는 다음 사항이 포함된다.

a) 경영시스템 요구사항 및 원칙, 그리고 그 적용
b) 피심사조직에 의해 적용한 경영시스템 표준과 관련된 분야 및 부문의 기본 사항
c) 심사팀이 정의된 심사범위 내에서 적합성을 평가하고 적절한 심사 발견사항 및 결론을 도출할 수 있도록 분야 및 부문-특정 방법, 기법, 프로세스 및 관행(practices)의 적용
d) 심사원이 심사 목표와 관련된 리스크와 기회를 결정하고 평가할 수 있도록 하는 분야 및 부문과 관련된 원칙, 방법 및 기법

4) 심사팀장의 기반 역량

○ 심사의 효율적이고 효과적인 수행을 촉진하기 위해 심사팀장은 다음과 같은 역량을 갖추어야 할 것이다.

a) 심사를 계획하고 개별 심사팀원의 특정 역량에 따라 심사업무를 배정
b) 그들이 리스크와 기회를 평가할 때 이들 이슈가 고려되었는지 여부를 결정하기 위하여 피심사조직의 최고경영자와 전략적 이슈를 논의
c) 심사팀원 간의 협력적 업무 관계를 개발하고 유지
d) 다음 사항을 포함하는 심사프로세스를 관리
• 심사하는 동안 자원을 효과적으로 활용
• 심사목표 달성에 대한 불확실성을 관리
• 관련되는 안전보건 및 보안 사항(arrangements)에 대한 심사원의 준수 보장을 포함하여 심사하는 동안 심사팀원의 안전보건을 보호
• 심사팀원을 지휘
• 훈련 중인 심사원에게 방향 및 가이던스를 제시
• 필요한 경우, 심사팀 내부 문제를 포함하여 심사하는 동안 발생할 수 있는 갈등과 문제의 예방 및 해결

e) 심사프로그램을 관리하는 자, 심사의뢰자 및 피심사조직과 의사소통 시 심사팀을 대표

f) 심사팀을 리드하여 심사결론을 내림
g) 심사보고서의 작성 및 완료

5) 복수 분야 심사를 위한 지식과 스킬

○ 복수 분야 경영시스템을 심사할 때, 심사팀원은 서로 다른 경영시스템 간의 상호작용 및 시너지 효과를 이해하여야 할 것이다.

○ 심사팀장은 심사가 수행되는 각각의 경영시스템 표준의 요구사항을 이해하고 각 분야에서의 역량의 한계를 인식하여야 할 것이다.

【비고】 동시에 수행되는 복수 분야 심사는 결합심사 또는 복수 분야를 포괄하는 통합경영시스템 심사로 수행될 수 있다.

2.5.2.4 심사원 역량의 획득

○ 심사원 역량은 다음 사항의 조합을 활용하여 획득될 수 있다.

a) 일반적인 심사원의 지식과 스킬을 다루는 교육훈련 프로그램을 성공적으로 완료
b) 판단, 의사 결정, 문제 해결, 그리고 관리자, 전문가, 동료, 고객 및 기타 관련 이해관계자와의 의사소통을 포함하는 관련 기술직, 관리직 또는 전문직에서의 경험
c) 전반적인 역량 개발에 기여하는 특정 경영시스템 분야 및 부문에서의 학력/교육훈련 및 경험
d) 동일한 분야의 역량 있는 심사원의 감독하에 획득된 심사 경험

【비고】 교육훈련 과정의 성공적인 완료는 과정의 유형에 따라 달라질 것이다. 시험이 있는 과정의 경우 성공적인 시험 합격을 의미할 수 있다. 다른 과정의 경우 과정에 참여하고 완료하는 것을 의미할 수 있다.

2.5.2.5 심사팀장 역량의 획득

○ 심사팀장은 2.5.2.3 4)에 기술된 역량을 개발하기 위하여 추가적인 심사 경험을 쌓아야 할 것이다. 이러한 추가적인 경험은 다른 심사팀장의 방향제시 및 가이던스에 따른 업무를 통해 획득되어야 할 것이다.

2.5.3 심사원 평가 기준의 수립

○ 기준은 정성적(교육훈련이나 현장에서의 개인적 태도, 지식 또는 스킬의 수행을 보여주는 것.) 및 정량적[업무경력 및 학력 기간(years), 심사수행 횟수, 심사훈련 시간]인 것이어야 할 것이다.

2.5.4 심사원에 대한 적절한 평가방법의 선정

○ 평가는 표 2-3에 있는 방법 중에서 두 가지 이상을 선정하여 수행되어야 할 것이다. 표 2-3을 활용할 때 다음 사항에 유의하여야 할 것이다.

a) 제시된 방법은 선택의 범위를 나타내며 모든 상황에 적용될 수는 없다.
b) 제시된 다양한 방법은 신뢰성에 차이가 있을 수 있다.
c) 객관적이고 일관성이 있으며 공정하고 신뢰성이 있는 결과를 보장하기 위하여 방법을 조합하여 활용하여야 할 것이다.

표 2-3. 심사원에 대한 평가방법

평가방법	목적	예
기록 검토	심사원의 경력 검증	학력, 교육훈련, 고용, 전문 자격 및 심사 경험에 대한 기록 분석
피드백	심사원의 성과가 어떻게 인지되고 있는가에 대한 정보 제공	조사, 설문, 평판조사, 감사장, 불만사항, 성과 평가, 동료 평가
면담	바람직한 전문가적 태도 및 의사소통 스킬의 평가, 정보 검증과 지식 테스트 그리고 추가 정보 획득	개인 면담
관찰	바람직한 전문가적 태도 평가 및 지식과 스킬을 적용 할 수 있는 능력 평가	역할연기, 입회심사, 현장심사 수행
테스트	바람직한 태도, 지식, 스킬 및 그 적용의 평가	구두 및 필기 시험, 심리 테스트
심사 후 검토	심사 활동 중 심사원 성과에 대한 정보를 제공, 개선을 위한 강점 및 기회 파악	심사보고서 검토, 심사팀장 및 심사팀원과의 면담, 해당되는 경우, 피심사조직으로부터의 피드백

2.5.5 심사원에 대한 평가 수행

○ 평가를 받는 심사원에 대해 수집된 정보는 2.5.2.3에 설정된 기준과 비교되어야 할 것이다. 심사프로그램에 참여하도록 예정된 평가를 받는 심사원이 기준을 충족하지 못하는 경우, 추가적인 교육훈련, 업무 또는 심사 경험이 이루어져야 할 것이며, 후속적인 재평가를 수행하여야 할 것이다.

2.5.6 심사원 역량의 유지 및 개선

○ 심사원 및 심사팀장은 역량을 지속적으로 개선하여야 할 것이다. 심사원은 정규적인 경영시스템 심사 참여 및 지속적인 전문성 개발을 통하여 심사 역량을 유지하여야 할 것이다. 이것은 추가 업무 경험, 교육훈련, 개인학습, 코칭 그리고 회의, 세미나 및 콘퍼런스 참가 또는 기타 관련 활동과 같은 방법을 통하여 얻을 수 있다.

○ 심사프로그램 관리자는 심사원 및 심사팀장의 성과를 지속적으로 평가하기 위한, 적절한 메커니즘을 수립하여야 할 것이다. 지속적인 전문성 개발 활동은 다음 사항을 고려하여야 할 것이다.

a) 심사 수행에 책임이 있는 개인 및 조직의 니즈 변화
b) 기술의 활용을 포함하여 심사 실무방법의 개발
c) 가이던스/보조 문서 및 기타 요구사항을 포함한 관련 표준
d) 부문 또는 분야의 변화

제3장

인증심사 일반론

1. 심사 유형
2. 심사의 방법
3. 인증 관련 국제 표준

인증이란 능력을 갖춘 생산자가 일정한 기준에 따르는 생산과정을 통하여 특정한 규격을 갖춘 제품을 생산하는 과정을 제3자의 입장에서 객관적이고 합리적인 방법으로 검사하여 그 생산체계를 검증하는 제도라고 할 수 있다. 따라서 인증심사는 문서심사[1], 현장심사, 사후관리 등을 통하여 생산자(operator), 생산 현장(operating site), 생산과정(operation process), 생산품(operation product)을 모두 검증하는 과정을 포함하게 된다. 농산물은 생산기간이 길고 생산 현장과 생산방법이 매우 다양하여 생산과정은 인증심사에 있어서 필수적이고 핵심적인 검증 대상이다. 제3장에서는 IFOAM/IOIA 국제유기 인증심사 매뉴얼[2]과 우리나라의 친환경농어업 육성 및 유기식품 등의 관리·지원에 관한 법령을 바탕으로 심사의 유형과 준비, 면담의 요령, 심사관리요점, 심사보고서 작성의 원칙 등을 알아보고 인증 관련 국제 표준으로 ISO/IEC 17065 요구사항과 ISO 19011 지침을 소개하였다.

---

1) 우리나라에서는 서류심사로 불린다.

2) IFOAM and IOIA. 2000; IFOAM/IOIA 2006. 국제유기 인증심사 매뉴얼 - 유기 농장 부문 번역자료(관련 인용 내용에 대한 권리는 원저자 및 역·저자에게 있음)

1. 심사 유형

우리나라의 친환경농어업 육성 및 유기식품 등의 관리·지원에 관한 법령과 IOIA에서 규정하는 심사 유형에는 다소 차이가 있다(표 3-1). 친환경농어업 육성 및 유기식품 등의 관리·지원에 관한 법령에서는 심사의 유형을 심사의 단계에 따라 문서심사, 현장심사, 추가심사, 생산계획변경심사, 연장심사, 불시 심사, 생산과정 조사로 나눈다. IOIA의 경우 전환기 심사, 최초 심사, 일상적 심사, 목적 심사, 무작위 심사, 고지 심사, 불고지 심사로 심사유형을 나눈다. 두 분류 사이에는 용어적 차이가 있지만, 그 내용이 같은 경우가 더러 있다. 인증신청인은 인증신청인의 규모에 따라 개인 인증심사와 단체인증심사로 구분하여 신청하게 되며, 인증기관은 신청인의 상황과 심사목적에 따라 다른 유형의 심사를 한다. 유기가공식품 인증사업자의 경우 대부분 개인적으로 인증을 신청하게 되므로 인증심사 일반론에서는 개인 인증심사를 주로 기술하고자 한다.

표 3-1. 친환경농어업 육성 및 유기식품 등의 관리·지원에 관한 법령과 IOIA에서의 심사유형 분류 비교

분류 기준	분류 방식	유형	정의	주요 사항
친환경농어업 육성 및 유기식품 등의 관리·지원에 관한 법령	심사 방법	문서심사	인증신청인이 인증을 신청할 때 제출한 모든 문서를 검토하는 심사	심사원은 신청서, 인증품 생산계획서, 토지대장, 지적도 등을 이용하여 신청인의 신원정보, 과거 인증명세, 영농이력, 기록 누락 사항 등을 확인하고 제출된 문서가 인증기준에 부합하는지 확인한다. 추가로 필요한 문서는 신청인에게 요구하여야 하며, 결격사유가 발견되면 이를 문서화하고 신청인에게 통보하여야 한다.
		현장심사	문서심사에서 결격사유가 발견되지 않으면 심사원은 일련의 현장심사 계획을 세우고 인증을 신청한 장소를 방문하여 생산자와 인터뷰하고 생육, 사육, 취급 중인 심사대상 및 생산과정이 인증기준에 부합하였는지를 심사	현장심사 과정에서 필요하면 심사원은 인증을 신청하지 않은 장소도 심사할 수 있다. 현장심사를 통해 신청서의 내용이 일치하는지, 생산계획서 및 이행계획서의 내용대로 잘 이행하고 있는지, 신청 필지별로 재배작물과 재배면적이 일치하는지, 오염과 혼입의 위험성이 있는지, 완충지대와 보호시설은 적절한지 등을 평가한다.
	심사 시기·목적 및 종류	최초 심사		
		재심사		
		추가심사	인증기준에 규정된 사항을 확인하기 위하여 정보가 부족할 때 실시하는 심사	인증기준에 적합한지를 추가로 확인하거나 불가피하게 검사를 하지 못한 경우 또는 계획의 이행 여부를 확인할 때 실시한다.

분류 기준	분류 방식	유형	정의	주요 사항
친환경 농어업 육성 및 유기 식품 등의 관리·지원에 관한 법령	심사 시기·목적 및 종류	생산계획변경 심사	영농규모의 변경 등 생산계획에 변경사항이 발생하였을 때 실시하는 심사	생산계획변경 사유를 확인하고 변경의 적절성을 심사한다.
		생산과정 조사	인증서가 교부된 후에 실시하는 생산과정 조사	인증을 받은 자가 친환경 농업 생산기준과 인증기준에 따라 친환경 농업의 원칙을 준수하고 있는지 확인한다.
		유효기간 연장심사	인증을 연장하고자 할 때 실시하는 심사	인증의 유효기간 또는 인증품의 유효기간 연장이 적절한지 확인하고 심사한다.
		갱신심사		
		불시 심사	인증기준 위반을 이유로 신고·진정·제보되거나 최근 6개월 이내 행정처분을 받은 적이 있는 인증사업자를 대상으로 벌이는 심사	
	인증 신청인의 규모	개인 심사	생산자가 1인 일 때 실시하는 심사	
		단체심사	생산자의 수가 일정 규모(5인) 이상일 경우 신청인을 그룹으로 묶고 단일 인증 건으로 심사	
	표본 추출 방법	전수 심사	문서·현장심사를 단체 구성원 전체를 대상으로 벌이는 심사	
		표본심사	표본 농가 수 선정기준에 따라 표본대상자를 선정하여 실시하는 현장심사로 추출된 표본의 심사 결과를 전체 심사대상에 적용하는 심사	단체신청의 경우 무작위로 추출된 표본 농가를 심사대상(문서심사 과정에서 잠재적 부적합 사항이 확인된 농가를 추가 선정 가능)으로 하는 표본심사를 통하여 현장심사를 실시할 수 있다. 다만, 문서심사, 제초제 사용 여부, 재배 품목 및 실재배면적의 일치 여부는 언제나 전체 구성원을 대상으로 실시하여야 한다.

<table>
<tr><th>분류 기준</th><th>분류 방식</th><th>유형</th><th colspan="2">정의</th><th>주요 사항</th></tr>
<tr><td rowspan="8">IOIA</td><td rowspan="2">심사 시기</td><td>Initial Inspection (최초 심사)</td><td colspan="2">인증기관이 신청인에게 최초로 행하는 심사</td><td>최초 심사는 생산의 특성에 따라 생산물이 수확되기 전 또는 제품으로 가공되기 전에도 실시될 수 있다. 인증이 되지 않은 상태에서 행해지기 때문에 모든 인증기준을 적용하는 포괄적 심사가 이루어져야 한다.</td></tr>
<tr><td>Conversion Inspection (전환기 심사)</td><td colspan="2">인증대상의 전환기에 행하는 심사</td><td>전환기 심사는 최초 심사와 같이 모든 인증기준을 적용하는 포괄적 심사가 이루어진다.</td></tr>
<tr><td rowspan="4">심사 목적</td><td>Routine Inspection (일상적 심사)</td><td colspan="2">인증 이후 사후관리를 위한 심사</td><td>최초 심사, 전환기 심사 등 이전의 심사를 기반으로 포괄적 심사가 이루어진다.</td></tr>
<tr><td rowspan="2">Targeted Inspection (목적 심사)</td><td rowspan="2">인증심사 및 관리과정에서 특정한 목적을 위하여 실시하는 심사</td><td>추가심사</td><td>추가심사는 병행 생산하거나 생산량 지나치게 많은 경우, 심사 이후 농지, 시설, 축산물에 변동사항이 있는 때 행해진다.</td></tr>
<tr><td>추적심사</td><td>추적심사는 제공된 문서를 토대로 투입 자재, 수확, 생산, 저장, 수송, 판매, 가공, 포장 등의 전 과정을 확인하는 것이다. 우리나라에서는 추적조사라는 이름으로 추적심사가 이루어지고 있다.</td></tr>
<tr><td>Random Inspection (무작위 심사)</td><td colspan="2">특별한 절차나 계획 없이 행해지는 일상적 심사</td><td>인증기관이 인증과정을 평가하고 그 정당성을 입증하기 위하여 품질관리 차원에서 자체적으로 실시한다. IFOAM은 매년 일정량의 무작위 심사를 권장하고 있다.</td></tr>
<tr><td rowspan="2">심사 계획의 통보 여부</td><td>Announced Inspection (고지 심사)</td><td colspan="2">신청인에게 심사원에 대한 정보와 일정을 심사 전에 알리고 진행하는 심사</td><td></td></tr>
<tr><td>Unannounced Inspection (불고지 심사)</td><td colspan="2">신청인에게 심사원에 대한 정보와 일정을 사전에 알리지 않고 진행하는 심사</td><td>불고지 심사는 부정이 의심되는 신청인에게 시행되어 증거인멸을 막을 수 있다.</td></tr>
</table>

2. 심사의 방법

2.1 심사 방법의 분류

인증심사방법은 기준대조 심사방법과 시스템 심사방법으로 분류할 수 있다. 기준대조 심사방법과 시스템 심사방법은 표 3-2에 나타낸 바와 같은 특징과 장·단점을 갖는다. 우리나라에서는 기준대조 심사방법을 택하고 있으나 인증기관에서 두 방법의 장점을 적절히 통합하여 활용한다면 좀 더 효과적인 심사가 이루어질 것이다.

표 3-2. 인증심사방법의 분류 및 특징

분류	심사방법	특징	장점	단점
기준대조 심사방법	각각의 세부적인 인증기준 항목에 따라 인증승인 여부를 결정	• 인증기준이 인증심사를 주도하며 심사보고서의 형식이 인증기준에 직접적으로 연결되어 있어서 기준에 맞는 심사가 이루어질 수 있다. • 초보 심사원도 쉽게 심사를 진행할 수 있다.	• 심사가 목적적으로 진행되므로 심사가 편리하다. • 기준이 일관되게 적용되므로 공정한 심사가 될 수 있다. • 인증기준이 공개되어 있으므로 신청인은 자신이 무엇을 수행해야 할지 미리 알 수 있다. • 인증기관은 좀 더 쉽게 심사보고서를 이해할 수 있다.	• 심사원이 보고서에 기재된 질문에만 집중하므로 심사원의 시야는 좁아지고 종합적인 평가가 어렵다. • 심사원이 지나치게 보고서에 기재할 질문에만 집중하면 신청인과의 의사소통에 문제가 발생할 수 있다. • 심사원이 보고서에 기재된 항목을 따르는지 평가하기 때문에 심사원이 기능상 인증의 최종 결정을 하게 될 우려가 있다.
시스템 심사방법	심사대상에 대하여 단편적인 기준보다는 포괄적인 기준으로 평가	• 인증신청 대상에 대한 정보를 모든 수단을 통해 수집하여 심사대상의 적합성을 평가하며 심사보고서는 일반적으로 서술형으로 작성된다.	• 심사대상뿐 아니라 주변의 생태적 요건, 환경적 요건 등 넓은 안목에서 심사할 수 있다. • 능력 있는 심사원의 경우 인증기준에 구속받지 않고 심사관리 요점과 위험도를 쉽게 확인하고 평가할 수 있다. • 신청인과 의사소통이 수월하며 심사를 효과적으로 진행할 수 있다.	• 초보 심사원이 이 방법을 이용하기 위해서는 많은 경험과 훈련이 필요하며, 심사의 질이 심사원의 능력에 크게 달라진다. • 심사보고서가 서술형이므로 보고서 형식이 다양하여 보고서의 일관성이 떨어진다.

2.2 심사의 준비

심사원은 인증심사를 수행하기 위하여 해당 인증 건에 대하여 사전에 숙지하고 적절히 준비하여야 한다. 심사원은 심사 준비가 완료되면 인증기관이 정한 절차를 밟아 심사를 진행하여야 한다.

2.2.1 심사원의 지정, 통보 및 수락

인증신청이 접수되면 인증기관은 이를 심사원에게 통보하고 심사에 필요한 자료를 제공한다. 인증심사를 요청받은 심사원은 받은 자료를 검토하고 자신과의 이해관계의 충돌 여부, 심사원 자신의 심사능력 등을 고려하고 심사 자료 검토 과정에서 별다른 문제점이 발견되지 않으면 심사를 수락한다. 그러나 무리한 심사계획은 심사의 완전성을 떨어뜨릴 수 있으므로 심사계획을 무리하게 세우지 않아야 한다. 친환경농어업 육성 및 유기식품 등의 관리·지원에 관한 법령에서는 심사원 1인당 심사 사업자 수를 제한하고 있으며(고시 제2017-31호) 심사계획이 무리하다고 생각되는 경우 인증기관과 논의하여 심사계획을 조정하여야 한다. 농산물 심사의 경우 심사원이 받는 주요 자료는 다음과 같다.

1) 인증신청서
2) 인증품 생산계획서
3) 지적도
4) 경영 관련 자료
5) 각종 분석 성적서
6) 그 밖에 심사에 필요한 정보

2.2.2 기본정보의 검토 및 심사계획 수립

인증신청이 들어오면 기본정보를 검토하고 검토과정에서 오류 사항이 발견되면 이를 신청인에게 통보한다. 갱신 신청일 경우 이전 심사보고서를 참조하여 과거에 지적된 문제점에 대해 알아둔다. 심사대상 작물이나 축종에 대하여 관련 문헌을 통해 필요한 지식을 충분히 쌓아 둔다. 문서심사과정에서는 신청문서가 갖춰져 있는지, 각 기재항목이 빠짐없이 모두 기재되어 있는지와 기재되어 있는 내용이 인증기준에 적합한지 아닌지, 인증신청 품목을 재배·생산하는 규모에 따른 생산계획량 적정 여부, 다른 신청인의 자료를 필사하는 등 사실과 다르게 작성한 자료인지 아닌지, 신청 필지가 최근 1년간 인증기준 위반으로 인증 취소 또는 인증 부적합 필지인지 여부, 기타 현장 심사 시 확인이 필요한 사항을 점검 확인하여야 하며, 문서심사를 통해 과거의 생산내용과 앞으로의 생산계획이 인증기준에 적합한지를 확인한다. 인증심사원은 신청인이 제출한 관련 자료에 기재하여야 할 사항이 기재되어 있지 않거나 제출하여야 하는 자료가 빠졌으면 보완에 필요한 상당한 기간을 정하여 신청인에게 보완을 요구하여야 한다. 친환경 농업 육성 및 유기식품 등의 관리 지원에 관한 법률에서는 심사에 필요한 필수 문서(인증신청서, 인증품 생산계획서 또는 인증품 제조·가공 및 취급계획서 및 경영 관련 자료)를 제출받아 문서심사를 완료하기 전까지는 현장심사를 할 수 없도록 규정하고 있다. 문서심사가 완료되면 현장 심사계획을 세운다. 심사 일정, 주요 심사내용, 시료 채취 위치와 항목 등에 대하여 구체적으로 현장심사 계획을 수립하여야 한다. 철저한 심사계획은 효율적인 심사를 위하여 필수적이다.

2.2.3 현장심사 일정 통보 및 현장심사 준비 물품

현장심사 이전에 심사원은 현장심사 일정을 통보하고 신청인과의 연락을 통해 몇 가지 사항을 확인해야 한다. 확인해야 하는 사항은 다음과 같다.

1) 신청인과 관련된 기본정보를 확인하고 확실하지 않은 정보는 재확인한다.
2) 심사원 자신의 정보(성명, 핸드폰 번호 등)를 제공한다.
3) 받지 못한 자료가 있으면 요청한다.
4) 심사일시 및 심사에 드는 예상 시간을 말하고 동의를 받는다.

5) 심사내용을 구체적으로 정확히 정한다.

현장 심사계획이 확정되면 심사에 필요한 다음 표 3-3과 같은 물품과 도구를 준비한다.

표 3-3. 현장 심사 시 필요한 물품과 도구

항목	목록	비고
심사 자료	• 인증기준: 친환경농어업 육성 및 유기식품 등의 관리·지원에 관한 법령집 등 • 인증심사 요령: 인증심사 매뉴얼, 인증기관 사업계획서 • 허용투입 자재 목록: 농자재 공시목록 • 질문서 • 심사보고서 양식 • 인증신청서, 생산계획서, 토지대장, 지적도 • 경영 관련 자료: 투입 자재 기록, 생산량과 출하량 기록, 저장기록 등	기본 자료
	• 이력 추적 관련 문서 • 투입 허용 자재 기록문서 • 수확/저장기록 • 판매 기록 • 수송 기록	추적조사에 필요한 자료로서 현장 확인 가능
개인 정보 관련 자료	• 명함, 비밀 유지 서약서, 비밀 유지 동의서	
심사 도구	• 클립보드, 흑색 및 색상 펜, 형광 컬러 펜, 계산기, 카메라, 시계, 종이 클립, 포스트잇, 전등, 확대경, 시료채취기구와 용기 및 장부, 줄자, 업무일지, 수첩	기본도구
	• 장화/비옷, 머리털 망, 살균 덧신, 휴대용 컴퓨터, USB stick, GPS	필요하면 지참

2.3 면담 및 질문의 요령

현장심사에 있어서 면담은 인증신청인 개인의 단독 면담인 경우가 많지만, 단체인증이나 몇몇 필요한 상황에서는 현장의 관련 종사자를 포함한 다중 면담일 수도 있다. 심사원은 인증기관이 인증신청에 대한 심사업무를 위임한 것이므로 인증기관의 기준과 절차에 따라서 현장심사를 진행하고 면담에 임하여야 하며 현장심사 및 면담에서의 공정성과 타당성 인식 정도에 따라 인증신청인의 만족도가 크게 달라짐을 유의하여야 한다. 비록 인증이 부적합 판정된다고 할지라도 인증기관이나 심사원에 대한 좋은 이미지를 남길 수 있도록 노력하여야 한다. 심사원은 면담을 통한 현장심사가 원활히 이루어지도록 사전 준비, 시작, 질문, 현장답사, 기록 검토, 종료의 과정을 준수하고, 정확한 심사가 이루어지도록 질문에 대한 답변, 현장의 관찰 등을 통한 심사 기술을 학습하고 심사원의 주관적 오류를 최소화하여야 한다. 2인 이상의 심사원으로 심사반을 편성할 때는 효율적 심사를 위하여 각 심사원의 역할을 사전에 분담하는 것이 좋다.

2.3.1 면담의 단계

1) 면담의 시작

면담의 시작은 인사와 함께 면담자와 신청자를 확인한 후, 쉽고 편하게 답할 수 있는 질문으로 현장심사의 긴장을 완화하고, 면담 및 현장심사의 과정을 간단히 설명한다(표 3-4).

표 3-4. 면담의 시작

시작의 단계	대화의 예	유의사항
인사	• 저는 OO 인증기관의 심사원 OOO입니다. • 반갑습니다. 우리 인증기관에 인증을 신청하여 주셔서 감사합니다.	인증기관과 심사원을 소개하는 간단한 인사
신청자와 피면담자 확인	• OOO 씨가 맞습니까? • 인증신청인 OOO과 어떤 관계이신지요?	공손한 태도로 인증신청서상의 신청자와 면담 대상자를 확인
긴장의 완화	• 날씨가 꽤 더워서 농사일에 힘이 드시지는 않으세요?	쉽고 편하게 답할 수 있는 질문으로 현장심사의 긴장을 완화한다.
면담 및 현장 심사 과정의 설명	• 오늘 현장심사를 간단히 설명해 드리겠습니다. • 저희의 질문에는 답이 정해진 것이 아니며 다만 현장을 잘 이해하기 위하여 여쭈어보는 것이니 편안한 마음으로 말씀하시면 됩니다. • 전체 진행 시간은 0시간쯤입니다. • 우선 사무실에 들러서 이야기를 나누시고 현장을 보신 후 다시 사무실로 돌아오겠습니다.	면담 및 현장심사의 과정을 간단히 설명한다.

2) 면담의 진행 및 질문의 요령

면담은 질문(questioning) → 관찰(observing) → 기록(recording)의 순서를 따른다. 질문은 누구나 답할 수 있는 전반적인 부분을 묻는 도입 질문(introductory question)과 도입 질문을 구체화하는 초점 질문(focusing question) 특정사안에 대하여 구체적인 세부 사항을 파악하는 심층질문(probing question)으로 나눌 수 있다. 현장에서의 심층질문은 이미 수행된 과거 상황에 관한 질문인 경우가 많으며, 표 3-5와 같이 S(Situation, 상황), T(Task, 과업), A(Actions, 행동), R(Result, 결과)의 순서에 따라 이루어질 수 있다. 현장심사에 필요한 중요한 정보들은 심층질문을 통하여 얻어질 수 있으나, 인증신청인이 큰 부담을 느끼지 않고 편안한 상태에서 대답할 수 있도록 의사소통 기술을 익혀야 한다.

표 3-5. 심층질문의 과정

구분	S	T	A	R
잡초 관리	• 포장에 잡초가 많았던가요?	• 어떤 종류의 잡초가 가장 큰 문제였나요?	• 잡초 관리를 위하여 어떤 방법을 사용하셨는가요?	• 효율적인 잡초 관리 방법에 관한 질문
병해충 관리	• 농장에 어떤 종류의 병충해로 고생하셨나요?	• 병해충 관리를 어떻게 하셨는가요?	• 병해충 관리를 위한 자재는 어떤 경로로 사셨나요?	• 자재의 사용 방법 등에 관한 질문
구분 관리	• 병행생산이신가요?	• 관행 농산물과 인증품을 편리하게 구분 관리하시는 방법이 있으시던가요?	• 오염이나 혼입을 어떻게 방지하셨나요?	• 수확 또는 유통할 때 오염이나 혼입의 가능성에 관한 질문

3) 면담 및 현장심사의 종료

현장심사의 종료와 함께 최종 면담을 작성하면 면담도 종료되는데 다음과 같이 종료의 단계를 거치도록 한다(표 3-6).

표 3-6. 면담의 종료

종료의 단계	대화의 예
자유발언 기회 제공	"긴 시간 동안 심사에 응하여 주시느라고 수고하셨습니다. 혹시 심사에 대하여 더하실 말씀이 있으신가요?"
종료 고지	"현장 심사는 이것으로 마칩니다. ○○ 농장(또는 ○○○ 농가)의 유기농에 대하여 이해할 수 있는 유익한 시간이었습니다. 고생 많으셨습니다."
향후 일정 안내	"인증의 최종 판정은 심의 결과에 따라 결정되며 00까지 알려드리도록 하겠습니다."

2.3.2 면담에 있어서 의사소통 기술

1) 친밀감(rapport)의 형성

효율적인 면담을 위하여 인증신청인의 협조가 필수적이며 이러한 협조는 심사원과 인증신청인 사이에 형성되는 친밀감(rapport)에 크게 좌우된다. 이를 위하여 심사원은 다음과 같이 노력하여야 한다. 인사 및 긴장 완화를 포함하는 면담의 도입부(시작 단계)를 충분히 활용하여 친밀감을 쌓아야 한다. 심사원은 심사의 전 과정에서 고압적이거나 평가적인 태도를 삼가고, 심사의 진행을 위하여 필요하지 않으면 인증신청인의 말을 끊지 않으며, 유기농에 관련된 인증신청인의 역량을 끌어내기 위하여 노력한다.

2) 적극적 경청

현장심사나 면담 중 인증신청인은 많은 이야기를 하게 되는데 심사원은 이를 기억하고 그 내용을 신청인의 유기농 역량과 관련지어야 하며 그 내용의 일관성 여부도 체크할 수 있도록 심사원은 인증신청인이 하는 말에 집중하여야 한다. 또한, 적극적 경청은 심층질문을 위한 추가 질문을 하기 위해서도 필요하다.

3) 언어적 의사소통 기술

질문이 매끄럽게 이어질 수 있도록 도입 질문과 초점 질문, 심층질문을 잘 구분하여 질문하도록 하며, 인증신청인이 이미 언급한 내용과 연관하여 질문하는 것도 중요한 의사소통 기술이다. 때로는 인증신청인이 한 말을 요약하여 인증신청인과 심사원 사이의 오해를 방지하기도 하고, "예", "잘 알겠습니다." 등의 간단한 반응을 통하여 인증신청인의 장황한 이야기를 끊어줄 수 있다.

4) 비언어적 의사소통 기술

심사원은 시종일관 부드러운 표정을 유지하며 인증신청인에게 관심을 표명하여야 한다. 인증신청인과 적절하게 눈 접촉(eye contact)을 유지하되 지나치게 눈을 응시하는 것은 삼가야 한다. 대화의 중간마다 고개를 끄덕이는 등 적절한 몸 움직임(gesture) 등으로 인증신청인에게 관심을 표현한다.

2.3.3 효과적 면담을 위하여 지켜야 할 사항

효과적 면담을 위하여 심사원이 지켜야 할 사항을 정리하면 다음과 같다(표 3-7).

표 3-7. 효과적 면담을 위하여 심사원이 지켜야 할 사항

단계	지켜야 할 사항
면담 전	• 인증신청인의 개인정보에 대하여 선입견을 품지 않는다. • 문서심사를 바탕으로 질문에 대하여 충분히 준비하며, 질문에 대한 사전 준비 없이 면담에 임하지 않는다.
면담 중	• 긴장이 완화되지 않은 채 곧바로 질문으로 넘어가지 않는다. • 인증신청인을 차별하거나 무시하는 발언을 하지 않는다. • 인증신청인과 논쟁하지 않는다. • 인증신청인의 답변에 지나치게 개입하지 않으며 부정적인 반응이나 지나친 긍정적 반응은 삼가한다. • 기록 없이 기억에 의존하여 질문하지 않는다(또는 기록하느라 바라보지 않아서도 안 된다).
면담 후	• 인증신청인을 한마디로 규정하려 하지 않는다. • 기록을 검토하지 않고 심사보고서를 작성하지 않는다. • 최종 면담의 내용은 인증신청인과 함께 확인한다.

2.4 심사관리요점

심사원은 생산자와의 인터뷰, 생산 현장 및 생산과정의 관찰, 생산품의 검사 등 인증심사의 전 과정을 통하여 인증기준을 만족하지 않거나 잠재적으로 부적합한 요인들을 검토하고 인증의 위해성 및 유기적 완전성 여부를 평가하여야 한다. 생산자가 유기농업에 관한 충분한 지식을 갖고 있고 생산 현장의 조건이 적절하며 생산과정 중에 사용하는 투입 자재가 적절할지라도 세부적인 생산방법에 따라서 혹은 수확 후 처리 과정, 저장 및 이송과정, 유통 과정을 통하여 유기적 완전성을 위협하는 인자는 다양하게 존재한다. 심사원은 유기농산물의 생산, 저장, 유통, 및 소비의 전 과정에서 발생하는 이러한 위험인자들 가운데 전형적인 위험인자들을 인증의 주요 심사관리요점으로 추출할 수 있어야 한다.

2.4.1 오염과 혼입(C&C)[3]

1) 오염과 혼입 및 생산방식

인증심사에 있어서 오염(contamination)은 투입 자재나 생산품 등으로 구성된 유기 시스템이 관행 시스템과의 접촉으로 유기 시스템의 유기적 완전성이 훼손되는 것이라고 할 수 있으며 혼입은 일반적으로 유기 시스템으로 생산된 생산물이 관행 시스템으로 생산된 생산물과 혼합됨으로써 유기 시스템의 유기적 순수성이 상실되는 것이라고 할 수 있다. 오염과 혼입의 개념에 있어서 심사관리요점에 영향을 미치는 생산자의 생산방식은 크게 병행생산과 분할생산으로 구분할 수 있다[4](표 3-8). 심사의 전 과정에서 가장 중점적으로 다루어야 할 부분은 오염과 혼입이라고 할 수 있으며 인증심사에 있어서 C&C라고 불린다. 인증심사에 있어서 C&C는 인증의 주요 심사관리요점을 쉽게 추출할 수 있는 훌륭한 개념이며 C&C 개념을 사용하여 심사관리요점을 추출할 때 생산자의 생산방식은 매우 중요하다.

3) Contamination and Co-mingling
4) IFOAM Norm. 2014

표 3-8. 유기농업에서 병행생산과 분할생산

구분		병행생산 (parallel production)	분할생산 (split production)
정의		• 같은 생산 단위에서 구별할 수 없는 생산물을 유기 시스템과 관행 시스템으로 생산하는 방식. 같은 생산물에 대하여 유기와 전환기 유기로 생산할 때도 병행생산이며. 병행생산은 분할생산의 특수한 경우이다. • Any production where the same unit is growing, breeding, handling or processing the same products in an organic system and in a non-organic system. A situation with "organic" and "in conversion" production of the same product is also parallel production. Parallel production is a special instance of split production.	• 일부의 생산 단위만 유기 시스템으로 생산하는 방식. 나머지 생산 단위는 관행 시스템이나 전환기 유기 시스템으로 생산될 수 있다. • Where only part of the farm or processing unit is organic. The remainder of the property can be (a) non-organic, and/or (b) in conversion. Also see parallel production.
예	농림산물	하나의 포장단위에서 같은 품목에 대하여 구별할 수 없는 같은 품종의 작물을 유기 시스템과 관행 시스템에 의하여 생산	구분되는 두 종류 이상의 작물을 유기 시스템과 관행 시스템에 의하여 생산
	축산물	구별할 수 없는 같은 축종의 가축을 유기 시스템과 관행 시스템에 의하여 생산	구분되는 두 종류 이상의 가축을 유기 시스템 가축과 관행 시스템으로 생산

※ 친환경농어업 육성 및 유기식품 등의 관리·지원에 관한 법령에서는 신청인이 병행생산을 하는 경우 구분관리계획을 세우도록 규정하고 있으며(고시 제2017-32호), 심사원은 구분관리계획의 합리성 및 실행 여부를 점검하여야 한다.

2) 생산방식 및 심사 항목에 따른 오염과 혼입

오염과 혼입은 인증심사의 전 과정에서 고려되어야 할 중요한 심사관리 항목이지만 심사 항목별로 분류하면 표 3-9와 같다(IFOAM/IOIA-Inspection Manual, 2000).

표 3-9. 오염과 혼입에 관한 중점적 관리가 필요한 심사 항목

심사 항목	농림산물	축산물	취급자
종자 및 육묘	오염 및 혼입		
거름 주어 가꾸기용 자재	오염		
용수	오염		
토양	오염		
완충지대	오염 및 혼입		
농기계의 공동사용	오염		
농자재의 보관	오염		
생산물의 저장 및 보관	오염 및 혼입		
영농 관련 자료 기록상의 논리적 모순점	혼입	혼입	
판매 및 구매 기록상의 모순	혼입	혼입	
종축		혼입	
사료의 구매		오염 및 혼입	
약품의 사용		오염	

심사 항목	농림산물	축산물	취급자
깔짚		오염	
음수		오염	
목초지의 확보		오염 및 혼입	
GMO		오염	
동물복지		혼입	
원료 농산물			혼입
세척제, 소독제			오염
병해충 관리			오염
작업장, 운송시설, 저장시설			오염 및 혼입
작업 기록 및 입출고 이력 관리의 모순점			혼입

2.4.2 위해요소중점관리기준 (HACCP)과 인증심사

HACCP에서는 생산물의 품질과 안전성을 확보하기 위하여 농축산물이 생산·가공·유통 과정을 거쳐 소비자에게 섭취되기 전까지 각 단계에서 발생 될 수 있는 생물학적, 화학적, 물리적 위해 요인을 분석(HA, Hazard Analysis)하고 특정 단계에서 위해 요인이 발견되면 이를 중점 관리하기 위해 중요관리점(CCP)을 결정한다(축산물위해요소중점관리기준원 참조). 결과적으로 HACCP은 위해요소의 제거를 통한 교정 작업에 주안을 두지만 유기농산물 인증심사는 보호 및 위해요소의 방지에 주력한다는 점에서 큰 차이가 있다. 따라서 인증심사원은 오염이나 혼입의 위험을 확인하기 위하여 HACCP의 접근법을 활용할 수 있으나 HACCP의 기준이 유기농산물 인증심사 기준에 어긋날 수 있다는 점을 유의할 필요가 있다.

2.4.3 추적조사

1) 추적조사의 중요성

추적조사는 기록문서를 기초로 한 추적 시스템이다. 기록문서는 생산에서부터 수확, 저장, 수송, 가공, 취급, 운송, 판매의 과정에서 생산품과 투입 자재의 유기적 완전성을 증명하는 데 사용된다. 심사원은 신청인이 기록을 제출할 의무가 있으며 기록의 제출을 거부하거나 회피하면 인증의 중요한 부적합 사항이 된다는 것을 이해시키고 신청인이 기록의 중요성을 알 수 있게 잘 설명해야 한다. 심사원은 신청인이 인증기준과 관련되어 객관적으로 이해될 수 있는 기록관리 시스템을 만들도록 충분한 정보를 제공하여야 한다.

2) 추적조사 대상 문서

심사원이 기록문서를 평가하기 위해서는 기록관리 시스템을 이해할 수 있는 능력이 있어야 한다. 추적조사 대상 문서는 최종 생산물 또는 그 원료가 생산 또는 재배된 생산 현장이나 재배포장까지 추적하는데 이용될 수 있어야 한다. 심사원은 먼저 제공된 문서를 검토하고 제공된 문서가 인증기준이 규정하는 사항을 모두 충족하는지도 확인하여야 한다. 농산물의 추적조사를 위한 기록문서는 종자, 모종, 투입 자재, 재배 방법, 수확, 저장, 수송, 판매 등에 관한 문서들이며 축산물의 추적조사를 위한 기록문서는 가축의 출처, 사료의 성분과 생산지, 의약품의 사용, 운송, 도축, 판매 등에 관한 문서들이다. 취급자 인증에 대한 기록문서는 원료의 출처, 기타 첨가제, 생산, 저장, 수송, 판매 등에 대한 정보를 포함하여 추적할 수 있다. 만일 신청인이 제공하는 문서의 기록이 완벽하지 않거나 기록문서에 문제점이 발견되면 심사원은 신청인에게 이를 분명히 알려야 하며 사안의 중요성에 따라 확인서를 받을 수 있다. 심사원은 필요할 경우 시비 처방서, 용수분석 결과, 농약잔류분석 결과, 투입 자재의 non-GMO 확인, 원료, 장비와 운송설비의 청소기록, 사료배합 비율, 임대 영수증(토지, 설비, 건물), 투입 자재 라벨, 병충해 관리 일지, 육종기록 등 추적조사에 직접적으로 요구되지 않는 추가적인 보조 문서를 요구하여야 한다. 이들 보조 문서는 추적조사 시 기록을 보충하고 입증하는데 유용한 정보를 제공하기도 하며 투입 자재의 사용량과 제품명, 날짜 등이 불확실할 때 보조 문서를 참고할 수 있다. 추적조사와 보조 문서의 정보는 일치할 수도 있고, 일치하지 않을 수도 있다. 일치하지 않는 정보에 대해서는 부가적인 조사가 이루어져야 하고 심사원은 이를 인증기관에 보고하여야 한다.

3) 추적조사의 방법

(1) 농산물의 추적조사

심사원은 농산물의 추적조사를 위해 농장에서 임의로 농산물을 선택하고 선택된 농작물의 종자와 모종의 식재에서부터 투입된 농자재, 수확에 이르기까지 농산물의 생산과 관련된 전 과정을 조사하여야 한다. 심사원에게 제공된 기록문서에는 종자·모종의 출처, 이식 방법, 사용된 자재의 출처, 자재의 사용량과 사용한 날짜, 생산량 등이 포함되어 있어야 하며 심사원은 생산량과 판매량이 적절한지, 인증기준에 부합하는 종자와 모종이 사용되었는지, 적절한 자재를 사용하였는지 등을 확인하도록 한다.

(2) 축산물 및 재포장품의 추적조사

축산물의 추적조사는 가축의 출처(구입, 출생기록 등), 가축과 축산물의 판매, 도축에 대한 기록, 의약품과 수의사의 처방전, 사료의 원료 라벨, 방목지의 기록 등을 포함한다. 심사원은 축사 면적당 가축의 수가 적절한지, 가축 수 당 공급된 사료량이 적절한지, 축산물의 생산량과 판매량이 적절한지를 확인하여야 한다. 재포장품의 추적조사에서는 생산물의 포장품에서부터 원료까지의 추적을 시행한다. 심사원은 신청인이 소지한 원료의 거래명세서와 원료의 인증서 등을 확인하여야 하며 표본의 추적을 통하여 원료량과 포장품의 양이 적절한지 평가한다. 가내 재포장의 추적조사도 원료의 확인 및 표본 추적 등 같은 방식으로 진행한다.

(3) 추적조사에 있어서 로트번호

로트번호는 제품을 확인하고 생산지로 연결하기 위해 생산자가 지정하는 코드로서 완제품의 라벨, 포장 상자, 운송 송장, 판매 송장에 표시된다. 심사원은 인증품의 추적조사를 위하여 로트번호를 갖는 것이 원칙임을 신청인에게 설명하도록 하며 로트번호를 확인하여 제품의 원료나 기타 입하된 제품을 추적할 수 있어야 한다.

재포장품의 경우 재포장 과정에서 다양한 원료를 혼합하여 제품을 생산하기도 하는데 혼합제품에 사용되는 주요 원료는 유기 인증을 받은 농축산물이어야 함을 명확히 하여야 한다. 심사원은 원료가 혼합되는 경우 로트번호를 이용한 추적조사가 어려워지며 이처럼 원료를 추적할 수 없으면 재포장 완제품은 유기 인증을 받지 못하는 잠재적 부적합 요인이 될 수 있음을 생산자에게 설명하여야 한다. 판매된 유기 제품에 대해 소비자가 불만을 품거나 문제를 일으킬 때 제품의 추적조사는 매우 중요해진다. 심사원은 추적조사를 통해 생산과정 중 어느 지점에서 오염이 발생했는지 알아내고 오염된 제품의 회수를 결정한다. 미곡종합처리장(RPC)[5]을 이용한 미곡류의 도정 과정에서 이러한 원료의 혼합에 의한 관행 농산물의 혼입은 흔하게 일어날 수 있으므로 유의하여야 한다.

---

5) Rice Processing Complex

2.4.4 시료의 채취

심사원은 기준에 따라 분석용 시료(토양, 용수, 퇴비, 생산물, 사료 등)를 채취한다(표 3-10). 시료는 표준화된 방법으로 채취, 취급, 보관, 수송되어야 하며 시료를 채취하는 목적에 따라 양분분석용 시료와 잔류 진단용 시료로 나누어지며 채취 장소와 방법은 달라질 수 있음을 유의하여야 한다. 시료 채취에는 여러 장비가 사용되며 이러한 장비들은 일회용이 아닌 이상 다른 시료의 채취에도 이용되므로 이용된 장비를 씻지 않고 재사용하면 채취 시료를 오염시킬 수 있다. 따라서 시료 채취 장비의 세척은 매우 중요하며 시료 채취 장비는 시료 채취 전과 후에 반드시 세척되어야 한다. 먼저 알코올로 씻은 다음 물로 헹구고 마지막에 증류수로 닦아낸다. 심사원의 손도 오염원이 될 수 있으므로 일회용 장갑을 이용한다. 일회용 장갑은 각 시료 채취 시마다 바꿔 착용한다. 심사원은 시료를 채취한 후 반드시 용기에 라벨을 붙여야 한다. 라벨에는 생산자, 주소, 전화번호, 채취일, 채취 시간, 채취 장소 등을 적는다. 라벨까지 완벽하게 적힌 시료는 되도록 빨리 분석기관으로 보내도록 한다. 분석기관의 분석실로 보내지기 전 시료는 안전성이 보장된 곳에 보관되어야 한다.

표 3-10. 시료 채취 주요 사항

시료 채취 시 필요한 물품	시료 채취 계획	시료 채취 절차
• 볼펜, 네임펜, 메모지, 줄자, 테이프, 카메라, 라벨 • 시료 봉투, 아이스박스, 채수병, 거즈, 코니칼 튜브 • 모종삽, 전지가위, 낫, 1회용 비닐장갑, 장화, 위생복(방역복, 우의) • 아세톤, 알코올, 증류수 • 시료 채취기록 용지, 노트북	1) 문제 지역의 특징을 기록 (주변 식생, 인접 농지, 완충지대, 풍향 등) 2) 관련인과의 대화 (생산자, 수송자, 농장 노동자, 이웃 등) 3) 격자 지도와 경사도 지도를 통한 예측(가능할 경우) 4) 오염원으로 의심되는 물질의 조사 5) 시료 채취 지점 설정	1) 시료 용기를 개봉한다. 2) 세척된 채취 도구로 시료를 채취한다. 3) 채취한 시료를 용기에 넣는다. 4) 용기가 열리지 않게 테이프를 이용하여 잘 봉한다. 5) 시료 정보가 적힌 라벨을 시료 용기에 붙인다. • 시료의 개수, 채취일, 채취 시간, 채취자, 분석항목 등 6) 시료에 대해 기록한다. 7) 사용한 채취 도구를 씻는다.

1) 비배 관리를 위한 양분분석용 시료

친환경농어업 육성 및 유기식품 등의 관리·지원에 관한 법령에서는 비배관리를 위한 양분분석용 시료의 채취 방법은 규정하고 있지 않아서 심사원이 채취할 의무는 없으나 생산자 교육을 위하여 필요한 사항이다. 비배관리를 위한 양분분석용 시료의 채취 방법은 다음과 같다(표 3-11).

표 3-11. 비배 관리를 위한 양분분석용 시료의 채취 방법

구분	내용
토양	• 유기 농산물 생산을 위해 토양의 비옥도 관리는 매우 중요하다. 토양을 효과적으로 관리하기 위해서는 먼저 토양 내 유효양분(available nutrient)의 함량을 알아야 한다. 이를 위해 양분분석용 토양시료를 채취하고 채취한 시료를 분석실로 보낸다. • 분석실에서는 토양시료의 분석을 통해 pH, EC(전기전도도), 유기물, 유효인산, 치환성양

구분	내용
	이온(칼륨, 칼슘, 마그네슘), 유효 규산(쌀의 경우)의 함량을 알아낸다. • 일반적으로 토양시료는 필지별로 채취되는데 한 필지당 최소 10개 이상의 지점에서 시료를 채취해야 한다. 밭 토양의 경우 지표에서부터 10cm, 논 토양은 15cm까지 토양을 채취한다. 보통 각 지점마다 100g의 토양을 채취한다. • 채취된 토양시료를 혼합하고 그 절반을 분석실로 보낸다(약 500g~600g). 남은 토양시료는 결과 통보 시까지 보관해야 한다. • 시료가 담긴 용기는 열리지 않게 테이프나 스테플러로 잘 봉하고 시료용기 위에 라벨을 붙인다. • 필지 내에서 토양의 채취 위치는 지도상에 표시되어야 한다.
식물체	• 식물체의 필요한 부위(잎, 줄기 등)를 잘라서 시료 봉투에 담는다. 필요하다면 다양한 식물체를 섞어 대표시료를 얻을 수도 있다. • 채취된 시료는 성분의 변화가 일어나지 않도록 잘 보관해야 하며 되도록 빨리 분석실로 보낸다. • 시료 봉투에는 토양 시료와 마찬가지로 필요사항을 기재한 라벨을 부착한다.

2) 잔류 진단용 시료

부정이 의심되거나 오염이 우려되는 경우 등의 상황에서 잔류분석을 위한 시료의 채취가 이루어진다. 잔류 진단용 시료를 채취하기 위해서는 먼저 시료 채취 계획을 세우는 것을 원칙으로 한다. 신청인이 제출한 자료(지적도, 경영 관련 자료 등) 및 신청인의 과거 이력 등을 참조하여 오염의 가능성을 예측한다. 예측된 결과를 토대로 오염이 가장 적을 것 같은 지역과 가장 많을 것 같은 지역을 나누어 각 지점에서 시료를 채취한다. 채취된 잔류 진단용 시료는 채취지점별로 각각 분리 보관한다. 잔류 진단용 시료의 채취 방법은 다음과 같으며 상세한 채취 방법 및 검사항목은 유기농산물 인증심사 방법[6]을 참조한다(표 3-12).

표 3-12. 잔류 진단용 시료의 채취 방법

구분	내용
토양	• 시료 채취계획에 따라 예측된 각 지점에서 토양시료를 채취한다. • 시료 채취 방법은 양분분석용 토양시료의 채취 방법과 같다. 그러나 잔류 진단용 시료는 양분분석용 시료처럼 채취 후 혼합해서는 안 된다. • 채취된 토양시료는 토양 내 잔류농약, 중금속 등의 존재 여부와 함량을 확인하는 데 사용된다.
생산물	• 식물체의 부위별로 오염물질의 잔류량이 다르다. 따라서 시료를 채취할 때 식물체의 각 부위를 고루 채취 하는 것이 좋다. • 채취된 시료는 살균 용기에 보관하여야 하며 성분변화가 일어나기 전에 되도록 신속하게 분석실로 보낸다.
용수	• 용수는 보통 수원 별로 채취된다. • 채수병을 이용하며 약 2~4L 정도 채취한다.
퇴비	• 항생물질이나 기타 유해 성분의 존재 여부를 검사하기 위해 퇴비를 채취한다.

6) 한옥수, 김태옥. 2020

3) 시판용 제품의 시료

오염 여부를 판단하기 위한 시판품의 수거는 법에 따라 국립농산물품질관리원의 소관 업무이나 시판품 등 완제품의 시료도 위에서 기술한 채취 방식과 유사하다. 포장된 제품의 경우 포장된 상태 그대로 수집한다. 필요하다면 원료에서 복합시료를 채취할 수도 있다. 포장이 되지 않은 제품의 경우는 표 3-12에 따라서 수집한다.

2.4.5 유전자 조작 관련 심사

1) 유전자 조작 생물체(GMO)[7)]의 정의

모든 생물은 DNA라는 유전물질을 가지고 있다. DNA에 포함된 유전정보는 생물체를 형성하고 기능을 나타내게 한다. 유전자 조작생물은 이러한 DNA의 특성을 이용한 유전자재조합을 통해 만들어진다. 유전자 조작생물이란 기존 생물의 DNA에 다른 생물의 DNA를 재조합하여 만들어낸 새로운 형질을 갖는 생물을 말한다.

2) 유전자 조작 제품

유전자 조작 제품에는 영농 관련 투입 자재(농약, 비료, 사료, 모종, 종자, 종축 등), 가공식품의 원료, 가공첨가제 등이 있다(표 3-13).

표 3-13. 유전자 조작 생산물

구분	내용
작물	콩, 알팔파, 사과, 살구, 가지, 아보카도, 바나나, 보리, 블루베리, 잠두, 브로콜리, 양배추, 당근, 카사바, 밤, 완두콩, 감귤류, 코코아, 코코넛, 커피, 오이, 아마 씨, 마늘, 포도, 자몽, 호프, 키위, 부추, 상추, 망고, 카사바, 멜론, 겨자, 귀리, 올리브, 양파, 오렌지, 파파야, 땅콩, 배, 후추, 박하, 파인애플, 자두, 감자, 호박, 유채, 쌀, 딸기, 사탕무, 사탕수수, 해바라기, 고구마, 담배, 토마토, 호두, 수박, 밀, 옥수수, 목화, 아마 등
식품류	알코올, 제빵 믹스, 베이킹파우더, 맥주, 시리얼, 버터, 치즈, 껌, 초콜릿, 콜라, 과자, 콘플레이크, 각설탕, 달걀, 식품 보충제, 냉동식품, 과일 주스, 햄, 벌꿀, 아이스크림, 잼, 레모네이드, 마가린, 마요네즈, 육류와 소시지 제품, 우유, 국수, 파스타, 피자, 감자 칩, 소스, 연어, 두유, 두부, 토마토케첩, 야채 주스, 식물성 기름, 포도주 등
식품 재료 및 첨가물	아미노산, 아스파탐, 베타카로틴, 바이오틴, 캐러멜, 캐러멜색소, 캐러멜 설탕, 카로티노이드, 셀룰로스, 구연산, 코발아민, 옥수숫가루, 시스테인, 시스틴, 덱스트린, 에틸말톨, 에틸셀룰로오스, 지방산, 과당, 그루코닉산, 포도당, 포도당 시럽, 글루탐산, 글리세린, 구아닐릭산, 이노시네이트, 인버타아제, 아이소말트, 락토플라빈, 락토스, 레시틴, 류신, 라이신, 라이소자임, 맥아 설탕, 말토덱스트린, 말톨, 말토스, 만니톨, 메싸이오닌, 메틸셀룰로스, 모노글리세라이드, 다이글리세라이드, 니신, 페닐알라닌, 식물 기름, 폴리덱트로스, 유채 기름, 리보플라빈, 소비톨, 콩가루, 콩기름, 콩 레시틴, 녹말, 설탕, 해바라기 기름, 감미료, 타피오카, 토코페롤, 트레할로스, 트립토판, 바닐라 향, 바닐린, 비타민 B12, 비타민 B2(리보플라빈), 비타민 C, 비타민 E, 자일리톨, 효모 추출물 등
효소	Acetolactate decarboxylase, Aminopeptidase, Amylase, Asparaginase, Catalase, Cellulase, CGTase, Chymosin, Galactosidase, Glucanase, Glucose isomerase, Glucose oxidase, Hemicellulase, Hexose oxidase, Laccase, Lactase, Lipase, Lipoxygenase, Mannanase, Pectinase, Pectin esterase, Phytase, Protease, Pullulanase, Transglutaminase, Xylanase 등

7) Genetically Modified Organism

구분		내용
투입 자재	제초제	옥수수 글루텐 (Bt 옥수수 유도제) 등
	살충제	*Bacillus thuringienis*, vegetable oil sprays(유채, 옥수수, 콩, 면화씨) 등
	비료	*Rhizobia* 접종원, 콩, 유채, 목화씨 깻묵 등
동물		rBST을 처리한 가축, 질환모델동물, 인간장기 생산 동물, 유용 생리활성물질생산 동물, 부산물 품질 향상 동물, 내병성 향상 동물, 가축 개량 등
사료		아미노산 보조제·백신·담체·충전제·먼지 억제제·사료 보조제·비타민 등이 첨가된 사료, 유전자 변형 원료(옥수수, 콩깻묵, 목화씨 깻묵, 유채박, 알팔파)를 사용한 사료 등

3) 유전자 조작 심사요령

유전자 조작 여부에 대한 심사요령은 다음과 같다.

(1) 농산물의 유전자 조작 여부 심사관리 요점

○ 심사원은 먼저 사용된 종자와 모종이 GMO인지 확인해야 한다. 이를 위해 종자와 모종의 구매영수증을 확인하고 필요한 경우 non-GMO를 증명하는 문서를 요구한다. 유전자 조작이 될 수 있는 작물의 경우 제출 문서의 진위를 확인해야 한다.

○ 농자재도 종자와 모종과 같은 방법으로 심사된다. 심사원은 제공된 문서를 정확하게 평가하고 이를 검증한다. 농자재가 유전자 조작되지 않았는지, GMO로부터 유래되지 않았는지 등을 확인한다. 의심되는 점이 있다면 이를 심사보고서에 기재한다.

○ 전환 기간 중에도 유전자 조작 투입 자재를 사용해서는 아니 된다. 신청인은 전환 기간에 GMO가 사용되지 않았음을 증명할 기록을 갖추어야 한다. 심사원은 인증기관 기준에 제시된 전환 기간을 확인하고 이 기간에 신청인이 금지된 투입 자재를 사용했는지 확인한다.

○ 타가수분하는 작물의 경우 GMO 유전자의 혼입이 일어날 수 있다. 따라서 심사원은 잠재적 유전자 부동에 대한 위해성을 평가하기 위하여 다음의 사항을 확인하여야 한다.

- 재배포장 주변의 관행 농지에서 GMO 작물을 재배하는가?
- 어떤 종류의 GMO 작물인가?
- 관행 농지의 GMO 작물 재배지역으로부터 완충지대가 적절한가?
- 관행 농지의 GMO 작물 재배지역으로부터의 풍향은 어떠한가?
- 주변 농지에서 GMO 작물을 재배한다면 이에 대한 대책은 있는가?

(2) 축산물의 유전자 조작 여부 심사관리 요점

○ 농장에서 사육되고 있는 가축은 출처가 명확해야 한다. 가축을 입식하려는 경우 해당 가축은 인증기준에 맞게 사육된 가축이어야 한다(그렇지 않으면 전환 기간을 거쳐야 한다). 신청인은 가축이 유전자 조작되지 않았고 유전자 조작 사료와 의약품이 이용되지 않았음을 증명하여야 한다. 심사원은 사료와 보조제의 성분을 확인하여야 한다. 방목지와 사료작물 재배지에서 재배되는 작물도 GMO가 아니어야 한다.

○ 가축의 의료기록도 심사의 대상이 된다. 인증받으려는 가축에 호르몬제(rBST, 번식 호르몬 등), 항생제 등을 사용해서는 안 된다. 심사원은 축사와 그 주변을 둘러보고 금지된 약품이 있는지 확인한다. 가축을 관찰할 때는 가축에 주사 자리가 있는지 확인한다. 젖소의 경우 우유 생산량이 적절한지 확인해야 한다.

○ 신청인은 사용된 제품과 가축이 GMO가 아니라는 기록을 갖고 있어야 한다. 심사원은 조사된 내용과 제공된 자료를 비교하여 의심되는 점이 있으면 인증기관에 보고한다.

4) 유전자 분석

유전자 분석은 투입재가 유전자 조작되었다고 의심되거나 유기 생산물이 GMO로부터 보호되지 않았다고 생각될 때 실시된다. 심사원은 시료 채취 방법에 따라 시료를 채취한다. 이렇게 채취된 시료는 적절하게 취급되어 분석실로 보내진다. 타가수분하는 작물(옥수수, 유채)의 경우 비의도적으로 GMO 유전자가 혼입될 수 있다. 그러므로 투입재 특히 타가수분 하는 작물의 종자가 non-GMO 인지 꼭 확인해야 한다.

2.4.6 허위 행위의 탐지 및 예방

심사원의 중요한 책임 중 하나는 잠재적 위반행위를 예방하는 것이다. 이를 예방하기 위해 심사원은 신청인에게 관련 사항을 충분히 설명해야 한다. 이해의 부족(고의적이지 않은)으로 발생한 위반행위도 인증 취소로 이어질 수 있으므로 신청인의 이해 정도를 확인하는 것도 중요한 일이다. 문서심사 시 심사원은 신청인이 제출한 문서를 꼼꼼히 검토하고 사실 여부를 확인해야 한다. 이 과정에서 문서상 위반행위(문서의 변조)가 발견될 수도 있다. 현장심사 시에는 신청인이 제출한 문서상의 정보가 심사원의 관찰 내용과 일치 하는지 확인한다. 일치하지 않는다면 신청인에게 이에 대해 질문한다. 신청인은 이 질문에 대해 확실히 답하지 못할 수도 있다. 이 경우 심사원은 신청인 이외의 사람들과도 대화하여야 한다. 투입재 공급자, 노동자, 이웃한 포장의 주인이 그 대상이 된다. 심사원은 이들과의 대화에 대해 정확한 기록을 남겨야 한다. 대상 인물의 이름과 그 사람의 주장을 함께 기록하도록 한다. 다음에 발생할지 모르는 법적 소송에서 이는 중요한 자료가 될 것이다. 심사원은 의심이 되는 점을 신청인에게 질문 할 수 있다. "제3장 2.3 면담 및 질문의 요령"에서 기술한 STAR[8]기법에 따른 질문은 일반적 STAR 질문과 거짓 파악을 위한 STAR 질문으로 구분할 수 있다(표 3-14). 거짓 파악을 위한 STAR 질문의 경우 인증신청인이 심문당하는 느낌을 주지 않도록 특별히 유의하여야 한다.

표 3-14. 일반적 질문 및 거짓 파악을 위한 STAR 질문

구분	일반적 질문	거짓 파악을 위한 질문
S	• OOO 병해충이 발생하였을 때의 상황을 말씀하여 주십시오. • 어떻게 하여 OOO 병해충이 발생하게 되었나요?	• 그와 유사한 병해충이 최근에 발생하였던 적이 있나요? • 그 당시의 상황에서 아직도 기억에 남는 것은 무엇인가요?
T	• OOO 병해충 발생에 대하여 어떻게 대처하셨나요?	• 그 당시의 조치를 구체적으로 말씀하여 주십시오. • 그 당시의 조치 중 다르게 했으면 좋았을 조치는 무엇인가요?
A	• OOO 병해충을 방지하기 위하여 어떤 노력을 하셨나요?	• OOO 병해충을 방지하기 위하여 취하신 행동들을 구체적으로 그리고 단계적으로 설명하여 주십시오.
R	• OOO 병해충을 방지하기 위하여 노력하신 결과가 어떻든가요?	• OOO 병해충을 방지하기 위하여 노력하신 결과 얻은 성공과 실패는 무엇입니까? • 이상 말씀하신 것을 누가 알고 있으신가요?

8) Situation, Task, Action, Result

농축산물의 생산량과 판매량, 가공품의 원료량과 생산량을 비교하는 것도 허위 행위의 탐지에 도움이 된다. 유기농산물의 경우 재배작물, 재배면적, 그해의 지역 평균 생산량 등의 자료를 이용하여 생산량이 적절한지 확인한다. 축산물의 경우 도축된 마릿수, 평균 육량 등을 이용하여 확인한다. 재포장 및 가공품의 경우 투입·산출 계산을 통해 생산량이 적당한지 확인할 수 있다. 때때로 심사원의 질문이 신청인에게 제공되는 '유용한 정보'일 수 있다. '유용한 정보'를 입수한 신청인은 심사원에게 발각되기 전 허위 행위의 증거를 없애 버릴 수 있다. 따라서 심사원은 자신의 질문이 신청인에게 '유용한 정보'가 되지 않도록 주의해야 한다. 허위 행위를 발견하는 즉시 증거자료(사진, 보조문서 등)를 수집하고 신청인이 증거를 없애버릴 시간적 여유를 두지 않아야 한다. 심사하는 동안 의심되는 점에 대해 확실한 답을 얻지 못할 수도 있다. 이럴 때는 결과보고서에 이를 기재하여 인증기관에 보고하도록 한다. 정확한 확인이 필요한 경우 인증기관은 추가심사를 시행할 것이다.

2.5 심사보고서 작성

2.5.1 심사보고서의 구성

심사보고서는 표 3-15와 같이 서두, 본론, 요약, 첨부로 구성된다.

표 3-15. 심사보고서의 구성

구분	내용	비고
서두	성명, 주소, 현장심사 일정, 인증신청명세 등	
본문	• 신청인의 인증신청 동기와 인증제도에 대한 이해정도 • 농장 이력 확인 결과 • 농장의 전환 기간 확인 결과 • 제출된 인증품 생산계획서의 이행 여부 확인 결과 • 제출된 경영 관련 자료의 진위 확인 결과 • 토양의 평가 결과 • 용수원 평가 결과 • 완충지대(보호시설) 설정 여부와 평가 결과 • 작부체계 확인 결과[윤작(혼작)에 따른 두과·녹비·심근성 작물의 재배 여부] • 허용된 종자와 모종의 사용 여부 • 허용된 농자재의 사용 여부 • 오염과 혼입의 위험성 평가 결과 (관행 포장, 관행 농산물로부터의 격리 여부 등) • 농산물의 생산량 및 판매량 확인 결과 • 인증표시 확인 결과 • 시료 채취 명세 • 시료 채취 위치 • 기타 특이사항 • 기타 인증판정에 도움이 되는 사항	적합 사항과 부적합 사항을 기술하되 잠재적 부적합(쟁점) 사항에 대하여 상세히 기술한다.
요약	쟁점 사항을 요약한다(본론에서 언급되지 않은 사항은 요약 부분에 기록하지 않는다).	<쟁점 사항 기술의 예> 홍길동에 의하여 신청된

구분	내용	비고
		쌀의 유기 인증을 심사함에 있어서 다음의 쟁점 사항은 잠재적 부적합 요인으로 판단됨 1) - - - - - - 2) - - - - - -
첨부	추가 자료	목록화하여 첨부할 것

2.5.2 심사보고서 작성의 원칙

심사보고서는 표 3-16과 같이 사실성, 간결성, 정확성, 완전성을 갖추고 있어야 한다. 인증 종류별 심사보고서 작성의 구체적인 예는 개인인증의 경우, 유기농산물 인증심사 방법, 유기축산물 인증심사 방법, 취급자 인증심사 방법을 참조하기를 바라며[9] 단체인증의 경우는 제4장 단체의 인증심사를 참조하기를 바란다.

표 3-16. 인증심사보고서 작성의 원칙

구분	작성요령	비고
사실성	심사보고서는 객관적인 사실을 기초로 작성되어야 한다. 개인적 생각이나 추측은 보고서의 질을 떨어뜨린다. 보고서에 기재되는 모든 사항은 증명되어야 하며 이를 증명할 수 있는 자료를 첨부해야 한다. 구두로만 확인하여 객관성이 없는 사항을 열거하는 것은 피해야 하며 필요하다면 서면 확인서를 받아두는 것도 좋다.	보고서는 법정에서 증거문서로 사용될 수 있는 공식문서이다.
간결성	심사보고서는 간결하게 작성되어야 한다. 이를 위해 심사원은 인증기준에서 요구하는 사항만 보고서에 기재하도록 한다.	불필요한 내용의 기재를 막기 위해서 내용 뒤에 인증기준을 나열하기보다는 그 조항을 간결하게 표시하는 것이 더 낫다.
정확성	보고서의 내용은 인증기관이 정확하게 이해할 수 있도록 작성되어야 한다. 정확한 문법과 명확한 용어를 사용하여 인증기관이 보고서를 잘못 해석하는 일이 없도록 해야 한다.	객관적 사실의 보고를 위하여 수동태의 문장으로 기록하는 것도 좋은 방법이다.
완전성	심사보고서는 완전성을 갖추어야 한다. 이는 심사보고서가 인증판정에 필요한 모든 정보를 포함하고 있어야 함을 의미한다.	심사보고서는 신청자의 정보에서부터 최종 면담에 이르기까지 인증판정을 위한 완전한 정보를 갖추고 있어야 한다.

2.5.3 심사보고서의 제출

현장심사가 끝나면 심사원은 심사보고서를 작성하게 된다. 심사보고서는 인증심사의 결과물로서 심사과정의 모든 정보를 포함하고 있으므로 인증기관과 신청인 모두가 심사보고서를 통해 유용한 정보

9) 한옥수, 김태옥. 2020

를 얻을 수 있다. 인증기관은 심사보고서를 인증판정의 근거로 사용하며 신청인은 심사보고서를 통해 자신이 개선해야 할 사항을 알게 된다. 따라서 심사원은 현장심사가 끝나고 보고서 작성을 완료하기 전에 보고서의 내용을 신청인에게 설명하도록 하고 잠재적 부적합 사항이 존재할 경우 신청인의 해명을 듣도록 한다. 이는 부적합 사항이 심사원의 평가 오류로부터 발생할 가능성이 있기 때문이다. 심사원이 신청인에게 심사보고서의 내용을 전달하는 과정은 흔히 최종 면담[10)]에서 이루어진다. 심사 현장이 아닌 다른 장소에서 심사보고서가 작성될 때도 최종 면담은 현장심사에 있어서 빠질 수 없는 부분이다. 최종 면담의 과정에서 잠재적 부적합 사항에 대하여 신청인이 예방, 개선 및 보호조치를 스스로 세웠다면 심사원은 이를 심사보고서에 기재하고 관련 문서(이행계획서, 협약서 등)를 첨부하여야 한다. 현장심사 과정에서 자료의 변경이나 추가 자료가 생성되면 이를 보고서에 명시하여야 한다.

3. 인증 관련 국제 표준

ISO/IEC 17065[11)]는 국제 표준으로서 유기식품을 포함한 모든 제품, 프로세스 및 서비스에 대한 인증을 제공하는 인증기관에 대한 요구사항을 기술하고 있으며, ISO 19011[12)]에서는 인증기관의 경영시스템 관련 국제 표준 지침으로서 유기 인증을 포함한 모든 인증 시스템과 관련된 경영 요구사항을 규정하고 있다. 우리나라에서도 인증기관의 일반적인 인증심사 업무에 관하여 ISO/IEC 17065 표준 지침서의 요구사항을 만족하도록 권고하고 있으며, 인증기관의 경영에 대하여서는 ISO 19011의 지침을 따르도록 권장하고 있다.

3.1 ISO/IEC 17065 요구사항[13)]

○ 제품, 프로세스 또는 서비스 인증의 최종목표는 모든 이해관계자에게 제품, 프로세스 또는 서비스가 규정된 요구사항을 충족한다는 신뢰를 주는 것이다. 인증의 가치는 제3자가 규정된 요구사항에 충족함을 공평하고 역량 있는 증명을 통하여 정립되는 신뢰와 믿음의 정도이다. 인증의 이해관계자는 다음을 포함하나 이에 한정하지 아니한다.

  a) 인증기관의 의뢰자(clients)
  b) 제품, 프로세스 또는 서비스가 인증되는 조직의 고객
  c) 정부 당국
  d) 비정부조직 (NGO)
  e) 소비자 및 공공적인 기타 구성원

○ 이해관계자는 인증기관에 해당되는 경우 인증스킴의 요구사항뿐만 아니라 표준의 모든 요구사항을 충족시킬 것을 기대하거나 요구할 수 있다.

○ 제품, 프로세스 또는 서비스 인증은 이것들이 표준 및 다른 규범 문서에 규정된 요구사항에 적합함을 보증하는 수단이다. 어떤 제품, 프로세스 또는 서비스 인증스킴은 최초시험 또는 검사 및 공급자

10) Exit Interview
11) ISO. 1996; 한국 제품 인정기구. 2015; ISO. 2019(관련 인용 내용에 대한 권리는 원저자 및 역 저자에게 있음)
12) ISO. 2018; 산업표준 심의회. 2021(관련 인용 내용에 대한 권리는 원저자 및 역 저자에게 있음)
13) 한국 제품 인정기구. 2015(관련 인용 내용에 대한 권리는 원저자 및 역 저자에게 있음)

품질경영시스템의 평가를 포함할 수 있으며, 또한 품질경영시스템과 공장 또는 시장에서 채취한 샘플의 시험 또는 검사를 고려하는 사후관리가 이어진다. 다른 스킴은 최초시험과 사후관리 시험에 의존하는 것도 있고, 형식시험만 하는 것도 있다.

○ 이 표준은 인증기관이 역량이 있으며 공평한 방식으로 인증스킴을 운영한다는 것을 보장하려는 의도의 요구사항과 준수사항을 규정하며, 그렇게 함으로써 해당 기관의 인정과 국가 및 국제기준으로 인증된 제품, 프로세스 및 서비스를 수용하도록 촉진하고, 더 나아가 국제무역을 촉진한다. 이 표준은 정부 당국, 스킴 운영자와 기타기관에 의한 인정, 동등성 평가 또는 지정을 위한 기준문서로써 사용될 수 있다.

○ 이 표준에 포함된 요구사항은 제품, 프로세스 또는 서비스 인증스킴을 운영하는 인증기관에 대한 일반적인 기준에도 간주되도록 작성되었다. 이러한 요구사항은 특정 산업 또는 특정 분야에서 이들을 사용하고자 할 때, 또는 건강과 안전과 같은 특정 요구사항이 고려되어야 하면 확대될 수도 있다. 부속서 A는 인증기관과 그들이 제공하는 인증 활동과 관련된 원칙을 포함하고 있다.

○ 이 표준은 스킴과 스킴 개발방식에 대한 요구사항을 규정하지 않으며, 또한 스킴 운영자의 역할 또는 선택을 제한할 의도는 없으나, 스킴 요구사항은 이 표준의 어떠한 요구사항을 부정하거나 배제하지 않는 것이 좋다.

○ 적용표준 또는 기타규범 문서에 대한 적합성 선언은 인증서 및/또는 적합성 마크 형태가 될 수 있다.

○ 규정된 표준이나 기타규범 문서에 대한 특정 제품이나 제품 그룹, 프로세스 및 서비스 인증스킴은 많은 경우에 스킴 해설서가 요구될 것이다.

○ 이 표준은 제품, 프로세스 또는 서비스 인증을 제공하는 제3자와 관련되어 있지만, 이 규정의 많은 부분이 제1자 및 제2자에 의한 제품의 적합성평가절차에도 유용할 수 있다.

○ 이 표준에서, 다음의 구문형식이 사용된다.

- "하여야 한다(shall)"는 요구사항을 의미한다.
- "하는 것이 좋다(should)"는 권고사항을 의미한다.
- "해도 된다(may)"는 허가(permission)를 의미한다.
- "할 수 있다(can)"는 가능성 및 능력(capability)을 의미한다.

○ 그 밖의 자세한 내용은 ISO/IEC 지침서, 제2부를 기초로 작성한 KS A 0001:2008에서 확인할 수 있다.

3.1.1 적용 범위

○ 이 표준은 제품, 프로세스 및 서비스 인증기관의 적격성, 일관된 운영 및 공평성에 대한 요구사항을 포함한다. 이 표준에 따라 운영하는 인증기관은 모든 유형의 제품, 프로세스 및 서비스 인증을 제공할 필요는 없다. 제품, 프로세스 및 서비스의 인증은 제3자 적합성평가 활동이다(KS Q ISO/IEC 17000:2004, 정의 3.1.5.5 참조).

○ 이 표준에서 별도 규정에 "프로세스" 또는 "서비스"로 명시된 경우를 제외하고, "제품"이라는 용어는 "프로세스" 또는 "서비스"로 볼 수 있다(부속서 B 참조).

3.1.2 인용 표준

○ 아래의 인용 표준은 이 문서를 적용하는 데에 필수적이다. 발간 일자가 명시되어 있는 인용 표준에 대해서는 언급된 표준만을 적용한다. 발간 일자가 명시되어 있지 않은 인용 표준에 대해서는 최신판

(모든 수정사항 포함)을 적용한다.

KS Q ISO/IEC 17000, 적합성평가 - 용어 및 일반원칙

KS Q ISO/IEC 17020, 검사기관 운영에 대한 일반기준

KS Q ISO/IEC 17021, 적합성평가 - 경영시스템 심사 및 인증을 제공하는 기관에 대한 요구사항

KS Q ISO/IEC 17025, 시험기관 및 교정기관의 자격에 대한 일반 요구사항

3.1.3 용어 및 정의

○ 이 표준의 목적상 용어 및 정의는 KS Q ISO 9000, KS Q ISO/IEC 17000에 수록된 용어 및 다음을 적용한다.

3.1.3.1 의뢰자 (client)

제품 요구사항(3.1.3.8)을 포함하여, 인증 요구사항(3.1.3.7)이 충족됨을 보장하기 위해 인증기관에 대하여 책임이 있는 조직 또는 개인

【비고】 "의뢰자"란 용어가 이 표준에서 사용될 때는 특별히 명시되지 않는 한 이 용어는 "신청자" 및 "의뢰자" 둘 다 적용된다.

3.1.3.2 자문 (consultancy)

○ 다음에 참여하는 것

a) 인증 제품 또는 인증받을 제품의 설계, 제조, 설치, 유지·보수 또는 유통

b) 인증 프로세스 또는 인증받을 프로세스의 설계, 이행, 운영 또는 유지·보수

c) 인증 서비스 또는 인증받을 서비스의 설계, 이행, 제공 또는 유지·보수

【비고】 이 표준에서, "자문"이란 용어는 인증기관의 활동, 인증기관 직원 및 인증기관과 관련되었거나 연관된 기관의 활동과 연계하여 사용된다.

3.1.3.3 평가 (evaluation)

적합성평가 활동의 선택 및 결정 기능과의 조합

【비고】 선택 및 결정 기능은 KS Q ISO/IEC 17000(A.2 및 A.3)에 규정되어 있다.

3.1.3.4 제품 (product)

프로세스의 결과

【비고】 1 일반적 제품 범주의 네 가지 종류는 KS Q ISO 9000에 명시되어 있다.

- 서비스(예 : 운송) (3.1.3.6 참조)
- 소프트웨어(예 : 컴퓨터 프로그램, 사전)
- 하드웨어(예 : 엔진, 기계 부품)
- 연속집합체-가공물질(processed materials)(예 : 윤활유)

○ 많은 제품은 서로 다른 제품 범주에 속하는 요소로 구성된다. 제품이 서비스, 소프트웨어, 하드웨어 또는 연속집합체-가공물질(processed materials)로 불리는가는 주된 요소에 따른다.

【비고】 2 제품은 식물의 성장 및 기타 천연자원 형성과 같은 자연적 프로세스의 결과를 포함한다.

【비고】 3 KS Q ISO/IEC 17000 3.1.3.3 정의 적용

3.1.3.5 프로세스/공정 (process)

입력을 출력으로 변환시키는 상호 관련되거나 상호 작용하는 활동의 집합

예 : 용접공학 프로세스(KS B ISO 3834), 열처리 프로세스, 프로세스 능력의 확인이 요구되는 제조 프로세스(예, 규정된 허용범위 내에서 운영 또는 제품 생산), 식품 생산 프로세스 및 식물 생장 프로세스

【비고】 KS Q ISO 9000 3.4.1 정의 적용

3.1.3.6 서비스 (service)

공급자와 고객 사이의 접점에서 필수적으로 수행되는 적어도 하나의 활동 결과이며, 일반적으로 무형의 제품이다.

【비고】 1 서비스의 제공은 다음 사항을 포함할 수 있다.

- 고객이 제공한 유형의 제품(예: 수리가 필요한 자동차)에 수행되는 활동
- 고객이 제공한 무형의 제품(예: 세금환급에 필요한 수입 명세서)에 수행되는 활동
- 무형 제품의 인도(예: 지식 이전과 관련된 정보의 전달)
- 고객을 위한 환경조성(예 : 호텔 및 식당에서)

【비고】 2 KS Q ISO 9000 3.4.2 정의 적용

3.1.3.7 인증 요구사항 (certification requirement)

인증을 부여하거나 유지하는 조건으로서 의뢰자(3.1 참조)가 충족시켜야 하는 제품 요구사항(3.1.3.8 참조)을 포함하는 특정 요구사항

【비고】 인증 요구사항은 이 표준을 만족시키기 위하여 인증기관이 의뢰자에게 부과하는 요구사항[통상 인증협약을 매개로 함(3.1.4.1.2 참조)]을 포함하고, 인증스킴에 의해 의뢰자에게 부과하는 요구사항도 포함할 수 있다. 이 표준에서 사용되는 "인증 요구사항"에는 인증스킴에 의해 인증기관에 부과되는 요구사항은 포함되지 않는다.

예 : 제품 요구사항이 아닌 인증 요구사항은 다음과 같다.

- 인증협약의 이행
- 수수료 지불
- 인증 제품의 변경에 대한 정보 제공
- 사후관리 활동을 위한 인증 제품에 대한 접근 허용

3.1.3.. 제품 요구사항 (product requirement)

인증스킴에 의해 식별된 표준 또는 기타규범 문서에서 규정하고 있는 제품과 직접적으로 관련된 요구사항

【비고】 제품 요구사항은 규정, 표준 및 기술시 방과 같은 규범 문서에 규정될 수 있다.

3.1.3.9 인증스킴 (certification scheme)

동일하게 규정된 요구사항, 특정 규칙 및 절차를 적용하는 특정 제품과 관련된 인증시스템

【비고】 1 KS Q ISO/IEC 17000 2.8 정의 적용

【비고】 2 "인증시스템"은 KS Q ISO/IEC 17000 2.7에 정의된 적합성평가 시스템이다.

【비고】 3 제품, 프로세스 및 서비스 인증을 수행하기 위한 규칙, 절차 및 관리에 대한 기준은 인증스킴에

의해 명시된다.

【비고】 4 스킴 개발에 대한 일반 지침서는 ISO/IEC Guide 28 및 ISO/IEC Guide 53과 조합하여 ISO/IEC 17067에 제시되어 있다.

3.1.3.10 인증의 범위 (scope of certification)

○ 인증을 받는 제품, 프로세스 또는 서비스의 식별
○ 적용 가능한 인증스킴의 식별
○ 제품, 프로세스 또는 서비스의 준수 여부를 판단하는 표준 및 기타규범 문서의 식별

3.1.3.11. 스킴 책임자(scheme owner)

특정 인증 스킴(3.1.3.9 참조)의 개발 및 유지에 책임이 있는 개인 또는 조직

【비고】 인증 스킴 책임자는 인증기관, 정부 당국, 거래단체, 인증기관 그룹 또는 기타일 수 있다.

3.1.3.12. 인증기관 (certification body)

인증 스킴을 운영하는 제3자 적합성 평가기관

【비고】 인증기관은 (규제적 권한 유무와 관계없는) 비정부조직 또는 정부 기관일 수 있다.

3.1.3.13 공평성 (impartiality)

객관성(objectivity)의 실재(presence)

【비고】 1 객관성은 이해 상충이 없거나, 기관 활동에 악영향을 미치지 않도록 해결되는 것으로 이해된다.

【비고】 2 공평성의 요소를 전달하는데 유용한 기타 용어로는 독립성, 이해 상충이 없음, 편향되지 않음, 편견 없음, 중립성, 공평성, 오픈 마인드, 공평함, 분리, 균형이 있다.

3.1.4 일반 요구사항

3.1.4.1 법적 및 계약적 사항

3.1.4.1.1 법적 책임

○ 인증기관은 법인이거나, 법인이 모든 인증 활동에 대한 법적 책임을 질 수 있는 법인의 일부 조직이어야 한다.

【비고】 인증기관이 정부인 경우에는 법인으로 간주된다.

3.1.4.1.2 인증협약

3.1.4.1.2.1 인증기관은 의뢰자에 대한 인증 활동 제공을 위하여, 법적 구속력이 있는 협약을 체결하여야 한다. 인증협약은 인증기관이나 의뢰자 간의 책임을 고려하여야 한다.

3.1.4.1.2.2 인증기관은 이러한 기관의 인증협약이 최소한 의뢰자가 다음 사항을 준수하도록 요구함을 보장하여야 한다.

a) 의뢰자는 인증기관으로부터 인증요구사항을 전달받는 경우 적절한 변경의 이행(7.10 참조)을 포함하여 항상 인증요구사항(3.1.3.7 참조)을 충족한다.

b) 인증이 진행 중인 생산에 적용된다면, 그 인증 제품은 제품요구사항(3.1.3.8 참조)을 계속하여 충족하게 된다.

c) 의뢰자는 다음 사항을 위한 모든 필요한 준비를 한다.

1) 문서와 기록의 조사 및 관련 장비, 장소, 구역, 인원/임직원(personnel) 및 의뢰자의 위탁계약자들의 접근을 포함하여, 평가(3.1.3.3)및 사후관리(요구되는 경우)의 수행
2) 불만 조사
3) 해당하는 경우, 관찰자의 참여

d) 의뢰자는 인증의 범위에 일치하는 인증에 관한 주장을 한다(3.1.3.10 참조).
e) 의뢰자는 인증기관이 허위 또는 권한이 없는 것으로 생각할 수 있는 제품인증에 관한 어떠한 표명도 해서는 안 된다.
f) 인증이 정지, 취소 또는 만료된 경우, 의뢰자는 인증사실이 언급된 모든 광고물의 사용을 중지하여야 하며, 모든 인증문서는 인증스킴의 규정대로 조치를 취하여야 하고 (예를 들어 인증 관련 문서 반환), 기타 필요한 조치를 취한다.
g) 만일 의뢰자가 인증문서 사본을 다른 사람에게 제공하는 경우, 그 문서는 전체 또는 인증스킴에 규정한 대로 재발급되어야 한다.
h) 문서, 안내 책자 또는 광고물과 같은 매체에서 제품인증 사실을 언급할 경우, 의뢰자는 인증기관의 요구사항 또는 인증스킴의 규정을 준수해야 한다.
i) 인증스킴에 규정된 경우, 의뢰자는 적합성 마크의 사용 및 제품에 관한 모든 요구사항을 준수한다.

【비고】 KS Q ISO/IEC 17030, ISO/IEC Guide 23 및 ISO/IEC Guide 27을 참조한다.

j) 인증요구사항 준수와 관련하여 의뢰자에게 알려진 모든 불만 기록을 보존하고 인증기관이 요구하는 경우 이러한 기록을 활용할 수 있게 하며.
1) 그러한 불만 및 인증 요구사항을 준수하는 데 영향을 미치는 제품에서 발견된 결함에 대하여 적절한 조치를 취한다.
2) 취한 조치는 문서화한다.

【비고】 인증기관에 의하여 j)항의 검증은 인증스킴에 규정할 수 있다.

k) 의뢰자는 인증 요구사항을 준수하기 위한 능력에 영향을 줄 수 있는 변경사항을 지체없이 인증기관에 통지한다.

【비고】 변경의 예는 다음 사항을 포함할 수 있다:

- 법적, 상업적, 조직의 지위 또는 소유권의 변경
- 조직 및 경영진(예를 들면, 핵심 경영진, 의사결정 또는 기술직원) 변경
- 제품 또는 생산방법의 변경
- 연락처 및 생산 장소의 변경
- 품질경영시스템의 주요 변경

3.1.4.1.3 라이센스, 인증서 및 적합성 마크의 사용

3.1.4.1.3.1 인증기관은 인증된 제품을 나타내는 라이센스, 인증서, 적합성 마크 및 기타 어떠한 방식들에 대한 소유권, 사용 및 표시에 관해서 인증스킴에 따라 관리하여야 한다.

【비고】 1 인증기관이 허용하는 인증서와 마크 사용에 대한 지침은 ISO/IEC Guide 23에서 얻을 수 있다.

【비고】 2 KS Q ISO/IEC 17030은 제3자 마크 사용에 대한 요구사항을 제시한다.

3.1.4.1.3.2 문서화 또는 기타 홍보물에서 발견된 인증스킴의 부정확한 언급, 오해를 불러일으킬 수 있는 라이센스, 인증서, 마크 또는 인증 제품을 지칭하는 모든 방식을 사용하는 것에 대한 적절한 조치를 취해야 한다.

【비고】 이러한 조치들은 ISO/IEC Guide 27에 언급되어 있으며, 시정조치, 인증서의 취소, 위반 사실의 공표 및 필요한 경우 기타 법적 조치 등이 포함될 수 있다.

3.1.4.2 공평성 관리

3.1.4.2.1 인증 활동은 공평하게 수행되어야 한다.

3.1.4.2.2 인증기관은 인증 활동의 공평성에 대한 책임이 있고 공평성을 저해하는 상업적, 재정적 또는 기타의 압력을 허용해서는 안 된다.

3.1.4.2.3 인증기관은 지속적으로 인증기관의 공평성에 대한 리스크를 파악하여야 한다. 이는 인증기관의 활동, 인증기관의 관계 또는 인증기관 직원(3.1.4.2.12 참조)과의 관계로부터 발생하는 모든 리스크를 포함한다. 그러나 이러한 관계는 공평성에 대한 리스크로 인증기관에 필연적으로 나타나는 것은 아니다.

【비고】 1 인증기관의 공평성을 위협하는 관계는 소유권, 지배권, 경영, 인사, 자원 공유, 재정, 계약, 마케팅(상표 포함), 판매 수수료의 지불 또는 새로운 의뢰자 소개를 위한 장려 등에 근거할 수 있다.

【비고】 2 리스크 식별이 ISO 31000에 명시된 리스크 평가를 의미하는 것은 아니다.

3.1.4.2.4 만일 공평성에 대한 리스크가 파악된다면, 인증기관은 그러한 리스크를 어떻게 제거하거나 최소화하는 방법을 검증할 수 있어야 한다. 이러한 정보는 3.1.5.2에 언급된 방법이 유용하게 적용되어야 한다.

3.1.4.2.5 인증기관의 최고경영진은 공평성을 보장하여야 한다.

3.1.4.2.6 인증기관과 동일 법인의 일부와 소속 조직 관리(3.1.7.6.4)하의 법인은 다음에 해당 되어서는 안 된다.

a) 인증 제품의 설계자, 제조자, 설치자, 분배자 또는 관리자
b) 인증 서비스의 설계자, 시행자, 운영자 또는 관리자
c) 인증 프로세스의 설계자, 시행자, 제공 또는 관리자
d) 의뢰자에게 자문(3.1.3.2 참조)을 제공
e) 인증스킴이 의뢰자의 경영시스템의 평가를 요구하는 경우 의뢰자에게 경영시스템 자문이나 내부심사를 제공

【비고】 1 이것은 다음을 배제하는 것이 아니다:

- 인증기관과 의뢰자 간의 정보(예: 부적합 사항이나 요구사항을 명확히 하기 위한 설명) 교환 가능성;
- 인증기관의 운영을 위해 필요한 인증 제품의 사용, 설치 및 유지

【비고】 2 "경영시스템 자문"은 KS Q ISO/IEC 17021:2011, 3.3 정의에서 기술되어 있다.

3.1.4.2.7 인증기관은 인증기관 또는 인증기관이 그 일부를 구성하는 법인과 관계가 있는 별도 법인의 활동이 인증 활동의 공평성을 훼손하지 않음을 보장하여야 한다.

【비고】 3.1.4.2.3 【비고】 1 참조

3.1.4.2.8 3.1.4.2.7에서의 별도 법인이 인증된 제품(인증될 제품 포함)을 제공하거나 생산하는 경우 또는 자문(3.2 참조)을 제안하거나 제공하는 경우, 인증기관의 경영진과 검토 및 인증에 대한 의사결정 프로세스에 참여하고 있는 인원은 별도 법인의 활동에 참여해서는 안 된다. 별도 법인의 인원은 인증기관의 경영에 참여하거나 검토 또는 인증 결정에 참여해서는 안 된다.

【비고】 평가인원에 대한 공평성 요구사항은 6절에 명시되어 있으며, 추가 요구사항은 3.1.6.2.1 및 3.1.6.2.2.1에 인용된 기타 관련 표준에 제시되어 있다.

3.1.4.2.9 인증기관의 활동은 자문(3.1.3.2 참조)을 제공하는 조직의 활동과 연계하여 마케팅 또는 제안해서는 안 된다. 인증기관은 특정 자문 조직을 활용하면 인증이 간단하고, 쉽고, 빠르거나 비용이 저렴하다는 언급이나 암시를 해서는 안 된다.

3.1.4.2.10 인증기관이 정한 기간 내에, 인원은 그들이 자문(3.1.3.2 참조)을 제공한 제품에 대한 인증을 결정하거나 검토하여서는 안 된다.

【비고】 1 이 기간은 인증스킴에 규정할 수 있으며, 인증기관이 규정하는 경우는 검토 및 의사결정이 공평성을 저해하지 않도록 보장하기 위해 충분한 기간으로 한다. 기간은 2년이 종종 사용된다.

【비고】 2 평가 인원에 대한 공평성 요구사항은 3.1.6에 명시되어 있으며, 추가적인 요구사항은 3.1.6.2.1 및 3.1.6.2.2.1에 인용된 기타 관련 표준에 제시되어 있다.

3.1.4.2.11 인증기관은 기타 사람, 기관 또는 조직의 활동으로부터 발생되어 알게 되는 공평성에 대한 모든 리스크에 대비하기 위한 조치를 취하여야 한다.

3.1.4.2.12 인증 활동에 영향을 미칠 수 있는 모든 인증기관의 인원(내부 또는 외부) 또는 위원회는 공평하게 행동하여야 한다.

3.1.4.3 배상책임 및 재정

3.1.4.3.1 인증기관은 인증기관 운영으로부터 발생하는 책임을 감당하기 위하여 적절한 준비(예, 보험 또는 적립금)를 하여야 한다.

3.1.4.3.2 인증기관은 인증기관 운영에 필요한 재정적 안정과 자원을 갖추어야 한다.

3.1.4.4 비차별적 조건

3.1.4.4.1 인증기관의 운영 방침 및 절차와 행정 처리는 비차별적이어야 한다. 절차는 이 표준에 별도 규정이 없는 한, 신청기관의 접근을 방해하거나 금지하기 위하여 적용되어서는 안 된다.

3.1.4.4.2 인증기관은 운영범위에 해당하는 활동을 하는 모든 신청자가 서비스에 접근할 수 있도록 해야 한다.

3.1.4.4.3 인증 프로세스에 대한 접근은 의뢰자의 규모나 어느 협회 또는 그룹의 회원을 조건으로 할 수 없으며, 이미 발행된 인증 건수를 조건으로 하는 인증을 해서는 안 된다. 부당한 재정적 또는 기타 조건이 있어서는 안 된다.

【비고】 인증기관은 근본적 또는 실증된 이유가 있는 경우, 의뢰자로부터 인증의 신청 접수 또는 계약의 유지를 거부할 수 있다. 이러한 이유는 의뢰자가 불법 행위에 참여하거나, 인증/제품 요구사항에 대한 부적합을 반복하는 경력이 있고 이와 유사한 의뢰자 관련 문제점 등이다.

3.1.4.4.4 인증기관은 요구사항, 평가, 검토, 의사결정 및 사후관리(있는 경우)를 인증범위에 관련된 것에 한정하여야 한다.

3.1.4.5 기밀 유지

3.1.4.5.1 인증기관은 법적인 구속력이 있는 서약을 통하여 인증 활동의 수행 중에 획득 또는 생성된 모든 정보의 관리에 대하여 책임을 져야 한다. 의뢰자가 공개하도록 한 정보 또는 인증기관과 의뢰자 간에 동의한 경우(예, 불만에 대응하기 위한 목적)를 제외하고, 기타 모든 정보는

소유권이 있는 정보로 간주하여야 하며 기밀정보로 취급하여야 한다. 인증기관은 공개대상으로 전환하고자 하는 정보를 사전에 의뢰자에게 통지하여야 한다.

3.1.4.5.2 인증기관이 비밀정보를 제공하는 것이 법률로 요구되거나 계약에 따라 권한을 부여받은 경우에, 의뢰자 또는 관련자는 법으로 금지하지 않는 한, 제공된 정보에 대해 통보받아야 한다.

3.1.4.5.3 의뢰자 이외의 정보출처(예, 민원인, 규제기관)로부터 획득한 의뢰자에 대한 정보는 기밀로 취급되어야 한다.

3.1.4.6 공개적으로 접근 가능한 정보의 공개

○ 인증기관은 다음 사항을 유지하고(출판물, 전자매체 또는 기타 방법을 통하여), 요청에 따라 이용할 수 있도록 하여야 한다.

a) 평가 절차, 인증범위의 승인, 유지, 확대 또는 축소, 인증의 일시 정지, 취소 또는 거부에 관한 규정 및 절차를 포함하는, 인증스킴에 대한(참고되는) 정보

b) 인증기관이 재정적 지원을 확보하는 수단과 신청자 및 의뢰자에게 부과하는 수수료에 대한 일반 정보에 관한 기술

c) 인증기관의 명칭과 인증 마크의 사용과 승인받은 인증을 인용하는 방법에 대한 요구사항, 제약 또는 제한을 포함하여, 신청자 및 의뢰자의 권리와 의무에 관한 기술

d) 불만 및 이의제기를 처리하는 절차에 대한 정보

3.1.5 조직 요구사항

3.1.5.1 조직구조 및 최고경영진

3.1.5.1.1 인증 활동은 공평성을 보호할 수 있도록 조직되고 운영되어야 한다.

3.1.5.1.2 인증기관은 경영진, 인증 인원과 모든 위원회의 임무, 책임 및 권한이 나타나도록 조직구조를 문서화하여야 한다. 인증기관이 법인의 일부로 정의된 경우의 구조는 권한 계통 및 동일 법인 내의 다른 부서와의 관계가 포함되어야 한다.

3.1.5.1.3 인증기관 경영진은 각각의 다음 사항에 대한 전반적인 권한과 책임을 갖는 이사진(board), 집단 또는 개인을 식별하여야 한다.

a) 인증기관 운영에 관한 방침의 개발

b) 방침 및 절차의 이행에 대한 감독

c) 인증기관 재정에 대한 감독

d) 인증 활동의 개발

e) 인증 요구사항의 개발

f) 평가(evaluation)(3.1.7.4 참조)

g) 검토(review)(3.1.7.5 참조)

h) 인증에 관한 의사결정 (3.1.7.6 참조)

i) 필요한 경우, 인증기관을 대신하여 규정된 활동을 수행할 위원회 또는 인원에 대한 권한의 위임

j) 계약체결

k) 인증 활동을 위한 적절한 자원 제공

l) 불만 및 이의제기에 대한 대응

m) 인원의 역량 요구사항

n) 인증기관의 경영시스템(3.1.8 참조)

3.1.5.1.4 인증기관은 인증 프로세스에 포함되는 모든 위원회의 임명, 권한, 위임사항 및 운영에 대한 공식적인 규정이 있어야 한다(3.1.7 참조). 그러한 위원회는 의사결정에 영향을 미칠 수 있는 어떠한 상업적, 재정적 및 기타의 압력으로부터 자유로워야 한다. 인증기관은 해당 위원회의 위원을 임명 및 해임할 수 있는 권한을 보유하여야 한다.

3.1.5.2 공평성 보장 메커니즘

3.1.5.2.1 인증기관은 인증기관의 공평성을 보장하기 위한 메커니즘을 가지고 있어야 한다. 그 메커니즘은 다음 사항에 대한 입력내용을 제공해야 한다.

a) 인증 활동의 공평성과 관련된 방침과 원칙

b) 인증 활동에 대해 일관되고 공평한 제공을 막는 상업적 또는 기타 고려사항을 허용하는 인증기관의 일부에 관한 모든 성향

c) 개방성을 포함하여, 인증의 공평성과 신뢰성에 영향을 주는 사항

【비고】 1 기타 다른 업무 또는 의무(예를 들면, 의사결정 프로세스에 참여)는, 만일 이러한 부가적 업무 및 의무가 공평성을 보장하는 인증기관의 본질적인 역할을 저해하지 않는다면, 이 메커니즘에 할당할 수 있다.

【비고】 2 가능한 메커니즘은 하나 또는 그 이상의 인증기관들에 의해 설립된 위원회일 수도 있고, 스킴 운영기관, 정부 기관 또는 동등한 자에 의해 이행되는 위원회일 수도 있다.

【비고】 3 여러 인증스킴에 대하여 하나의 메커니즘이 이 요구사항을 만족할 수 있다.

【비고】 4 만일 인증기관이 경영시스템 인증도 제공한다면, KS Q ISO/IEC 17021:2011의 6.2항을 수행하는 위원회가 KS Q ISO/IEC 17021:2011 5.2항의 모든 요구사항을 만족시키면 3.1.5.2항도 충족시킬 수 있다.

3.1.5.2.2 메커니즘은 다음을 보장하기 위하여 공식적으로 문서화 되어야 한다.

a) 단일 이해관계자의 지배가 없도록 주요 이해관계자의 균형 있는 대표단(인증기관의 내부 또는 외부 인원은 단일 이해관계자로 간주되며, 지배/독주해서는 안 된다)

b) 모든 메커니즘의 기능을 충족하는 데 필요한 모든 정보에 접근

3.1.5.2.3 만일 인증기관의 최고경영진이 이 메커니즘의 입력내용을 따르지 않는다면, 이 메커니즘은 독립적인 조치[예: 관련당국, 인정기관, 이해관계자(stakeholders)]를 취할 수 있는 권한을 가지고 있어야 한다. 적절한 조치를 취하는 데 있어서, 의뢰자 및 인증기관에 관련된 3.1.4.5항의 기밀 유지 요구사항은 존중되어야 한다.

○ 인증기관의 운영 절차 또는 기타 강제적 요구사항에 상충되는 입력내용은 따르지 않는 것이 좋다. 경영진은 입력내용에 따르지 않기로 의사 결정한 이유를 문서로 만드는 것이 좋고 적절한 인원에 의한 검토를 위해 문서를 유지하는 것이 좋다.

3.1.5.2.4 모든 이해관계자를 그 메커니즘에 나타낼 수는 없지만, 인증기관은 주요 이해관계자를 식별하고 참여시켜야 한다.

【비고】 1 그러한 이해관계자에는 다음과 같은 자를 포함할 수 있다.: 인증기관의 의뢰자, 의뢰자의 고객, 제조자, 공급자, 사용자, 적합성평가 전문가, 산업무역협회의 대표자, 정부 규제기관

또는 기타 정부 기관의 대표자, 그리고 소비자단체를 포함한 비정부조직 대표자. 메커니즘에서 각 이해관계자마다 한 명의 대표자를 갖는 것으로 충분할 수 있다.

【비고】 2 이들 이해관계자는 인증스킴의 성질에 따라 제한될 수 있다.

3.1.6 자원 요구사항

3.1.6.1 인증기관 인원

3.1.6.1.1 일반사항

3.1.6.1.1.1 인증기관은 인증스킴, 적용표준 및 기타 규범 문서에 관련된 기관 운영을 담당할 충분한 수의 인원을 고용하거나 활용할 수 있어야 한다.

【비고】 인원은 인증기관에 정규적으로 일하는 직원뿐만 아니라, 인증기관의 경영관리 및 시스템/절차 내에서 그들에게 임무를 부여하는 개별적인 계약 또는 공식적인 협정에 따라 일하는 인원을 포함한다(3.1.6.1.3 참조).

3.1.6.1.1.2 인원은 요구되는 기술적 판단을 내리고, 방침을 수립 및 실행하는 것을 포함하여 자신이 수행해야 할 기능에 대해 역량 있는 자이어야 한다.

3.1.6.1.1.3 위원회 회원, 외부기관의 인원 또는 인증기관을 대신하여 활동하는 인원을 포함하는 인원은 법률 또는 인증스킴에 의해 요구받는 것을 제외하고, 인증기관의 인증 활동 수행 중에 얻거나 발생한 모든 정보에 대한 기밀을 유지하여야 한다.

3.1.6.1.2 인증 프로세스에 참여하는 인원에 대한 역량 관리

3.1.6.1.2.1 인증기관은 인증 프로세스(3.1.7 참조)에 참여하는 인원에 대한 역량 관리를 위한 절차를 수립하고, 실행하고 유지하여야 한다. 그 절차는 인증기관에게 다음 사항을 요구하여야 한다.

a) 스킴의 요구사항을 고려하여, 인증 프로세스 내 각각의 기능별 수행 인원의 역량에 대한 기준의 결정
b) 훈련 니즈를 파악하고, 필요한 경우, 인증 프로세스, 요구사항, 방법론, 활동 및 기타 관련 인증스킴 요구사항에 대한 훈련 프로그램을 제공
c) 인원들이 맡고 있는 의무와 책임을 위해 요구되는 역량을 보유하고 있음을 입증
d) 인증 프로세스에서의 각 기능별 수행 인원에 대해 공식적인 권한 부여
e) 인원의 업무 수행도를 모니터링

3.1.6.1.2.2 인증기관은 인증 프로세스에 참여하는 인원에 대한 다음 기록을 유지하여야 한다(3.1.7 참조).

a) 성명 및 주소
b) 고용주 및 직위
c) 학력 및 전문 기술자격
d) 경력 및 교육훈련
e) 역량평가
f) 업무 수행도 모니터링
g) 인증기관 내에서 부여된 권한
h) 각 기록에 대한 최근 갱신 일자

3.1.6.1.3 인원과의 계약

○ 인증기관은 인증 프로세스에 참여하는 인원에게 다음 사항을 준수할 것을 서약하는 계약서 또는 기타 문서에 서명하도록 요구하여야 한다.

a) 기밀 유지(3.1.4.5 참조), 상업적 및 기타 이해관계자로부터의 독립성에 관한 사항을 포함하여 인증기관이 정한 규정을 준수

b) 할당될 평가 또는 인증을 위하여, 인원 자신 또는 고용주와 다음 사람과의 과거 및/또는 현재의 연계 관계를 명확히 밝혀야 함

1) 제품의 공급자 또는 설계자

2) 서비스의 제공자 또는 개발자

3) 프로세스의 운영자 또는 개발자

c) 인증에 참여하는 인원 또는 인증기관에 이해 상충(3.1.4.2항 참조)으로 나타날 수 있는 것으로 알려진 모든 상황을 밝힐 것

○ 인증기관은 그러한 인원의 활동이나 그들을 고용한 조직(3.1.4.2.3 참조)에 의하여 발생되는 공평성에 대한 리스크를 파악하기 위하여 이 정보를 활용하여야 한다.

3.1.6.2 평가를 위한 자원

3.1.6.2.1 내부 자원

○ 인증기관이 내부 자원 또는 인증기관의 직접 관리하에 있는 기타 외부자원으로 평가활동을 수행할 때, 인증기관은 관련 국제 표준의 적용 요구사항과 인증스킴에 세부적으로 규정된 기타 문서의 적용 요구사항을 충족시켜야 한다. 시험의 경우는, KS Q ISO/IEC 17025 적용 요구사항을 충족시켜야 하고; 검사의 경우는, KS Q ISO/IEC 17020 적용 요구사항을 충족시켜야 하고; 그리고 경영시스템 심사의 경우는, KS Q ISO/IEC 17021 적용 요구사항을 충족시켜야 한다. 관련 표준에 명기된 평가 인원에 대한 공평성 요구사항은 항상 적용 가능하여야 한다.

【비고】 일부 요구사항이 적용되지 않는 이유에 대한 예는 다음과 같다.

- 평가활동의 결과를 사용하는 경우 인증기관 내에서는 전문지식 이용 가능
- 인증기관의 관리 범위를 벗어나는 시험(입회시험을 포함), 검사(예를 들면, 검사방법 및 파라미터의 규정) 또는 경영시스템 평가(예를 들면, 경영시스템의 구체적인 세부 사항에 대한 요구)
- 특정 요구사항이 이 표준에 따라 동등한 방식으로 적용하거나, 특정 요구사항이 인증 의사결정에 신뢰를 줄 필요가 없는 경우

3.1.6.2.2 외부 자원(아웃소싱)

3.1.6.2.2.1 인증기관은 관련 국제 표준의 적용 요구사항과 인증스킴에 세부적으로 규정된 기타 문서의 적용 요구사항을 충족시키는 기관에게만 평가활동을 아웃소싱 하여야 한다. 시험의 경우는, KS Q ISO/IEC 17025 적용 요구사항을 충족시켜야 하고, 검사의 경우는 KS Q ISO/IEC 17020 적용 요구사항을 충족시켜야 하며, 그리고 경영시스템 심사의 경우는 KS QISO/IEC 17021 적용 요구사항을 충족시켜야 한다. 관련 표준에 명기 되어있는 평가 인원에 대한 공평성 요구사항은 항상 적용 가능하여야 한다.

【비고】 1 일부 요구사항이 적용되지 않는 이유에 대한 예는 다음과 같다.

- 평가활동의 결과를 사용하는 경우 인증기관 내에서는 전문지식 이용 가능
- 인증기관의 관리 범위를 벗어나는 시험(입회시험을 포함), 검사(예를 들면, 검사방법 및 파라미

터의 규정) 또는 경영시스템 평가(예를 들면, 경영시스템의 구체적인 세부 사항에 대한 요구)
- 특정 요구사항이 이 표준에 따라 동등한 방식으로 적용하거나, 특정 요구사항이 인증 의사결정에 신뢰를 줄 필요가 없는 경우

【비고】 2 이것은 다른 인증기관에 아웃소싱 하는 것을 포함할 수 있다. 계약에 따른 외부 인원 활용은 아웃소싱이 아니다.

【비고】 3 이 표준의 목적상, "아웃소싱"과 "위탁(외주)계약"은 동의어로 간주한다.

3.1.6.2.2.2 평가활동이 독립성이 없는 기관(예를 들면, 의뢰자의 시험소)에 아웃소싱이 되었을 경우, 인증기관은 평가활동이 그 결과에 신뢰성을 부여하는 방식으로 관리되고 있고, 그 기록들은 신뢰성을 정당화시키는 데 이용 가능함을 보장하여야 한다.

3.1.6.2.2.3 인증기관은 3.1.6.1.3 c)에 기술된 기밀 유지 및 이해 상충 조항을 포함하여, 아웃소싱 서비스를 제공하는 기관과 법적 구속력이 있는 계약을 하여야 한다.

3.1.6.2.2.4 인증기관은 다음 사항을 준수하여야 한다.

a) 다른 기관에 아웃소싱된 모든 활동에 대한 책임을 질 것
b) 인증기관은 아웃소싱 서비스를 제공하는 기관과 그 기관이 직접 또는 다른 고용주를 통하여 채용하여 이용하는 직원은 그 결과의 신용도가 저해될 방법에 포함되지 않음을 보장할 것
c) 인증 활동에 이용되는 아웃소싱 서비스를 제공하는 모든 기관의 자격 부여, 평가 및 모니터링에 대한 문서화된 방침, 절차 및 기록을 보유할 것
d) 승인된 아웃소싱 서비스 제공자 목록을 유지할 것
e) 사전에 인지된 3.1.6.2.2의 기타 요구사항의 이행 또는 3.1.6.2.2.3의 계약 위반에 대한 시정조치의 이행
f) 의뢰자에게 이의 제기할 기회를 제공하기 위해 아웃소싱 활동을 의뢰자에게 미리 통지할 것

【비고】 아웃소싱 서비스를 제공하는 기관의 자격 부여, 평가 및 모니터링이 다른 기관(예를 들면, 인정기관, 동등성 평가기관 또는 정부 당국자)에 의하여 수행되었다면, 인증기관은 다음 사항을 조건으로 이 자격 부여 및 모니터링을 고려할 수 있다.
- 스킴의 요구사항 내에 규정되어 있다.
- 범위는 실시하고 있는 업무에 적용할 수 있다.
- 자격 부여, 평가 및 모니터링 사항의 타당성(실현성)은 인증기관이 정한 주기마다 검증된다.

3.1.7 프로세스 요구사항

3.1.7.1 일반사항

3.1.7.1.1. 인증기관은 자신의 인증 활동을 포함하는 하나 이상의 인증스킴을 운영하여야 한다.

【비고】 1 이러한 스킴의 요소로는 생산의 사후관리 또는/및 의뢰자의 경영시스템 평가 및 사후관리와 연계할 수 있다.

【비고】 2 인증스킴의 개발에 대한 일반지침은 ISO/IEC 17067에 제시되어 있으며, ISO/IEC Guide 28 및 ISO/IEC Guide 53에 함께 제시되어 있다.

3.1.7.1.2 의뢰자 제품을 평가하는 요구사항은 규정된 표준 및 기타규범 문서에 포함된 것이어야 한다.

【비고】 이러한 목적에 적합한 규범 문서 개발을 위한 지침은 ISO/IEC 17007에 포함되어 있다.

3.1.7.1.3 특정 인증스킴에 이러한 문서(3.1.7.1.2 참조)를 적용하는 것에 대한 설명이 요구되면, 필요한 기술 역량을 지닌 관련성 있고 공정한 인원 또는 위원회에 의해 정형화되어야 하며, 요청에 따라 인증기관이 이용할 수 있도록 하여야 한다.

3.1.7.2 신청

○ 신청을 위하여 인증기관은 관련 인증스킴에 따라 인증 프로세스를 완료하는데 필요한 모든 정보를 확보하여야 한다.

【비고】 1 필요한 정보의 예는 다음과 같다.

- 인증될 제품
- 의뢰자가 인증을 받고자 하는 표준 및/또는 기타규범 문서(3.1.7.1.2항 참조)
- 의뢰자의 성명 및 실제 건물이 소재한 주소, 프로세스 및 운영에 대한 중요 사항(관련 인증스킴에서 요구한다면), 및 관련된 법적 의무를 포함한 의뢰자의 일반적인 특징
- 의뢰자의 활동, 시험소 및/또는 검사설비를 포함한 인적 및 기술적 자원, 그리고 모체가 되는 법인 속에서의 기능 및 관계가 있으면 그 관계 등 신청된 인증 분야와 관련한 의뢰자의 일반적 정보
- 요구사항에 대한 적합성에 영향을 미치는 의뢰자가 외부에 위탁한 모든 프로세스에 관한 정보

○ 만일 인증 제품을 생산하는 법인이 의뢰자와 다른 경우, 인증기관은 효과적인 사후관리를 위해 필요한 경우 해당 법인에 대하여 적절한 계약관리를 수립할 수 있다. 만일 그러한 계약관리가 필요하다면 공식적인 인증문서(3.1.7.7 참조)를 제공하기 이전에 수립될 수 있다.

- 최초 평가 및 사후관리 활동을 위한 정보(예, 인증 제품이 생산되는 장소, 해당 장소 내 담당 인원)와 같은 관련 인증요구사항에 따라 필요한 기타 모든 정보

【비고】 2 이러한 정보를 수시로 수집하기 위하여 신청서를 포함한 다양한 매체와 메커니즘이 사용될 수 있다. 이러한 정보 수집은 3.1.4.1.2에서 규정한 법적 구속력을 가지는 협약(인증협약) 체결과 연계하거나 분리할 수도 있다.

【비고】 3 인증범위 확대를 위한 신청은 유사 제품, 다른 장소 등을 포함할 수 있다.

3.1.7.3 신청 검토

3.1.7.3.1 인증기관은 다음 사항을 보장하기 위하여 확보된 정보(3.1.7.2 참조)에 대한 검토를 수행하여야 한다.

a) 의뢰자 및 제품에 관한 정보는 인증 절차를 수행하는데 충분한지
b) 인증기관과 의뢰자 간 의사소통에 나타난 차이가 있는 것으로 나타난 경우, 표준 또는 기타 규범 문서에 대한 합의를 포함하여 해결되었는지
c) 추구하는 인증범위(3.1.3.10 참조)가 규정되어 있는지
d) 모든 평가활동을 수행하는 방법이 활용 가능한지
e) 인증기관이 인증 활동을 수행하기 위한 역량과 능력을 갖추고 있는지

3.1.7.3.2 인증기관이 사전 경험이 없는 다음 사항에 대해 의뢰자가 인증신청을 한 경우 인증기관은 이를 식별할 수 있는 프로세스를 갖추고 있어야 한다.

- 제품 형식

- 규범 문서
- 인증스킴

【비고】 여러 제품이 하나의 제품에 관한 요구사항, 특성 및 기술에 대한 지식이 다른 제품의 요구사항, 특성 및 기술을 이해하는데 충분한 경우에는 같은 형식이 되는 것으로 간주할 수 있다.

3.1.7.3.3 이 경우(3.1.7.3.2 참조)에, 인증기관은 자신이 수행해야 하는 모든 인증 활동에 대한 역량과 능력을 갖추고 있음을 보장하여야 하며, 인증수행 의사결정에 대한 정당성 관련 기록을 유지하여야 한다.

3.1.7.3.4 인증기관은 수행해야 하는 인증 활동에 대한 역량과 능력이 부족하다면 특정 인증을 수행하는 것을 거절하여야 한다.

3.1.7.3.5 인증기관이 의뢰자 또는 다른 의뢰자에게 이미 부여한 인증을 근거로 하여 어떤 활동을 생략하는 경우, 인증기관은 존재하는 기존 인증기록을 참조해야 한다. 의뢰자 요청 시, 인증기관은 활동을 생략에 대한 정당성을 제공해야 한다.

3.1.7.4 평가 (evaluation)

3.1.7.4.1 인증기관은 관리해야 할 필요한 준비를 하도록 평가활동에 대한 계획을 수립하여야 한다.

【비고】 인증스킴과 제품 요구사항의 특성에 따라, 계획은 해당되는 경우 품질경영시스템 평가를 포함하는 모든 업무에 적용할 수 있는 일반적인 계획일 수도 있고, 특정 업무를 위한 특정 계획이 될 수도 있으며, 또는 이 두 가지가 결합될 수도 있다.

3.1.7.4.2 인증기관은 자신의 내부 자원(3.1.6.2.1 참조)을 활용하여 각 평가 업무를 수행하기 위한 인원을 지정하여야 한다.

【비고】 외부 위탁 업무는 통상 위탁받은 조직이 지정하는 인원에 의하여 수행된다. 그러한 인원은 보통 인증기관이 지정하는 것은 아니다.

3.1.7.4.3 인증기관은 모든 필요한 정보 및/또는 문서가 평가 업무를 수행하는 데 활용될 수 있음을 보장하여야 한다.

【비고】 평가 업무는 설계 및 문서 검토, 샘플링, 시험, 검사, 심사 등과 같은 활동을 포함할 수 있다.

3.1.7.4.4 인증기관은 평가계획(3.1.7.4.1 참조)에 따라 내부 자원(3.1.6.2.1 참조)으로 평가활동을 수행하여야 하며, 또한 외부자원(3.1.6.2.2 참조)을 관리하여야 한다. 제품은 인증범위에 포함된 요구사항 및 인증스킴에서 규정한 기타 요구사항을 기준으로 평가되어야 한다.

3.1.7.4.5 인증기관은 자신이 결과에 책임을 지며, 평가를 수행한 기관이 3.1.6.2.2항의 요구사항 및 인증 스킴에서 정하고 있는 요구사항을 충족하는 경우, 인증신청 이전에 수행된 인증 관련 평가 결과에만 의존하여야 한다.

【비고】 여기에는 인증기관 간 인정협정에 따라 수행된 업무를 포함할 수 있다.

3.1.7.4.6 인증기관은 모든 부적합 사항을 의뢰자에게 알려야 한다.

3.1.7.4.7 하나 이상의 부적합이 발생하고, 의뢰자가 인증 프로세스를 계속 수행하기를 원한다면, 인증기관은 부적합 사항이 시정되었음을 검증하기 위해 필요한 추가적 평가 업무에 관한 정보를 제공하여야 한다.

3.1.7.4.8 만일 의뢰자가 추가적 평가 업무의 완료에 동의하는 경우, 그 추가적 평가 업무를 완료하기 위해 3.1.7.4항에 규정된 평가 절차가 반복되어야 한다.

3.1.7.4.9 모든 평가활동의 결과는 검토(3.1.7.5 참조)에 앞서 문서화 되어야 한다.

【비고】1 이 문서는 제품요구사항(만일 인증스킴에서 요구되는 경우, 제품이 생산되는 품질경영시스템에 대한 요구사항과 같은 제품요구사항을 포함한다.)이 충족되었는지에 관한 의견을 제공할 수 있다.

【비고】2 인증스킴은 인증기관에 의해 수행된 평가가 인증기관의 책임 하에 수행되었는지, 아니면 인증프로세스에서 신청(3.1.7.2 참조) 이전에 수행되었는지를 명시할 수 있다. 후자의 경우는 3.1.7.4항의 요구사항은 적용하지 않는다.

3.1.7.5 검토

3.1.7.5.1 인증기관은 평가와 관련된 모든 정보 및 결과를 검토하기 위하여 적어도 한 명의 인원을 지정하여야 한다. 검토는 평가 프로세스에 참여하지 않은 인원(들)에 의하여 수행되어야 한다.

3.1.7.5.2 검토 및 인증 의사결정이 같은 사람에 의해 동시에 완료되는 경우를 제외하고는, 검토에 기반한 인증 의사결정을 위한 권고사항은 문서화 되어야 한다.

3.1.7.6 인증 의사결정

3.1.7.6.1 인증기관은 인증과 관련된 의사결정에 대한 책임이 있으며 그 결정에 대한 권한을 갖는다.

3.1.7.6.2 인증기관은 평가에 관한 모든 정보, 평가의 검토 및 기타 관련 정보에 근거하여 인증 의사결정을 위해 적어도 한 명의 인원을 지정하여야 한다. 인증 의사결정은 평가 프로세스(3.1.7.4항 참조)에 참여하지 않은 사람 또는 그룹(예, 위원회(3.1.5.1.4 참조)에 의하여 수행되어야 한다.

【비고】검토 및 인증 의사결정은 같은 사람 또는 같은 그룹에 의하여 동시에 완료될 수 있다.

3.1.7.6.3 인증 의사결정을 위하여 인증기관에 의해 지정된 인원(들)[위원회 위원은 제외(3.1.5.1.4 참조)]은 다음 기관 중 하나에 의해 고용되거나 계약을 맺어야 한다.

- 인증기관(3.1.6.1 참조)
- 인증기관의 조직적 통제(3.1.7.6.4 참조)하에 있는 법인

3.1.7.6.4 인증기관의 조직적 통제는 다음 사항 중 하나이어야 한다.

- 인증기관에 의한 다른 법인의 전체 또는 다수의 소유권
- 다른 법인의 이사회에 인증기관이 다수참가
- 소유권 또는 이사회에 의해 연결된 법인 네트워크(인증기관이 속해있는) 내에서, 해당 인증기관에 주어진 다른 법인을 담당하는 문서화된 권한

【비고】정부 인증기관인 경우, 같은 부처의 다른 부서는 인증기관과 "소유권에 의해 연결된" 것으로 간주할 수 있다.

3.1.7.6.5 조직적 통제 하에 있는 법인에 고용되었거나 계약 하에 있는 인원은 인증기관에 의해 고용되어 있거나 인증기관과 계약 하에 있는 인원과 마찬가지로 이 표준의 요구사항을 충족하여야 한다.

3.1.7.6.6 인증기관은 인증승인을 하지 않겠다는 의사결정에 대해 의뢰자에게 통보하여야 하며, 의사결정에 대한 이유를 명확히 하여야 한다.

【비고】만일 의뢰자가 인증 프로세스를 계속 수행하기를 원한다면, 인증기관은 3.1.7.4항부터 평가 절차를 다시 시작할 수 있다.

3.1.7.7 인증문서

3.1.7.7.1 인증기관은 다음 사항에 대한 명확한 전달 또는 식별이 가능한 공식적인 인증문서를 의뢰자에게 제공하여야 한다.

a) 인증기관의 명칭 및 주소
b) 인증승인 일자 (일자는 인증 결정이 완료된 일자보다 앞서서는 안 된다)
c) 의뢰자 명 및 주소
d) 인증 범위(3.1.3.10 참조)

【비고】 적합성 인증의 기준이 되는 표준 또는 기타 규범 문서(3.1.7.1.2 참조)가 다른 표준 또는 규범 문서를 인용하고 있는 경우, 이들을 공식적인 인증문서에 포함시킬 필요는 없다.

e) 인증이 정해진 기간 후에 만료되는 경우, 인증 기간 또는 유효기간
f) 인증스킴에서 요구하는 다른 정보

3.1.7.7.2 공식적인 인증문서에는 인증기관 책임자의 서명 또는 기타 규정된 승인의 표시를 포함하여야 한다.

【비고】 서명 이외의 '규정된 승인의 표시'의 예로는, 인증기관의 기록에 인증문서에 책임을 진다는 계약이 있는 개인의 이름과 직무가 있다.

3.1.7.7.3 공식적인 인증문서(3.1.7.7 참조)는 다음과 같은 시점 또는 그 이후에만 발행되어야 한다.

a) 인증승인 또는 인증범위 확대의 결정(3.1.7.6.1 참조)
b) 인증 요구사항의 충족
c) 인증협약(3.1.4.1.2 참조)이 완료/서명

3.1.7.8 인증 제품 목록(directory)

○ 인증기관은 적어도 다음 내용을 포함하는 인증 제품에 관한 정보를 유지해야 한다.

a) 제품의 식별
b) 적합성 인증에 적용된 표준 및 기타 규범 문서
c) 의뢰자의 신원 식별

○ 이러한 정보의 일부를 (출판물, 전자매체 또는 기타의 수단을 통하여)발간하거나 요청 시 이용할 수 있도록 해야 하는지는 해당하는 스킴에서 정해진다. 적어도, 인증기관은 부여한 인증의 유효성에 대해 요청 시 정보를 제공해야 한다.

【비고】 인증기관이 스킴에 대한 정보를 제공하는 경우, 스킴 목록은 이 요구사항을 만족한다.

3.1.7.9 사후관리

3.1.7.9.1 인증스킴 또는 3.1.7.9.3항이나 3.1.7.9.4항에 따라 사후관리가 요구될 경우, 인증기관은 인증스킴에 따라 인증 결정된 제품의 사후관리를 시작해야 한다.

【비고】 1 인증스킴에서 사후관리 활동의 예는 ISO/IEC 17067을 참조한다.

【비고】 2 사후관리 활동 기준과 처리 절차는 각각의 인증 스킴에 의하여 규정된다.

3.1.7.9.2 사후관리에 평가, 검토 혹은 인증 결정을 활용할 경우, 3.1.7.4항, 3.1.7.5항 혹은 3.1.7.6항 각각에 명시된 요구사항이 충족되어야 한다.

3.1.7.9.3 인증 마크의 지속적인 사용이 인증된 형태의 제품(또는 포장, 혹은 제품에 첨부된 정보)(프로세스 또는 서비스는 3.1.7.9.4 참조)에 부착하도록 승인될 경우, 사후관리가 수립되어야

하고 제품 요구사항의 준수에 대한 지속적인 유효성 검증을 보장하기 위하여 마크가 부착된 제품의 정기적인 사후관리를 포함해야 한다.

3.1.7.9.4 인증 마크의 지속적인 사용이 프로세스나 서비스에 대해 승인될 경우, 사후관리가 수립되어야 하고 프로세스나 서비스 요구사항 충족의 지속적인 유효성 검증을 보장하기 위하여 정기적인 사후관리를 포함해야 한다.

3.1.7.10 인증에 영향을 미치는 변경

3.1.7.10.1 인증 스킴이 의뢰자에게 영향을 미치는 신규 또는 개정된 요구사항을 도입하는 경우, 인증기관은 이러한 변경이 모든 의뢰자에게 공지됨을 보장하여야 한다. 인증기관은 의뢰자에 의한 변경의 이행을 검증하여야 하고, 스킴에서 요구하는 조처를 해야 한다.

【비고】 이러한 요구사항의 이행을 보장하기 위해 의뢰자와의 협약이 필요할 수 있다. 적용 가능한 경우, 변경의 통지와 관련된 사항을 포함하여, 인증 사용을 위한 라이선스 협약 모델은 ISO/IEC Guide 28:2004 부속서 E에 명시되어 있다.

3.1.7.10.2 인증기관은 의뢰자가 요청하는 변경을 포함하여 인증에 영향을 미치는 다른 변경에 대하여 고려하여야 하고, 적절한 조치를 정해야 한다.

【비고】 인증에 영향을 미치는 변경은 인증이 확정된 후 인증기관이 받아들인 인증요구사항의 충족에 관한 새로운 정보가 포함될 수 있다.

3.1.7.10.3 필요한 경우, 인증에 영향을 미치는 변경 수행 조치는 다음 사항을 포함해야 한다.

- 평가(3.1.7.4 참조)
- 검토(3.1.7.5 참조)
- 결정(3.1.7.6 참조)
- 인증범위를 확대 또는 축소하기 위하여 개정된 공식인증문서(3.1.7.7 참조)의 개정판 발행
- 개정된 사후관리 활동의 인증문서 발행(만일 사후관리가 인증스킴의 일부인 경우)

○ 이러한 조치는 3.1.7.4, 3.1.7.5, 3.1.7.6, 3.1.7.7 및 3.1.7.8항의 적용 가능한 부분에 따라 완료되어야 한다. 기록(3.1.7.12 참조)은 상기 활동의 일부를 제외하기 위한 합리적인 근거를 포함하여야 한다(예를 들면, 제품 요구사항이 아닌 인증 요구사항이 변경될 경우, 그리고 평가, 검토, 또는 의사결정 활동이 필요 없는 경우).

3.1.7.11 인증의 만료, 축소, 정지 또는 취소

3.1.7.11.1 사후관리 또는 그 밖의 결과에 따라 인증 요구사항과의 부적합이 입증되었을 경우, 인증기관은 해당하는 조치에 대해 검토하고 그 조치를 결정해야 한다.

【비고】 해당하는 조치는 다음 사항을 포함할 수 있다.

a) 인증기관이 규정한 조건으로 인증을 계속(예를 들면, 사후관리 빈도를 늘린다)
b) 부적합 제품의 변형을 차단하기 위해 인증범위를 축소
c) 의뢰자에 의한 시정조치 완료 때까지 인증 정지
d) 인증 취소

3.1.7.11.2 해당하는 조치가 평가, 검토 혹은 인증의 의사결정을 포함하는 경우, 3.1.7.4, 3.1.7.5 또는 3.1.7.6항 각각의 요구사항이 충족되어야 한다.

3.1.7.11.3 만일 인증이 만료(의뢰자의 요구에 따라), 정지 또는 취소되면, 인증기관은 인증 스킴의 규정에 따라 조처하여야 하며, 제품이 계속하여 인증받은 것처럼 암시되지 않음을 보장하기 위하여 공식적인 인증문서, 홍보물, 마크 사용 권한 등에 대한 필요한 모든 수정이 이루어져야 한다. 만일 인증범위가 축소되면, 인증기관은 인증 스킴의 규정에 따라 조처하여야 하며, 인증범위 축소가 의뢰자에게 명확히 전달되고 인증문서 및 홍보물에 명확하게 기술되는 것을 보장하기 위하여 공식적인 인증문서, 홍보물, 마크 사용 권한 등에 대해 필요한 모든 수정을 하여야 한다.

3.1.7.11.4 만일 인증이 정지되면, 인증기관은 의뢰자에게 다음 사항을 공식 처리하고 통지하기 위한 한 명 또는 그 이상의 인원을 지정하여야 한다:

- 인증스킴에 따라 제품에 대한 인증을 정지시키거나 복원시키는데 필요한 조치;
- 인증스킴에서 요구하는 기타 다른 조치.

○ 해당 직원은 정지된 인증을 처리하는 모든 측면에서 지식과 이해를 갖춰야 한다(3.1.6.1 참조).

3.1.7.11.5 정지를 해결하는데 필요한 또는 인증 스킴에서 규정한 평가, 검토 또는 결정은 3.1.7.4, 3.1.7.5, 3.1.7.6, 3.1.7.3.1.7.3, 3.1.7.9 및 3.1.7.11.3항의 관련 부분에 따라 완료되어야 한다.

3.1.7.11.6 만일 인증이 정지 후 재개된다면, 인증기관은 제품이 지속적으로 인증 받은 상태라는 적절한 모든 언급이 존재함을 보장하기 위하여 공식적인 인증문서, 홍보물, 마크 사용 권한 등에 대한 필요한 모든 수정이 이루어져야 한다. 만일 인증범위 축소 결정이 재개조건이라면, 인증기관은 축소된 인증범위가 의뢰자와 명확하게 전달되고 인증문서와 홍보물에 명확히 기술됨을 보장하기 위하여 공식적인 인증문서, 홍보물, 마크 사용 권한 등에 대한 필요한 모든 수정이 이루어져야 한다.

3.1.7.12 기록

3.1.7.12.1 인증기관은 모든 인증 프로세스 요구사항(이 표준 및 인증 스킴의 요구사항)이 효과적으로 충족되었음(또한 3.1.8.4 참조)을 증명하기 위한 기록을 유지하여야 한다.

3.1.7.12.2 인증기관은 기록에 대한 비밀을 지켜야 한다. 기록은 기밀이 유지됨을 보장하는 방식으로 운반, 발송 및 전달되어야 한다(또한 3.1.4.5 참조).

3.1.7.12.3 만일 인증스킴이 확정된 주기 내에 제품의 완전한 재평가를 포함하면, 기록은 적어도 현재 및 종전 주기 동안 보유되어야 한다. 그렇지 않으면, 기록은 인증기관이 정한 기간 동안 보유되어야 한다.

【비고】 규정된 기간 중, 법적 환경 및 협약의 승인은 고려될 수 있다.

3.1.7.13 불만 사항 및 이의제기

3.1.7.13.1 인증기관은 불만 사항 및 이의제기에 대한 접수, 평가 및 의사결정을 하기 위한 문서화된 처리 절차를 가지고 있어야 한다. 인증기관은 불만 사항 및 이의제기, 이들을 해결하기 위하여 취한 조치를 기록하고 추적할 수 있도록 해야 한다.

3.1.7.13.2 불만 사항 및 이의제기를 접수하면, 인증기관은 그 불만 사항 또는 이의제기가 책임을 져야 하는 인증 활동과 관계가 있는지 확인하여야 하며, 만일 책임이 있다면, 이를 처리하여야 한다.

3.1.7.13.3 인증기관은 공식적인 불만 사항 또는 이의제기가 접수되었음을 공지하여야 한다.

3.1.7.13.4 인증기관은 불만 사항 또는 이의제기를 결정하기까지의 진행 과정에 대한 모든 필요한 정보(가능한 한 폭넓게)를 수집하고 검증할 책임이 있다.

3.1.7.13.5 불만 사항이나 이의제기를 해결하기 위한 결정은 불만 사항 또는 이의제기와 관련된 인증 활동에 참여하지 않은 인원에 의하여 작성, 검토 및 승인되어야 한다.

3.1.7.13.6 이해 상충이 없음을 보장하기 위하여, 의뢰자를 위한 자문(3.1.3.2 참조)을 제공하거나 의뢰자에 의하여 고용되었던 (경영진을 대행하는 인원 포함) 인원은 자문 또는 고용의 종료 후 2년 이내의 의뢰자에 대한 불만 사항 또는 이의제기의 해결을 검토 또는 승인하기 위하여 인증기관에 의하여 활용되어서는 안 된다.

3.1.7.13.7 가능하다면 언제라도, 인증기관은 불만을 제기한 사람에게 불만 처리 최종 결과와 종료를 공식적으로 통지하여야 한다.

3.1.7.13.8 인증기관은 이의 제기자에게 이의제기 프로세스의 최종 결과와 종료를 공식적으로 통지하여야 한다.

3.1.7.13.9 인증기관은 불만 사항 또는 이의제기를 해결하는 데 필요한 후속 조치를 하여야 한다.

3.1.8 경영시스템 요구사항

3.1.8.1 선택사항

3.1.8.1.1 일반사항

○ 인증기관은 선택사항 A 또는 선택사항 B에 따라 이 표준의 요구사항에 대한 지속적인 충족을 달성하기 위한 역량이 있는 경영시스템을 수립하고 유지하여야 한다.

3.1.8.1.2 선택사항 A

○ 인증기관의 경영시스템은 다음 사항을 기술하여야 한다.

- 일반 경영시스템 문서(예, 매뉴얼, 방침, 책임의 명확화. 3.1.8.2항 참조)
- 문서 관리(3.1.8.3 참조)
- 기록 관리(3.1.8.4항 참조)
- 경영 검토(3.1.8.5 참조)
- 내부심사(3.1.8.6 참조)
- 시정조치(3.1.8.7 참조)
- 예방조치(3.1.8.8 참조)

3.1.8.1.3 선택사항 B

○ KS Q ISO 9001의 요구사항에 따라 경영시스템을 수립하고 유지하고, 이 표준의 요구사항을 지속해서 충족함을 지원하고 증명하는 능력이 있는 인증기관은 경영시스템 관련 요구사항을 충족한다(3.1.8.2-3.1.8.8 참조).

【비고】 선택사항 B에는 KS Q ISO 9001에 따른 경영시스템을 운영하는 인증기관이 이 표준의 3.1.8.2항에서 3.1.8.8항의 경영시스템 요구사항을 충족함을 보여주는 시스템을 사용할 수 있는 사항이 포함된다. 선택사항 B는 KS Q ISO 9001에 인증된 인증기관의 경영시스템을 요구하지는 않는다.

3.1.8.2 일반 경영시스템 문서(선택사항 A)

3.1.8.2.1 인증기관의 최고경영진은 이 표준과 인증 스킴의 이행을 위하여 방침과 목표를 수립하고, 문서화하고, 유지하여야 한다. 또한 방침과 목표는 인증기관 조직의 모든 계층에서 숙지

되고 이행됨을 보장하여야 한다.

3.1.8.2.2 인증기관의 최고경영진은 경영시스템의 개발과 이행에 대한 의지 표명의 증거와 이 표준의 지속적인 이행을 달성하는 효과성의 증거를 제공하여야 한다.

3.1.8.2.3 인증기관의 최고경영진은 경영 담당 직원을 임명하여야 하며, 그 직원은 다른 책임과 상관없이, 다음 사항을 포함하는 책임과 권한을 가지고 있어야 한다.

a) 경영시스템이 수립되고, 이행되고, 유지되는 데 필요한 프로세스와 절차를 보장

b) 경영시스템의 수행실적과 개선 필요성에 관한 사항을 최고 경영진에게 보고

3.1.8.2.4 이 표준의 요구사항 이행과 관련된 모든 문서, 프로세스, 시스템, 기록 등은 경영시스템의 문서에 포함되고, 인용되고 또는 연계되어야 한다.

3.1.8.2.5 인증 활동에 관여하는 모든 인원은 그들의 책임에 해당하는 경영시스템 문서와 관련 정보의 해당 부분에 접근할 수 있어야 한다.

3.1.8.3 문서 관리(선택사항 A)

3.1.8.3.1 인증기관은 이 표준의 이행과 관련된 문서(내부 및 외부)를 관리하기 위한 절차를 수립하여야 한다.

3.1.8.3.2 이 절차는 다음 사항에 필요한 관리를 규정하여야 한다.

a) 발행 전 타당성에 대한 문서의 승인

b) 문서 검토 및 갱신(필요하면)과 재승인

c) 문서의 변경 및 현 개정 상태가 확인되었음을 보장

d) 적용 문서의 관련 발행본이 사용 시점에서 유효함을 보장

e) 문서가 읽기 쉽고 즉시 이해할 수 있음을 보장

f) 외부 원본 문서가 확인되고 문서 배포가 관리됨을 보장

g) 폐기 문서의 의도치 않은 사용을 예방, 그리고 만일 어떠한 목적으로 문서를 보유하였으면, 그들에 대해 적절한 식별을 하여 적용할 것

【비고】 문서화는 매체의 어떠한 형태나 형식이 될 수 있다.

3.1.8.4 기록 관리(선택사항 A)

3.1.8.4.1 인증기관은 이 표준의 이행에 관한 기록의 확인, 보관, 보호, 검색, 보존기간 및 처분을 위하여 필요한 관리를 규정하는 절차를 수립하여야 한다.

3.1.8.4.2 인증기관은 계약 및 법적 의무에 따른 기간 동안 기록 보유(3.1.7.12 참조)를 위한 절차를 수립하여야 한다. 이들 기록에 대한 접근은 기밀 유지 협약에 따라야 한다.

3.1.8.5 경영 검토(선택사항 A)

3.1.8.5.1 일반사항

3.1.8.5.1.1 인증기관의 최고경영진은 이 표준의 이행과 관련이 있는 공식적인 방침과 목표를 포함한 인증기관의 적합성, 타당성 및 유효성의 유지를 보장하기 위하여 계획된 기간마다 경영시스템을 검토하기 위한 절차를 수립하여야 한다.

3.1.8.5.1.2 이러한 검토는 적어도 1년에 한 번은 수행되어야 한다. 대안으로, 나누어 진행된 완전한 검토는 12개월 이내에 완료되어야 한다. 검토기록은 유지되어야 한다.

3.1.8.5.2 검토사항 입력

○ 경영 검토 입력 사항은 다음과 같은 정보가 포함되어야 한다.

a) 내부 및 외부 심사 결과

b) 이 표준 이행과 관련이 있는 의뢰자 및 이해관계자로부터의 피드백

【비고】 이해관계자는 스킴 운영기관이 포함될 수 있다.

c) 공평성 보호를 위한 메커니즘으로부터 피드백

d) 예방 및 시정조치 현황

e) 이전 경영 검토의 후속 조치

f) 목표의 달성도

g) 경영시스템에 영향을 미칠 수 있는 변경사항

h) 이의제기 및 불만 사항

3.1.8.5.3. 검토사항 출력

○ 경영 검토 출력 사항은 다음과 같은 결정과 조치가 포함되어야 한다.

a) 경영시스템과 관련 프로세스의 효과성 개선

b) 이 표준 이행과 관련된 인증기관의 개선

c) 자원의 필요성

3.1.8.6 내부심사(선택사항 A)

3.1.8.6.1 인증기관은 스스로 이 표준의 요구사항에 충족하고 경영시스템이 효과적으로 이행 및 유지되고 있음을 검증하기 위한 내부심사 절차를 수립하여야 한다.

【비고】 ISO 19011은 내부심사 수행에 관한 지침을 제공한다.

3.1.8.6.2 심사프로그램은 종전 심사 결과뿐만 아니라, 심사될 프로세스 및 심사대상 분야의 중요성을 고려하여 작성되어야 한다.

3.1.8.6.3 내부심사는 통상적으로 적어도 12개월에 한 번은 실시되거나, 분할된(순차적인) 내부심사에 대한 12개월 주기 이내에 완료되어야 한다. 문서화된 의사결정 프로세스는 내부심사를 완료하는 데 있어서 내부심사 또는 기간의 빈도를 변경(단축 또는 재개)시킬 수 있다. 이러한 변경은 경영시스템의 상대적 안정성과 지속되는 유효성에 근거되어야 한다. 완료될 내부심사 또는 기간의 빈도 변경에 관한 결정에 관한 기록이 변경의 합리성을 포함하여 유지되어야 한다.

3.1.8.6.4 인증기관은 다음을 보장하여야 한다.

a) 내부심사는 인증, 심사 및 이 표준의 요구사항에 대한 식견이 있는 자에 의하여 수행되어야 한다.

b) 심사자는 본인이 수행한 업무를 심사해서는 안 된다.

c) 심사대상 분야의 책임자에게 심사 결과가 통보되어야 한다.

d) 내부심사 결과에 대한 모든 조치는 시의적절한 방법으로 취해져야 한다.

e) 개선을 위한 모든 기회가 식별되어야 한다.

3.1.8.7 시정조치(선택사항 A)

3.1.8.7.1 인증기관은 기관 운영에서 부적합의 확인과 관리를 위한 절차를 수립하여야 한다.

3.1.8.7.2 인증기관은 또한, 필요한 경우, 재발 방지를 위하여 부적합 원인을 제거하기 위한 조치를

하여야 한다.

3.1.8.7.3 시정조치는 발생되는 문제점의 영향에 적절히 대응되어야 한다.

3.1.8.7.4 시정조치를 위한 절차는 다음 사항의 요구사항을 규정하여야 한다.

a) 부적합 확인(예: 불만 및 내부심사로부터)
b) 부적합 원인 결정
c) 부적합 시정
d) 부적합이 재발하지 않음을 보장하는 조치에 대한 필요성 평가
e) 필요한 조치를 시의적절한 방법으로 결정 및 이행
f) 시정조치 결과의 기록
g) 시정조치 유효성 검토

3.1.8.8 예방조치 (선택사항 A)

3.1.8.8.1 인증기관은 잠재적 부적합 원인을 제거하기 위하여 예방조치를 취하는 절차를 수립하여야 한다.

3.1.8.8.2 취한 예방조치는 잠재적 문제점의 예상 가능한 영향에 적절하여야 한다.

3.1.8.8.3 예방조치 절차는 다음 요구사항을 규정하여야 한다.

a) 잠재적 부적합 및 원인 파악
b) 부적합 발생을 예방하는 조치에 대한 필요성 평가
c) 필요한 조치를 결정하고 이행
d) 취해진 조치 결과를 기록
e) 취해진 예방조치의 효과성 검토

【비고】 시정 및 예방조치를 위한 절차가 반드시 분리되어야 하는 것은 아니다.

3.2 ISO 19011 지침[14)]

3.2.1 경영시스템 지침으로서 ISO 19011

○ ISO 19011은 인증심사 관리 시스템에 대한 지침을 설정하는 표준으로 사용될 수 있다. ISO 19011 지침에는 인증심사 프로그램 관리에 대한 지침, 인증심사 원칙 및 심사 프로그램 관리를 담당하는 개인에 대한 평가가 포함되어 있다.

○ 인증심사 프로그램은 특정 목적을 달성하는 데 필요한 모든 개별 인증심사를 완료하기 위한 준비로 구성된다. ISO 19011은 인증 심사프로그램을 체계적으로 개선하는 방법에 대한 정보를 제공한다. 이러한 개선의 한 측면은 인증심사 프로그램의 목표가 관리 시스템 정책 및 목표와 일치하도록 지속해서 보장하는 것이다.

○ 인증심사 개선을 추진하는 조직은 고객 및 기타 이해관계자의 요구사항을 고려해야 한다. 일반적으로 관리 시스템 및 인증심사에서 중요성이 증가하고 있는 영역은 위험 개념이다. 2011년 판부터 위험은 ISO 19011:2018 표준의 인증심사 프로그램 관리 섹션 전체에 통합되었다.

14) 산업표준심의회. 2021

3.2.2 적용 범위

○ ISO 19011 지침은 인증 심사프로그램, 인증 심사원 및 인증심사팀을 관리하는 인원을 포함하여 인증심사 프로세스에 포함된 개별 인원의 역량/적격성 평가에 대한 가이던스뿐 아니라, 인증심사 원칙, 인증 심사프로그램 관리 및 경영시스템 인증심사 수행을 포함한 경영시스템 인증심사에 대한 가이던스를 제공한다. 이러한 활동에는 인증 심사프로그램 관리자, 인증 심사원 및 인증심사팀이 포함된다.

○ ISO 19011 지침은 경영시스템의 내부 또는 외부 인증심사를 수행하거나 인증 심사프로그램의 관리가 필요한 모든 조직에 적용할 수 있다. 요구되는 특정한 역량이 특별히 고려된다면, ISO 19011 지침은 다른 형태의 인증심사에도 적용할 수 있다.

○ ISO 19011은 다음을 포함하여 경영시스템 또는 심사프로그램을 심사하는 모든 단계에 대한 다음과 같은 지침을 제공하는데, ISO 19011 5절에서는 심사프로그램 관리에 대한 지침을 다루며 ISO 19011 6절에서는 인증심사 수행 절차를 제시하고 있다. ISO 19011 표준에 따라 심사프로그램을 관리하는 순서도를 표시하면 그림 3-1과 같다. 그러나 이러한 순서는 피심사조직, 프로세스 및 심사의 특성에 따라 달라질 수 있다.

- 프로그램 목표 정의
- 달성하고자 하는 구체적인 목표를 이해하고 있는지 확인
- 인증심사 준비
- 역할 및 책임 할당
- 인증심사 횟수, 범위, 위치 및 기간 정의
- 기준 및 특정 체크리스트 결정
- 검토 절차 수립
- 필요한 인증심사 완료
- 내부 문서 계획 및 검토
- 인증 심사증거 수집 및 검증
- 결과 생성 및 보고서 준비
- 발견사항 전달
- 결과 및 프로세스 검토
- 결과 및 추세 평가
- 인증심사 프로그램 절차 준수
- 이해관계자의 진화하는 요구와 기대
- 인증심사 프로그램 기록 분석
- 리스크 대응 대책의 실효성 검토
- 기밀성 및 정보 보안 보장

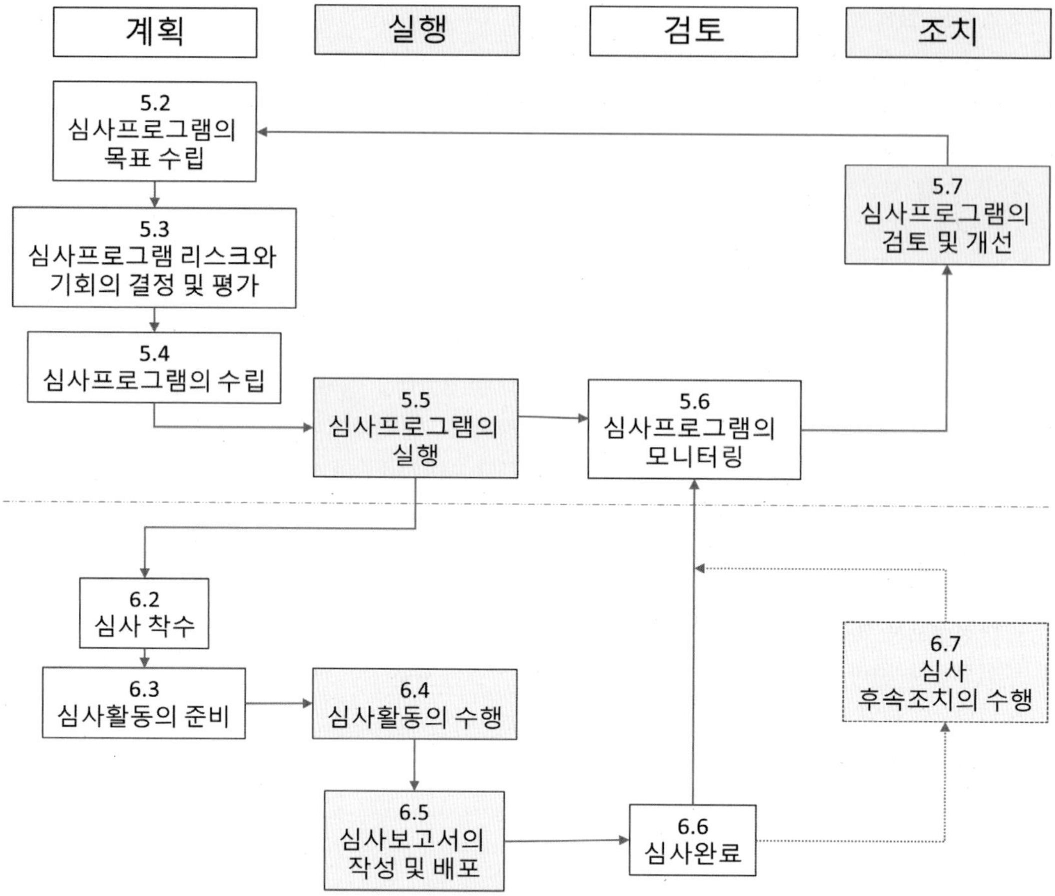

그림 3-1. ISO 19011에서 심사프로그램 관리의 흐름도

3.2.3 심사의 원칙

○ 심사는 여러 가지 원칙에 의존하는 특성이 있다. 조직의 성과를 개선하기 위하여 활용할 수 있는 정보를 제공함으로써, 이들 원칙은 심사가 경영방침 및 관리를 지원하는 효과적이고 신뢰성 있는 도구가 되도록 도움이 되어야 할 것이다. 이들 원칙을 준수하는 것은 적절하고 충분한 심사 결론을 도출하기 위하여, 그리고 서로 독립적으로 심사를 수행한 심사원이 유사한 상황에서 유사한 결론에 도달하기 위하여 필수적이다. ISO 19011 지침은 다음과 같은 심사의 원칙에 따라 작성되었다(표 3-17).

표 3-17. ISO 19011에서 심사의 원칙

원칙	정의	세부 사항
성실성[15]	전문가적 정신의 토대	심사원과 심사프로그램 관리자는 다음 사항을 수행해야 할 것이다. • 정직성 및 책임을 갖고 업무를 윤리적으로 수행함 • 역량이 있는 경우에만 심사 활동을 수행함 • 공평한 태도로 업무를 수행함, 즉 모든 업무처리 시 공정하고 치우침이 없음 • 심사를 수행하는 동안 판단에 영향을 미칠 수 있는 모든 사항에 민감함

원칙	정의	세부 사항
공정한 보고[16]	진실하고 정확하게 보고할 의무	심사 발견사항, 심사 결론 및 심사보고서는 진실하고 정확하게 심사 활동을 반영하여야 할 것이다. 심사 시 직면한 중대한 장애 그리고 심사팀과 피심사조직 사이에 해결되지 않고 서로 어긋나는 의견은 보고하여야 할 것이다. 의사소통은 진실하고, 정확하며, 객관적이고, 시의적절하고, 명확하며 완전하여야 할 것이다.
전문가적 주의 의무[17]	심사 시 근면 및 판단력 발휘	심사원은 자신들이 수행하는 업무의 중요성 그리고 심사의뢰자나 이해관계자가 심사원에게 기대하는 신뢰에 부응하는 주의 의무를 다하여야 할 것이다. 업무 수행 시 중요한 요소는 모든 심사상황에서 합리적인 판단을 내리는 능력을 갖추는 것이다.
기밀 유지[18]	정보의 보안	심사원은 업무 수행 시 취득한 정보의 활용 및 보호에 대하여 신중히 처리하여야 할 것이다. 심사정보는 심사원 또는 심사의뢰자의 개인적 이익을 도모하거나, 피심사조직의 합법적 이익에 손해를 끼치는 방식으로 부적절하게 사용하지 않아야 할 것이다. 이 개념에는 민감한 정보나 기밀정보를 적절하게 취급하는 것이 포함된다.
독립성[19]	심사의 공평성 및 심사 결론의 객관성에 대한 기반	심사원은 어느 경우에서나 심사대상이 되는 활동과 독립적이고, 모든 경우에서 편견 및 이해 상충이 되지 않도록 행동하여야 할 것이다. 내부심사의 경우, 실행 가능하다면 심사원은 심사받는 기능/부문과 독립적이어야 할 것이다. 심사원은 심사 발견사항 및 심사 결론이 심사증거에만 근거한다는 것을 보장하기 위하여 심사 프로세스 전반에 걸쳐 객관성을 유지하여야 할 것이다. 작은 조직의 경우, 내부심사원이 피 심사 활동으로부터 충분히 독립적이지 못할 가능성이 있지만, 편견을 제거하고 객관성이 조성되도록 모든 노력을 기울여야 할 것이다.
증거 기반 접근법[20]	체계적인 심사 프로세스에서 신뢰성 및 재현성이 있는 심사 결론에 도달하기 위한 합리적인 방법	심사증거는 검증 가능하여야 할 것이다. 심사는 제한된 시간과 제한된 자원으로 수행되기 때문에 일반적으로 이용 가능한 정보의 샘플을 근거로 하여야 할 것이다. 샘플링은 심사 결론에 부여될 수 있는 신뢰성과 밀접한 관련이 있어서 적절하게 적용되어야 할 것이다.
리스크 기반 접근법[21]	리스크와 기회를 고려한 심사 접근법	리스크 기반 접근법은 심사가 심사의뢰자에게 중요한 사안(matters)에, 그리고 심사프로그램 목표 달성에 중요한 사안에 초점을 두는 것을 보장하기 위해 심사의 기획, 수행 및 보고에 실질적인 영향을 미쳐야 할 것이다.

15) Integrity
16) Fair Presentation
17) Due Professional Care
18) Confidentiality
19) Independence
20) Evidence-based Approach
21) Risk-based Approach

3.2.4 인증심사의 수행

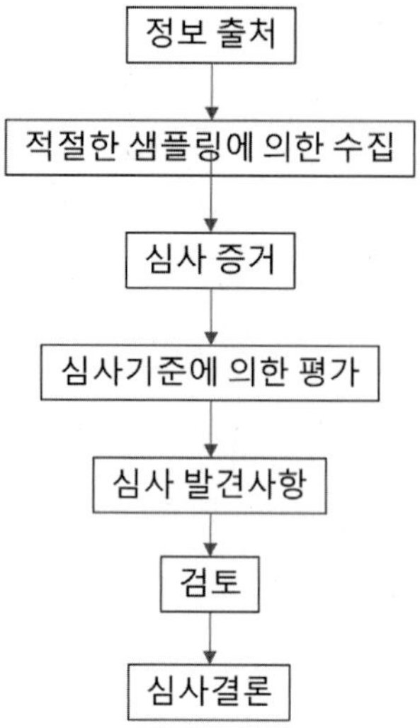

그림 3-2. 정보의 출처로부터 심사 결론에 이르는 전형적인 과정의 개요

○ ISO 19011 6절에서는 심사를 수행하는 절차에 대한 표준 지침을 제시하고 있다. 그림 3-2는 정보의 출처로부터 심사 결론에 이르는 전형적인 심사에서 수행되는 활동의 개요를 보여준다. 이 절에 있는 조항의 적용 가능한 정도는 특정 심사의 목적 및 범위에 달려 있다.

3.2.4.1 심사 착수

1) 일반사항

○ 심사 수행에 대한 책임은 심사가 완료(3.2.4.5 참조)될 때까지 지명된 심사팀장에게 있어야 할 것이다. 심사에 착수하기 위하여, 그림 3-1의 단계가 고려되어야 하지만, 그 순서는 피심사조직, 프로세스 및 심사의 특정 상황에 따라 달라질 수 있다.

2) 피심사조직과의 연락처 확보

○ 심사팀장은 다음과 같은 목적으로 피심사조직과 연락이 이루어지고 있음을 보장하여야 할 것이다.

a) 피심사조직의 대리인과 의사소통 채널을 확인
b) 심사 수행에 대한 권한 확인
c) 심사 목표, 범위, 기준, 방법 및 모든 기술 전문가를 포함한 심사팀 구성에 관한 관련 정보를 제공
d) 조직이 파악한 리스크와 기회에 대한 정보와 이들을 다루는 방법을 포함하여, 기획 목적을 위하여 관련 정보에 대한 접근을 요청
e) 피심사조직의 활동, 프로세스, 제품 및 서비스에 관련된 적용 법규 및 규제 요구사항과 기타 요구사항을 결정
f) 기밀정보의 공개 및 취급 정도에 관한 피심사조직과의 협정을 확인
g) 일정을 포함하여 심사 관련 사항을 준비
h) 접근, 안전보건, 보안, 기밀 또는 기타 사항에 대하여 모든 특정 지역 준비사항을 결정
i) 참관인의 참여와 심사팀을 위한 안내 또는 통역사의 필요성에 대한 동의
j) 특정 심사와 관련하여 피심사조직이 관심을 두거나 우려하거나 리스크가 있는 모든 영역을 결정
k) 심사팀의 구성과 관련된 이슈를 피심사조직 또는 심사의뢰자와 해결

3) 심사의 수행 가능성 결정

○ 심사의 수행 가능성은 심사의 목표가 달성될 수 있다는 합리적인 신뢰를 제공하기 위해 결정되어야 할 것이다. 수행 가능성의 결정은 다음의 가용성에 대한 요인을 고려하여야 할 것이다.

a) 심사 기획 및 수행을 위한 충분하고 적절한 정보
b) 피심사조직으로부터 적정한 협조
c) 심사 수행을 위한 적정한 시간 및 자원

【비고】 자원에는 적정하고 적절한 정보 및 통신 기술에 대한 접근이 포함된다. 심사 수행이 가능하지

않은 경우, 피심사조직과 협의하여 심사의뢰자에게 대안을 제시하여야 할 것이다.

3.2.4.2 심사 활동의 준비

1) 문서화된 정보의 검토 수행

○ 피심사조직의 경영시스템과 관련한 문서화된 정보는 다음을 위하여 검토되어야 할 것이다.
- 피심사조직의 운용을 이해하고, 예를 들면 프로세스와 기능에 대한 심사 활동 및 적용 가능한 심사업무 문서(3.2.4.2.3 참조)를 준비하기 위한 정보를 수집
- 심사기준에 대한 적합성 여부를 결정하고, 그리고 부족, 누락 또는 이해 상충과 같은 발생 가능한 우려 분야를 탐지하기 위해 문서화된 정보의 범위에 대한 개괄(overview)을 설정

○ 문서화된 정보에는 경영시스템 문서 및 기록뿐만 아니라 이전 심사보고서가 포함되어야 할 것이지만 이에 국한되지는 않는다. 검토에는 피심사조직의 규모, 성격 및 복잡성, 그리고 피심사조직의 관련 리스크와 기회를 포함하여 피심사조직의 상황이 반영되어야 할 것이다. 또한 심사 범위, 기준 및 목표가 반영되어야 할 것이다.

【비고】 정보를 검증하는 방법에 대한 가이던스는 ISO 19011 부속서 A.5에 제시되어 있다.

2) 심사 기획

(1) 기획에 대한 리스크 기반 접근법

○ 심사팀장은 심사프로그램의 정보와 피심사조직이 제공한 문서화된 정보를 바탕으로 심사를 기획할 때 리스크 기반 접근법을 채택하여야 할 것이다.

○ 심사 기획은 피심사조직의 프로세스에 대한 심사 활동의 리스크를 고려하여야 할 것이며, 심사 수행과 관련이 있는 심사의뢰자, 심사팀 및 피심사조직 간의 합의를 위한 근거를 제공하여야 할 것이다. 기획은 효과적으로 목표를 달성하기 위해 심사 활동의 효율적인 일정 수립 및 조정을 촉진하여야 할 것이다.

○ 심사계획서에 제공된 상세내용은 심사 목표를 달성하지 못하는 리스크뿐만 아니라 심사의 범위와 복잡성도 반영되어 있어야 할 것이다. 심사를 기획할 때 심사팀장은 다음 사항을 고려하여야 할 것이다.

a) 심사팀의 구성 및 심사팀의 총체적인 역량
b) 적절한 샘플링 기법(ISO 19011 부속서 A.6 참조)
c) 심사 활동의 효과성과 효율성을 개선할 기회
d) 비효과적인 심사 기획으로 수립된 심사 목표를 달성하는 데 따른 리스크
e) 심사 수행으로 야기되는 피심사조직에 대한 리스크

○ 피심사조직에 대한 리스크는 안전보건, 환경 및 품질, 그리고 피심사조직의 제품, 서비스, 인력 또는 인프라(예: 청정실 시설의 오염)에 대한 피심사조직의 준비사항에 부정적인 영향을 미치는 심사팀원의 존재로부터 초래될 수 있다.

○ 결합심사의 경우, 운용 프로세스와 다른 경영시스템과 경합하는 목표 및 우선순위 간의 상호작용에 특별한 주의를 기울여야 할 것이다.

(2) 심사 기획 세부 사항

○ 심사 기획의 규모와 내용은, 예를 들어 내부심사와 외부 심사 간뿐만 아니라 최초 심사와 후속되는

심사 간에도 달라질 수가 있다. 심사 기획은 심사 활동이 진행됨에 따라 변경이 필요하게 되는 경우에는 변경할 수 있도록 충분히 유연성이 있어야 할 것이다.

○ 심사 기획은 다음 사항을 다루거나 참조하여야 할 것이다.

a) 심사 목표

b) 심사대상 프로세스뿐만 아니라 조직과 조직 기능의 파악을 포함하는 심사 범위

c) 심사기준 및 참조할 수 있는 문서화된 정보

d) 피심사조직 경영진과의 회의를 포함하여, 수행될 심사 활동의 장소(실제 및 가상), 일자, 예상 시간 및 기간

e) 심사팀이 피심사조직의 시설 및 프로세스(예: 물리적 장소 둘러보기 또는 정보 및 통신 기술 검토에 의한)에 대해 익숙해질 필요성

f) 충분한 심사증거를 얻기 위해 심사 샘플링이 필요한 정도를 포함하여 사용될 심사 방법

g) 안내자와 참관인 또는 통역자뿐만 아니라 심사팀원의 역할과 책임

h) 심사 대상 활동과 관련된 리스크와 기회에 대한 고려를 근거로 한 적절한 자원의 배정

○ 해당되는 경우, 심사 기획은 다음 사항을 반영하여야 할 것이다.

- 심사에 대한 피심사조직의 대표자(representative)를 식별
- 심사업무 및 보고 언어가 심사원 또는 피심사조직, 또는 양쪽 모두의 언어와 다를 경우, 심사업무 및 보고 언어
- 심사보고서의 주제 항목
- 심사대상 장소에 대한 구체적 준비사항을 포함하여 교통/숙박 및 의사소통 준비사항
- 심사 목표를 달성하는 리스크와 발생하는 기회를 다루기 위해 취해질 구체적인 조치
- 기밀 유지 및 정보 보안과 관련된 사항
- 이전 심사 또는 예를 들어 학습된 교훈, 프로젝트 검토와 같은 다른 출처로부터의 모든 후속 조치
- 계획된 심사에 대한 모든 후속 조치 활동
- 합동 심사의 경우, 다른 심사 활동과의 조정

○ 심사계획서는 피심사조직에게 제시되어야 할 것이다. 심사계획서와 관련된 모든 이슈는 심사팀장, 피심사조직, 그리고 필요한 경우 심사프로그램 관리자 간에 해결되어야 할 것이다.

2) 심사팀에 업무 배정

○ 심사팀장은 심사팀과 협의하여 각 팀원에게 특정 프로세스, 활동, 기능 또는 장소에 대하여 심사를 위한 책임을 부여하고, 적절한 경우 의사결정 권한을 부여하여야 할 것이다. 그러한 업무 배정은 심사원, 훈련 중인 심사원 및 기술 전문가의 서로 다른 역할과 책임은 물론이고 심사원의 공평성과 객관성 및 역량, 그리고 자원의 효과적인 사용을 반영하여야 할 것이다.

○ 심사팀 회의는, 해당되는 경우, 심사팀장이 할당된 업무를 배정하고, 있을 수 있는 변경을 결정하기 위해 개최되어야 할 것이다. 업무 배정은 심사 목표의 달성을 보장하기 위하여 심사가 진행됨에 따라 변경될 수 있다.

3) 심사를 위한 문서화된 정보의 준비

○ 심사팀원은 적절한 심사업무 배정과 관련된 정보를 수집하고 검토하여야 할 것이며, 적절한 매체를 활용하여 심사에 대한 문서화된 정보를 준비하여야 할 것이다. 심사에 대한 문서화된 정보는 다음을

포함하지만 이에 국한되지는 않는다.

a) 수기 또는 전자 체크리스트
b) 심사 샘플링 세부 사항
c) 시청각 정보

○ 이들 매체의 활용은 심사 활동의 정도를 제한해서는 안 될 것이며, 이들 매체는 심사 중에 수집된 정보의 결과로써 변경될 수 있다.

【비고】 심사업무 문서 작성에 관한 지침은 ISO 19011 부속서 A.13에 제시되어 있다.

○ 심사를 위해 준비되고 심사로부터 발생된 문서화된 정보는 심사가 완료될 때까지 또는 심사프로그램에 명시된 대로 보유되어야 할 것이다. 심사 완료 후 문서화된 정보의 보유는 3.2.4.5에 기술되어 있다.

○ 기밀정보 또는 재산권 정보를 포함하는 심사 프로세스 중에 작성된 문서화된 정보는 심사팀원에 의해 항상 적절하게 보호되어야 할 것이다.

3.2.4.3. 심사 활동의 수행

1) 일반사항

○ 심사 활동은 통상 그림 3-1에 나타낸 것처럼 규정된 순서로 수행된다. 이 순서는 특정 심사의 상황에 따라 변경될 수 있다.

2) 안내자 및 참관인의 역할과 책임 부여

○ 필요할 경우, 안내자 및 참관인은 심사팀장, 심사의뢰자 및/또는 피심사조직의 승인을 받아 심사팀에 동행할 수 있다. 그들은 심사 수행에 영향을 주거나 방해를 해서는 안 될 것이다. 만일 이를 보증할 수 없는 경우, 심사팀장은 특정 심사 활동 중에 참관인의 참석을 거부할 권한을 가져야 할 것이다.

○ 참관인에 대해서는 접근, 안전보건, 환경, 보안 및 기밀 유지에 대한 준비사항이 심사의뢰자 및 피심사조직 간에 관리되어야 할 것이다.

○ 피심사조직에 의해 지명된 안내자는 심사팀을 보조하고, 심사팀장 또는 그들이 배정된 심사원의 요청에 따라 행동하여야 할 것이다. 그들의 책임은 다음 사항을 포함하여야 할 것이다.

a) 면담에 참여할 인원을 식별하고 시기와 장소를 확인하는 데 있어서 심사원을 보조
b) 피심사조직의 특정 장소에 대한 출입 조치
c) 접근, 안전보건, 환경, 보안, 기밀성 및 기타 이슈에 대해서 장소에 특화된 준비사항에 관한 규칙이 심사팀원과 참관인에 의해 알려지고 준수되는 것을 보장하고, 모든 리스크가 다루어지도록 보장
d) 해당되는 경우, 피심사조직을 대신하여 심사에 입회
e) 필요한 경우 정보 수집 시 명확한 설명을 제공 또는 지원

3) 시작회의 수행

○ 시작회의의 목적은 다음과 같다.

a) 모든 참가자(예: 피심사조직, 심사팀)가 심사계획서에 동의함을 확인
b) 심사팀 및 그들의 역할을 소개
c) 모든 계획된 심사 활동이 수행될 수 있도록 보장

○ 시작회의에는 통상적으로 피심사조직의 경영진과, 해당되는 경우 심사대상의 기능 또는 프로세스의 책임자가 참석하여야 할 것이다. 회의 동안에 질문할 기회를 제공하는 것이 좋다.

○ 시작회의를 얼마나 상세하게 할 것인가는 피심사조직이 심사 프로세스에 익숙한 정도에 따라 하는 것이 좋다. 많은 경우에, 예를 들면 소규모 조직의 내부심사에서, 시작회의는 심사 수행에 대한 의사소통과 심사의 성격을 설명하는 정도로 간단히 구성될 수 있다.

○ 기타 심사상황에서는, 회의는 공식적일 수 있으며 참석자에 대한 기록을 보유하여야 할 것이다. 회의는 심사팀장이 주도하여야 할 것이다.

○ 해당되는 경우, 다음 사항의 소개를 고려하여야 할 것이다.
  - 참관인과 안내자, 통역자를 포함한 기타 참관인 및 그들의 역할에 대한 개략적 내용
  - 심사팀원의 존재로부터 발생할 수 있는 조직의 리스크를 관리하기 위한 심사 방법

○ 해당되는 경우, 다음 사항의 확인을 고려하여야 할 것이다.
  - 심사 목표, 범위 및 기준
  - 심사계획서와 기타 피심사조직과 관련된 준비사항, 예를 들면 종료 회의 일자 및 시간, 심사팀과 피심사조직의 경영진과의 모든 중간회의, 그리고 필요한 모든 변경사항
  - 심사팀과 피심사조직과의 공식적인 의사소통 채널
  - 심사 중 사용되는 언어
  - 피심사조직이 심사 중의 진행 상황을 알도록 함
  - 심사팀이 필요로 하는 자원 및 시설의 가용성
  - 기밀 유지 및 정보 보안과 관련된 사항
  - 심사팀을 위한 관련 접근, 안전보건, 보안, 비상사태 및 기타 준비사항
  - 심사 수행에 영향을 미칠 수 있는 현장 활동

○ 해당되는 경우, 다음 항목에 관한 정보의 제시를 고려하여야 할 것이다.
  - 해당된다면, 등급 분류기준을 포함하여 심사 발견사항에 대한 보고 방법
  - 심사가 종료될 수도 있는 조건
  - 심사 중에 있을 수 있는 발견사항을 다루는 방법
  - 불만 사항이나 이의 제기사항을 포함하여, 심사 발견사항 또는 결론에 대한 피심사조직으로부터의 피드백 시스템

4) 심사 중 의사소통

○ 심사 중, 특히 법적 및 규제적 요구사항이 부적합을 의무적으로 보고하도록 요구하는 경우, 피심사조직, 심사의뢰자, 잠재적인 외부 이해관계자(예: 규제기관)들은 물론이고 심사팀 내에서 의사소통을 위한 공식적인 준비가 필요할 수 있다.

○ 심사팀은 필요에 따라 정보를 교환하고 심사 진행 상황을 평가하며, 심사팀원 간의 업무를 재배정하기 위하여 주기적으로 협의하여야 할 것이다.

○ 심사 중, 심사팀장은 해당되는 경우 심사 진행 상황, 모든 중요한 발견사항 및 우려 사항을 피심사조직 및 심사의뢰자와 주기적으로 의사소통하여야 할 것이다. 심사 중 수집된 증거가 피심사조직에 긴급하고 중요한 리스크를 암시하는 경우 그 증거는 바로 피심사조직에, 해당되는 경우 심사의뢰자에게 보고되어야 할 것이다. 심사 범위를 벗어난 이슈에 대한 모든 우려 사항은 심사의뢰자 및 피심사조직과의 가능한 의사소통을 위하여 기록되고 심사팀장에게 보고되어야 할 것이다.

○ 이용 가능한 심사증거가 심사 목표를 달성할 수 없는 것으로 나타나는 경우, 심사팀장은 적절한 조치를 결정하기 위하여 그 이유를 심사의뢰자 및 피심사조직에 보고하여야 할 것이다. 그러한 조치에는 심사 기획, 심사 목표 또는 심사 범위의 변경 또는 심사 중단이 포함될 수 있다.

○ 심사 활동이 진행됨에 따라 심사계획 변경의 필요성이 명확해질 경우, 그 필요성은 심사프로그램 관리자 및 심사의뢰자 모두에 의해 검토되고 수용되어야 할 것이며, 피심사조직에 제시되어야 할 것이다.

5) 심사정보의 가용성 및 접근

○ 심사를 위해 선택한 심사 방법은 규정된 심사 목표, 범위 및 기준뿐만 아니라 기간 및 장소에 따라 다르다. 특정 심사 활동에 필요한 정보가 있는 장소를 심사팀이 이용할 수 있어야 한다. 장소는 물리적/실제 및 가상 공간이 포함될 수 있다.

○ 심사정보에 접근하기 위한 장소, 시간 및 방법은 심사에 중요하다. 이것은 정보가 생성, 사용 및/또는 저장되는 장소와는 독립적이다. 이러한 이슈를 기반으로 심사 방법을 결정할 필요가 있다(부록 4 ISO 19011 부속서 A 표 A.1참조) 심사는 여러 가지 방법을 활용할 수 있다. 또한 심사 환경은 심사 중에 방법이 변경할 필요가 있음을 의미할 수도 있다.

6) 심사 수행 중의 문서화된 정보 검토

○ 피심사조직과 관련한 문서화된 정보는 다음을 위해 검토되어야 할 것이다.
- 심사기준에 따라 문서화된 시스템의 적합성을 결정
- 심사 활동을 지원하기 위한 정보의 수집

【비고】 정보 검증 방법에 대한 가이던스는 ISO 19011 부속서 A.5에 제시되어 있다.

○ 검토는 다른 심사 활동과 함께 할 수 있으며, 심사 수행의 효과성에 방해가 되지 않는다면 심사하는 내내 계속할 수 있다.

○ 만일 심사계획서에 주어진 일정 내에서 충분한 문서화된 정보를 제공할 수 없다면, 심사팀장은 이를 심사프로그램 관리자와 피심사조직에 통보하여야 할 것이다. 심사 목표 및 범위에 따라, 문서화된 정보에 관련된 우려 사항이 해결될 때까지 심사를 계속할지 또는 중지할지에 관한 결정을 내려야 할 것이다.

7) 정보의 수집 및 검증

○ 심사 진행 중에 기능, 활동 및 프로세스 간의 상호작용과 관련된 정보를 포함하여 심사 목표, 범위 및 기준과 관련된 정보는 적절한 샘플링 방법을 통해 수집되어야 하며, 실행 가능한 한 검증되어야 할 것이다.

【비고】 1 정보의 검증은 ISO 19011 부속서 A.5를 참조한다.

【비고】 2 샘플링에 대한 가이던스는 ISO 19011 부속서 A.6에 제시되어 있다.

○ 어느 정도 검증될 수 있는 정보만 심사증거로 받아들여야 할 것이다. 검증의 정도가 낮은 경우 심사원은 증거로서의 신뢰 정도를 결정하기 위해 전문적인 판단을 사용하여야 할 것이다. 심사 발견사항에 이르는 심사증거는 기록되어야 할 것이다. 객관적인 증거를 수집하는 동안 심사팀이 새롭거나 변경된 상황 또는 리스크 또는 기회를 인식하게 되면 이러한 사항은 팀에 의해 다루어져야 할 것이다. 그림 3-2는 정보 수집에서 심사 결론에 이르는 전형적인 프로세스의 개요를 제시한다. 정보를 수집하는 방법에는 다음이 포함되지만 이에 국한되지는 않는다.

• 면담
• 관찰
• 문서화된 정보의 검토

【비고】 3 정보 출처 및 관찰의 선택에 대한 가이던스는 ISO 19011 부속서 A.14에 제시되어 있다.
【비고】 4 피심사조직의 장소 방문에 대한 가이던스는 ISO 19011 부속서 A.15에 제시되어 있다.
【비고】 5 면담 수행 방법에 대한 가이던스는 ISO 19011 부속서 A.17에 제시되어 있다.

8) 심사 발견사항의 도출

○ 심사증거는 심사 발견사항을 결정하기 위하여 심사기준에 의해 평가되어야 할 것이다. 심사 발견사항은 심사기준과의 적합이나 부적합으로 나타날 수 있다. 심사계획서에 명시된 경우, 각각의 심사 발견사항에는 증거가 수반된 적합 및 모범 사례, 개선을 위한 기회, 그리고 피심사조직에 대한 권고사항이 포함되어야 할 것이다.
○ 부적합 및 부적합을 뒷받침하는 심사증거는 기록되어야 할 것이다.
○ 부적합은 조직의 상황과 리스크에 따라 등급이 부여될 수 있다. 이 등급은 정량적(예: 1~5) 및 정성적(예: 경, 중)일 수 있다. 심사증거의 정확함 그리고 부적합에 대한 이해를 인정받기 위해, 피심사조직과 함께 부적합이 검토되어야 할 것이다. 심사증거 또는 발견사항에 관한 의견의 차이를 해결하기 위한 모든 시도가 이루어져야 할 것이다. 해결되지 않은 이슈는 심사보고서에 기록되어야 할 것이다.
○ 심사팀은 심사하는 동안 적절한 단계에서 심사 발견사항을 검토하기 위하여 필요하면 협의해야 할 것이다.

【비고】 1 심사 발견사항의 파악 및 평가에 관한 추가 가이던스는 ISO 19011 부속서 A.18에 제시되어 있다.
【비고】 2 법적 또는 규제적 요구사항 또는 기타 요구사항과 관련된 심사기준의 적합 또는 부적합을 준수 또는 미준수라고도 한다.

9) 심사 결론의 결정

(1) 종료 회의 준비

○ 심사팀은 종료 회의 전에 다음 사항을 위하여 협의하여야 할 것이다.
a) 심사 목표에 대비하여, 심사 발견사항 및 심사하는 동안 수집된 모든 적절한 정보를 검토
b) 심사 프로세스에 내재한 불확실성을 반영하여 심사 결론에 대해 합의
c) 심사계획서에 명시된 경우, 권고사항을 준비
d) 적용 가능한 경우, 심사 후속 조치에 대해 논의

(2) 심사 결론의 내용

○ 심사 결론은 다음과 같은 이슈를 다루어야 할 것이다.
a) 의도된 결과를 충족하는 경영시스템의 효과성, 리스크 파악 그리고 리스크를 다루기 위해 피심사조직이 취한 조치의 효과성을 포함하여, 심사기준에의 적합성 정도 및 경영시스템의 강건성
b) 경영시스템의 효과적인 실행, 유지 및 개선
c) 심사 목표의 달성, 심사 범위의 포함 그리고 심사기준의 충족
d) 경향을 파악할 목적으로, 심사된 다른 분야에서의 유사한 발견사항, 또는 합동 심사나 이전의 심사에서 나타난 유사한 발견사항

○ 심사계획서에 명시된 경우, 심사 결론은 개선을 위한 권고사항 또는 향후 심사 활동으로 이어질 수 있다.

10) 종료 회의 수행

○ 종료 회의는 심사 발견사항 및 심사 결론을 제시하기 위해 개최되어야 할 것이다.

○ 종료 회의는 심사팀장이 주관하며 피심사조직의 경영진이 참석하고, 가능한 경우 다음 인원을 포함하여야 할 것이다.

- 심사받은 부문 또는 프로세스의 책임자
- 심사의뢰자
- 심사팀의 기타 구성원
- 심사의뢰자 및/또는 피심사조직이 정한 기타 관련 이해관계자

○ 가능한 경우, 심사팀장은 심사 결론에 대한 확신을 감소시킬 수 있는, 심사 중에 발생한 상황에 대하여 피심사자에게 알려야 할 것이다. 경영시스템에 규정되었거나 심사의뢰자와 합의한 경우, 참석자는 심사 발견사항을 다루기 위한 조치계획 일정에 합의하여야 할 것이다.

○ 종료 회의의 상세함의 정도는 피심사조직의 상황 및 리스크와 기회에 대한 고려를 포함하여 피심사조직의 목표 달성에 대한 경영시스템의 효과성을 반영하여야 할 것이다.

○ 심사 프로세스에 대한 피심사조직의 친숙도 또한 참석자에게 상세함의 옳은 수준이 제공됨을 보장하기 위하여 종료 회의 시 고려되어야 할 것이다.

○ 일부 심사상황의 경우, 회의는 공식적인 회의가 될 수 있으며, 참석자 기록을 포함한 회의록이 보유되어야 할 것이다. 내부심사와 같은 다른 예의 경우, 종료 회의는 덜 공식적이고 심사 발견사항 및 심사 결론에 대한 의사소통만으로 구성될 수 있다.

○ 해당되는 경우, 다음 사항은 종료 회의에서 피심사조직에게 설명되어야 할 것이다.

a) 수집된 심사증거는 가용한 정보의 샘플을 근거로 한 것이며 피심사조직 프로세스의 전반적인 효과성을 반드시 완전하게 대표하지 않는다는 점

b) 보고 방법

c) 합의된 프로세스에 따라 심사 발견사항을 다루는 방법

d) 심사 발견사항을 충분히 다루지 못하여 발생할 수 있는 발생 결과

e) 심사 발견사항 및 결론을 피심사조직의 경영진이 이해하고 인정할 수 있는 방법으로 제시

f) 관련된 심사 후속 활동(예: 시정조치의 실행 및 검토, 심사 불만 사항 취급, 이의제기 프로세스)

○ 심사팀과 피심사조직 간의 심사 발견사항 또는 심사 결론에 관한 의견 차이는 논의되어야 할 것이고, 가능하다면 해결되어야 할 것이다. 해결되지 않았다면, 이것은 기록되어야 할 것이다.

○ 심사 목표에 명시된 경우, 개선을 위한 권고사항은 제시될 수 있다. 권고사항은 구속력이 없다는 점이 강조되어야 할 것이다.

3.2.4.4 심사보고서의 작성 및 배포

1) 심사보고서 작성

○ 심사팀장은 심사프로그램에 따라 심사 결과를 보고하여야 할 것이다. 심사보고서는 심사에 대한 완전하고 정확하며 간결하고 명확한 기록을 제공하여야 할 것이며, 다음 사항을 포함하거나 언급하여야 할 것이다.

a) 심사 목표
b) 심사 범위, 특히 조직(피심사조직) 및 심사대상이 되는 기능/부문 또는 프로세스의 식별
c) 심사의뢰자의 식별
d) 심사팀 및 심사에 참여한 피심사조직 인원의 식별
e) 심사 활동이 수행된 일자 및 장소
f) 심사기준
g) 심사 발견사항 및 관련 증거
h) 심사 결론
i) 심사기준이 충족된 정도에 관한 서술
j) 심사팀과 피심사조직 간 해결되지 않고 엇갈린 의견
k) 심사는 특성상 샘플링 방식이므로, 조사된 심사증거가 대표성을 갖지 않을 리스크가 있음

○ 해당되는 경우, 심사보고서에는 다음 사항도 포함되거나 언급될 수 있다.
- 시간 일정이 포함된 심사계획서
- 심사 결론의 신뢰성을 저하시킬 수 있는, 직면한 모든 장애가 포함된 심사 프로세스의 요약
- 심사계획서에 따라 심사 목표가 심사 범위 내에서 달성되었다는 확인
- 증거, 자원 또는 기밀 유지의 가용성에 대한 모든 이슈를 포함하여, 심사 범위 내에서 다루지 못한 모든 영역과 그 정당성
- 심사 결론, 그리고 심사 결론을 뒷받침하는 주요 심사 발견사항을 포함하는 요약
- 식별된 모범 사례
- 해당되는 경우, 합의된 후속 조치계획
- 내용의 기밀성에 관한 서술
- 심사프로그램 또는 후속 심사에 대한 모든 영향

2) 심사보고서 배포

○ 심사보고서는 합의된 기간 내에 발행되어야 할 것이다. 지연되는 경우, 그 사유가 피심사조직 및 심사프로그램을 관리하는 자와 의사소통되어야 할 것이다.

○ 심사보고서는 심사프로그램에 따라, 해당되는 경우, 일자가 기재되고, 검토 및 승인되어야 할 것이다.

○ 심사보고서는 심사프로그램 또는 심사계획서에 규정된 관련 이해관계자에게 배포되어야 할 것이다.

○ 심사보고서를 배포할 때 기밀 유지를 보장하기 위한 적절한 수단이 고려되어야 할 것이다.

3.2.4.5 심사 완료

○ 심사는 모든 계획된 심사 활동이 수행되었거나 심사의뢰자가 동의했을 때 완료된다(예를 들면, 심사계획서에 따른 심사 완료를 방해하는 예기치 않은 상황이 발생할 수 있다).

○ 심사에 관련된 문서화된 정보는 참석한 당사자 간의 합의에 따라서, 그리고 심사프로그램 및 적용 가능한 요구사항에 따라 보유 또는 폐기되어야 할 것이다.

○ 법적으로 요구되지 않는 한, 심사팀 및 심사프로그램 관리자는 심사 중 얻게 된 모든 정보 또는 심사보고서를 심사의뢰자의 명확한 승인 없이, 그리고 해당되는 경우, 피심사조직의 승인 없이 어떠한 관계자에게도 공개하지 않아야 할 것이다. 만약 심사문서 내용의 공개가 요구되는 경우, 심사의뢰자 및 피심사조직에 가능한 한 신속하게 알려야 할 것이다.

○ 심사로부터 얻은 교훈으로 심사프로그램 및 피심사조직의 리스크와 기회를 파악할 수 있다.

3.2.4.6 심사 후속 조치의 수행

○ 심사의 결과는 심사의 목표에 따라 시정 또는 시정조치의 필요성 또는 개선의 기회로 나타낼 수 있다. 이러한 조치는 일반적으로 합의된 일정 내에 피심사조직이 의사결정을 하고 수행한다. 해당되는 경우, 피심사조직은 심사프로그램 관리자 및/또는 심사팀에게 이러한 조치에 대한 상태를 알려야 할 것이다.

○ 이러한 조치의 완료와 효과성은 검증되어야 할 것이다. 이 검증은 후속 심사의 일부일 수 있다. 결과는 심사프로그램 관리자에게 보고되어야 할 것이며, 경영 검토를 위해 심사의뢰자에게 보고되어야 할 것이다.

제4장

단체의 인증심사

우리나라에서는 작목반, 작목회, 영농조합법인 등의 다양한 형태로 공동 생산자 단체가 구성되어 있다. 단체인증을 위한 생산자 단체는 일반적으로 생산 기술이 낮고 대단위의 저장이나 가공 시설을 운영하기 어려우며 체계적인 마케팅이 어려운 소농들로 구성된다. 이러한 소농들은 인증된 농산물을 판매하여 얻은 소득이 낮아서 판매되는 농산물에 비해 개인 농가의 인증 비용이 많이 들며 인증기관과의 의사소통도 어려워 단체인증을 필요로 하게 된다. IFOAM은 유기농의 발전은 소농에 의해 이루어진다고 판단하여 소농에 대한 정의, 단체의 부적합 요건, 제재 사항, 추가심사 인원을 정하는 방법 등에 관한 매뉴얼을 제작하여 인증기관은 물론 소농 단체가 활용할 수 있도록 하였다. 제4장에서는 단체의 구성과 내부관리시스템을 알아보고, 단체의 내부심사와 외부심사의 요령 및 인증심사 보고서 작성 요령을 소개하고자 한다.

1. 단체의 구성

1.1 단체의 구성 요건

1.1.1 단체인증의 의미

단체인증에서의 심사는 인증기관의 심사원이 단체를 대상으로 단체의 내부관리시스템을 심사하는 외부 심사[1])와 단체의 내부심사원이 단체의 개별 조직원을 대상으로 자체적으로 생산과정을 조사하는 내부심사[2])로 구분할 수 있다. 단체에 대한 외부 심사에 있어서 심사의 핵심은 단체의 내부관리시스템(ICS)[3])이 심사대상이 된다는 점이다. 심사원이 개별농가를 방문하여 심사하는 것은 내부관리시스템을 평가하기 위한 과정 중의 일부이며, 개별농가 자체가 심사의 대상이 되지 않는다는 점은 단체인증심사에 있어서 반드시 유의하여야 할 사항이다. 단체인증은 단체를 구성하는 조직원, 생산품의 종류, 생산방식 등 단체의 특성에 따라 인증기준을 위반할 확률이 다르므로 인증기관에 의한 외부 심사는 단체의 구성형식, 단체구성원의 유형에 따라 심사의 관리요점을 달리하여야 한다. 내부심사원에 의하여 수행되는 내부심사 역시 단체의 특성에 따른 내부규정에 따라서 이루어지므로 외부 심사나 내부심사에 있어서 단체의 유형은 심사의 절차나 요령을 결정하는 중요한 인자이다.

친환경농어업 육성 및 유기식품 등의 관리·지원에 관한 법령에 따른 국내 유기농 인증제도에서도 단체인증제도를 운용하고 있다. 그러나 단체의 내부관리시스템을 구성하는 요건과 관리 방법 등은 국제적 수준에 미치지 못하는 것이 현실을 고려하여 국내 단체인증의 내부관리시스템이 나아가야 할 방향에 대해서도 알아보고자 한다. 여기에서 기술된 단체인증제도의 기준과 용어가 친환경농어업 육성 및 유기식품 등의 관리·지원에 관한 법령상의 것과 다소 차이가 있을 수 있다. 친환경농어업 육성 및 유기식품 등의 관리·지원에 관한 법령에 따른 국내 유기농 인증제도에서의 생산관리자는 생산자단체 소속 농가의 생산지침서 작성 및 관리, 영농 관련 자료의 기록 및 관리, 인증을 받으려는 신청인에 대한 인증기준 준수 교육 및 지도, 인증기준에 적합한지를 확인하기 위한 예비심사 등을 담당하는 자를 말하며, 국제 인증에서 말하는 내부관리자[4])의 역할을 포괄적으로 담당하고 있다. 따라서 국내의 생산관리자는 단체의 내부관리시스템을 운용하는 중추적인 역할을 한다고 말할 수 있다. 그러나 생산관리자에게 요구되는 사항의 다양성과 업무의 중대성에 비하여 생산관리자의 자격요건이 충분하지 않고[5]), 생산관리자의 업무 수행에 따른 별다른 보수도 제공되지 않는 것이 대부분이라 생산관리자에게 전문성을 요구한다는 것은 어려울 것이다. 또한 예비심사를 실시하는 주체와 객체 사이에 이해관계에 대해 금하고 있지 않아서, 예비심사의 실효성도 의심된다. 여기에서는 내부관리시스템을 운영할 능력이 있는 대규모 단체를 기준으로 기술하였으며, 소규모 단체의 경우 체계화된 내부관리시스템을 운영하기에는 한계가 있다. 본 장에서 기술하고 있는 단체인증의 정의 및 절차는 장기적으로 우리나라의 단체인증제도가 지향하여야 할 모델이라 할 수 있겠다.

---

1) External Inspection
2) Internal Inspection
3) Internal Control System
4) 내부심사원, 생산관리자 등으로도 볼 수 있다.
5) 양성교육(4시간)과 기본교육(2년 1회 이상)

1.1.2 단체의 구성 요건

단체인증을 신청하기 위하여 개별 생산자가 모여 이룬 단체의 구성 요건은 여러 가지로 정의될 수 있다. 그 대표적인 예로는 공동생산자 단체(CGG)[6]가 있다. 이들은 대부분 자재의 구매, 농산물생산, 판매를 공동으로 하고, 개별 생산자가 생산물을 소유하고 있으나 단체의 규약에 따라 생산과 판매가 이루어진다. 우리나라에서는 작목반, 작목회, 영농조합법인 등의 다양한 형태로 공동 생산자 단체가 구성되어 있다. 단체인증을 위한 생산자 단체는 일반적으로 생산 기술이 낮고 대단위의 저장이나 가공 시설을 운영하기 어려우며 체계적인 마케팅이 어려운 소농[7]으로 구성된다. 이러한 소농들은 인증된 농산물을 판매하여 얻은 소득이 낮아서 판매되는 농산물에 비해 개별농가의 인증 비용이 많이 들며 인증기관과의 의사소통도 어려워 단체인증을 필요로 하게 된다. 개발도상국의 농업은 대부분 소농에 의해 이루어지고 있으며, 2000년 초부터 소농들로 구성된 단체인증이 증가하면서 인증기관들이 자체적인 심사기준과 방법을 적용하여 농가들에게 혼란을 초래하게 되었다. IFOAM은 유기농 발전 역시 소농에 의해 이루어진다고 판단하여 국제적으로 통일된 단체 인증심사 방법론을 마련하기 위해 2001년부터 매년 세 번에 걸친 워크숍을 진행하여 소농에 대한 정의, 단체의 부적합 요건, 제재 사항, 추가심사 인원을 정하는 방법 등에 관한 매뉴얼을 제작하여 인증기관은 물론 소농 단체가 활용할 수 있도록 하였다. 생산자 단체를 구성하는 적정 조직원의 수는 단체의 위험도를 최소화하고 인증심사의 효율성에 따라 결정함이 원칙이다. 공동생산자 단체의 구성 요건(표 4-1)과 소농의 특징(표 4-2)을 정리하면 다음과 같다.

표 4-1. 생산자 단체의 구성 요건

구분	구성 요건
지리적 위치 및 영농방법	• 단체의 구성은 농장이 지리적으로 근접해 있고 표준화된 영농방법에 따라 생산방식이 유사한 작목들을 재배하는 조직원들로 구성되어야 한다. • 여러 가지 형태의 농장으로 단체를 구성하고자 할 때는 벼농사, 밭작물, 시설, 과수 등 생산과 관리가 유사한 품목을 기준으로 구성하여야 한다.
규모	• 단체의 규모는 실질적이고 효과적인 관리가 가능한 적정규모이어야 한다.
내부관리 시스템	• 단체는 내부관리시스템을 규정하는 정관, 조직구성 및 간부 역할에 관한 자료, 의결방식, 회의록, 회원 명단, 내부 심사체계 등에 대한 명문화된 지침문서(내부지침서)를 보유하여야 한다. • 내부관리시스템에 따라 인증기준의 준수에 관한 전반적인 관리를 수행할 수 있는 내부관리자(생산관리자, 내부심사원 등)를 두어야 한다. • 단체는 문서화된 내부관리시스템에 따라 정기적으로 조직원들에 대한 교육과 자체 점검을 시행하여 조직원들이 인증기준을 지키고 있는지를 확인해야 하며, 그 결과를 바탕으로 위반자에 대한 벌칙의 부과 등 지속해서 조직을 관리하여야 한다.
출하 및 판매 관리	• 단체인증의 명의는 생산자 개인적인 용도로 사용되지 않는다. • 인증품은 단체 명의로 출하되어야 하며 표시사항, 출하량 등은 단체에 의하여 관리되어야 한다.
인증기관과의 의사소통	• 인증기관에 대한 모든 의견 개진과 대화는 단체의 명의를 사용하여야 하며, 조직원은 인증에 관하여 개별적으로 직접 인증기관과 접촉하지 않는다.
재정	• 단체는 조직의 관리를 위한 충분한 재정과 물적 자원을 보유하고 있어야 한다.

6) Community Growers Group

7) Small Holders Group

표 4-2. 소농의 특징

구분	특징
생산 기술	• 생산 기술 수준이 낮은 시스템으로 구성된 농가
마케팅 능력	• 스스로 마케팅하는 데 한계가 있다.
농장 운영 능력	• 대단위 농장 운영 능력에 한계가 있다. • 저장·가공 시설에 한계가 있다. • 농장이 주로 가족 노동으로 관리되는 농가
인증기관과의 의사소통 여부	• 인증기관과 의사소통에 한계가 있다.
인증 비용	• 판매되는 농산물의 가격에 비하여 인증 비용이 과도

1.2 표본심사

1.2.1 표본심사의 필요성

단체의 문서심사 및 현장심사는 단체의 구성 요건, 만족도와 위험평가의 결과에 따라서 심사원은 심사관리 요점을 달리하여야 하며 심사의 효율을 높이기 위하여 표본심사를 시행할 수 있다. 우리나라의 농업은 쌀농사를 중심으로 하는 소규모의 집약적 농업이며 농법이 유사한 농업 형태를 띤다. 유기 인증 농가들 또한 지역별로 거의 비슷한 방식으로 농사를 짓고 있으며 이들 인증 농가 중 80~90%는 단체인증을 받고 있어서, 우리나라에서 단체인증은 전체 인증의 주요 부분을 차지하고 있다. 과거 유기 농산물의 경우에는 생산자 단체에 속한 모든 생산자가 심사를 받고 심사원은 소속 농가 모두에 대한 보고서를 작성하여야 했다. 전수조사하는 이유는 모든 농가를 예외 없이 확인함으로써 오염, 혼입, 기준위반 등의 잠재적 부적합 사항의 위험을 최소화하려는 것이었다. 그러나 같은 농사법을 통하여 종자, 자재, 장비 등을 사용하고 동일한 수매기준에 따라 수확이 이루어지며, 하나의 통로를 거쳐 판매가 이루어지는 단체의 경우, 전수조사를 통한 심사 방법이 효율적이지 못할 수 있다. 또한 단체에 대한 심사는 개별농가의 심사와는 다른 요소(예: 조직화, 임원, 수매, 회원 관리, 내부관리시스템, 생산관리자 등)가 포함되어 있어서 개별농가의 심사요령을 단체심사에 적용하면 단체의 핵심적 요소에 대한 심사와 평가를 놓칠 수도 있다. 따라서 단체에 대한 심사의 효율성을 증대시키고 인증 비용을 절감하기 위하여 인증기관은 표본심사 방법을 도입하게 되었다.

1.2.2 표본의 추출 및 표본심사

단체의 규모가 증가함에 따라 표본 농가의 수는 증가하게 되는데 일반적으로 단체를 구성하는 조직원 수의 제곱근을 표본의 최소 농가 수로 정하고 있으며, 정확한 표본 농가의 수는 2.3 내부관리시스템의 위험 요소와 관리방안에 따른 단체의 위험도 평가 결과에 따라서 증가할 수 있으므로 단체인증에서 단체의 위험평가는 매우 중요하다고 할 수 있다. 또한 단체의 규모가 작아서 내부관리시스템을 구성할 수 없으면 조직원 전체를 대상으로 전수 심사를 시행하여야 한다.

표본 농가를 심사하면서 인증심사원은 두 가지를 확인하여야 한다. 첫째, 생산자 단체의 심사대상은 생산자 단체 자체이며 단체에 소속된 농가가 심사의 최종 대상이 될 수는 없으므로 단체가 내부관리시스템에 따라 관리되고 있는지를 확인해야 한다. 따라서 인증심사원은 내부관리시스템을 먼저 파악하고, 내부관리자에 의하여 소속 회원들이 잘 관리되고 있는지를 심사하여야 한다. 다시 말해서, 생산자 단체 심사의 목적은 내부관리시스템의 적정성과 실효성을 확인하는 것이라고 할 수 있다. 둘째, 잠재적 부적합 사항을 확인하는 것이다. 잠재적 부적합 사항은 인증의 여부를 결정하는 매우 중요한 심사관리 요점이다. 모든 표본 농가에 잠재적 부적합 사항이 나타나면 안 된다. 따라서 심사원은 개별농가를 방문하였을 때 오염, 혼입, 기준위반을 일으킬 수 있는 잠재적 요소를 찾는 데에 주력하여야 한다. 표본심사의 경우에 '생산자에게 유리하다'라고 생각할 수도 있지만, 꼭 그런 것만은 아니다. 그것은 표본으로 정해진 모든 생산자가 인증기준에 적합하여야 단체가 인증되고 표본 농가 중 한 생산자라도 부적합한 심사 결과가 나오면 그 단체의 모든 생산자는 인증을 받을 수 없게 되기 때문이다. 일반적인 표본 농가의 선정 및 표본심사의 요령은 표 4-3과 같다.

표 4-3. 표본 농가의 선정 및 심사요령

<table>
<tr><th>항목</th><th>세부 요건</th><th>비고</th></tr>
<tr><td>표본 농가의 선정</td><td>친환경농어업 육성 및 유기식품 등의 관리·지원에 관한 법령에서는 친환경농산물정보 시스템에서 무작위로 추출한 농가를 대상으로 다음 표에 따라 표본 농가 수를 선정하되, 문서심사과정에서 잠재적 부적합 사항이 확인된 농가를 추가 선정할 수 있도록 하고 있다.
<table><tr><td>구성원 수(호)</td><td>5 ~ 15</td><td>16 ~ 24</td><td>25 ~ 35</td><td>36 ~ 48</td><td>49 ~ 63</td><td>64 ~ 80</td><td>81 ~ 99</td><td>100 ~ 120</td><td>121 이상</td></tr><tr><td>표본 농가</td><td>4 이상</td><td>8 이상</td><td>10 이상</td><td>12 이상</td><td>14 이상</td><td>16 이상</td><td>18 이상</td><td>20 이상</td><td>20% 이상</td></tr></table></td><td rowspan="2">인증심사원은 인증기관에 의하여 결정된 심사 방법에 따라 심사를 시행하여야 하며, 자의적으로 전수 심사 또는 표본심사를 결정하지 않는다. 따라서 전수조사를 시행할지 아니면 표본심사를 시행할지는 인증기관과 생산자 단체 사이에 충분한 의논을 통하여 결정하여야 한다.</td></tr>
<tr><td>표본 심사</td><td>친환경농어업 육성 및 유기식품 등의 관리·지원에 관한 법령에서는 다음과 같이 표본심사를 진행하도록 규정하고 있다.
(1) 전체 구성원을 심사하였으면 구성원별로 각각 적합과 부적합으로 판정한다.
(2) 표본심사를 하는 경우 심사대상자가 모두 적합한 경우에만 단체에 대해 적합으로 판정을 하고, 부적합 농가가 발생한 경우에는 단체에 대해 부적합으로 판정한다.
* 표본심사를 하는 경우에도 단체 구성원의 전체 재배지에 대해 신청서상의 재배 품목과 실제 재배면적의 일치 여부, 제초제 사용 여부는 반드시 확인하여야 한다.</td></tr>
</table>

1.3 생산자 단체의 설계

1.3.1 단체설계의 형태

단체인증을 위한 생산자 단체의 설계 형태는 1) 유기농업을 목적으로 인근지역에서 협동 조직의 형태로 꾸려진 작목반(근래에는 소형 영농조합법인으로 등록하고 있음), 2) NGO가 조직한 농민 모임으로서 중형 영농조합법인, 농업회사법인, 3) 지역(단위) 농협, 대형생활협동조합과 같이 유통업자나 중간 수집상과의 계약조직의 형태로 구성한 작목반이나 작목회 등을 들 수 있다. 이들 조직의 장단점은 다음 표 4-4와 같이 요약할 수 있으며 단체의 설계 형태에 따라 심사관리 요점의 가중치는 달라진다.

표 4-4. 단체설계의 형태

형태	사례	장점	단점
협동 조직 (작목반)	소비자와의 직거래가 많으며 고정된 판로가 적고, 생협, 대형상점, 백화점에 납품하는 소형 단체로 이루어진다.	구성원들의 유기농업에 대한 의지와 책임감이 강하여 단체의 운영에 대한 이념적, 사회학적 자체 조정 능력을 보유하고 있으며 유기농업을 하기 이전부터 조직된 단체가 많다.	마케팅, 프로젝트 수행 경험이 부족하여 새로운 체계로의 변화에 대하여 보수적이다.
NGO가 조직한 농민 모임	자체 판로가 많으며 생협, 대형상점, 백화점에 납품하는 중형단체로서 중소형 영농조합법인으로 이루어진다.	NGO와의 긴밀한 관계로 영농자금의 조달이 쉽고 유기농산물 시장에 대한 바람직한 접근과 투명한 관리가 이루어지며 농민의 권익에 관한 관심이 높다.	구성원들의 책임감이 약하고 마케팅 경험이 적다. 단체의 자주적 시스템에 대한 고민보다는 개인 농가 중심으로 관리가 이루어진다.
유통, 가공업자, 중간수집상과의 계약에 의한 조직	포전매매가 많으며 생협 조직, 대형상점, 백화점 등 고정된 출하처에 납품을 위해 조직된 단체로 이루어진다.	단체의 마케팅 경험이 많아서 생산물의 시장 접근성이 좋고 유통업자와의 협력에 따른 생산물의 품질보증 및 품질관리 경험이 많다.	단체의 구성원들이 계약을 체결한 업자에 매우 의존적이며 개별적이어서 생산자 관리가 어렵고 생산자들의 권익보다는 유통업자의 이윤 창출을 목적으로 운영되어 인증 관련 위험성이 높다.

1.3.2 생산자 단체 설계의 원칙

1) 생산자 단체의 주체와 여건

유기농업을 하기 위해서는 적절한 여건(인근지역의 경작자, 단지화된 농지)이 조성되어야 하며 농가의 수익성이 보장될 수 있는 계약된 출하처가 있어야 하고 가능할 경우 농민 조직(작목반, 작목회), NGO, 유통업자와의 연계가 바람직하다.

2) 환경친화적인 자원의 순환을 원칙으로 하여야 한다

생산자의 경제적 이익만을 목적으로 하는 것은 위험하며 운영진과 개별 경작자 모두 '유기농업'의 이념적 목표에 동의가 필요하다. 따라서 개별 경작자들이 유기농업의 목표를 함께 인식하여 생산자 단체의 운영이 유기농업의 목표에 접근해야 한다.

3) 생산지침서 정보

설계 시 반드시 내부관리시스템의 운영을 위한 내부지침서(생산지침서)가 있어야 하며 운영진은 그 매뉴얼을 통해 조직의 개요, 등록된 생산자, 생산과정 등에 대한 다음의 자료들을 갖추고 있어야 하고 심사원은 이를 확인하여야 한다.

(1) 생산자와 작목반(규정, 교육 현황 등)의 현황
(2) 재배포장(축사) 현황(최대, 최소, 평균 규모 등)
(3) 작물 재배(가축사육) 현황
(4) 표준화된 농사(사양)법
(5) 기타(수매에 대한 약정 등의 자료들)

2. 내부관리시스템

2.1 정의 및 필요성

2.1.1 내부관리시스템의 정의

내부관리시스템이란 작목반이나 조합 등 개별 경작자들이 모여서 이루어진 조직의 내부 운영 및 관리체제(그림 4-1)를 말한다. 단체인증 시 이것은 인증기관의 주요 심사대상이 되는 것이고 개별 경작자들이 인증기준에 적합하게 관리될 수 있는지를 판단하는 데 가장 중요한 지표가 된다. 단체인증심사는 내부관리시스템이 잘 설계되고 운용되고 있는지를 확인하여 조직의 영농체계가 유기 인증기준에 적합하여 결국 유기농산물이 인증에 적합한 제품임을 보증하는 과정이다. 내부관리시스템은 기본적으로 다음과 같은 여건을 갖추어야 한다.

1) 개별 생산자를 인증기관의 기준에 맞게 관리할 수 있도록 구속력을 갖는 운영진
2) 자체적인 점검과 교육
3) 자체적인 승인 프로그램과 인증기준 부적합한 자에 대한 통제
4) 생산자와 재배포장에 관한 관리와 데이터를 문서화

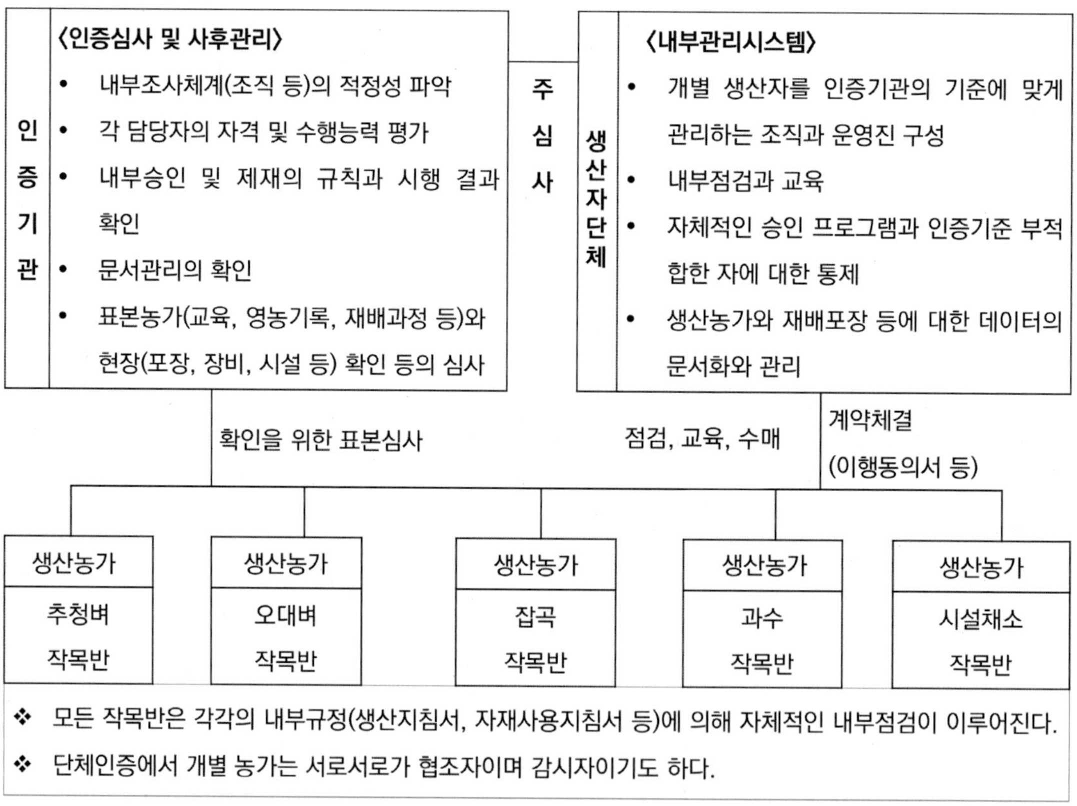

그림 4-1. 내부관리시스템의 운영 체제

2.1.2 내부관리시스템의 필요성

내부관리시스템은 유기농산물의 인증관리를 위해서 필요하기도 하지만 생산자의 수준 향상을 통해 농민의 권익을 높이기 위해서도 꼭 필요하다. 내부관리시스템을 만든다는 것은 조직적인 운영을 한다는 것이고, 농업구조 발전을 위하여 자발적이고 민주적인 활동이다.

2.2 조직

2.2.1 내부관리시스템의 조직 및 생산관리자

1) 내부관리시스템의 조직

내부관리시스템은 규정화된 문서체계를 통하여 단체의 가입·탈퇴 등의 절차, 관련 문서의 양식, 내부평가, 계약, 교육, 생산지침 등의 수립에 관한 내용과 단체의 법적인 상태, 조직, 임무, 구성원의 권리와 의무, 의사결정 절차, 표준 검사양식 등을 포함하여야 한다. 생산자 단체의 조직체계는 생산자 단체와 관계된 모든 사람(경작자 포함)이 알고, 인식하는데 쉽도록 관리자(책임자), 행정담당자, 생산관리자, 회계담당자, 수매담당자 등으로 구성하여 관리하여야 한다(그림 4-2). 생산지침서 등을 포함한 내부관리 지침서(내부관리기준서)는 인증기관이 요구하는 모든 조건을 반영하여야 하고, 운영진에 의해 평가되고 개정되어야 한다.

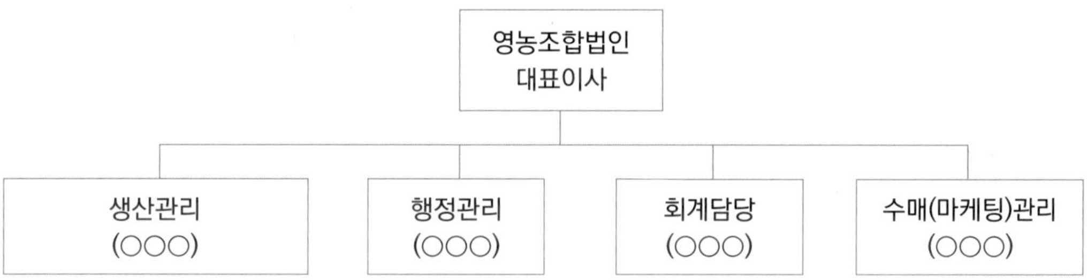

그림 4-2. 생산자 단체의 조직체계 예시

2) 생산관리자의 기본적 자격

생산관리자는 그 지역의 문화, 전통 등을 이해할 수 있는 자로 그 단체의 구성원과 이해의 상충이 없어야 하므로 단체의 구성원을 생산관리자로 선임하는 것은 바람직하지 못하다. 인증기관은 생산관리자에 의해 작성된 내부관리시스템 문서들이 모두 인증기준에 적합한지 정기적인 검토가 필요하다. 친환경농어업 육성 및 유기식품 등의 관리·지원에 관한 법률에서는 생산관리자의 일반적인 요건을 국립농산물품질관리원 또는 국립농산물품질관리원장이 지정하는 교육기관이 실시하는 4시간 이상의 양성 교육 및 보수교육(2년 1회)을 수료한 자로 정하고 있다.

2.2.2 내부관리시스템의 구성 및 문서화

1) 내부관리시스템의 구성

내부관리시스템의 구성 항목에 따른 구성 원칙 및 세부 사항은 표 4-5와 같다.

표 4-5. 내부관리시스템의 구성

항목	구성 원칙 및 내용	세부 사항
내부관리시스템의 기반 여건 파악	• 내부관리시스템을 공고히 하기 위해서는 계획 수립단계에서 이 과제를 위한 충분한 재정과 물적 자원과 기반이 필요하다. • 효과적이고 문서화된 내부관리시스템에 따라 모든 농가에 대하여 인증기준을 지키고 있는지를 확인하는 내부 조사체계가 이루어져야 한다. • 내 부조사 결과와 그에 대한 조치가 기록되어 생산자조직 자체의 관리가 이루어지고 있다는 것이 확인되어야 한다. • 단체 내의 모든 생산자가 개별 인증이 아닌 하나의 단체의 인증서로 운용되고 있다는 것을 인식하여야 한다.	• 내부 규정(정관, 규약, 생산지침서, 자재 사용지침서 등) • 농장 기록, 지도 • 전환 규정 • 연간 심사 규정 • 이해의 충돌(생산자와 임직원), 그 해결방안과 예방책 • 위험평가의 시행과 그 자료 • 사회적 통제, 공동체 관리(그 지역의 문화에 따름) • 문서화된 수확 후 관리 절차/제품 관련 자료/취급량 • 기타
생산관리자의 자격과 조건	• 생산관리자는 법정 교육을 이수하여야 하고, 훈련을 받아야 하며, 독립적이어야 한다.	• 생산관리자와의 계약서 • 생산관리자의 훈련(교육) 내역
임직원, 생산자 교육 및 재배포장, 품목, 사용 자재에 대한 자료	• 모든 임직원이 내부관리시스템을 만드는 일에 동참하고 운영하여야 하며 만약 그 단체에서 관행 농산물을 다루고 있을 때는 그 관행 농산물 관계자도 같이 포함되어야 한다. • 정관 등의 규정, 조직구성도 및 간부 역할에 관한 자료, 의결방식, 회의록, 회원 명단, 교육(영농, 인증, 내부시스템 등), 내부 감사체계 등에 대한 문서화된 지침과 자료가 있어야 하며 임직원은 그 내용을 수행하여야 한다. • 조직원들은 자신이 무엇을 해야 하는지 인지하도록 이해할 수 있는 교육이 시행되어야 한다. • 모든 생산자는 인증기준을 준수하고 내부관리시스템에 따른 내부심사를 허용한다는 이행동의서를 제출하여야 한다.	• 직원의 훈련 및 교육 내역 • 생산자 의무에 대한 서약서(이행동의서) • 농가 목록의 정기적 업데이트: 재배포장의 위치(지도 또는 도면), 규모, 작목 현황, 검사자료(시비 처방서, 잔류농약 검사서, 수질검사서 등) 등이 단체의 조직도에 따라 정기적으로 업데이트 • 농가당 작성된 내부심사(점검)보고서 • 신규생산자의 가입 결정 조건(작목반원의 동의, 위원회 의결 등) • 내부 제재(制裁)의 시행과 그 자료 • 품목별 재배 매뉴얼, 생산지침 • 자재 사용 지침 및 공동구매에 관한 규약
수매(출하) 및 기타	• 내부 점검을 통하여 생산관리자에 의한 점검 결과의 기록 ⇨ 승인 및 등재 ⇨ 최초 수확 전 방문 ⇨ 수매과정에서 정보에 대한 재확인 등 공동출하 내역이 명확히 추적되어야 한다.	• 수매(출하)기준 규정: 약정서, 이행동의서 등 • 병행생산 농가의 출하 관리 규정 • 완충 공간 농산물의 출하 관리 규정

항목	구성 원칙 및 내용	세부 사항
규정의 준수 및 이행	• 약정서 및 동의서	• 친환경 인증기준의 세부 사항 준수: 생산자가 따라야 할 재배 규칙, 수매 절차에 관한 규정의 준수 • 제재 사항: 각종 규정이나 기준위반 시 적용되는 벌칙 준수 • 업무적 출입·조사에 동의: 생산관리자나 인증기관 관계자의 농장 및 각종 창고의 방문과 관련 자료의 열람을 허용 • 기타 약정에 관한 사항(약정 취소 요건 등을 포함)의 준수
	• 단체의 특성에 따라 포함될 수 있는 기타 사항	• 생산품 관련 사항: 생산자 자신이 생산한 것만을 수매, 공동 판매에 따른 개별 판매 금지, 생산품의 품질에 관한 규정 준수 • 내부관리시스템을 위하여 필요한 사항 : 수매 예상 물량의 사전 통지, 교육 이수, 내부관리 수수료 지불

2) 내부관리시스템의 구성을 위하여 필요한 문서

내부관리시스템의 구성을 위하여 필요한 문서는 다음과 같이 정리될 수 있다.

(1) 단체의 관리 및 운영을 나타내는 구조화된 문서(단체의 조직도)
(2) 관리자(단체의 대표, 생산관리자 등) 관련 인사파일
(3) 내부 규정(내부관리 규정, 내부관리지침서, 내부관리기준서): 정관, 규약, 생산지침서, 자재 사용지침서 등
(4) 전환 규정
(5) 단체와 생산관리자와의 고용계약서
(6) 직원과 생산관리자의 훈련(교육) 내역
(7) 연간 심사 규정
(8) 생산자 의무에 대한 서약 양식
(9) 농장 기록, 지도
(10) 농가당 작성된 내부 점검(심사)보고서
(11) 신규조직원의 가입 의결 절차(작목반원의 동의 여부, 가입 의결 방법 등)
(12) 내부 제재(制裁)의 시행과 그 자료
(13) 생산자와 단체 임직원의 이해의 충돌에 따른 해결방안과 예방책
(14) 위험평가의 시행과 그 자료
(15) 농가 목록의 정기적 업데이트
(16) 단체가 소속된 지역의 문화에 따른 사회적 통제 및 공동체 관리 관련 규정
(17) 문서화된 수확 후 관리 절차/ 생산품 관련 자료(규격, 품질 등)/ 생산 및 수매량 관련 문서
(18) 기타 단체의 특성에 따른 문서

2.3 위험 요소 관리

인증품의 품질에 영향을 줄 수 있는 위험 요소는 모든 단계에서 내부관리시스템에 의해 주지되어 측정되고 보고되어야 한다. 최초의 위험 요소 관측은 반드시 이루어져야 하며, 사고를 최소화하는 데 필요한 모든 조치가 이루어져야 한다.

2.3.1 잠재적 위험 요소와 중대한 부적합 요인

심사원은 잠재적 위험 요소를 평가하고 그 대책을 마련하여야 하며, 인증기관은 중대한 부적합 요인에 대하여서는 인증의 취소 또는 생산품의 리콜을 결정할 수도 있다(표 4-6).

표 4-6. 잠재적 위험 요소 및 중대한 부적합 요인

분류	요인
잠재적 위험 요소	• 잘못된 영농정보나 영농기술지도 • 구성원에 대한 불명확한 자료의 기록(등록 = 재배포장의 지번, 면적, 전환 기간, 작목 외) • 이웃 관행 농지와의 완충거리 및 오염 요소 • 관행 농산물과 병행생산 • 타인의 부탁에 의한 비인증품의 혼입 • 개별 생산자가 임의로 자재를 사용(화학비료나 유기합성농약, 제초제가 아닐지라도 사용이 불가한 제품) • 개별 생산자가 기록을 하지 않는 경우 • 인증을 받지 않은 농장의 생산물 수매 • 개별 생산자가 임의로 인증서와 인증스티커를 사용
중대한 부적합 요인	• 사위(詐僞)에 의한 인증 • 유기농과 비유기농을 혼합 • 부적합 사항이 계속되고 교정이나 개선에 실패 • 내부관리시스템이 농장의 부적합 사항을 발견하는 능력이 결여 • 내부관리시스템이 상시 운영되지 않아 구성원들의 인증관리가 이루어지지 않을 경우 • 내부심사를 시행하지 하지 않음 • 농가 목록을 업데이트하지 않았음

2.3.2 위험평가

위험평가를 하기 위해서, 현장 조사 전에 농장 위치에 대한 자세한 지도(도면)와 내부관리시스템, 각 농장에 대한 인접 지역의 상태, 생산과정과 농산물의 이동 경로 등에 관련된 정보들이 충분히 준비되어 있어야 하며 농가와 농장의 확인이 명확히 이루어져야 한다. 위험평가의 최대 변수는 인증심사원이며 위험평가가 성공적으로 수행되기 위해서는 인증심사원이 내부관리시스템의 평가자로서 잘 훈련되어야 하고 위험평가를 수행하는 중의 화술, 지역 문화, 농가의 행동에 대한 충분한 사전지식이 필요하며 위험 평가자가 지녀야 할 능력, 관심, 통찰력이 요구된다.

1) 위험평가의 순서

위험평가는 다음의 순서에 따라서 이루어진다.

(1) 기본정보가 정확한지 체크
(2) 위험 요소의 첫 번째 리스트 확인(간략한 초안)
(3) 내부관리시스템 담당자를 포함한 직원과의 토의
(4) 직원들이 위험 요소를 인지하고 있는지 체크
(5) 내부관리시스템에서 다루어진 위험 요소를 확인
(6) 체크리스트를 통해 주요 위험 요소를 체크
(7) 문서 찾기
(8) 현장에서의 위험평가 결과를 확정
(9) 결정: 내부관리시스템이 문제점 해결을 할 수 있는지? 그렇지 못한지?
(10) 부적합 사항에 대해 어떤 조치가 필요한지 체크

2) 농가 수 결정 및 추가심사

인증심사원은 위험평가의 결과에 따라 심사할 지역, 작물, 조직구성과 구성원 등을 결정하되 이를 결정하는, 과정과 특정 농가 수를 결정하게 된 근거 사유가 문서로 만들어져야 한다. 제4장 단체의 인증심사 1.2 표본심사의 요령에 따라 표본 농가 수가 결정되면 심사원은 생산관리자의 내부 점검이 잘 이루어졌는지를 평가하기 위하여 표본심사를 시행하되 필요할 경우 추가심사를 시행한다.

2.3.3 위험인자 및 관리

1) 위험인자의 분류

위험인자는 그 원인에 따라 외부적 위험과 내부적 위험으로 분류할 수 있다(표 4-7).

표 4-7. 외부적 위험인자와 내부적 위험인자

외부적 위험인자	내부적 위험인자
• 개별농가가 병행생산을 하고 있다. • 공동체 내에 병행생산이 있다(유기농 회원과 일반회원). • 이웃한 농가가 유기농을 이해하지 못한다. • 수확량 예상이 치밀하지 못하다. • 화학 자재에 대한 접근성이 좋다. • 완충지대의 뜻과 필요성에 대해 동의하지 않는다. • 유기농과 비유기농의 가격 차이가 커서 유기농으로 수매하고 싶어 한다. • GMO가 뭔지 모른다. • 교육·훈련 프로그램에 관심이 없다. • 임대한 필지가 바뀔 가능성이 크다.	• 단체의 목적이 무엇인가? • 내부관리시스템의 규정, 기준 등에 대해 생산 단위에서 모르는 사실이 있다. • 유기농에 대한 교육과 훈련에 적극적이지 않다. • 공동체 사안에 관심이 없다. • 구역이 많이 떨어져 있다. • 생산관리자가 독립적이지 않다. • 리더와 직책 등 조직에 따른 운영이 체계적이지 않다. • 문서를 조작할 가능성과 내부 관리의 기록이 솔직하지 않다. • 정보의 소통이 원활하지 못하다. • 회원들 간에 유사성이 없다. • 용수원이 제각각이다. • 상업적으로 유기농에 접근하는가?

2) 잠재적 위험 요소의 사례 및 관리

심사원이 현장심사 시 흔히 발견할 수 있는 잠재적 위험 요소 및 그 관리대책을 요약하면 다음 표 4-8과 같다.

표 4-8. 잠재적 위험 요소의 사례 및 관리

항목	잠재적 위험 요소	관리대책
생산 현장	• 오염	• 사용 자재, 상토, 종자, 육묘장, 비산, 수계의 오염 가능성 점검 및 대책 마련
	• 병행생산에 따른 혼입	• 생산자의 모든 포장과 작목의 점검을 의무화 • 유기농업만을 하는 농민만을 회원으로 가입 또는 계약 • 병행생산하고 있는 작목이 있을 경우 수매금지 • 생산자는 모든 포장을 유기농으로 전환하는 조건으로 계약 • 생산관리자가 비인증 농산물이 혼입되지 않도록 현장에 입회하여 수매
수매	• 인증을 받은 농산물과 이웃집이나 친척이 농사지은 농산물을 혼입하여 수매할 가능성	• 면적에 따른 적정 생산량 산출: 계획된 생산량이 적정한지 심사, 수매 직전 작황을 확인하고 수매 시 초과된 양을 확인 • 같은 작물을 재배하는 자신의 재배포장과 가족과 이웃의 명단과 재배포장을 신고(등록하여 점검) • 인증을 받지 않은 재배포장의 생산물을 수매하는 것은 엄격히 금지된 부정행위(사위)임을 철저히 교육 • 생산관리자의 입회 하에 현장에서 직접 수매
포장/출하	• 비유기 농산물을 유기농산물 용기에 담아 출하	• 해당 생산자의 수매기록과 출하 기록을 비교 분석하여 추적조사를 시행함
내부관리 시스템	• 인증사무담당자가 자주 바뀌어서 훈련이 아직 미흡한 상태 • 내부 관리에 대한 방법론이 아직 정립되지 않았을 경우	• 내부 관리에 필요한 정기 교육 시행 의무화 • 내부관리시스템의 모든 부분에서, 관리하는 모든 직원은 주요 관리 포인트를 숙지 • 위험 요소는 시간에 따라 변하므로 정기적인 검토 시스템 마련

3) 위험 요소의 반복적 점검

내부관리시스템이 완전하다 할지라도 생산자와 재배포장에 대하여서는 문서검토와 생산자 방문의 절차를 통하여 반복적인 점검이 필요하다. 신규생산자 등록 시 생산자에 대한 재배포장 점검은 특히 중요하며, 재배포장의 점검 시에는 농장의 도면 작성은 필수적이고, 인증관리에 필요한 정보는 반드시 표기할 필요가 있다. 반복적 점검이 필요한 항목은 표 4-9와 같다.

표 4-9. 반복적 점검이 필요한 위험 요소

항목	절차	점검 사항	
		일반적 점검 사항	신규농가 및 재배포장 추가의 경우 부가 점검 사항
문서심사	문서검토	• 구성원 명단 • 토지대장(농지원부, 임차계약서 등) 및 지적도 • 토양의 전환 상태 확인	• 입회 양식 작성 • 이행동의서 서명 • 생산계획서 • 영농기록

항목	절차	점검 사항	
		일반적 점검 사항	신규농가 및 재배포장 추가의 경우 부가 점검 사항
문서심사		• 면적과 생산 계획량(과수의 경우 나무 수) • 이행동의서 보관	• 문서상 필지의 확인 • 농법, 각종 자재 등 조사 • 재배포장에 유기합성농약과 화학비료를 마지막으로 사용한 자료 확인(자료가 없을 시에는 증언과 서명)
현장심사	생산자 방문	• 생산자의 의무사항을 설명 • 재배포장 • 자재 창고, 장비 등 확인	
	재배포장	• 농장의 도면 작성 확인 (1) 각 필지가 어디에 위치하는지 (생산자 단체가 부여한 농장의 코드 번호 권장) (2) 농장의 주변 조건(방향, 관행 농지의 정보표시, 경사도, 입수로, 퇴수로, 바람 방향 등) (3) 주요 기준점 표시(예: 농장의 중심지역, 관리사, 창고, 수원지 등) (4) 작성 날짜 기록	• 관행 포장을 포함한 모든 필지 방문 • 인증 농가가 연장신청 시 신규로 재배포장을 추가할 때는 신규생산자의 포장과 같은 방법으로 확인 • 도면, 지적도 확인

2.4 문서의 작성

인증기관의 인증기준은 생산원칙을 정한 것이므로 현장의 농민들이 읽고 이해하는 데 어려움이 있을 수 있다. 그러므로 내부관리시스템에서는 생산지침을 포함한 모든 내부관리기준이 단체의 조직원들에게 명료하게 전달되고 동의가 될 수 있도록 구체적이고 상세하되, 쉬운 표현으로 작성하여 조직원이 이해하기가 쉽도록 작성되어야 한다. 그러나 내부관리기준의 작성에 있어서 단체의 특성 및 단체가 속한 지역적 특성을 고려할 수는 있으나 인증기관의 인증기준 범위 내에서 고려되어야 하며 인증기관에서 요구되는 수준보다 높은 수준의 인증기준으로 작성할 수는 있어도 낮은 수준으로 작성할 수는 없다.

1) 내부관리지침서의 작성

내부관리지침서는 인증기관의 인증기준 숙지 ⇨ 지역과 단체의 특성 분석 ⇨ 내부기준의 초안 작성 ⇨ 내부기준으로 결의 또는 승인의 절차를 통하여 작성하되 표 4-10과 같은 사항을 고려하여 그 내용을 작성한다.

표 4-10. 내부관리지침서 작성 시 고려사항

고려사항	세부 내용
• 인증기준의 어떤 부분이 우리 단체와 관계가 있는가? • 인증기관으로부터 요구되는 최소한의 기준보다 강화된 기준을 어떻게 적용할	• 병행생산에 있어서 생산 단위의 분명한 규정 (예) 생산자가 친환경 농산물과 같은 품목의 관행 농산물을 일부 재배하고 있으면 친환경 농산물과 관행 농산물의 생산 단위를 분명하게 구분할 필요가 있다.

고려사항	세부 내용
것인가? • 생산과정의 지속적이고 효과적인 관리를 위하여 필요한 부분은 어떤 것인가? • 인증기준이 단체의 영농시스템 또는 농법과 관계된 것은 어떤 것이 있는가? • 내부규정들의 실현이 가능하고 생산자와 관리자들이 충분히 이해하고 숙지할 수 있는가?	• 모든 생산 단위의 생산 또는 관리 규정 (예) 종자, 육묘장, 육묘 방법, 토양 및 거름 주어 가꾸기, 자재 사용, 병충해방제, 약정된 품목의 목록, 토양유실 방지, 경축 순환시스템 등에 관한 세부 규정 • 수확 및 수확 후 관리 관련 규정 • 전환 기간 관련 규정 • 신규생산자의 가입 절차 및 조건

2) 내부 점검체계 요소

심사원은 내부 점검 때에 관리되고 있는 내부 관리조사서에 생산관리자의 서명이 있는지와 점검 결과에 관한 문서(예비 심사보고서)에 조직원의 서명이 있는지 확인하되 다음의 사항이 점검되었는지 확인한다.

(1) 영농기록 관리의 수준과 그 내용
(2) 친환경 농업 포장(이웃 관행 농지와의 완충 공간 포함)과 관행 농업 포장
(3) 같은 품목의 병행생산 여부
(4) 주변의 환경 여건(축사 등)
(5) 용수로, 퇴수로
(6) 자재 창고와 각종 장비, 건조시설, 저장시설(입출고 관리)
(7) 기타, 시정해야 할 사항

3) 생산지침서를 포함한 내부관리지침서

생산지침서는 내부관리지침서의 일부로 작성될 수 있으며 작목별로 여러 특성이 있으나, 유기농산물 인증기준의 기본적인 내용을 준수하여야 한다. 심사원은 단체가 제출하는 생산지침서를 포함한 내부관리지침서의 예시를 찾아보고 이들 내부관리지침에 익숙하여야 한다.

2.5 생산계획서 작성

작물 생산계획서
(생산자 단체용)

<작성요령>

1. 인증을 신규로 신청하시는 분은 본 양식을 모두 작성하여야 합니다.
2. 연장신청자는 지난번 생산계획서와 비교하여 변경된 부분만을 작성하셔도 됩니다.
3. 농장의 지적도, 농장의 과거 경영 관련 자료, 토지대장 및 section 3에서 요구하는 기타 자료 (토양검사 성적서, 농약잔류검사 성적서, 수질검사 성적서, 토양 시비처방서 등)를 첨부하십시오.
4. 해당 없는 부분은 "해당 없음"에 표기하십시오.
5. 각 페이지의 왼쪽 모서리에 성명을 써넣으시고 작성 후 서명하십시오.
6. 상세히 작성하시지 않으면 인증처리 과정이 늦어질 수도 있으니, 필요하시면 다른 용지를 이용하여 상세히 기술하여 주십시오.

<table>
<tr><td colspan="4">SECTION 1: 일반사항</td></tr>
<tr><td colspan="4">신청 일자:</td></tr>
<tr><td colspan="4">단체명:</td></tr>
<tr><td colspan="4">신청자 성명:</td></tr>
<tr><td colspan="4">생산관리자 성명:</td></tr>
<tr><td colspan="4">작성담당자 성명:</td></tr>
<tr><td colspan="2"></td><td>심사장소(사무실)</td><td>신청자
심사장소와 같습니까? ㅁ예 ㅁ아니오</td></tr>
<tr><td colspan="2">주소</td><td></td><td></td></tr>
<tr><td rowspan="4">연락처</td><td>전화</td><td></td><td></td></tr>
<tr><td>휴대전화</td><td></td><td></td></tr>
<tr><td>팩스</td><td></td><td></td></tr>
<tr><td>이메일 주소</td><td></td><td></td></tr>
<tr><td colspan="2">웹 사이트</td><td></td><td></td></tr>
<tr><td colspan="2">심사받으실 농장 필지의 주소</td><td colspan="2"></td></tr>
<tr><td colspan="2">심사가 가능한 일시</td><td colspan="2"></td></tr>
</table>

<table>
<tr><td colspan="5">과거에 타 인증기관에 인증을 신청하신 적이 있으신가요?
ㅁ예 ㅁ아니오
"예"라면 다음을 기록하여 주십시오.</td></tr>
<tr><td rowspan="4">인증(신청)경력</td><td>1) 인증기관명</td><td></td><td></td><td></td></tr>
<tr><td>2) 신청연도</td><td></td><td></td><td></td></tr>
<tr><td>3) 신청 결과</td><td></td><td></td><td></td></tr>
<tr><td>4) 인증 유효기간</td><td></td><td></td><td></td></tr>
<tr><td colspan="5">작년에 타 인증기관으로부터 인증을 받으셨을 경우 인증서 복사본과 인증 부가 조건이 기술된 문서를 제출하십시오.</td></tr>
<tr><td colspan="5">다른 인증기관으로부터 이동한 경우, 인증이 거부되거나, 인증 부적합 통지서를 받았거나, 인증이 정지되거나, 인증이 취소되거나, 인증을 포기한 적이 있습니까?
ㅁ 예 ㅁ 아니오 ㅁ 해당 없음
"예"일 경우, 인증 거부 통지서, 인증기준 위반 통지서, 인증 정지 통지서, 인증 취소 통지서, 인증 포기서, 보정 내역서 등의 사본을 제출하여 주십시오.</td></tr>
</table>

<table>
<tr><td>1. 내부관리시스템은 인증 프로그램에 대한 생산 계획서를 가지고 있습니까?
ㅁ 예 ㅁ 아니오</td><td>2. 생산관리자는 단체가 적용하고 있는 인증 프로그램에 대한 인증기준을 이해합니까?
ㅁ 예 ㅁ 아니오</td></tr>
<tr><td colspan="2">3. 단체가 법인체입니까? ㅁ 예 ㅁ 아니오
법인일 경우 법인대표자 성명 :</td></tr>
<tr><td colspan="2">4. 단체의 조직원 중 한 사람이라도 1년에 유기 생산품 판매 수익이 5천만 원/년 이상인 사람이 있습니까?
ㅁ 예 ㅁ 아니오
"예"라면 이 조직원들은 그 사항을 확인할 수 있는 자료를 제출하여야 하며, 별도의 개별 신청이 필요합니다.</td></tr>
<tr><td colspan="2">SECTION 2: 요구사항 및 조치사항</td></tr>
<tr><td colspan="2">작년에 인증기관으로부터 인증을 위하여 부과된 요구사항이 있습니까?</td></tr>
</table>

□ 예 □ 아니오

만약 있다면 아래의 표에 부과된 요구사항과 그에 따른 조치사항을 간단히 작성하여 주십시오. 필요하시면 첨부할 수 있습니다. 이전에 인증신청이 부적합 판정을 받았을 경우, 부적합 통보서를 참조하십시오.

	요구사항	조치사항
1.		
2.		
3.		
4.		

SECTION 3: 생산계획 및 영농 관련 정보

1) 단체의 인증을 받기 위해서 최소 지난 36개월 동안의 전환기, 관행 농지를 포함한 모든 농지의 영농 관련 자료가 요구됩니다. 단체내의 모든 하부단체의 정보에 대해서도 심사원이 확인할 수 있어야 합니다.
2) 영농 자료는 해당 필지가 유기농(O), 전환기 유기농(T), 관행 농지(C)인지 각각 구별하고, 각 필지 지번과 면적(m^2, 헥타르 등), 식재 작물, 투입 자재들을 당해 연도를 포함하여 기재하십시오(반드시 사용일시와 사용량을 포함). 지적도는 완충지대, 인접지의 사용 등이 표기되어야 한다.
3) 하부단체에 대한 정보는 각 하부단체의 이름, 연락 가능한 사람의 이름과 주소, 조직원 수가 포함되어야 하고 이러한 정보는 별도의 문서로 제출하여야 합니다.

1. 인증을 위해 신청하는 필지는 단체에 의하여 3년 이상 유기적으로 관리하였습니까? □예 □아니오
"아니오"라면 새로 임차하거나 구매한 필지에 지난 3년 동안 투입한 자재와 재배했던 작물에 대한 세부 내용을 이전의 관리자로부터 받아 제출하여야 합니다.

2. 인증을 신청한 모든 필지가 단지화되어 있습니까? □ 예 □ 아니오

인증을 신청한 단체내의 각 하부단체의 모든 사항을 아래의 표에 작성하십시오.
각 하부단체 이름(하부단체가 없는 경우 단체 이름), 생산 품목, 총생산 면적, 생산 계획량을 작성하십시오. 이 표의 총면적은 토지대장, 지적도, 첨부 1 : 단체 조직원 정보와 일치하여야 합니다.

하부단체 이름	토지 지번	생산 품목	총면적(m^2)	생산 계획량

3. 단체내의 비유기농 필지들은 유기농으로 전환 중입니까?
□ 예 □ 아니오 □ 해당 없음
"아니오"라면 단체내의 모든 필지를 향후 5년 안에 유기농으로 전환할 계획들을 설명하십시오.

SECTION 4: 종자, 파종, 종자 보관, 종자처리

1) 유기 종자가 상업적으로 구매할 수 없는 경우를 제외하고 유기 종자를 사용하여야 하며 허용되지 않는 화학적인 종자처리는 원칙적으로 금지되어 있습니다.
2) 묘목은 반드시 유기적으로 생산되어야 합니다.
3) 비유기 다년생 작물은 특정 기간 유기적으로 관리된 후 인증품으로 수확, 판매할 수 있습니다.
4) 비유기 종자의 사용이 불가피하면 인증기관에 연락하십시오.
5) 비유기 종자나 양묘(산출묘, planting stock)를 사용하였다면, 반드시 비유기 종자의 원료나 양묘를 사용한 자료를 보관하셔야 합니다.

6) 간작[8] 작물을 위한 종자와 파종 정보도 포함하여 기술하여 주십시오.
7) 만약 비유기 묘목을 사용할 경우, 묘목이 유기적으로 관리가 시작되었을 때를 입증하는 기록을 보관하셔야 합니다.

1. 현 작기에 사용을 했거나 사용하실 모든 종자, 파종, 종자 보관, 종자처리에 관해서 기술하십시오. 적절한 박스에 체크하고 요구되는 사항을 기록하십시오. 모든 종자와 묘목, 접종재료의 라벨과 영수증, 그리고 Non-GMO가 이용되지 않았음에 대한 진술서를 심사원이 확인할 수 있어야 합니다.

□ 종자/묘목/육묘장(산출묘[9])을 사용하지 않음
□ 종자/묘목/육묘장(산출묘)을 사용함

종자/묘목/육묘장(산출묘, planting stock)을 사용하거나 사용할 예정인 경우, 다음 표를 작성하여 주십시오.

종자/종류/상표	유기 (v)	처리 안 함 (v)	처리함 (v)	처리의 종류/상표	
				살균제	접종원

2. 사용하신 종자/종묘에 대하여 어떤 자료를 보관하고 있습니까?
□ 유기인증서 사본 □ 기록 □ 영수증
□ 종자 검색 기록 □ 종자 Tag □ non-GMO 진술서 □ GMO 분석성적서 □ 송장 □ BOL(뱃짐증권)
□ 기타(자세히 서술):

SECTION 5: 토양관리 및 비배관리

1) 윤작을 포함한 토양 및 비배관리는 반드시 토양을 비옥하게 하여 작물의 영양을 관리하며 자연 자원을 보호하고 토양의 침식을 방지해야 합니다.
2) 모든 투입 자재들은 반드시 사용 전에 승인이 된 것이어야 합니다.
3) 신청자는 반드시 비배관리 규정을 확인해야 하며, 유기 생산계획을 효율적으로 실행할 수 있어야 합니다.
4) 토양, 작물, 수질이 작물의 영양분이나, 병원성미생물, 중금속, 금지된 물질의 잔류물에 의해 오염되지 않도록 관리하여야 합니다.

A. 일반사항

1. 토양과 작물의 비배관리를 위한 주요 방법은 무엇입니까?
□ 윤작 □ 녹비작물 □ 간작 □ 작물 잔여물 혼입 □ 심토 □ 휴경 □ 경작지에서 나온 퇴비 □ 경작지 밖에서 들여온 퇴비 □ 토양개량제 □ 생물학적 제제 □ 토양 미생물 □ 기타(자세히 서술)
2. 단체내의 토양관리 및 작물의 영양 관리상에 어떤 문제점이 있습니까?
3. 비배관리 프로그램의 효율성을 어떤 방법으로 점검하고 있습니까?
□ 토양검사 □ 미생물 검사 □ 조직 검사 □ 토양 관찰 □ 작물의 건강 상태 관찰
□ 작물의 수확량 비교 □ 작물체 검사 □ 기타(자세히 서술)
확인 가능한 검사 결과 사본 첨부하여주십시오.

8) 사이짓기
9) Planting Stock

B. 토양 및 비배관리를 위하여 투입한 자재

1) 토양의 비옥도 관리를 위해 투입한 토양 혼합 성분, 엽면 살포한 투입물, 질병 통제 물질, 첨가제로 사용된 투입물이나 유기나 전환기 토지에 사용하실 투입물을 나열하십시오. 당해와 3년 이내에 사용되었거나 사용하실 모든 투입물을 영농 자료에 기술하십시오.
2) 생산계획서에 투입하실 자재의 라벨(또는 라벨에 나타나 있지 않다면 전체 성분 목록)을 제출하십시오. 투입 자재의 분석서만으로는 불충분하며 성분목록이 꼭 제출되어야 합니다. 생산계획서를 제출하신 이후에 사용하신 자재들도 심사원이 확인할 수 있어야 합니다.
3) 토양의 비옥도를 위해 미량영양소를 투입하셨다면, 결핍을 증빙하는 토양검사서(시비처방서)를 제출해야 합니다.

□ 사용한 투입물이 없음
□ 사용한 투입물이 있음

사용한 투입물이 있으면 아래의 표를 작성하여 주십시오.

자재 명(상표명)	자재 유형(일반명)	자재 사용 목적	사용했음(AU)/사용할 계획임(P)

4. 토양 비옥도 관리, 잡초 관리, 병해충 관리를 위하여 농장 외부로부터 들여온 자재를 사용하였을 경우, 자연 친화적 방법(연작, 농장 내에서 생산되는 자재의 이용)을 통해서 해결하기 위하여 시도했던 사항을 기술하십시오.
5. 염도가 높은 비료(질산나트륨, 황화칼륨 등)를 포함한 자재를 사용하였다면 염류 축적을 방지하기 위하여 어떤 방법을 사용했습니까?

□ 염도가 높은 비료를 포함한 자재를 사용하지 않음

6. 작물 잔해물을 태웁니까? □ 예 □ 아니오

"예"라면 어떤 작물의 잔해물을 태우는지와 태우는 이유를 기술하십시오.

C. 퇴비의 사용

퇴비를 비옥도 프로그램의 한 부분으로써 사용하였다면, 유기 기준에 의해 생산된 퇴비이어야 하며 덜 숙성된 퇴비가 아니어야 합니다.

□ 해당 사항 없음

7. 퇴비의 원재료와 첨가물의 리스트를 작성하십시오. 구매한 퇴비의 경우 원재료와 첨가물이 표시된 라벨을 제출하시오.
8. 퇴비의 부숙을 위하여 어떤 방법을 사용하십니까?

□ 용기내 혼합 □ 퇴비 더미 □ 기타(자세히 서술)

9. 부숙 직전 퇴비의 C/N(탄소:질소) 비율은 얼마입니까?

퇴비의 부숙과정에서 온도를 측정합니까? □ 예 □ 아니오
"예"라면 온도를 얼마로 유지합니까?
얼마나 오래 그 온도를 유지합니까?
퇴비 더미를 얼마나 자주 뒤집어 주십니까?

D. 비료(축분)의 사용

□ 비료(축분)을 사용하지 않음
□ 비료(축분)를 사용함

비료(축분)를 사용하면 다음을 작성하여 주십시오.

10. 어떤 형태의 비료를 사용합니까?

□ 액체 □ 반고체 □ 알갱이 □ 완전부숙 □ 침전물 □ 기타 (자세히 기술)

11. 어떤 종류의 작물을 재배합니까? (인증을 신청한 모든 작물 표시)
□ 사람이 먹지 않는 작물
□ 작물의 식용 부위가 토양과 직접 접촉하지 않음
□ 작물의 식용 부위가 토양과 직접 접촉함

식용작물을 재배하고 부숙이 덜된 비료를 사용하였다면, 영농 자료나 다른 자료에 비료의 사용 날짜를 반드시 기재해야 합니다.

12. 사용하는 비료의 출처를 표기하십시오?
□ 농장에서 생산된 비료 □ 농장 밖에서 들여온 비료
13. 비료를 제조하기 위하여 사용한 원재료와 첨가물의 리스트를 작성하십시오(건초, 짚, 나무껍질/부스러기, 과일 씨나 부산물 등). 농장 밖으로부터 들여온 원재료를 사용하였다면, 원재료의 첨가물에 대한 목록을 제출하시고(가능할 경우) 공급자로부터 금지물질(제초제, 냄새 제거제 등)이 포함되지 않았음을 증명하는 문서를 받아 제출하여야 합니다.
14. 토양이나 작물, 물이 비료(축분)에서 나온 유출 액체에 의하여 오염되는 것을 방지하는 방법은 무엇입니까?
15. 단체의 구성원이 농장 밖으로부터 들여온 축분을 사용하면 축분의 출처를 기술하고 그 출처가 유기 인증된 시설(축사)에서 나온 것인지 기술하시오.
출처:
축분을 생산하는 가축의 종류:
축분 생산 장소: 예) 퇴비사, 돈사, 축사, 계사, 사료 저장고 등
축분 출처의 인증기관:

E. 토양의 보존 및 수질

생산과정에서 토양과 수질이 개선 또는 유지되어야 합니다. 토양의 침식을 최소화 하여야 하며, 작물을 금지물질로 오염시키지 않는 관수 방법을 사용하여야 합니다.

토양의 보존

16. 단체를 구성하는 필지 가운데 토양 침식 문제가 존재합니까?
□ 예 □ 아니오
"예"라면 토양 침식 문제가 있는 필지와 구체적인 문제점을 기술하십시오.
토양 침식 문제가 있는 필지:
문제점:
17. 토양 보호를 위해 무엇을 하십니까?
□ 계단식 경작 □ 등고선경작 □ 띠경작(strip cropping) □ 심경 □ 겨울 간작 □ 존 경작(기술)
□ 영구적인 관개수로 □ 바람막이/방풍설비 □ 방화대 □ 수목 한계선 이용 □ 보존 연못
□ 강가 관리 □ 야생생물 거주지 유지 □ 기타(자세히 기술):

관수

18. 무슨 목적으로 물을 사용하십니까?
□ 관개, □ 엽면 살포, □ 작물세척, □ 온실,
□ 기 타(상세히 설명):
19. 수원
□ 지하수 □ 강, 시냇물, 연못 □ 샘물 □ 도시 상수도 □ 관수 □ 기타(자세히 기술):
작물의 세척을 위해 물을 사용하였다면 최근의 수질검사 자료를 첨부하십시오.
20. 관수 시스템 유형.
□ 없다 □ 점적(drip) □ 침수(flood) □ 회전 살수(center pivot)
□ 기타(자세히 서술):
21. 관수 시스템을 통해서 어떤 자재가 투입됩니까?

□ 투입되는 자재 없음
22. 관수 라인이나 노즐을 세척하기 위해 어떤 물질을 사용하십니까?
□ 해당 없음
23. 관수 시스템을 다른 신청자와 공유합니까?
□ 예 □ 아니오
공유한다면, 공유자는 관수 라인이나 노즐을 세척하기 위해 어떤 물질을 사용하십니까?
24. 관수 시스템을 비유기 농가와 공유할 경우 관수 시스템의 세척 기록을 보관하고 있습니까?
□예 □ 아니오 □ 해당 사항 없음

수질
25. 수질을 보호하기 위하여 어떤 노력을 하십니까? □ 해당 없음
□ 수로에 가축 접근 방지 울타리 설치 □ 물의 사용 시간제한 □ 표면장력계를 이용한 점검
□ 점적 □ 살수기 사용, □ 기타 (자세히 설명):
26. 수질이 오염된 적이 있습니까?
□ 예 □ 아니오
"예"라면 자세히 설명하십시오.
오염장소:
오염 원인:
오염 방지를 위한 조치사항:

SECTION 6: 작물 관리

토양 양분을 최대한 활용하고, 잡초방제, 병해충예방, 식물의 영양 결핍이나 과잉을 관리하는 윤작을 요구합니다. 윤작은 잔디, 간작, 녹비작물 등을 포함하며, 작물의 생육 강화를 위해 적절한 종을 선택하셔야 합니다. 잡초 관리나 병해충관리를 위하여 지난 3년 동안 사용했거나 앞으로 사용 예정인 자재들을 영농 자료에 기록하셔야 합니다.

A 윤작
1. 주로 사용되는 윤작 작물은 무엇입니까? (예, 옥수수, 콩, 자주개자리— 2년 구간으로 반복)

B. 잡초 관리 계획
2. 문제가 되는 잡초는 무엇입니까?
3. 어떠한 잡초방제 방법을 사용합니까?
□ 윤작 □ 경운 □ 잡초 종자의 유입 예방 □ 파종 시기 조절 □ 토양 온도 모니터링 □ 적절한 종(fast emerging varieties) 사용 □ 기계적 개간 □ 예초기 이용 □ 손으로 직접 제거 □ 낫으로 베기 □ 가축 이용 □ 화염 방사 □ 수증기 이용 □ 전기적 방법 이용 □ 휴경 □ 비화학적인 덮개 □ 비닐(플라스틱) 멀칭 □ 옥수수 글루텐 사용 □ 비늣물 사용 □ 제초제 살포 □ 기타(자세히 서술):
4. 상기의 잡초 관리 방법을 사용하는 주기나 날짜를 기록하고 있습니까? (예를 들어 특정 필지에서 경운하거나 태운 날짜) □ 예 □ 아니오
5. 비닐(플라스틱) 멀칭을 사용할 경우, 추수나 재배가 끝나고 제거하십니까?
□ 예 □ 아니오 □비 닐(플라스틱) 멀칭을 사용하지 않음
제거하지 않는다면, 그 이유는 무엇입니까?
6. 만약 멀칭에 신문지나 다른 재활용 종이를 사용한다면, 광택이 있거나 잉크가 있는 종이를 사용하십니까?
□ 예 □ 아니오

C. 해충관리 계획
7. 문제가 되는 해충의 종류를 기술하십시오.
8. 작물에 충해를 통제하기 위해 어떤 방제 방법을 사용하십니까? □ 해당 없음
□ 윤작 □ 적절한 작물 종의 선택 □ 천적을 이용 □ 파종 시기 조절 □ 혼작(companion planting)

□ 개구리 □ 새 이용 □ 손으로 잡기 □ 곤충 잡는 작물 이용 □ 물리적 장애물 설치 □ 덫 사용 □ 미끼 이용 □ 해충종합관리 시스템(IPM) □ 해충 기피제 사용 □ 허용된 자재 사용 □ 제한적으로 허용된 자재 사용 □ 금지된 자재를 제한적으로 사용 □ 기타(자세히 서술)

9. 상기의 해충관리 방법을 사용하는 주기나 날짜를 기록하고 있습니까? (예를 들어 충해에 대해 특정 필지나 작물에 자재를 투입한 날짜)

□ 예 □ 아니오

D. 병해 관리 계획

10. 작물에 문제가 되는 병해는 무엇입니까?

11. 병해를 예방하기 위해 어떤 방법을 이용합니까? □ 해당 없음

□ 윤작 □ 포장 소독 □ 적절한 작물 종 선택 □ 살균제의 살포 □ 식재(파종) 간격 조절 □ 병원균 관리 □ 토양생산성 수지(soil balance) 조절 □ 햇빛 노출 이용 □ 혼작(companion planting) □ 허용된 자재 사용 □ 제한적으로 허용된 자재 사용 □ 금지된 자재를 제한적으로 사용 □ 파종이나 재배 시기 조절 □ 기타 (자세히 서술)

12. 잡초방제/충해방제/병해방제를 위해 투입된 자재들이 지자체 혹은 중앙정부에 의해 실시된 병해충 방제 프로그램 때문에 일부 필지에 사용되었거나, 실험을 위해 사용된 적이 있습니까?

□ 예 □ 아니오

"예"라면 시행한 방제프로그램을 설명하여 주십시오.

실시기관명:

실시기간:

실시목적:

실시된 필지:

실시프로그램 내용:

SECTION 7: 유기적 완전성 유지관리

유기 재배 필지는 금지된 물질과 인접지로부터 보호하기 위해서 인접지와의 뚜렷한 경계가 있어야 하며 인접지와의 완충지역이 있어야 합니다. 인접지는 농경지, 목초지, 거주지, 휴경지 등을 포함합니다. 완충지대는 인접지의 오염 가능성에 따라 바뀔 수도 있습니다. 만일 완충지대에서 농작물이 수확된다면 비유기 농작물로써 저장과 처리를 했다는 것을 증명할 수 있는 기록이 있어야 합니다.

A. 인접지의 사용

1. 신청단체는 단체구성원의 인접지나 인접지에서 재배되는 작물에 대하여 잘 알고 있습니까?

□ 예 □ 아니오

2. 어떤 형태의 완충지대(작물, 방풍림, 풀밭을 이용한 것 등)를 사용하고 있습니까?

3. 완충지대의 너비는 어느 정도입니까?

4. 완충지대를 어떻게 관리하십니까?

□ 경운(갈아엎음) □ 방치 □ 수확

5. 완충지대 작물을 수확하면 수확된 작물이 어떻게 처리되는지 설명하고 수확된 완충지대 작물의 혼입을 어떻게 방지하십니까?

모든 완충지대를 지적도에 분명히 표시하셔야 합니다.

6. 종자와 수확물의 GMO 검사를 수행하십니까?

□ 예 □ 아니오

7. 침출액이나 수로를 통해서 비의도적 오염의 가능성이 있는 필지가 있습니까?

□ 예 □ 아니오

만약 있다면 해당 필지를 지적도에 표시하십시오.

8. 비의도적 오염을 방지하기 위한 서면 통지(연락) 기관을 표기하여 주십시오?

□ 해당 없음
□ 시군 또는 도로공사
□ 한국전력
□ 항공방제 센터/공항
□ 수자원 공사
□ 기타(자세히 서술)

9. 유기 재배 포장 주위의 도로에 "농약 살포 금지" 표시판을 게시한 적이 있습니까?
□ 예 □ 아니오

10. 경작지나 경작지 주변이 종종 홍수의 피해를 본 적이 있습니까? (10년에 1번 이상)
□ 예 □ 아니오
"예"라면, 피해를 본 경작지 지번을 작성하십시오.

B. 분할생산과 병행생산

□ 적용대상 아님

11. 단체의 구성원 중 일부가 동일 작물을 유기농법과 관행 농법으로 재배하십니까?
□ 예 □ 아니오
"예"라면, 다음의 표에 유기농, 전환기 유기농, 무농약, 관행농법에 따라 재배되는 작물의 종류를 적으시고, 그것들이 맨눈으로 식별할 수 있는지 적어 주십시오. 필요하시면 첨부 가능

비유기 작물 종류/상표	GMO 작물 여부	필지 지번	유사한 유기 작물	육안 식별 가능 여부	총생산 면적 (m^2)	생산물의 용도 (판매, 종자로 사용, 비유기 사료 등)
	□ 예 □ 아니오			□ 예 □ 아니오		
	□ 예 □ 아니오			□ 예 □ 아니오		
	□ 예 □ 아니오			□ 예 □ 아니오		
	□ 예 □ 아니오			□ 예 □ 아니오		

12. 병행 생산되는 작물이 유기 작물과 맨눈으로 식별되지 않을 경우, 동일 필지에서 병행생산 됩니까?
□ 예 □ 아니오

13. 병행 생산된 비유기적 작물이 유기적으로 재배된 지역에서 나온 생산품과 확실히 분리된 저장고에 저장이 됩니까?
□ 예 □ 아니오
"예"라면 저장(예정)장소와 오염 및 혼입 방지책을 설명하십시오.
저장(예정)장소:
오염 및 혼입 방지책:

14. 병행 생산된 생산품에서 나온 작물을 맨눈으로 분별하기 힘들 경우, 생산관리자가 혼입 방지를 위여 수확할 때 방문하는 계획이 있습니까?
□ 예 □ 아니오
"아니오"라면, 어떻게 혼입을 방지할 계획을 세우고 있습니까?

관행 생산

□ 관행 생산 농가 없음

15. 단체구성원의 관행 필지에서 사용을 금지하고 있는 토양개량제, 제초제, 농약을 사용하고 있습니까?
□ 예 □ 아니오
"예"라면 사용된 투입 자재를 기술하십시오.

16. 위에서 언급한 투입 자재의 보관 장소를 기술하고 유기농산물의 오염 방지책을 설명하십시오.
사용금지 투입 자재의 보관 장소:
오염 방지책:
17. 단체는 GMO 작물이나 GMO 기술이 사용된 작물을 관행 필지에 사용하십니까?
□ 예 □ 아니오
"예"라면, 어디에 GMO 작물이 재배되는 필지를 표기하십시오.
"아니오"라면 관행 작물이 GMO가 아니라는 증거 자료를 작성해 주십시오.

C. 장비

유기농산물 생산을 위해 사용된 모든 장비는 비유기 농산물의 잔여물과 금지된 물질로부터 오염을 방지하기 위해 보호되어야 합니다. 유기농, 비유기농을 위해 사용된 장비(완충지대의 수확을 위해 사용되었던 장비를 포함)는 유기 필지나 유기농산물에 사용하기 전에 청결하게 유지되어야 합니다. 또한 이들 장비의 청소일지를 비치하여야 합니다.

18. 장비를 완충지대나 전환기 또는 관행 경작지에서 사용하지 않고 오직 유기 작물에만 사용합니까?
□ 예 □ 아니오
19. 임대 장비나 인력을 사용합니까? (경작하거나 수확할 때 등)
□ 예 □ 아니오
"예"라면, 장비와 작업내용을 작성해 주십시오.
장비명:
작업내용:
20. 유기와 비유기를 위하여 사용되는 모든 장비에 대한 세척 기록을 보관하고 있습니까?
□ 예
□ 아니오(장비는 완충지대나 전환기 경작지에서 사용하지 않고 오직 유기 작물에 사용합니다)
21. 장비에 사용되는 연료, 기름 등이 누출되지 않도록 사용하고 있습니까?
□ 예 □ 아니오
22. 사용하는 장비가 이전 사용자에 의하여 오염된 경우가 있습니까?
□ 예 □ 아니오
"예"라면 상세히 설명하시오.
장비명:
오염경로:
23. 중고장비를 사들이셨다면 깨끗이 씻은 기록을 보유하고 계십니까?
□ 예 □ 아니오

D. 수확

용기나 포장 물질은 반드시 화학적인 살균제나 방부제 혹은 훈증제를 포함해서는 안 됩니다. 모든 재사용할 용기는 철저하게 살균되어야 하고 사용에 있어서 어떠한 오염인자도 내포해서는 안 됩니다.

24. 단체의 수확 방법을 설명하고 수확 중에 혼입되거나 오염되는 것을 방지하는 방법을 설명하시오. 가능하면 수확과 혼합의 절차를 흐름도로 표시하시기 바랍니다.
25. 수확한 날짜, 수확량 등을 증빙할 수 있는 수확에 관한 기록들을 설명하십시오.
26. 수확에 사용되는 용기는 무엇입니까?
□ 손수레/상자 □ 트럭/상자□ 마분지/광이 나는 상자 □ PVC 플라스틱 □ 나무상자
□ 플라스틱 용기 □ 기타 (자세히 서술)
27. 용기가 새것입니까, 사용했던 것입니까?
□ 새것 □ 사용했던 것
사용했던 것이라면 무엇을 담았던 것입니까?
28. 용기는 오직 유기 생산품만을 위해서 사용하십니까?

□ 예 □ 아니오
"아니오"라면 유기 재배 생산품을 사용하기 전에 청결하게 하거나, 청결하다고 증명할 수 있는 자료를 가지고 계십니까?
□ 예 □ 아니오

E. 수확 후 처리

수확 후 처리 절차는 비유기 작물과 금지물질에 따른 오염이 없어야 합니다.

□ 적용대상 아님.
29. 수확 후 처리 과정과 사용되는 장비(종자 세척 장비 포함)를 설명하십시오.
30. 수확 후 처리 장소와 장비는 유기나 비유기 생산품에 모두 사용하십니까?
□ 예 □ 아니오
"예"라면, 혼입과 오염이 예방되어 유지관리 되고 있다는 증명해야 합니다.
31. 사용하는 포장 용기의 종류를 표시하시오. □ 해당 없음
□ 종이 □ 마분지 □ 나무 □ 유리 □ 금속 □ 호일 □ 플라스틱 □ PVC 플라스틱 □ 광택 종이 □천연섬유 □ 화학섬유
□ 기타(자세히 서술)
32. 만약 생산품이 식용품으로 판매될 경우, 포장재가 식품 포장재로 허용된 포장재입니까?
□ 예 □ 아니오
33. 최종 완제품은 어떠한 형태로 배송됩니까? (개별 생산품, 소포장, 소포장 후 상자 포장 등)
34. 포장지는 유기농산물에 오염을 시킬 수 있는 물질로 처리되어 있습니까?
□ 예 □ 아니오
"예"라면, 무슨 물질입니까?
35. 불필요한 포장은 피하고 있습니까?
□ 예 □ 아니오

F. 작물저장

신청자는 반드시 유기농산물과 비유기 농산물을 혼입과 오염으로부터 보호하기 위해 유기 생산물을 구분하여 저장하여야 합니다.

□ 저장 창고 없음
□ 저장 창고 있음
저장 창고가 있으면 저장 창고(임차한 곳까지 포함)의 현황을 기록하여 주십시오.

저장 창고고 번호	단체/ 하부단체명	저장작물의 형태 (알곡, 건초, 야채, 뿌리, 열매 등)	저장 창고 유형 (사일로, 저온 저장고, 건물 등)	수용량	유기전용 (OO) 혹은 혼용(ND)

36. 단체는 동일 저장고에 유기농산물과 비유기 농산물을 같이 저장하니까?
□예 □아니오
"예"라면 유기농산물과 비유기 농산물이 구분관리 되는 방식을 설명하십시오.
37. 유기농산물의 저장 단위(장소)는 명확하게 표시되어 있습니까?
□예 □아니오
38. 유기농산물 저장장소가 비유기 농산물이나 금지물질로부터 오염되는 것을 어떻게 방지하십니까?
39. 저장할 때 해충이나 설치류로부터 어떻게 보호하십니까? □ 해당 없음

G. 수송

□ 적용대상 아님

40. 누가 유기농산물의 수송에 대한 책임을 지고 있습니까?

□ 단체구성원 개인 □ 단체 □ 위탁업자

□ 기타(자세히 기술):

41. 어떻게 유기농산물을 수송하는지 설명하십시오.

42. 수송하는 동안 유기농산물의 완전성을 유지하기 위해 어떤 방법을 사용합니까?

□ 유기전용 수송 □ 재에 앞서 운송 차량 점검 □ 적재에 앞서 수송차량 세척

□ 수송전문업체와 유기농산물 운송 협약 체결

□ 기타(자세히 기술):

SECTION 8: 기록 보관 시스템

생산과정과 거래명세를 기재하고, 이러한 내용을 5년간 보관하여 재검토할 수 있도록 해야 합니다. 이러한 기록으로부터 인증품이 판매로부터 수확되었던 농장/필지까지 추적할 수 있어야 합니다.

1. 기록을 얼마 전 동안 보관하십니까?

2. 소비자 불만 사항 일지가 있습니까? □ 예 □ 아니오

3. 유기농산물 생산을 위해 보관하고 있는 문서를 표시하여 주십시오.

□ 지적도

□ 토지대장

□ 영농일지 (이전 3년)

□ 사들이거나 임차한 땅의 이전 사용 내역에 관한 기록

□ 퇴비 제조 기록

□ 토양개량제, 종자(묘), 비료, 엽면 살포제, 해충 관리제 등의 투입 자재 관련 사용 및 기록물(모든 라벨 포함)

□ 유기 종자 관련 기록물

□ 유기 육묘 관련 기록물

□ 성적서 (토양검사, 잔류 검사, 수질검사, 품질 검사, 맨눈 검사)

□ 장비 세척 기록지

□ 근로자 급여 기록물

□ 수확 내용(경작지 지번, 수확한 날짜, 수확량이 기록된) 기록지

□ 저장기록(저장장소, 저장현황, 생산 필지 지번, 저장량, 청소 기록 등)

□ 수송할 시 청결 상태 기록지

□ 판매 기록(구매 주문, 계약, 송장, 현금 영수증, 현금 영수증 분개장, 판매 분개장, 등)

□ 수송 기록(무게, 하역 위치, 선적 영수증)

□ 인증품 거래증명서

□ 회계감사 관리 요약본

□ 내부관리지침

□ 내부점검(심사) 관련 기록

□ 단체 구성 조직원 목록

□ 교육기록

□ 법정 문서(사업자 등록증, 등기부 등본)

□ 기타(자세히 서술):

4. 관행 농산물의 생산을 위해 어떠한 기록물을 보관하고 있습니까? □ 적용대상 아님

□ 지적도

□ 근로자 급여 기록물

□ 수확 기록물
□ 영농 일지
□ 저장 기록물
□ 수송 기록물
□ 투입 자재 기록물
□ 판매 기록물
□ 기타(자세히 기록)
또한 이러한 기록물은 심사원이 확인할 수 있어야 합니다.

5. 유기농산물에 라벨이 부착되어 있습니까?
□예 □아니오
"예"라면, 사용되고 있는 라벨의 샘플을 제출하여 주십시오. 로트 번호 체계를 사용하고 있으면 사용하고 있다면, 샘플을 제출하고 로트 번호 체계를 설명하십시오.

SECTION 9: 유기농산물의 연간 생산 및 출하 실적

다음 정보는 (년/월/일/)에서 (년/월/일/)까지의 기록입니다.
수확된 작물의 생산 및 출하 현황을 다음 표에 표기하시오.

작물명	생산 면적	생산량	판매량	저장량	손실량	저장고 번호

SECTION 10: 단체의 자격, 경영, 생산자 정보

생산계획서의 이 부분은 단체에 관련한 정보와 단체내의 모든 생산자의 정보를 문서화하기 위함입니다.

A. 자격 필수 조건

1. 단체가 운영하는 모든 필지에 대한 기후, 지리적 요건 그리고 생산에 영향을 줄 수 있는 요소들을 설명해 주십시오.
2. 단체의 내부관리책임자와 경영 책임자의 책임, 권한 의무 등 경영구조를 간단히 설명해 주십시오(가능하다면 조직도를 첨부하여 주십시오).
3 생산자들은 모두 같은 농법을 사용합니까? □ 예 □ 아니오

"예"라면 어떤 농법인지 설명하여 주십시오.

B. 내부관리시스템

4. ICS의 구조를 간단히 설명해 주십시오(어떻게 구성되고, 누가 구성원인지 등)
5. ICS는 어느 부분에서 수행되고 있습니까?
□ 내부규정 □ 내부 점검(심사), □ 저장과정, □ 마케팅과정 □ 생산계획 수립 □ 교육
□ 기타(세분화)
6. 조직에는 내부규정이 있습니까? □ 예 □ 아니오
7. 단체의 운영책임자는 내부규정에 대한 사본을 각 조직원에게 제공해 왔습니까? □ 예 □ 아니오
내부규정은 생산계획서와 함께 인증기관에 제출하여야 합니다.
8. 단체는 생산관리자를 보유하고 있습니까? □ 예 □ 아니오
9. 내부관리자와 내부심사원에 대한 자격 조건이 있습니까? □ 예 □ 아니오
10. 내부심사원들은 그들이 심사하는 조직원들과 이해관계가 상충하지 않습니까? □ 예 □ 아니오
어떻게 이해관계의 상충을 회피하는지 설명하십시오.
11. 단체의 문서들이 내부관리자와 생산관리자들이 충분한 자격을 갖추었음을 증명할 수 있습니까?
□ 예 □ 아니오
12. 단체의 모든 조직원은 내부 점검을 매년 받습니까? □ 예 □ 아니오
13. 생산관리자는 유기적 완전성에 대한 위험성을 평가합니까? □ 예 □ 아니오

14. 내부관리시스템은 생산관리자의 업무 수행 능력을 평가하기 위해 생산관리자의 개별적인 심사보고서를 사용합니까? □ 예 □ 아니오
15. 새로운 조직원이 단체에 가입하기 전 심사를 받습니까? □ 예 □ 아니오
16. 조직원들은 인증기관의 인증심사와 인증기준을 준수하겠다는 동의서에 서명합니까?
□ 예 □ 아니오
17. 조직원들은 단체로부터 기술적인 지원/도움을 받습니까? □ 예 □ 아니오
18. 내부 규제(처분)정책이 실효합니까? □ 예 □ 아니오
19. 내부관리시스템은 내부심사를 통해 유기 생산기준을 준수하지 않는다고 판명된 조직원을 탈퇴시키기 위한 적절한 절차를 가지고 있습니까? □ 예 □ 아니오
20. 조직원의 부적합 사항과 그에 대한 처분에 관련된 문서가 보관되고 있습니까? □ 예 □ 아니오
21. 단체의 모든 조직원은 단체인증 기준과 유기 생산에 관한 교육을 받아 왔습니까? 그리고, 인증기준을 준수하기 위해 따라야 하는 절차를 잘 알고 있습니까? □ 예 □ 아니오

SECTION 11: 서약서

1. 신청서에 있는 모든 진술은 사실임을 서약합니다.
2. 지난 3년 동안 단체가 유기농으로 관리한 필지 어떤 곳에서도 금지된 규정을 위반하지 않았습니다.
3. 불시의 점검과 생산품을 검사하기 위해 시료를 채취하는 것에 대해 동의합니다.
4. 신청서를 접수했지만, 인증되지 않을 수 있음에 동의합니다.
5. 인증기관의 인증기준, 인증 요구 사항에 따르는 것에 동의합니다.
6. 인증기관에 심사지 위치 정보, 신청인 연락 정보, 법적 상태, 단체 운영의 소유권 혹은 통제권을 서면으로 알리는 것에 동의합니다.
7. 인증기관의 기준에 의한 모든 수수료를 지불할 것에 동의합니다.
8. 인증기관에 대한 임무와 책임을 수행하고 따를 것에 동의합니다.
9. 신청한 인증 프로그램 대한 기준/규정을 알고 있고, 신청한 농산물을 이러한 기준/규정에 따라 재배하고 있음을 서약합니다.

신청인 서명____________________ 날짜________________________

첨부 문서
□ 단체의 조직원 정보
□ 모든 필지의 지적도(인접지와 경작지 확인을 위함)(조직원 1인)*
□ 토지대장(조직원 1인)*
□ 지난 3년간 소유했거나 임대한 경작지의 증거 문서 (생산자가 최소 36개월 동안 신청한 필지를 관리하지 못했을 경우)
□ 수질검사 성적서(물을 사용하여 농산물을 씻을 경우 필수)
□ 토양 및 농약 잔류 검사 성적서
□ 생산품 라벨과 MSDS 표를 작성하십시오. (종자 정보/ non-GMO 진술서 포함)
□ 유기 작물 라벨(유기 작물을 포장할 때)
□ 이전 인증서
□ 추적조사 기록
□ 내부심사보고서(조직원 1인)*
□ 내부지침서
□ 유기 재배자 명단
□ 전환기재 배자 명단

* 조직원 1인은 같은 조직에 대하여 1 조(set)의 문서를 제출함

첨부물 목록

첨부 1 : 단체의 조직원 정보

1) 각 단체와 하부단체의 정보를 작성해 주십시오(가능하다면 조직원 목록의 전자파일을 사용하십시오). 필요하면 첨부 가능
2) 조직원이 연속 2년 동안 연매출액이 5,000만 원을 초과하면 "*"를 표시해 주십시오.
3) 각 조직원이 판매를 목적으로 재배한 작물이 유기농이면(O), 전환기이면(T), 관행이면(C)로 작성해 주십시오.
4) 이 목록은 가능하면 엑셀 스프레드시트에 작성하여 주십시오.

재배자(조직원) 명단

유기 재배자(조직원) 명단:

코드 또는 ID	조직원 이름	단체 혹은 하부단체 이름	참여 연도	최종 내부심사 날짜	최종 외부 심사 날짜	작물	유기농 (O), 전환기(T), 관행 (C)	전체 면적 (헥타르, 평)	생산 계획량

단체 내의 전체 조직 원수: 명

인증을 신청한 전체 면적("O" 상태로 표시된 전체면적) : m^2

전체 유기 생산 계획량: kg

전환기 재배자(조직원) 명단: 전환기 1차년도, 2차년도, 3차년도를 "T1, T2, T3"로 표시하십시오. "T3"에 해당할 경우 인증이 가능합니다.

코드 또는 ID	재배자 (조직원) 이름	단체 혹은 하부 단체명	참여 연도 (T1,T2,T3)	마지막 내부 점검 날짜	작물	전환기(T), 관행(C)	전체 면적 (m^2)	생산 계획량 (kg)

단체 내의 "T3" 재배자(조직원)(조직원) 수: 명

인증이 가능한 "T3" 지역의 전체 면적(T3 상태에 있는 모든 작물): m^2

"T3" 생산 계획량(인증이 가능한): kg

단체 내의 "T1", "T2" 재배자(조직원) 수: 명

전환기에 있는 전체 면적("T1", "T2" 상태에 있는 모든 작물): m^2

"T1"과"T2"의 생산 계획량: kg

3. 단체인증심사

단체인증에서의 심사는 인증기관의 심사원이 생산자 단체를 대상으로 단체의 내부관리시스템을 통하여 생산자 단체가 잘 설계되고 운용되고 있는지를 확인하여 조직의 영농체계가 생산하는 농산물이 유기 인증기준에 적합한 제품임을 보증하는 과정을 심사하는 외부 심사(external inspection)와 생산자 단체의 생산관리자가 단체의 개별 조직원을 대상으로 자체적으로 내부관리시스템을 점검하는 내부심사(internal inspection)로 구분할 수 있다. 생산관리자에 의하여 수행되는 내부심사는 단체의 내부규정에 따라서 자체적으로 이루어지게 되므로 단체의 특성에 따라 그 절차와 내용이 달라질 수 있으며, 인증기관의 심사원에 의하여 수행되는 외부 심사에서는 문서심사와 현장심사, 위험평가, 추가심사 등을 통하여 1) 내부관리시스템의 적정성, 2) 재배과정 조사, 3) 문서관리, 4) 내부 승인 및 제재(制裁)의 규칙과 시행 결과, 5) 생산자(표본 농가)와 현장심사, 6) 담당 직원의 자격 및 수행 능력 등을 심사한다.

3.1 내부심사

1) 생산관리자의 내부조사 자료(년 5~6회 점검)

성명: ○○○ 날짜/시간: 2022년 01월 15일 00시 점검자: 홍길동

<table>
<tr><th>지번/지목</th><th>토양 상태/시설현황</th><th>작물</th><th>점검내용/다음 작물</th><th>영농기록</th><th>건의 사항</th></tr>
<tr><td>명동리 381/시설</td><td>양호/
시설 660㎡ * 3동</td><td>쪽파</td><td>12/25 2.5t 전량 출하/
고추 육묘 1,500주 파종
예정 2월 중순</td><td>양호</td><td>고추 동당 4
이랑으로 추천</td></tr>
<tr><td>세부
내용</td><td colspan="5">- 영농기록: 2.5t의 쪽파를 1kg으로 2,500개를 1월 12일부터 14일까지 소포장하여 1월 15일에 자가 차량으로 ○○친환경영농조합으로 출하하였음
- 고추: 종자-녹광(풋고추용) 2봉 파종 예정, 퇴비: ○○퇴비(품목 고시 ○○호) 30포/20kg</td></tr>
</table>

2) 내부 조사된 자료를 작목반별, 개인별로 정리한 자료

○○작목반 생산자 현황 <2022년 작성일> 1차: 5/30, 2차: 8/30, 3차: 11/30

<table>
<tr><th rowspan="3">순번</th><th rowspan="3">성명</th><th rowspan="3">개인별 필지수</th><th rowspan="3">지번</th><th rowspan="3">품목
(품종)</th><th rowspan="3">재배면적
㎡</th><th colspan="6">생산량 점검 추이</th><th rowspan="3">교육실적</th><th colspan="2">내부 점검</th><th colspan="4">농장 인증 이력</th></tr>
<tr><th colspan="3">전체 수량 t</th><th colspan="3">생산량/1,000㎡</th><th rowspan="2">일정</th><th rowspan="2">결과</th><th colspan="2">인증 종류</th><th colspan="2">최종사용일</th></tr>
<tr><th>예정량</th><th>생산량</th><th>수매량</th><th>예정량</th><th>적정량</th><th>적정성
(%)</th><th>최초/
인증일</th><th>현재</th><th>화학비료</th><th>합성농약</th></tr>
<tr><td rowspan="3">1</td><td rowspan="2">서공주</td><td>1</td><td>서울리
20</td><td>쌀(추청)</td><td>3000</td><td>1.5</td><td>1.4</td><td>1.4</td><td>0.5</td><td>0.5</td><td>100</td><td rowspan="3">3/15</td><td rowspan="3">5/25
8/21
11/30</td><td rowspan="3">o
o
o</td><td rowspan="3">무/08.6.2
유/10.6.2</td><td rowspan="3">유기</td><td rowspan="3">07.8.</td><td rowspan="3">07.8</td></tr>
<tr><td>2</td><td>21</td><td>쌀(추청)</td><td>2000</td><td>1.0</td><td>1.0</td><td>0.6</td><td>0.5</td><td>0.5</td><td>100</td></tr>
<tr><td colspan="4">소계</td><td>5000</td><td>2.5</td><td>2.4</td><td>2.0</td><td>0.5</td><td>0.5</td><td>100</td></tr>
<tr><td rowspan="5">2</td><td rowspan="4">김동태</td><td>1</td><td>부산리
111</td><td>쌀(오대)</td><td>2000</td><td>0.9</td><td>0.8</td><td>0.8</td><td>0.45</td><td>0.5</td><td>100</td><td rowspan="5">3/15</td><td rowspan="5">5/27
8/22
11/30</td><td rowspan="5">o
o
o</td><td rowspan="2">무/09.6.5
유/11.6.5</td><td rowspan="2">유기</td><td rowspan="2">08.8</td><td rowspan="2">08.8</td></tr>
<tr><td>2</td><td>112</td><td>쌀(오대)</td><td>1000</td><td>0.5</td><td>0.4</td><td>0</td><td>0.5</td><td>0.5</td><td>100</td></tr>
<tr><td>3</td><td>부산리
115</td><td>쌀(추청)</td><td>2000</td><td>1.1</td><td>1.1</td><td>1.1</td><td>0.55</td><td>0.5</td><td>110</td><td rowspan="2">무/10.6.5</td><td rowspan="2">유기
예정</td><td rowspan="2">09.8</td><td rowspan="2">09.8</td></tr>
<tr><td>4</td><td>116</td><td>쌀(추청)</td><td>3000</td><td>1.6</td><td>1.5</td><td>1.5</td><td>0.53</td><td>0.5</td><td>107</td></tr>
<tr><td colspan="4">소계</td><td>8000</td><td>4.1</td><td>3.8</td><td>3.4</td><td>0.51</td><td>0.5</td><td>102</td><td></td><td></td><td></td><td></td></tr>
</table>

※ 생산량과 수매량(밑줄)은 생산, 수매 이후에 기록된 내용임

3) 내부심사 보고서[10)]

내부심사원은 필요할 경우 단체에 소속된 조직원을 개별적으로 또는 표본심사를 통하여 내부심사 대상 조직원에 대한 개별적인 내부심사보고서를 작성하여 보관할 수 있다. 내부심사보고서의 작성요령은 유기농축산물 인증심사론[11)]의 제5장 유기농림산물 인증심사 방법, 제6장 유기축산물 인증심사 방법, 제7장 취급자 인증심사 방법의 인증심사보고서 작성요령을 참조하기 바란다. 생산관리자는 단체에 소속된 농가에 대하여 개별적으로 예비심사를 실시하고 예비 심사보고서를 작성하여 보관하여야 한다.

3.2 외부 인증심사

단체인증심사는 1) 문서검토, 2) 단체의 유형 및 조건 확인, 3) 사무실 방문 4) 사무실에서 확인한 내용과 현장의 내용이 일치하는지 확인하기 위한 포장과 생산자 심사, 5) 단체의 인증기준 위반 위험도를 평가하는 위험평가, 6) 위험평가의 결과에 따라 필요할 경우 생산 현장의 방문을 통하여 실시하는 추가심사, 7) 최종 면담의 과정을 거친다. 문서심사는 내부관리시스템 검토, 농장 파일 열람, 내부조사(농가와 농장, 장비 등) 결과의 검토, 직원들과 면담, 생산자 명단 검토, 위험 요소 체크 등으로 이루어지며, 현장심사는 생산 현장에서의 조사를 통하여 사무실에서 확인한 내용과 현장의 내용이 일치하는지 확인하는 과정이라고 할 수 있다. 단계별 심사관리 요점과 심사요령은 표 4-11과 같다.

표 4-11. 단계별 심사관리 요점 및 심사요령

단계		심사관리요점	심사요령
문서 심사	1) 문서검토	생산계획서 및 관련 문서를 검토한다.	1) 내부 관리 관련 문서의 검토 • 내부 관리 규정과 절차의 검토 • 내부관리시스템의 기술적인 운영 체제 검토 2) 생산계획서 및 과거 인증 조건의 검토 과거의 인증심사보고서 / 인증기관의 코멘트 / 인증 조건의 검토
	2) 단체의 구성 요건	단체의 구성 요건 확인	단체의 구성 요건에 따라 생산자 단체에 해당하는지 확인
	3) 사무실 방문	• 단체의 대표, 행정관리 담당자, 생산관리자와의 면담, 각종 문서(생산지침서를 포함한 내부관리 지침서 등) 검토를 통하여 내부관리시스템을 평가한다. • 이전 내부관리시스템 평가에서 문제점으로 제기된 조건들에 대한 검토 • 심사대상 시설 및 농가 방문 순서 결정	1) 내부관리시스템의 평가는 2.2 내부관리시스템의 조직과 구성 및 2.3 내부관리시스템의 위험 요소와 관리방안을 참조하여 잠재적 부적합 사항과 제재(制裁) 사항에 대하여 심사한다. 내부 점검에서 발견된 위반사항이 정확히 조사되는가? 위반자에게 내규에 따른 제재가 가해지고 있는가? 등을 확인한다. 2) 내부 관리지침서(내부관리기준서, 생산지침서 등)를 통하여 다음의 사항을 확인할 수 있어야 한다. • 단체 유형, 작목반, 작목회, 영농조합법인, 농협조직, 생산자들과 계약한 유통업자 등 • 농장 단위에 대한 분명한 확인

10) 예비 심사보고서
11) 한옥수, 김태옥. 2020

<table>
<tr><th colspan="2">단계</th><th>심사관리요점</th><th>심사요령</th></tr>
<tr><td></td><td></td><td></td><td>• 운영시스템에 관한 기술(예를 들어 중앙에서 통제하는지, 각 지부가 통제하는지)
• 단체와 각 농가와의 관계, 소속 농가와 이익의 분배관계가 어떠한지?</td></tr>
<tr><td rowspan="4">현장 심사</td><td>4) 포장과 생산자 심사</td><td>• 내부관리시스템에 의한 조사 결과와 현장을 비교
• 무작위와 목적성 심사를 병행한다.
• 생산자 인터뷰 및 영농기록 점검</td><td>• 사무실에서 확인한 내용과 현장의 내용이 일치하는지 확인
• 무작위심사는 일반적 상황을 파악하기 위해 실시하며,
• 목적성 심사는 발견된 문제가 얼마나 심각한지 파악하기 위해 시행한다.
• 집하(수매) 구역의 특성, 지역적인 구간, 위험도, 중요도, 직원의 의견 등을 참조하여 무작위와 목적성 심사대상을 결정한다.
• 필요할 경우 1.2. 단체인증에서 표본심사에 따라 표본심사를 시행할 수 있다.
• 심사할 당시가 수확이나 건조할 시기가 아니면 수확 및 저장 순서에 대한 시뮬레이션을 시행한다.</td></tr>
<tr><td>5) 위험평가</td><td>• 방문 심사 후 사무실(유사한 곳)에서 친환경 인증에 문제점이 되는 중대한 위험 요소가 무엇인지 검토</td><td>• 위험평가는 2.3.2 위험평가에 따라 심사원 단독 또는 내부관리시스템 담당자와 함께 시행하며, 위험평가 결과에 따라 추가심사 여부를 결정한다.</td></tr>
<tr><td>6) 추가심사</td><td>• 내부관리시스템에 의해 위험 요소가 인식되었는지, 그것을 최소화하였는지 확인한다.
• 기준에서 벗어난 것이 확인되었을 때는 내부관리시스템을 통해 어떻게 다루어지고 있는지를 조사한다.</td><td>• 위험평가 결과에 따라 추가로 심사가 필요할 때만 시행하나, 심사원 대부분은 추가로 생산자를 방문하게 된다.</td></tr>
<tr><td>7) 최종면담</td><td>• 심사의 주요 결과(권고사항, 잠재적 조건 등)의 공유와 동의 및 이들의 확인 서명</td><td>• 단체의 관리자나 내부관리시스템 책임자와 함께 수행한다.
• 잠재적 부적합 사항에 대하여 심사원은 누구에게 책임이 있는지(개별농가? 내부관리시스템 관리자인가? 단체운영자인가? 인증서 소유자인가?)를 판단할 수 있도록 하여야 하나, 조직 전체가 책임지는 것을 원칙으로 하여야 한다. 다만 책임소재가 정확히 추적할 수 있고, 추가적인 부분이 훼손되지 않았다면, 개별농가의 책임으로 할 수도 있다.</td></tr>
</table>

4. 단체의 인증심사보고서 작성

4.1 심사보고서 작성요령

단체에 대한 심사보고서는 개별농가의 심사와는 다른 요소인 조직, 임원, 회원 관리, 내부관리시스템, 생산관리자, 수매 등에 대한 문서와 현장을 확인한 결과 등을 포함하여 작성하여야 한다. 심사보고서에 첨부하는 인증심사 자료는 심사한 농가별로 작성하고, 전체 구성원에 대한 문서심사 내용과 단체의 유형분류 근거를 추가하도록 규정하고 있다. 단체 인증심사보고서의 작성요령은 표 4-12와 같이 정리할 수 있다. 단체인증의 인증품 생산계획서와 인증심사보고서는 단체의 유형에 따라 구분하여 작성될 수 있다. 규모가 크고 조직적인 생산자 단체 인증은 내부관리시스템의 심사에 주안점을 두고 심사하며 규모가 적은 소농 단체인증은 개별농가의 심사에 심사의 초점을 맞추어야 한다. 영농의 특성상 대부분의 단체인증은 작물을 생산하는 단체에 해당하며 축산물의 경우 단체인증이 드물다. 여기서는 단체인증에서 작물의 생산계획서 및 심사보고서의 작성법을 설명하기로 한다.

표 4-12. 단체 인증심사보고서 작성요령

항목	기재사항
일반사항	• 유기농에 대한 일반적인 원칙이 준수되고 있는지를 기재하며 전환 기간, 경영 관련 자료, 토양관리, 종자, 육묘, 모종, 시비, 퇴비, 병해충, 잡초 관리, 토양검사, 수질검사, 농약잔류검사, 수확, 구분관리, 저장, 운반, 수매, 표시사항 등 기본적인 인증심사보고서 작성요령을 따른다.
내부관리시스템	• 법적인 상태, 조직관리, 의사결정 절차, 책임자에 대한 사항, 부서별 권한과 의무 • 내부관리시스템의 문서화의 정도, 절차, 표준검사 양식, 품질관리 체계 • 기준에서 미달할 때 제재와 그에 따른 시스템의 문제점 검토 및 시정조치 사항 • 생산관리자의 자격과 고용(계약서의 서명 확인) 후 교육훈련의 과정, 그리고 단체의 구성원의 속해 있는지와 생산관리자로서의 독립성을 가졌는지 아닌지 • 생산관리자가 단체 구성원과의 이해의 충돌은 없었는가? 그 처리 방법과 예방책은?
단체의 유형 및 구성원	• 단체의 구성 요건을 명확히 하고, 지리적으로 근접하고 유사한 생산방식의 작목들로 구성되어 있는지 확인하고 다음의 사항을 점검한다. • 구성원들은 내부관리시스템을 충분히 이해하고 실천하고 있는가? • 각 구성원에 대해 일반사항 항목에 대한 자료가 변경 시 그 최신의 자료로 갱신되고 있는가? • 모든 구성원은 정기적으로 인증기준 준수 여부를 확인하였고 위반 시 자체 벌칙을 부과하고 있으며, 인증기준과 관련된 정기적인 교육을 시행하고 있는가?
인증농산물의 수확과 구분관리와 저장과 수매(출하)	• 인증품은 단체 명의로 표시하여 출하하고 단체에서 표시사항 등이 관리되고 있는지 확인한다.
기타 보고서에 포함되어야 할 요소	• 직전 심사(사후관리 포함) 시 문제점에 대한 조치의 적합성 여부 • 새로운 '인증 조건' • 인증을 위한 추천 사항

4.2 단체의 인증심사보고서 예시

작물 심사보고서
(생산자 단체용)

이 보고서는 생산자 단체에서 제공한 정보와 생산계획서 검토를 바탕으로 실제 현장과의 모순점이 있는지 확인하고 지적하여주십시오. 모든 질문에 철저히 답하고, 쟁점 사항 등을 SECTION 11. 요약에 기술하여 주십시오. 잠재적 부적합 사항에 대해서는 최종면담 항목에 기록하여 주십시오.

<table>
<tr><td colspan="6">SECTION 1. 일반사항</td></tr>
<tr><td colspan="6">단체명:</td></tr>
<tr><td colspan="3">신청인 성명:</td><td colspan="3">생산관리자 성명:</td></tr>
<tr><td colspan="6">면담자 성명:</td></tr>
<tr><td colspan="6">심사원 성명:</td></tr>
<tr><td rowspan="6">심
사
일
시</td><td rowspan="2">년 월 일</td><td>심사 시작 시각 :</td><td rowspan="2">심사 소요 시간:</td><td rowspan="6">소요
시간
합계</td><td rowspan="6">시간</td></tr>
<tr><td>심사 종료 시각 :</td></tr>
<tr><td rowspan="2">년 월 일</td><td>심사 시작 시각 :</td><td rowspan="2">심사 소요 시간:</td></tr>
<tr><td>심사 종료 시각 :</td></tr>
<tr><td rowspan="2">년 월 일</td><td>심사 시작 시각 :</td><td rowspan="2">심사 소요 시간:</td></tr>
<tr><td>심사 종료 시각 :</td></tr>
<tr><td colspan="6">※단체운영에 관한 일반적 사항에 대하여 심사에 참여한 사람들 이해도를 평가하여 주십시오.
※생산계획서상의 질문에 대한 대답이 정확한지, 어떠한 모순점들이 있는지 기록하여 주십시오.</td></tr>
<tr><td colspan="6">SECTION 2: 시정 및 조치사항</td></tr>
<tr><td colspan="6">※이전 심사에서 시정 요구사항이 있으면 시정 요구사항들을 해결하기 위해 적절한 조치들이 취해졌는지 기술하여 주십시오.</td></tr>
<tr><td colspan="6">SECTION 3: 생산계획 및 영농 관련 정보</td></tr>
<tr><td colspan="6">※생산관리자가 영농정보에 관련된 모든 문서를 확인했는지, 단체 구성원의 필지 관련 정보가 정확한지, 생산계획서의 영농 관련 정보와 일치하는지 평가하여 주십시오.
※생산계획서상의 단체의 영농정보에 관한 질문에 대한 대답이 정확한지, 어떤 모순점들이 있는지 등 단체의 영농정보에 대하여 평가하여 주십시오.</td></tr>
<tr><td colspan="6">SECTION 4: 종자, 파종, 종자 보관, 종자처리</td></tr>
<tr><td colspan="6">※단체의 유기 종자에 관한 정책과 비유기 종자의 사용에 관한 규정이 준수되는지, 파종할 때 환경오염의 문제가 있는지, 종자와 파종 관련 문서에 대한 문제점이 있는지 기술하여 주십시오.
※생산계획서상의 이 부분의 질문에 대한 대답이 정확하지, 어떤 모순점들이 있는지 등 종자/파종, 종자 취급에 대하여 평가하여 주십시오.</td></tr>
<tr><td colspan="6">SECTION 5: 토양관리 및 비배관리</td></tr>
<tr><td colspan="6">※단체의 토양관리 및 비배관리 정책과 준수 여부에 관하여 기술하여 주십시오.
※생산계획서상의 토양관리 및 비배관리에 관련된 모든 질문에 대한 대답이 정확한지 어떤 모순점들이 있는지 평가하여 주십시오.</td></tr>
<tr><td colspan="6">SECTION 6: 작물 관리</td></tr>
<tr><td colspan="6">※작물 관리 관련 모든 문서의 유지관리와 금지된 자재의 사용 여부 등에 관하여 기술하여 주십시오.
※생산계획서상의 작물 관리 관련 질문에 대한 대답이 정확한지, 어떤 모순점들이 있는지 단체의 작물 관리에 대하여 평가하여 주십시오.</td></tr>
</table>

SECTION 7: 유기적 완전성 유지관리
SECTION 7A, 7B, 7C
※유기농이 아닌 인접 필지나 관행 생산품으로부터의 의도하지 않는 오염에 대한 완충지대가 설정되어 있는지 확인하십시오. ※GMO의 사용, 병행 생산품, 장비들의 사용에 관하여 기술하여 주십시오.
SECTION 7D, 7E, 7F
※단체의 조직원은 인증기준을 이해하고 준수하기 위하여 충분히 노력하였습니까? ※저장 창고의 청소 주기는 유기적 완전성을 유지하기 위해 적절합니까? 수확, 수확 이후의 처리, 저장, 운송과정에서 관행이나, GMO로부터 비의도적 오염 가능성에 대해 주목하여야 할 부분을 기술하여 주십시오. ※생산계획서상의 유기적 완전성 유지관리에 관한 질문에 대한 답이 정확한지 그리고 어떤 모순점들이 있는지 지적하고 유기적 완전성을 증명할 수 있는 문서들을 제출하여 주십시오.
SECTION 8: 기록 보관 시스템
※기록관리시스템에서 단체의 최종 생산품을 무작위로 선택하여 생산량과 판매량에 대하여 판매로부터 저장, 수확, 작물 관리, 재배, 종자까지 추적조사하고 그 결과를 기술하여 주십시오. ※병행생산의 경우 유기농산물과 비유기 농산물이 구분 관리되고 각각 별개의 프로그램에 따라 구분 판매되었다는 것을 확인하고 판매량과 생산량이 일치한다면 검토된 문서를 열거하십시오 (필요하면 추가 페이지에 작성하세요). ※단체의 기록이 정확하고 잘 업데이트되고 있는지와 체계적으로 보관되는지를 평가하여 주십시오.
SECTION 9: 유기농산물 생산, 출하 실적
※최소한 1개의 유기 작물과 모든 병행 생산된 농산물에 대한 생산량과 판매량의 연간재고품(annual inventory balance) 실사를 시행하십시오. ※실사한 결과로부터 생산량, 판매량, 저장량, 손실량을 계산하여 표로 나타내고, 어떤 모순점이 있는지 지적하여 주십시오 (필요하면 추가 페이지에 작성하세요). ※혼입되었다는 증거가 있는지, 제공된 정보가 각 작물에 대해 정확한지, 어떤 모순점들은 없는지 등 유기농산물의 생산, 출하 실적에 대한 평가서를 제공하여 주십시오.

SECTION 10: 단체의 자격, 경영, 생산자 정보				
	예	아니오	해당 없음	심사 결과
A. 자격의 필요조건				
1. 단체나 단체를 구성하는 하부단체의 생산자들 모두가 유사한 생산 및 경영체계를 운영하고 있습니까? 그렇지 않으면 설명하십시오.				
2. 생산과정과 경영구조가 제출된 생산계획서에 기술된 바와 일치합니까?				
3. 경영이나 단체의 마케팅이 일관성 있게 공동으로 이루어집니까?				
4. 단체에 속한 구성원 개인이 생산품을 단체의 외부에서 인증품으로 판매하고 있습니까? 그렇다면 누구인지 확인하여 주시고, ICS가 이러한 사항을 확인하고 적절한 제재를 가하였는지 확인하십시오.				
5. 단체는 ICS가 활동할 수 있도록 지원할 수 있는 충분한 재원을 확보하고 있습니까? 그렇지 않다면 설명하십시오.				

B. 내부관리시스템				
6. ICS는 기준들의 이해를 돕기 위한 교육을 시행하고 있습니까?				
7. 인증기관에 제출된 내부규정들과 단체에 활용되고 있는 내부규정 사이에 괴리가 있습니까?				
8. 새로운 조직원이 단체에 가입할 때 내부심사를 받습니까?				
9. 단체의 모든 회원이 유기농 기준을 준수하고 내부 점검과 인증기관의 점검을 허락한다는 계약서에 서명했습니까?				
11. 단체는 생산관리자를 고용하고 있습니까?				
12. 생산관리자는 생산자들과 consulting 등 이해관계가 있습니까?				
12. 생산관리자는 단체와 이해관계에 따른 제외 회피 사유가 있습니까?				
13. 생산관리자가 자기 자신이나 자기가 속한 공동체의 유기 생산품이나 포장에 대해 심사를 합니까? 만약 그렇다면 심사받은 생산자와 해당 생산관리자의 이름을 기록하십시오.				
14. 단체가 여러 개의 하부단체나 공동체로 구성되었을 경우 생산관리자는 자기 자신이 속한 하부단체나 공동체를 제외한 구성단체를 심사합니까?				
15. 내부관리시스템은 생산자의 준수사항을 평가하기 위해서 생산자에 대한 개별적인 심사(개인 심사)를 수행합니까? 그렇지 않고 표본심사를 수행할 경우 개인의 부적합 사항을 어떻게 확인하는지 설명하십시오.				
16. 내부심사보고서는 인증기준에 관한 모든 사항을 점검하고 있습니까?				
17. 모든 생산자에 대해 최소한 1번 이상의 연간 내부심사가 이루어집니까?				
18. 생산자들이 내부 점검 현장에 참여하였습니까?				
19. 인증기관의 인증심사 원은 내부심사자에 의해 수행되었던 내부심사의 방법과 절차에 따라 표본심사를 수행하였습니까?				
20. 단체의 ICS에 의해 채택된 점검 방법들은 생산자들이 인증기준을 준수했다고 확신할 수 있습니까? (확신할 수 없다면 14~15부분에 자세히 설명해 주십시오.)				
21. 단체의 ICS에 따른 내부 점검 방법은 인증받은 생산자들이 단체의 내부규정을 준수했다는 것을 확신하여 주기에 충분합니까?				
22. 표본심사 22-1. "1.2. 단체인증에서 표본심사"의 절차와 방법에 따라 표본심사를 시행하고 그 결과를 기술하시오. 그 결과가 단체의 ICS에 따른 내부 점검 결과와 일치합니까? 그렇지 않다면 설명해 주십시오. 22-2. 단체의 내부심사 관련 기록들이 표본심사 때 발견된 사항				

들과 일치합니까? (예, 내부심사보고서의 내용, 생산량 평가 등이 정확합니까?)				
23. 생산자들은 내부 관리 기준(생산지침서, 생산계획서 등)을 이해하고 있습니까? 그렇지 않다면 설명해 주십시오.				
24. 생산자가 내부 관리기준을 준수하지 않거나 부적합 사항이 발견되었을 때 이에 대하여 제재를 가한 기록이 있습니까?				
25. 모든 제제는 내부 관리지침에 명시된 절차에 따라 부과되었습니까?				
26. 제제에 따라 부과된 교정 활동이 기록되었습니까?				
27. 단체는 생산자의 관리 상태에 따라 정리된 명부를 보관합니까? a. 현재 인증이 유효한 생산자 명단? b. 전환 기간에 있는 생산자 명단? c. 행정처분, 벌칙 등으로 제재받은 생산자 명단?				
28. 인증품 판매에 의한 소득이 5,000만 원/년을 초과하는 생산자가 있습니까? 이 경우 "첨부2 표본심사개요"에 표시하고 "첨부3 개별농가 이력 관리 및 포장 관리"에 별도로 점검을 받고 있다는 명확한 근거를 제시하여 주십시오.				
29. 단체는 생산자들을 위해 교육합니까?				
30. 생산자와 내부심사자들의 교육에 대한 문서화된 기록이 있습니까?				
31. 단체는 각 생산자와 각 하부단체에 대한 문서들을 유지 관리하고 있습니까?				
32. 하부단체마다 1건 이상의 생산관리자에 의한 내부 심사과정을 목격하는 목격심사를 시행하고 그 결과를 기술하시오. 단, 생산관리자가 인증기준을 상세히 알고 있고, 내부 심사기록이 충분히 문서화되어 있으며, 인증기준의 내부 관리기준에 대한 적합성 여부를 판단할 수 있다면 생산관리자에 의한 표본심사 결과를 첨부하여 목격심사를 대치할 수 있다.				
33. 단체의 내부관리시스템의 전반적인 효율성과 단체의 구성원이 인증기준에 대한 준수 여부를 확인하는 능력, 내부규정의 실행 능력, 내부지침의 수준에 대해서 평가해 주십시오. 회계감사, 추적조사, 표본심사, 추가심사, 목격심사 중에 관찰한 사항들과 기타 ICS를 평가할 수 있는 요인들을 이용하여 내부관리시스템의 평가 결과를 서술하시오.				

SECTION 11: 요약

상기 1-10항까지의 심사 결과를 쟁점 사항 위주로 간단히 기술

이 보고서에 포함된 정보는 심사원(심사팀), 인증기관, 국립농산물품질관리원의 비밀로 유지됩니다. 이 보고서는 인증의 컨설팅 혹은 선전의 목적으로 이용되지 않습니다. 모든 관찰 및 조사 내용은 친환경농어업 육성 및 유기식품 등의 관리·지원에 관한 법령의 인증기준에 기초를 둡니다. 아래 서명함으로써, 위에 지적된 모든 농장 운영에 대하여 인증 신청자와 이해관계가 상충하지 않음을 확인하며, 인증심사가 친환경농어업 육성 및 유기식품 등의 관리·지원에 관한 법령에 따른 인증 절차에 의해 심사가 진행되었음을 확인합니다. 최종면담과 증빙자료 등 모든 문서를 첨부합니다.

인증심사 결과 보고 일자 : 20 년 월 일

심사원 성명 : 서명 : 일시 : 년 월 일

심사원 성명 :　　　　서명 :　　　　일시 :　　년　　월　　일

첨부물 리스트

첨부 번호	문서명	비고
1	최종면담	
2	표본심사개요	
3	개별농가 이력 관리 및 포장 관리	
4		
5		

첨부 1. 최종면담

면담대상자

성명 :　　　　서명 :　　　　일자 :

심사원

성명 :　　　　서명 :　　　　일자 :

성명 :　　　　서명 :　　　　일자 :

첨부 2. 표본심사개요

<table>
<tr><td colspan="12">1. 표본 농가의 선정 방법:
17명 중 유기 전환기 신규농가 4명과 무작위로 2명을 포함 총 6명의 표본 농가를 선정함</td></tr>
<tr><td colspan="12">2. 내부심사 개요</td></tr>
<tr><td colspan="3">조직원</td><td colspan="4">재배포장 및 완충지대</td><td rowspan="2">생산 계획량 (t)</td><td rowspan="2">예정량/ 1,000㎡</td><td rowspan="2">평균/ 1,000㎡</td><td rowspan="2">생산량 적정성</td><td rowspan="2">비고</td></tr>
<tr><td>성명</td><td>인증 구분</td><td>면담 실사 대상 여부</td><td>품목 (품종)</td><td>필지 수</td><td>재배포장 면적(㎡)</td><td>완충 면적(㎡)</td></tr>
<tr><td>1</td><td>유기 연장</td><td></td><td>쌀(오대)</td><td>15</td><td>56,938</td><td>5필지 2,000</td><td>28.47</td><td>0.5</td><td>0.5</td><td>100%</td><td></td></tr>
<tr><td>2</td><td>유기 연장</td><td></td><td>쌀(오대)</td><td>4</td><td>12,620</td><td>3필지 800</td><td>5.81</td><td>0.5</td><td>0.5</td><td>100%</td><td></td></tr>
<tr><td>3</td><td>유기 연장</td><td>0</td><td>쌀(오대)
말린 고추</td><td>5
1</td><td>4,946
660</td><td>1필지 330
양호</td><td>10.45
0.17</td><td>0.5
0.26</td><td>0.5
0.25</td><td>100%
103%</td><td></td></tr>
<tr><td>4</td><td>유기 연장</td><td></td><td>쌀(오대)</td><td>2</td><td>6,131</td><td>양호</td><td>3.07</td><td>0.5</td><td>0.5</td><td>100%</td><td></td></tr>
<tr><td>5</td><td>유기 연장</td><td></td><td>쌀(오대)</td><td>6</td><td>11,255</td><td>양호</td><td>5.63</td><td>0.5</td><td>0.5</td><td>100%</td><td></td></tr>
<tr><td>6</td><td>유기 연장</td><td></td><td>쌀(오대)</td><td>7</td><td>26,787</td><td>양호</td><td>13.39</td><td>0.5</td><td>0.5</td><td>100%</td><td></td></tr>
<tr><td>7</td><td>유기 연장</td><td></td><td>쌀(오대)</td><td>4</td><td>11,028</td><td>1필지 330</td><td>5.51</td><td>0.5</td><td>0.5</td><td>100%</td><td></td></tr>
<tr><td>8</td><td>유기 연장</td><td></td><td>쌀(오대)</td><td>5</td><td>12,995.1</td><td>양호</td><td>6.50</td><td>0.5</td><td>0.5</td><td>100%</td><td></td></tr>
<tr><td>9</td><td>유기 연장</td><td></td><td>쌀(오대)</td><td>2</td><td>12,204</td><td>2필지 800</td><td>6.10</td><td>0.5</td><td>0.5</td><td>100%</td><td></td></tr>
<tr><td>10</td><td>유기 연장</td><td></td><td>쌀(오대)</td><td>2</td><td>7,164</td><td>양호</td><td>3.58</td><td>0.5</td><td>0.5</td><td>100%</td><td></td></tr>
<tr><td>11</td><td>유기 연장</td><td></td><td>쌀(오대)
말린 고추</td><td>15
1</td><td>21,991
1000</td><td>1필지 200
양호</td><td>10.50
0.3</td><td>0.5
0.3</td><td>0.5
0.25</td><td>100%
120%</td><td></td></tr>
<tr><td>12</td><td>유기 연장</td><td>0</td><td>쌀(오대)</td><td>1</td><td>9,724</td><td>1필지 300</td><td>4.86</td><td>0.5</td><td>0.5</td><td>100%</td><td></td></tr>
<tr><td>13</td><td>유기 연장</td><td></td><td>쌀(오대)</td><td>1</td><td>8,808.8</td><td>1필지 600</td><td>4.40</td><td>0.5</td><td>0.5</td><td>100%</td><td></td></tr>
<tr><td>14</td><td>유기 연장
전환기 신규</td><td>0</td><td>쌀(오대)</td><td>3
1</td><td>17,813.8</td><td>2필지 480</td><td>8.91</td><td>0.5</td><td>0.5</td><td>100%</td><td></td></tr>
<tr><td>15</td><td>유기 연장
전환기 신규</td><td>0</td><td>쌀(오대)</td><td>2
2</td><td>27,771.6</td><td>3필지 800</td><td>13.89</td><td>0.5</td><td>0.5</td><td>100%</td><td></td></tr>
<tr><td>16</td><td>유기 연장
전환기 신규</td><td>0</td><td>쌀(오대)</td><td>2
1</td><td>11,891</td><td>1필지 400</td><td>5.95</td><td>0.5</td><td>0.5</td><td>100%</td><td></td></tr>
<tr><td>17</td><td>유기 연장
전환기 신규</td><td>0</td><td>쌀(오대)</td><td>4
3</td><td>34,129</td><td>3필지 1,600</td><td>16.11</td><td>0.5</td><td>0.5</td><td>100%</td><td></td></tr>
<tr><td colspan="4">총 17 농가 중 6명 면담</td><td>84</td><td>297,898</td><td>양호</td><td>147.50</td><td></td><td></td><td></td><td></td></tr>
</table>

첨부 3. 개별농가 이력 관리 및 포장 관리

일련번호 : /   성 명 :   작성일 : 20   년   월   일

(1) 필지 현황(생산 계획량의 적정성 판단 결과)   단위 : ㎡, 톤, 톤/1,000㎡

인증 종류	품목(윤작)		농장주 소 (리/지번)	재배면적 (㎡)	완충 면적 (㎡)	전체수확 예정량(톤)	예정량/ 1,000㎡당	통계청 평균 /1,000㎡당	적정성 (%)
	지난해	올해							

(2) 심사내용

구분	조사항목		기록 및 조사 내용	기타
생산 과정	생산, 및 출하 기록	필지별 생산량에 대한 기록과 재배면적 대비 생산/출하량은 적정한가?		
		완충지대 생산량에 대한 기록은?		
		저장, 보관, 판매량, 판매처 기록내용		
		표시사항 적정 여부?		
전환 내역	영농일지 기록 기간은?			
	친환경 농업 실천경력 및 교육 이수 내역은?			
	과거 인증 사례 및 전환 기간은?			
전년도 영농 관련 자료	토양관리	사용 자재명, 용도, 방법은?		
		토양중금속, 토양검정 결과는?		
	비배관리	사용 자재명, 용도, 방법은?		
	병해관리	사용 자재, 용도, 방법, 시기, 효과		
	해충관리	사용 자재, 용도, 방법, 시기, 효과		
	제한 및 금지물질 사용은?			
금년도 계획 재배관리 및 방법	윤작 형태 및 실시 방법?			
	잡초방제 방법 및 사용 자재는?			
	토양관리	사용 자재명, 용도, 방법은?		
		토양중금속, 토양검정 결과는?		
	비배관리	사용 자재명, 용도, 방법은?		
	병해관리	사용 자재, 용도, 방법, 시기, 효과		
	해충관리	사용 자재, 용도, 방법, 시기, 효과		
	기타			
용수	사용 용도, 방법, 시기 및 수질검사는?			
종자 및 종묘	종자, 종묘, 묘목의 사용실태 및 수급 방법?			친환경 재배 가능성 유무
	모판흙 제조 방법 및 구입처는? 전지 방법?			
농장 관리	자재 보관 상태는?			
	영농규모 및 관행재배 여부			
	장비 관리 상태(종류 및 수량)는?			
	수확 후 처리 방법은?			
기타	추적조사 등			
	금지물질의 마지막 사용 명세 (시기/자재)	유기합성농약		
		화학비료		

(3) 개별농가 면담 결과 작성일 : 20 년 월 일

심사원 :	작목반 :	농가 명 :	나이 :	전화 :

인증 구분	리/동	지번	면적/㎡	형태	전년 품목 (전/후작)	올해 신청 품목		관리실태	완충 거리
						(전/후작)	예정량/kg		

<table>
<tr><td colspan="2">전환 기간 : 입문 : / 최초 인증 : /</td><td colspan="3" rowspan="3">관행 필지 :</td></tr>
<tr><td>인증이해도 :</td><td>교육 현황 :</td></tr>
<tr><td>영농기록 :</td><td>출하량 :</td></tr>
<tr><td colspan="2">종자/육묘(날짜/장소) : /</td><td colspan="3">금지 자재 최종 사용한 날짜와 제품</td></tr>
<tr><td>잡초방제 :</td><td>용수 :</td><td>유기합성농약</td><td>화학비료</td><td>기타</td></tr>
<tr><td colspan="2">병충해 발생/방제내용 :</td><td rowspan="2"></td><td rowspan="2"></td><td rowspan="2"></td></tr>
<tr><td colspan="2">토양관리 :</td></tr>
<tr><td colspan="5">사용 농자재 :</td></tr>
<tr><td colspan="5">기타 :</td></tr>
</table>

개별농가 면담 내역서 작성요령

- 심사원 : 누가 심사를 했나?
- 작목반 : 작목반의 몇 번째인지를 기록(예 - 산계 15) = 선계작목반의 15번째를 의미함
- 농가 명 : 단체에서 직책이 있으면 직책도 기재
- 형태 : 논 <경지정리(경정), 산골, 일반>, 밭, 시설 등
- 수확량(예정) : 12년 수확 예정량
- 관리실태 : 현재 논의 상황 - 주변 여건, 논의 관리 상태 등 - 필지 방문 시 확인 후 기록
- 완충거리 : 농로를 중심으로 동서남북(좌/우)도 판정 후 기록 - 이상 없을 시는 양호
- 전환 기간 : 친환경 인증 입문 연도(최초 인증일/ 인증 종류의 변경 일자 등)
- 인증이해도 : 점수(1=최하~5=최상), 인증에 대한 이해도와 실천력 어떤 수준인지?
- 교육 현황 : 개인, 단체 - 인증기관에서 받은 교육의 년/월/일
- 영농기록 : 없으면 0점, 점수(1=최하~5=최상)로 판단하여 기록
- 출하량 : 전년도 수매량과 영농기록장에 기록 여부(생산이력제의 중요한 요소임을 강조)
- 용수로 확인 : 필수 - 관행 논의 용수 유입 여부
- 관행 필지 : 논(관행 논 - 품종, 혼입 여부를 질문), 밭, 축산 등을 구분 - 평수, 재배작목, 사육 규모 등 기록
- 금지된 자재의 최종 사용한 날짜와 제품 : 유기합성농약, 화학비료, 기타(호르몬제, GMO 등)
- 종자/육묘(날짜, 장소) : 영농 기록상(문답)의 종자 및 모종의 양과 파종, 정식일 등등
- 잡초/병충해방제, 토양관리, 사용 자재 : 영농기록 내용 또는 문답으로 확인(공동이 아닌 개별적으로
- 실행하는 작업에 대한 것도 기록)
- 기타 : 특이사항, 일손 능력, 기타 인증에 참고될 사항

제5장

유기가공식품 인증심사

1. 유기가공식품
2. 심사관리 요점

유기가공식품을 생산하는 대부분의 가공 시설은 유기농산물 원료와 관행 농산물 원료를 모두 가공하는 병행 또는 분할 운영을 하는 경우가 많다. 이것은 유기가공식품의 생산 규모가 작아서 가공 시설의 경제적 운용을 위하여 불가피한 일이다[1]. 그러나 높은 부가가치를 지니는 유기가공식품을 생산하기 위해서는 반드시 품질이 좋은 신선한 유기 원료를 사용하여 가공하여야 한다. 따라서 심사원은 가공과정뿐만 아니라, 가공 시설 내부와 외부에서의 이동과 수송 과정에서 오염과 혼입(C&C)[2]이 발생하지 않고 유기적 완전성[3]이 보호될 수 있음을 보장하는 문서를 확인한다. 제5장에서는 우리나라 식품공전 및 식품위생법을 참조하여 유기가공식품과 관련된 규정을 소개하고, IFOAM/IOIA 인증심사 매뉴얼[4]에 따른 일반적인 유기가공식품 인증심사에서 고려하는 유기 관리요점(OCP)[5]을 다루기로 한다.

1) 제1장 표 1-2 유기식품의 생산단계 참조
2) Contamination and Co-mingling
3) Organic Integrity
4) IFOAM and IOIA. 2000; IFOAM/IOIA. 2011
5) Organic Control Point

1. 유기가공식품

1.1 유기가공식품 관련 용어

우리나라의 '친환경농어업 육성 및 유기식품 등의 관리·지원에 관한 법률'[6]에서는 유기식품을 「농업·농촌 및 식품산업 기본법」 제3조 제7호의 식품과 「수산식품산업의 육성 및 지원에 관한 법률」 제2조 제3호의 수산 식품 중에서 유기적인 방법으로 생산된 유기농수산물과 유기가공식품으로 정의하고 있으며, 유기가공식품은 유기농수산물을 원료 또는 재료로 하여 제조·가공·유통되는 식품 및 수산 식품으로 정의하고 있다. 무농약원료 가공식품은 무농약농산물을 원료 또는 재료로 하거나 유기식품과 무농약농산물을 혼합하여 제조·가공·유통되는 식품으로 정의하고 있다. 취급이란 농수산물, 식품, 비식용 가공품 또는 농어업용 자재를 저장, 포장[7], 운송, 수입 또는 판매하는 활동을 말한다(표 5-1).

표 5-1. 유기가공식품 관련 용어의 정의

용어	정의	근거 규정
유기식품	「농업·농촌 및 식품산업 기본법」 제3조 제7호의 식품과 「수산식품산업의 육성 및 지원에 관한 법률」 제2조 제3호의 수산식품 중에서 유기적인 방법으로 생산된 유기농수산물과 유기가공식품을 말한다.	친환경농어업 육성 및 유기식품 등의 관리·지원에 관한 법률
유기가공식품	유기농수산물을 원료 또는 재료로 하여 제조·가공·유통되는 식품 및 수산식품을 말한다.	
무농약원료 가공식품	무농약농산물을 원료 또는 재료로 하거나 유기식품과 무농약농산물을 혼합하여 제조·가공·유통되는 식품을 말한다.	
비식용유기가공품	사람이 직접 섭취하지 아니하는 방법으로 사용하거나 소비하기 위하여 유기농수산물을 원료 또는 재료로 사용하여 유기적인 방법으로 생산, 제조·가공 또는 취급되는 가공품을 말한다. 다만, 「식품위생법」에 따른 기구, 용기·포장, 「약사법」에 따른 의약외품 및 「화장품법」에 따른 화장품은 제외한다.	
취급	농수산물, 식품, 비식용 가공품 또는 농어업용 자재를 저장, 포장[소분(小分) 및 재포장을 포함한다.], 운송, 수입 또는 판매하는 활동을 말한다.	

1.2 가공식품과 식품원료

1.2.1 가공식품 관련 용어

우리나라의 식품공전[8]에서는 가공식품 및 식품원료에 대하여 다음과 같이 정의하고 있다(표 5-2). 가공식품이란 '식품원료(농, 임, 축, 수산물 등)에 식품 또는 식품첨가물을 가하거나, 그 원형을 알아볼 수 없을 정도로 변형(분쇄, 절단 등)시키거나 이처럼 변형시킨 것을 서로 혼합 또는 이 혼합물에 식품 또는 식품첨가물을 사용하여 제조·가공·포장한 식품'으로 정의하고 있다. 농산물 유래 가공식품 해당

6) 친환경농어업 육성 및 유기식품 등의 관리·지원에 관한 법률. 2021
7) 소분(小分) 및 재포장을 포함한다.
8) 식품공전. 2022

여부는 식품 또는 식품첨가물 사용 여부, 가공처리 여부, 위해 발생 우려 여부를 고려하여 그림 5-1과 같은 흐름도에 판단하도록 하였다. 다만, 식품첨가물이나 다른 원료를 사용하지 아니하고 원형을 알아볼 수 있는 정도로 농·임·축·수산물을 단순히 자르거나 껍질을 벗기거나 소금에 절이거나 숙성하거나 가열(살균의 목적 또는 성분의 현격한 변화를 유발하는 경우를 제외한다) 등의 처리 과정 중 위생상 위해가 발생할 우려가 없고 식품의 상태를 관능으로 확인할 수 있도록 단순 처리한 것은 가공식품으로 분류하지 않고 있으며, 이런 경우 '친환경농어업 육성 및 유기식품 등의 관리·지원에 관한 법률'에 따라 취급자 인증을 받도록 규정하고 있다.

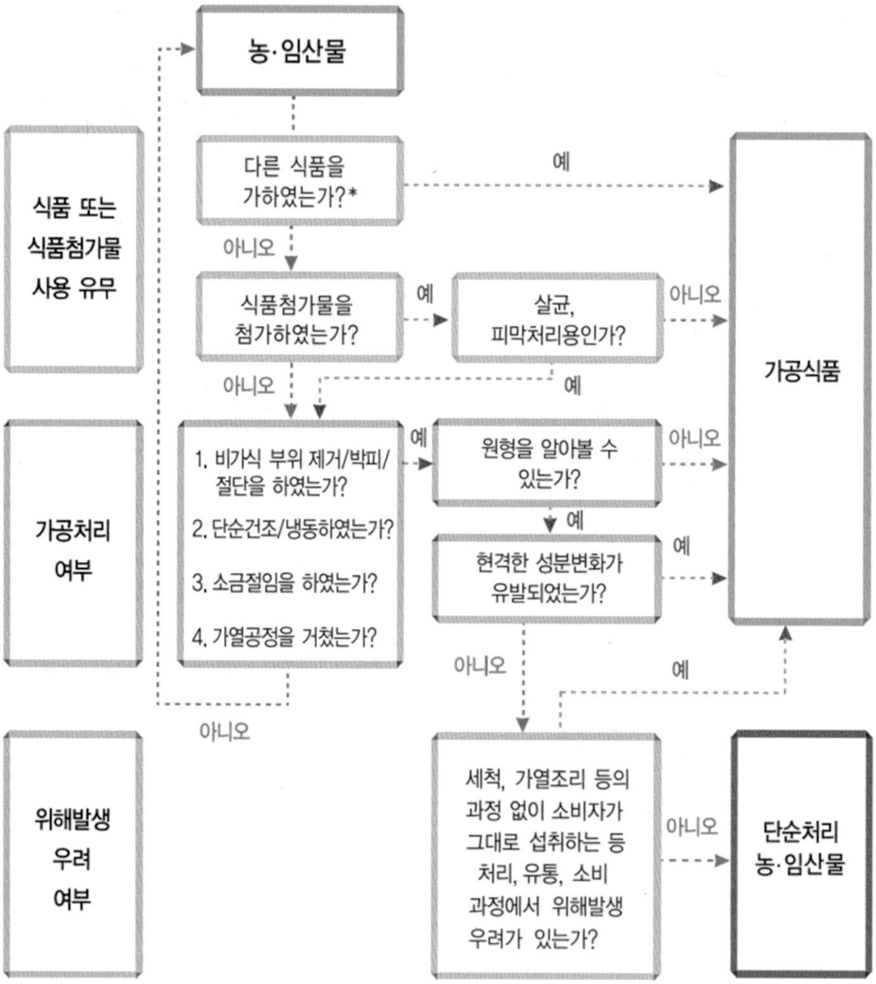

그림 5-1. 농·임산물 유래 가공식품 해당 여부 판단 흐름도.

2) 식품첨가물 관련 용어

식품첨가물이란 식품을 제조·가공하는 과정에서 식품의 외관, 향미, 조직감 등 품질을 향상시키거나 균일하게 유지하고 보존력을 향상시켜 제품의 수명 기간을 연장할 목적으로 인위적으로 소량 첨가하는 비영양 물질을 일컫는다. 식품공전에서는 각각의 식품첨가물에 대하여 사용기준을 제시하고 있으며 식품의 제조·가공 시 그 기준을 준수하여야 한다. 다만, 어떤 식품에 사용할 수 없는 식품첨가물이 그 식품첨가물을 사용할 수 있는 원료로부터 유래된 것이라면 원료로부터 이행된 범위 안에서 식품첨가물 사용기준의 제한을 받지 아니할 수 있다. 식품첨가물 가운데 식품의 제조 과정에서 기술적 목적을 달성하려고 일부러 사용되고 최종제품 완성 전 분해, 제거되어 잔류하지 않거나 비의도적으로 미량 잔류할 수 있는 식품첨가물은 가공보조제로 분류하며 식품첨가물의 용도 중 '살균제', '여과보조제', '이형제', '제조용제', '청관제', '추출용제', '효소제'가 가공보조제에 해당한다. 기구 및 용기·포장을 살균·소독하는 데에 사용되어 간접적으로 식품으로 옮아갈 수 있는 물질은 식품 표면의 미생물을 단시간 내에 사멸시키는 작용을 하는 '살균제'와 구분하여 "기구 등의 살균·소독제"로 분류한다. 식품첨가물의 성분의 규격 및 분류를 나타내는 기호로써 "CAS No."란 "Chemical Abstract Service Registry Number"의 약어로서 화학물질의 명칭을 대체하여 사용할 수 있는 국제적으로 통용되는 분류번호를 말하며, 해당 식품첨가물의 정보로서 참고로 할 수 있다. "INS No."란 "International Numbering System Number"의 약어로서 식품첨가물의 명칭을 대체하여 사용할 수 있는 국제 분류번호를 말하며, 해당 식품첨가물의 정보로서 참고로 할 수 있다. 식품첨가물 관련 용어는 다음과 같이 식품의 제조·가공 시 식품에 발휘되는 식품첨가물의 기술적 효과에 관련된 용어와 식품첨가물의 사용기준에 관련된 용어로 구분할 수 있다.

▶ 식품의 제조·가공 시 식품에 발휘되는 식품첨가물의 기술적 효과에 관련된 용어

(1) "감미료"란 식품에 단맛을 부여하는 식품첨가물을 말한다.
(2) "고결방지제"란 식품의 입자 등이 서로 부착되어 고형화되는 것을 감소시키는 식품첨가물을 말한다.
(3) "거품제거제"란 식품의 거품 생성을 방지하거나 감소시키는 식품첨가물을 말한다.
(4) "껌 기초제"란 적당한 점성과 탄력성을 갖는 비영양성의 씹는 물질로서 껌 제조의 기초 원료가 되는 식품첨가물을 말한다.
(5) "밀가루개량제"란 밀가루나 반죽에 첨가되어 제빵 품질이나 색을 증진하는 식품첨가물을 말한다.
(6) "발색제"란 식품의 색을 안정화하거나, 유지 또는 강화하는 식품첨가물을 말한다.
(7) "보존료"란 미생물에 의한 품질 저하를 방지하여 식품의 보존기간을 연장하는 식품첨가물을 말한다.
(8) "분사제"란 용기에서 식품을 방출시키는 가스 식품첨가물을 말한다.
(9) "산도조절제"란 식품의 산도 또는 알칼리도를 조절하는 식품첨가물을 말한다.
(10) "산화방지제"란 산화에 의한 식품의 품질 저하를 방지하는 식품첨가물을 말한다.
(11) "살균제"란 식품 표면의 미생물을 단시간 내에 사멸시키는 작용을 하는 식품첨가물을 말한다.
(12) "습윤제"란 식품이 건조되는 것을 방지하는 식품첨가물을 말한다.
(13) "안정제"란 두 가지 또는 그 이상의 성분을 일정한 분산 형태로 유지시키는 식품첨가물을 말한다.
(14) "여과보조제"란 불순물 또는 미세한 입자를 흡착하여 제거하기 위해 사용되는 식품첨가물을 말한다.
(15) "영양강화제"란 식품의 영양학적 품질을 유지하기 위해 제조공정 중 손실된 영양소를 복원하거나, 영양소를 강화시키는 식품첨가물을 말한다.
(16) "유화제"란 물과 기름 등 섞이지 않는 두 가지 또는 그 이상의 상(phases)을 균질하게 섞어주거나 유지시키는 식품첨가물을 말한다.
(17) "이형제"란 식품의 형태를 유지하기 위해 원료가 용기에 붙는 것을 방지하여 분리하기 쉽도록 하는 식품첨가물을 말한다.

(18) “응고제”란 식품 성분을 결착 또는 응고시키거나, 과일 및 채소류의 조직을 단단하거나 바삭하게 유지시키는 식품첨가물을 말한다.

(19) “제조용제”란 식품의 제조·가공 시 촉매, 침전, 분해, 청징 등의 역할을 하는 보조제 식품첨가물을 말한다.

(20) “젤형성제”란 젤을 형성하여 식품에 물성을 부여하는 식품첨가물을 말한다.

(21) “증점제”란 식품의 점도를 증가시키는 식품첨가물을 말한다.

(22) “착색료”란 식품에 색을 부여하거나 복원시키는 식품첨가물을 말한다.

(23) “청관제”란 식품에 직접 접촉하는 스팀을 생산하는 보일러 내부의 결석, 물 때 형성, 부식 등을 방지하기 위하여 투입하는 식품첨가물을 말한다.

(24) “추출용제”란 유용한 성분 등을 추출하거나 용해시키는 식품첨가물을 말한다.

(25) “충전제”란 산화나 부패로부터 식품을 보호하기 위해 식품의 제조 시 포장 용기에 의도적으로 주입시키는 가스 식품첨가물을 말한다.

(26) “팽창제”란 가스를 방출하여 반죽의 부피를 증가시키는 식품첨가물을 말한다.

(27) “표백제”란 식품의 색을 제거하기 위해 사용되는 식품첨가물을 말한다.

(28) “표면처리제”란 식품의 표면을 매끄럽게 하거나 정돈하기 위해 사용되는 식품첨가물을 말한다.

(29) “피막제”란 식품의 표면에 광택을 내거나 보호막을 형성하는 식품첨가물을 말한다.

(30) “향미증진제”란 식품의 맛 또는 향미를 증진시키는 식품첨가물을 말한다.

(31) “향료”란 식품에 특유한 향을 부여하거나 제조공정 중 손실된 식품 본래의 향을 보강시키는 식품첨가물을 말한다.

(32) “효소제”란 특정한 생화학 반응의 촉매 작용을 하는 식품첨가물을 말한다.

▶ 식품첨가물의 사용기준 관련 용어

(1) “건조감자”란 생감자를 절단해서 가열한 다음 그대로 건조한 것이거나 분말, 과립, 박편 형태 등의 제품도 포함된다.

(2) “건조과일류”란 곶감, 건살구와 같이 과일류를 원형 그대로 건조한 것이거나, 감, 배, 자두 등의 과일을 주원료로 하여 과일 고유의 수분함량이 40% 이하가 되도록 건조 등의 가공공정을 거친 것으로 슬라이스, 칩(chips) 형태 등의 제품도 포함된다.

(3) “건조채소류” 또는 “건조버섯류”란 각각 시금치 등 채소류 또는 표고버섯 등 버섯류를 주원료로 하여 채소류 또는 버섯류 고유의 수분함량이 40% 이하가 되도록 건조 등의 가공공정을 거친 것을 말한다.

(4) “곤약분”이란 구약나물의 뿌리줄기를 가공하여 만든 것을 말한다.

(5) “과실류의 저장품, 채소류의 저장품”이란 과일·채소류를 건조, 절임 등의 방법으로 가공하여 캔, 병 등에 저장한 것을 말한다.

(6) “기타식품”이란 품목별 사용기준에서 정하여진 식품 및 건강기능식품 이외의 식품 및 건강기능식품을 말한다.

(7) “단무지”란 건조한 무 또는 식염에 절인 무를 소금, 조미액에 담궈 절인 것으로서 염도 6% 이하인 것을 말한다.

(8) “망고처트니”란 껍질 벗긴 망고를 자르거나 조각내거나 분쇄한 다음 설탕, 과·채류, 식초, 마늘 등을 혼합하여 가열·가공한 것을 말한다.

(9) “박고지”란 박의 속을 제거하고 육질을 잘라내어 건조시킨 것을 말한다.

(10) "뻥튀기"란 곡류, 서류 등의 원료에 식품 또는 식품첨가물을 가하여 압착·가열·팽윤 등의 과정을 거친 과자를 말한다.

(11) "설탕대체식품"이란 설탕을 대체하여 커피, 홍차 등에 직접 넣어 사용하는 것을 말한다.

(12) "어패류"란 「식품의 기준 및 규격」(식품의약품안전처 고시) 제1. 총칙 4. 식품원재료 분류 2) 동물성 원료의 어류 및 연체류를 말한다.

(13) "어패건제품"이란 어패류를 생것 또는 절임, 삶기 또는 찌기, 굽기 등의 처리한 것을 건조하여 수분함량이 50% 이하가 되도록 가공공정을 거친 것을 말하며, 훈연 건조한 오징어 또는 문어 제품, 식염, 장류, 설탕 등으로 조미한 건조어패류 및 말린대구를 조미한 형태 등의 제품을 말한다.

(14) "어패냉동품"이란 어패류를 제조·가공한 식품(어육가공품은 제외) 및 절단한 선어패류(생굴 제외)를 동결한 것으로 용기포장에 담겨진 것을 말한다.

(15) "어패염장품"이란 어패류에 식염을 뿌리거나, 어패류를 식염수에 담그거나 적신 것으로 장기간의 보존을 목적으로 한 것이 아닌 선어패류(어육중의 염분농도 3% 이하의 것)는 제외한다.

(16) "올리브가공품"이란 올리브 과실을 식염, 간장, 식초 또는 기름 등에 절이거나 이를 혼합하여 가공한 것을 말한다.

(17) "자연치즈 및 가공치즈의 표면"이란 치즈의 표면층을 말하는 것으로 슬라이스 된 것, 채를 썬 것, 분쇄된 것의 형태도 이에 포함된다.

(18) "플라워페이스트"란 소맥분, 전분, 견과류 또는 그 가공품, 코코아, 초콜릿, 커피, 과즙, 서류, 콩류 또는 채소류를 주원료로 하여 이에 설탕, 식용유지, 식용우지, 식용돈지, 분유, 계란 등을 가하고 가열살균한 페이스트상으로 식품에 사용되는 것을 말한다.

표 5-2. 가공식품 및 식품원료 관련 용어의 정의

용어	정의	근거 규정
가공식품	식품원료(농, 임, 축, 수산물 등)에 식품 또는 식품첨가물을 가하거나, 그 원형을 알아볼 수 없을 정도로 변형(분쇄, 절단 등)시키거나 이처럼 변형시킨 것을 서로 혼합 또는 이 혼합물에 식품 또는 식품첨가물을 사용하여 제조·가공·포장한 식품	식품의약품 안전처 고시[9]
식품원료	식품 제조에 투입되는 물질로서 식용이 가능한 동물, 식물 등이나 이를 가공 처리한 것, 「식품첨가물의 기준 및 규격」에 허용된 식품첨가물[10], 그리고 또 다른 식품의 제조에 사용되는 가공식품 등	
식품조사처리	식품 등의 발아억제, 살균, 살충 또는 숙도 조절을 목적으로 감마선 또는 전자선 가속기에서 방출되는 에너지를 복사(radiation)의 방식으로 식품에 조사하는 것으로, 선종과 사용 목적 또는 처리방식(조사)에 따라 감마선 살균, 전자선 살균, 엑스선 살균, 감마선 살충, 전자선 살충, 엑스선 살충, 감마선 조사, 전자선 조사, 엑스선 조사 등으로 구분하거나, 통칭하여 방사선 살균, 방사선 살충, 방사선 조사[11](표 5-3) 등으로 구분할 수 있다. 다만, 검사를 목적으로 엑스선이 사용되는 경우는 제외한다.	

9) 식품의 기준 및 규격. 2022
10) 허용물질에 대해서는 부록 5 허용물질 참조
11) 식품 등의 표시기준, 2014(식품의약품안전처 고시 제2014-19호)

<table>
<tr><th>용어</th><th>정의</th><th>근거 규정</th></tr>
<tr><td>식품첨가물</td><td>식품을 제조·가공·조리 또는 보존하는 과정에서 감미(甘味), 착색(着色), 표백(漂白) 또는 산화 방지 등을 목적으로 식품에 사용되는 물질을 말한다. 이 경우 기구(器具)·용기·포장을 살균·소독하는 데에 사용되어 간접적으로 식품으로 옮아갈 수 있는 물질을 포함한다.</td><td>식품위생법[12]</td></tr>
<tr><td>가공보조제</td><td>식품첨가물 가운데 식품의 제조 과정에서 기술적 목적을 달성하려고 일부러 사용되고 최종제품 완성 전 분해, 제거되어 잔류하지 않거나 비의도적으로 미량 잔류할 수 있는 식품첨가물로 식품첨가물의 용도 중 '살균제', '여과보조제', '이형제', '제조용 제', '청관제', '추출용제', '효소제'가 가공보조제에 해당한다.</td><td rowspan="4">식품의약품 안전처 고시[13]</td></tr>
<tr><td>살균제</td><td>식품 표면의 미생물을 단시간 내에 사멸시키는 작용을 하는 식품첨가물로서 기구 등의 살균·소독제와 구분</td></tr>
<tr><td>청관제[14]</td><td>식품에 직접 접촉하는 스팀을 생산하는 보일러 내부의 결석, 물 때 형성, 부식 등을 방지하기 위하여 투입하는 식품첨가물을 말한다.</td></tr>
<tr><td>기구 등의 살균·소독제</td><td>기구 및 용기·포장을 살균·소독하는 데에 사용되어 간접적으로 식품으로 옮아갈 수 있는 물질</td></tr>
</table>

표 5-3. 방사선 조사 식품의 세부 표시기준

<table>
<tr><th>구분</th><th colspan="3">세부 사항</th></tr>
<tr><td>1. 표시 대상</td><td colspan="3">가. 법 제7조에 따라 방사선 조사가 허용된 식품에 방사선을 조사한 경우(완제품)
나. 가목의 식품 중 검지법이 고시된 식품을 원재료로 사용하여 식품을 제조·가공한 경우(방사선 조사한 원재료 사용 식품)</td></tr>
<tr><td rowspan="3">2. 표시 방법</td><td>활자 크기 및 표시장소</td><td colspan="2">1) 활자 크기(공통사항) : 7포인트 이상으로 표시
2) 표시장소
가) 제1호 가목에 해당하는 완제품의 경우 소비자가 알아보기 쉬운 장소에 표시사항을 표시
나) 제1호 나목에 해당하는 방사선 조사한 원재료를 사용한 식품의 경우 "원재료명 및 함량"란에 그 조사한 내용을 표시</td></tr>
<tr><td rowspan="2">표시사항</td><td>1) 제1호 가목에 해당하는 완제품의 경우</td><td>조사 처리된 식품임을 나타내는 문구 및 조사 도안</td></tr>
<tr><td>2) 제1호 나목에 해당하는 방사선 조사한 원재료를 사용한 식품의 경우</td><td>가) 개별 원재료명과 함께 표시 : 원재료명 및 함량 표시란에 해당 원재료명에 괄호로 "방사선 조사"로 표시[예시: "양파(방사선 조사)", "방사선 조사 마늘" 등]
나) 방사선조사처리 원재료를 일괄 표시
(1) 방사선 조사 처리한 복합원재료 표시 : 방사선</td></tr>
</table>

12) 식품위생법 제2조 2항

13) 식품첨가물의 기준 및 규격. 2021

14) Boiler Water Additives

구분	세부 사항		
			조사한 복합원재료명과 그 원재료명 5개 이상 표시 [예시 : 방사선 조사한 ○○복합원재료명(원재료명 5개 이상 표시)] (2) 방사선 조사 처리한 식품을 일괄 표시 : 방사선 조사한 원재료를 괄호로 하여 일괄 표시 [예시 : 방사선 조사한 원재료(감자, 마늘, 양파 등)] 다) 어떤 원재료가 방사선 조사처리 되었는지 확인하기 어려운 경우에는 "방사선 조사 처리된 원재료 일부 함유" 또는 "일부 원재료 방사선 조사처리" 등의 내용으로 표시할 수 있다.

1.2.2 식품원료

식품공전에서는 식품원료란 식품 제조에 투입되는 물질로서 식용이 가능한 동물, 식물 등이나 이를 가공 처리한 것, 「식품첨가물의 기준 및 규격」에 허용된 식품첨가물, 그리고 또 다른 식품의 제조에 사용되는 가공식품 등으로 정의하고 있으며, 식품원료로서 다음과 같은 요건을 갖추도록 규정하고 있다.

▶ 원료 등의 구비요건

(1) 식품의 제조에 사용되는 원료는 식용을 목적으로 채취, 취급, 가공, 제조 또는 관리된 것이어야 한다.

(2) 원료는 품질과 선도가 양호하고 부패·변질하였거나, 유독 유해 물질 등에 오염되지 아니한 것으로 안전성을 가지고 있어야 한다.

(3) 식품제조·가공영업등록대상이 아닌 천연성 원료를 직접처리하여 가공식품의 원료로 사용하는 때에는 흙, 모래, 티끌 등과 같은 이물을 충분히 제거하고 필요한 때에는 식품용수로 깨끗이 씻어야 하며 비가식 부분은 충분히 제거하여야 한다.

(4) 허가, 등록 또는 신고 대상인 업체에서 식품원료를 구입 사용할 때에는 제조영업등록을 하였거나 수입신고를 마친 것으로서 해당식품의 기준 및 규격에 적합한 것이어야 하며 소비기한 경과제품 등 관련 법 위반식품을 원료로 사용하여서는 아니 된다.

(5) 기준 및 규격이 정하여져 있는 식품, 식품첨가물은 그 기준 및 규격에, 인삼·홍삼·흑삼은 「인삼산업법」에, 산양삼은 「임업 및 산촌 진흥촉진에 관한 법률」에, 축산물은 「축산물 위생관리법」에 적합한 것이어야 한다. 다만, 최종제품의 중금속 등 유해오염물질 기준 및 규격이 사용 원료보다 더 엄격하게 정해져 있는 경우, 최종제품의 기준 및 규격에 적합하도록 적절한 원료를 사용하여야 한다.

(6) 원료로 파쇄분을 사용할 경우에는 선도가 양호하고 부패·변질되었거나 이물 등에 오염되지 아니한 것을 사용하여야 한다.

(7) 식품용수는 「먹는물관리법」의 먹는물 수질기준에 적합한 것이거나, 「해양심층수의 개발 및 관리에 관한 법률」의 기준·규격에 적합한 원수, 농축수, 미네랄탈염수, 미네랄농축수이어야 한다.

(8) 인위적으로 유전자를 재조합하거나 유전자를 구성하는 핵산을 세포 또는 세포 내 소기관으로 직접 주입하는 기술, 분류학에 따른 과(科)의 범위를 넘는 세포융합기술 등 생명공학기술을 활용하여 재배·육성된 농·축·수산물 등을 원료 등으로 사용하고자 할 경우는 「식품위생법」 제18조에

의한 '유전자변형식품등의 안전성 심사 등에 관한 규정'에 따라 안전성 심사 결과 적합한 것이어야 한다.

(9) 식품에 사용되는 유산균 등은 식용가능하고 식품위생상 안전한 것이어야 한다.

(10) 옻나무는 옻닭 또는 옻오리 조리에 사용되는 제품의 원료로만 물추출물 또는 물추출물 제조용 티백(Tea bag) 형태로 사용할 수 있다. 이때 옻나무를 사용한 제품은 우루시올 성분이 검출되어서는 아니 된다. 또한 아까시재목버섯(장수버섯, Fomitella fraxinea)을 이용하여 우루시올 성분을 제거한 옻나무 물추출물은 장류, 발효식초, 탁주, 약주, 청주, 과실주에 한하여 발효공정 전에만 사용할 수 있으며 이때 사용량은 다음과 같다.

① 장류 및 발효식초 : 추출물 제조에 사용된 옻나무 중량을 기준으로 최종제품 중량의 10.0% 이하

② 탁주, 약주, 청주 및 과실주 : 추출물 제조에 사용된 옻나무 중량을 기준으로 최종제품 중량의 2.0% 이하

(11) 인삼 또는 홍삼 함유 제품류

① 인삼을 원료로 사용하는 경우 춘미삼, 묘삼, 삼피, 인삼박은 사용할 수 없으며 병삼인 경우에는 병든 부분을 제거하고 사용할 수 있다.

② 인삼엽은 다른 식물 등 이물이 함유되지 아니한 것으로서 병든 인삼의 잎이나 줄기 또는 꽃이어서는 아니 된다.

③ 원형그대로 넣는 수삼근은 3년근 이상(다만, 인삼산업법의 수경재배인삼은 제외한다.)이어야 하며, 병삼이나 파삼은 사용할 수 없다.

(12) 식품 제조·가공 등에 사용하는 식용란은 부패된 알, 산패취가 있는 알, 곰팡이가 생긴 알, 이물이 혼입된 알, 혈액이 함유된 알, 내용물이 누출된 알, 난황이 파괴된 알(단, 물리적 원인에 의한 것은 제외한다), 부화를 중지한 알, 부화에 실패한 알 등 식용에 부적합한 알이 아니어야 하며, 알의 잔류허용기준에 적합하여야 한다.

(13) 원유에는 중화·살균·균증식 억제 및 보관을 위한 약제가 첨가되어서는 아니 되며, 우유와 양유는 동일 작업시설에서 수유하여서는 아니 되고 혼입하여서도 아니 된다.

(14) 냉동 식용어류 머리의 원료는 세계관세기구(World Customs Organzation, WCO)의 통일상품명 및 부호체계에 관한 국제 협약상 식용(HS 0303호)으로 분류되어 위생적으로 처리된 것이 관련기관에 의해 확인된 것으로, 원료의 절단시 내장, 아가미가 제거 되고 위생적으로 처리된 것이어야 하며, 식품첨가물 등 다른 물질을 사용하지 않은 것이어야 한다.

(15) 냉동 식용어류 내장의 원료는 세계관세기구(World Customs Organzation, WCO)의 통일상품명 및 부호체계에 관한 국제 협약상 식용(HS 0303호, 0306호 또는 0307호)으로 분류되어 위생적으로 처리된 것이 관련기관에 의해 확인된 것으로, 원료의 분리 시 다른 내장은 제거된 것이어야 하며, 식품첨가물 등 다른 물질을 사용하지 않은 것이어야 한다.

(16) 생식용 굴은 「패류 생산해역 수질의 위생기준」(해양수산부 고시)에 따라 지정해역 수준의 수질 위생기준에 적합한 해역에서 생산된 것이거나 자연정화[15] 또는 인공정화[16] 작업을 통해 지정해역 수준의 수질 위생기준에 적합하도록 처리된 것이어야 한다.

---

15) 굴 내에 존재하는 미생물 수치를 줄이기 위해 굴을 수질기준에 적합한 지역으로 옮겨서 자연 정화 능력을 이용하여 처리하는 과정

16) 굴 내부의 병원체를 줄이기 위하여 육상 시설 등의 제한된 수중 환경으로 처리하는 과정

(17) 수산물 등의 저장 및 보존을 위하여 사용되는 어업용 얼음은 위생적으로 취급되어야 한다.

(18) 프로폴리스추출물 함유식품에 사용되는 원료는 꿀벌이 채집한 오염되지 아니한 원료를 사용하여야 한다.

(19) 클로렐라 함유식품의 클로렐라와 스피루리나 함유식품의 스피루리나는 순수 배양한 것이어야 한다.

(20) 키토산 함유식품에 사용되는 원료는 오염되지 않은 키토산 추출이 가능한 갑각류(게, 새우 등)껍질을 사용하여야 하며, 키토산 사용식품 제조에 사용된 제조용제는 식품에 잔류하지 않아야 한다.

(21) 식용곤충은 「곤충산업의 육성 및 지원에 관한 법률」의 식용곤충 사육기준에 적합한 것이어야 한다.

(22) 고추는 병든 것, 곰팡이가 핀 것, 썩은 것, 상한채로 건조되어 희끗희끗하게 얼룩진 것을 사용하여서는 아니 된다.

(23) 식품의 제조·가공 중에 발생하는 식용가능한 부산물을 다른 식품의 원료로 이용하고자 할 경우 식품의 취급기준에 맞게 위생적으로 채취, 취급, 관리된 것이어야 한다.

(24) 식품원료 중 씨앗을 사용할 수 없도록 정하고 있는 열매는 섭취 시 씨앗이 제거되는 경우 씨앗을 포함한 열매를 식품의 제조·가공에 사용할 수 있다.

▶ 식품원료로 사용 가능 의사 결정 및 세부규정

식품원료로 사용할 수 있는지 가능 여부를 결정하기 위하여 그림 5-2와 같은 의사결정도의 흐름을 따르고 관련하여 다음과 같은 세부 규정을 두고 있다.

(1) 다음의 어느 하나에 해당하는 것은 식품의 제조·가공 또는 조리 시 식품원료로 사용하여서는 아니 된다. 다만, 이미 식품의약품안전처장이 인정한 것과 「식품등의 한시적 기준 및 규격 인정기준」에 따라 인정된 것은 식품의 원료로 사용할 수 있다.

① 식용을 목적으로 채취, 취급, 가공, 제조 또는 관리되지 아니한 것

② 식품원료로서 안전성 및 건전성이 입증되지 아니한 것

③ 기타 식품의약품안전처장이 식용으로 부적절하다고 인정한 것

(2) 위의 (1)에 해당되지 않는 것은 식품원료로서 사용가능 여부를 식품의약품안전처장이 판단한다. 다만, 식품의약품안전처장은 식품원료의 안전성과 관련된 새로운 사실이 발견되거나 제시될 경우 식품의 원료로서 사용가능 여부를 재검토하여 판단할 수 있다.

(3) 원료에 독성이나 부작용이 없고 식욕억제, 약리효과 등을 목적으로 섭취한 것 외에 국내에서 식용 근거가 있는 경우 '식품에 사용할 수 있는 원료' 또는 '식품에 제한적으로 사용할 수 있는 원료'로 사용가능한 것으로 판단할 수 있다.

(4) 다음에 해당하는 것들은 '식품에 제한적으로 사용할 수 있는 원료'로 판단할 수 있으며, 사용용도를 특정식품에 제한할 수 있다.

① 향신료, 침출차, 주류 등 특정 식품에만 제한적 사용근거가 있는 것

② 독성이나 부작용 원인 물질을 완전 제거하고 사용해야 하는 것

③ 독성이나 부작용 원인 물질의 잔류기준이 필요한 것

(5) 식품원료 승인을 위한 제출자료

승인을 위해 자료를 제출하고자 할 경우에는 아래의 「식품원료 사용을 위한 의사결정도」(그림 5-2)를 참고할 수 있으며, 제출 자료는 다음과 같다.

① 원료의 기본특성자료

㉮ 원료명 또는 이명

㉯ 원료의 학명, 사용부위

㉰ 성분 및 함량, 사진, 자생지 등 원료의 특성을 알 수 있는 자료

㉱ 식품에 사용하고자 하는 용도

② 식용근거자료

㉮ 국내에서 전래적으로 식품으로 섭취하였음을 입증할 수 있는 자료

③ 독성이나 부작용이 있는 경우 제출자료

㉮ 독성이나 부작용의 원인물질의 명칭, 분자구조, 특성 등에 관한 자료

㉯ 원인물질의 독성작용이나 부작용에 대한 자료

㉰ 독성물질의 분석방법 등에 관한 자료

㉱ 독성이나 부작용의 원인물질이 완전히 제거되는 경우 이를 입증할 수 있는 자료

㉲ 독성이나 부작용의 원인물질에 대한 잔류기준이 설정되어 있는 경우, 규정 및 설정 사유, 최종 제품에 대한 함유량 등에 관한 자료

(6) 식품에 사용할 수 있는 원료[17)]

① '식품에 사용할 수 있는 원료'의 목록은 [별표 1][18)]과 같다.

② '제1. 총칙 4. 식품원료 분류'에 등재되어 있는 원료

(7) 식품에 제한적으로 사용할 수 있는 원료

① '식품에 제한적으로 사용할 수 있는 원료'의 목록은 [별표 2][19)]와 같다.

② '식품에 제한적으로 사용할 수 있는 원료'로 분류된 원료는 명시된 사용 조건을 준수하여야 하며, 별도의 사용 조건이 정하여지지 않은 원료는 다음의 사용기준에 따른다.

㉮ 식품 제조 시 사용되는 '식품에 제한적으로 사용할 수 있는 원료'는 가공전 원료의 중량을 기준으로 50% 미만(배합수 제외)을 사용하여야 한다.

㉯ 식품 제조 시 '식품에 제한적으로 사용할 수 있는 원료'를 2가지 이상 혼합할 경우 혼합되는 총량은 가공전 원료의 중량을 기준으로 50% 미만(배합수 제외) 사용하여야 한다.

㉰ 다만, 최종 소비자에게 판매되지 아니하고 제조업소에 공급되는 원료용 제품을 제조하고자 하는 경우에는 위의 ㉮, ㉯ 항을 적용받지 아니할 수 있다.

㉱ 음료류, 주류 및 향신료 제조 시 '식품에 제한적으로 사용할 수 있는 원료'에 속하는 식물성원료가 1가지인 경우에는 원료의 중량을 기준으로 100%까지 (배합수 제외) 사용할 수 있다.

(8) 한시적 기준·규격에서 전환된 원료[20)]

① 「식품등의 한시적 기준 및 규격 인정 기준」에 따라 식품원료로 인정된 후 식품공전에 등재되는 '한시적 기준·규격에서 전환된 원료'의 목록은 [별표 3][21)]과 같다.

② '한시적 기준·규격에서 전환된 원료'로 분류된 원료는 명시된 제조(또는 사용) 조건을 준수하여야 한다.

(9) 한시적 인정 식품원료의 식품공전 등재 요건

① 「식품등의 한시적 기준 및 규격 인정 기준」에 따라 인정된 식품원료는 다음의 어느 하나를

17) '식품에 사용할 수 있는 원료' 또는 '식품에 제한적으로 사용할 수 있는 원료'는 식품원료 사용이 가능함
18) 식품공전. 2022
19) 식품공전. 2022
20) 식품원료로 사용이 불가능하나, 「식품등의 한시적 기준 및 규격 인정기준」(식품위생법시행규칙 제5조 관련)에 따라 식품원료의 한시적 기준 및 규격으로 신청 가능함
21) 식품공전. 2022

충족하면 「식품의 기준 및 규격」[별표 3] '한시적 기준·규격에서 전환된 원료'의 목록에 추가로 등재할 수 있다.

㉮ 한시적 기준 및 규격을 인정받은 날로부터 3년이 경과한 경우

㉯ 한시적 기준 및 규격을 인정받은 자가 3인 이상인 경우

㉰ 한시적 기준 및 규격을 인정받은 자가 등재를 요청하는 경우(다만, 인정받은 자가 2명인 경우 모두 등재를 요청하는 경우)

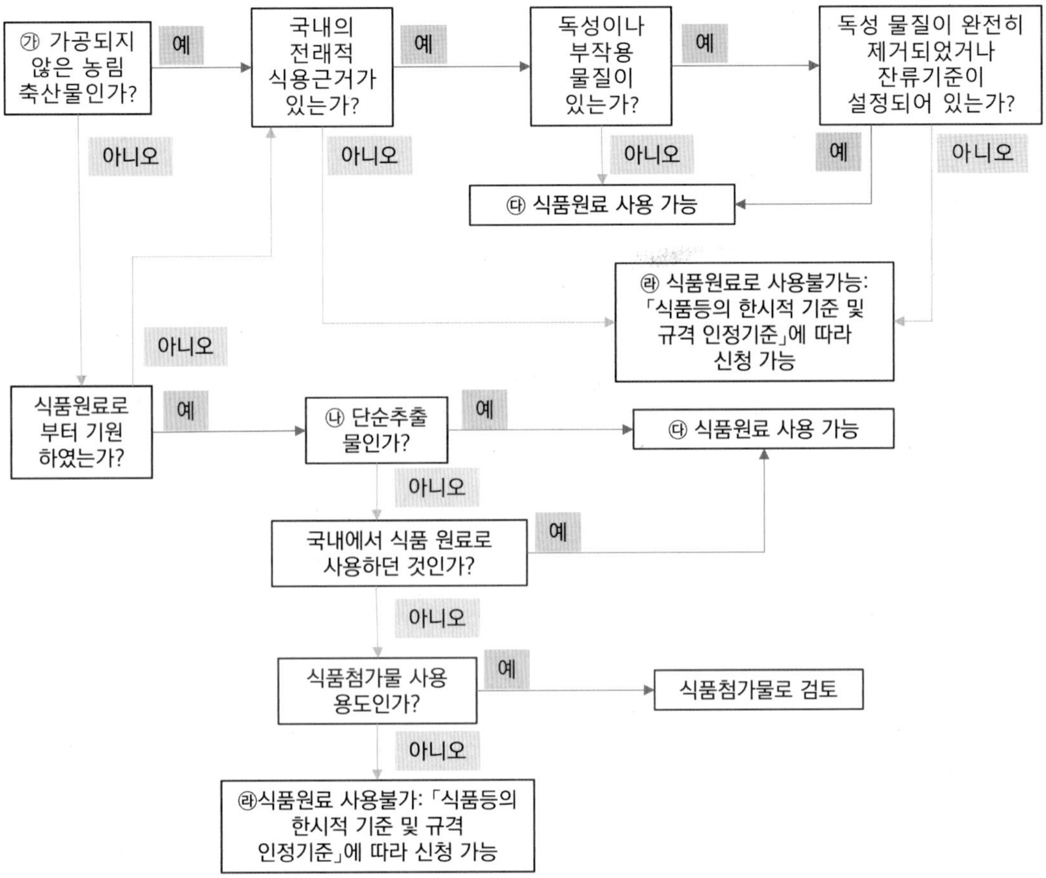

그림 5-2. 식품원료 사용을 위한 의사 결정도

1.2.3 식품의 제조·가공기준

우리나라 식품위생법에서는 식품생산 관련 산업을 식품 제조·가공업, 즉석판매 제조·가공업, 식품첨가물 제조업, 식품운반업, 식품 소분·판매업, 식품 보존업, 용기·포장류 제조업 등 업종별로 구분하여 시설기준을 마련하고 준수하도록 요구하고 있다.[22] 적절한 시설을 갖춘 식품 제조·가공업자가 식품의 제조와 가공 시에 준수하여야 할 세부 기준은 다음과 같다.

22) 부록 7 업종별 시설기준 참조

(1) 식품 제조·가공에 사용되는 원료, 기계·기구류와 부대 시설물은 항상 위생적으로 유지·관리하여야 한다.
(2) 식품용수는 「먹는물관리법」의 먹는물 수질기준에 적합한 것이거나, 「해양심층수의 개발 및 관리에 관한 법률」의 기준·규격에 적합한 원수, 농축수, 미네랄탈염수, 미네랄농축수이어야 한다.
(3) 식품용수는 먹는물관리법에서 규정하고 있는 수처리제를 사용하거나, 각 제품의 용도에 맞게 물을 응집침전, 여과[활성탄, 모래, 세라믹, 맥반석, 규조토, 마이크로필터, 한외여과(Ultra Filter), 역삼투막, 이온교환수지], 오존살균, 자외선살균, 전기분해, 염소소독 등의 방법으로 수처리하여 사용할 수 있다.
(4) '제5. 식품별 기준 및 규격'에서 원료배합시의 기준이 정하여진 식품은 그 기준에 의하며, 물을 첨가하여 복원되는 건조 또는 농축된 식품의 경우는 복원상태의 성분 및 함량비(%)로 환산 적용한다. 다만, 식육가공품 및 알가공품의 경우 원료배합시 제품의 특성에 따라 첨가되는 배합수는 제외할 수 있다.
(5) 어떤 원료의 배합기준이 100%인 경우에는 식품첨가물의 함량을 제외하되, 첨가물을 함유한 당해 제품은 '제5. 식품별 기준 및 규격'의 당해제품 규격에 적합하여야 한다.
(6) 식품 제조·가공 및 조리 중에는 이물의 혼입이나 병원성 미생물 등이 오염되지 않도록 하여야 하며, 제조 과정 중 다른 제조 공정에 들어가기 위해 일시적으로 보관되는 경우 위생적으로 취급 및 보관되어야 한다.
(7) 식품은 물, 주정 또는 물과 주정의 혼합액, 이산화탄소만을 사용하여 추출할 수 있다. 다만, 식품첨가물의 기준 및 규격에서 개별기준이 정해진 경우는 그 사용기준을 따른다.
(8) 냉동된 원료의 해동은 별도의 청결한 해동공간에서 위생적으로 실시하여야 한다.
(9) 식품의 제조, 가공, 조리, 보존 및 유통 중에는 동물용의약품을 사용할 수 없다.
(10) 가공식품은 미생물 등에 오염되지 않도록 위생적으로 포장하여야 한다.
(11) 식품은 캡슐 또는 정제 형태로 제조할 수 없다. 다만, 과자, 캔디류, 추잉껌, 초콜릿류, 장류, 조미식품, 당류가공품, 음료류, 과·채가공품은 정제형태로, 식용유지류는 캡슐형태로 제조할 수 있으나 이 경우 의약품 또는 건강기능식품으로 오인·혼동할 우려가 없도록 제조하여야 한다.
(12) 식품의 처리·가공 중 건조, 농축, 열처리, 냉각 또는 냉동 등의 공정은 제품의 영양성, 안전성을 고려하여 적절한 방법으로 실시하여야 한다.
(13) 원유는 이물을 제거하기 위한 청정공정과 필요한 경우 유지방구의 입자를 미세화하기 위한 균질공정을 거쳐야 한다.
(14) 유가공품의 살균 또는 멸균 공정은 따로 정하여진 경우를 제외하고 저온 장시간 살균법(63～65℃에서 30분간), 고온단시간 살균법(72～75℃에서 15초 내지 20초간), 초고온순간처리법(130～150℃에서 0.5초 내지 5초간) 또는 이와 동등 이상의 효력을 가지는 방법으로 실시하여야 한다. 그리고 살균제품에 있어서는 살균 후 즉시 10℃ 이하로 냉각하여야 하고, 멸균제품은 멸균한 용기 또는 포장에 무균공정으로 충전·포장하여야 한다.
(15) 식품 중 살균제품은 그 중심부 온도를 63℃ 이상에서 30분간 가열살균 하거나 또는 이와 동등 이상의 효력이 있는 방법으로 가열 살균하여야 하며, 오염되지 않도록 위생적으로 포장 또는 취급하여야 한다. 또한, 식품 중 멸균제품은 기밀성이 있는 용기·포장에 넣은 후 밀봉한 제품의 중심부 온도를 120℃ 이상에서 4분 이상 멸균처리하거나 이와 동등 이상의 멸균 처리를 하여야 한다. 다만, 식품별 기준 및 규격에서 정하여진 것은 그 기준에 따른다.

(16) 멸균하여야 하는 제품 중 pH 4.6 이하인 산성식품은 살균하여 제조할 수 있다. 이 경우 해당 제품은 멸균제품에 규정된 규격에 적합하여야 한다.

(17) 식품 중 비살균제품은 다음의 기준에 적합한 방법이나 이와 동등 이상의 효력이 있는 방법으로 관리하여야 한다.

① 원료육으로 사용하는 돼지고기는 도살 후 24시간 이내에 5℃ 이하로 냉각·유지하여야 한다.

② 원료육의 정형이나 냉동 원료육의 해동은 고기의 중심부 온도가 10℃를 넘지 않도록 하여야 한다.

(18) 식육가공품 또는 포장육 작업장의 실내온도는 15℃ 이하로 유지 관리하여야 한다(다만, 가열처리 작업장은 제외).

(19) 식육가공품 또는 포장육의 공정상 특별한 경우를 제외하고는 가능한 한 신속히 가공하여야 한다.

(20) 어류의 육질이외의 부분은 비가식부분을 충분히 제거한 후 중심부온도를 -18℃ 이하에서 보관하여야 한다.

(21) 생식용 굴은 채취 후 신속하게 위생적인 물로써 충분히 세척하여야 하며, 식품첨가물(차아염소산나트륨 제외)을 사용하여서는 안 된다.

(22) 기구 및 용기·포장류는 「식품위생법」 제9조의 규정에 의한 기구 및 용기·포장의 기준 및 규격에 적합한 것이어야 한다.

(23) 식품포장 내부의 습기, 냄새, 산소 등을 제거하여 제품의 신선도를 유지시킬 목적으로 사용되는 물질은 기구 및 용기·포장의 기준·규격에 적합한 재질로 포장하여야 하고 식품에 이행되지 않도록 포장하여야 한다.

(24) 식품의 용기·포장은 용기·포장류 제조업 신고를 필한 업소에서 제조한 것이어야 한다. 다만, 그 자신의 제품을 포장하기 위하여 용기·포장류를 직접 제조하는 경우는 제외한다.

(25) 식품 제조·가공에 원료로 사용하는 톳과 모자반의 경우, 생물은 끓는 물에 충분히 삶고, 건조된 것은 물에 불린 후 충분히 삶는 등 무기비소 저감 공정을 거친 후 사용하여야 한다.

(26) 도시락 제조에 사용되는 과일류 및 채소류는 충분히 세척한 후 식품첨가물로 허용된 살균제로 살균 후 깨끗한 물로 충분히 세척하여야 한다. 다만, 껍질을 제거하여 섭취하는 과일류, 과채류와 세척 후 가열과정이 있는 과일류 또는 채소류는 제외한다.

(27) 냉장상태에서 유통되는 도시락의 경우, 도시락 용기에 담는 식품은 조리가 완료된 후 냉장온도(단, 밥은 제외)로 신속히 냉각하여 용기에 담아야 한다. 다만, 반찬의 온도에 영향을 미치지 않도록 별도 포장되는 밥은 그러하지 않을 수 있다.

(28) 냉동수산물을 물에 담가 해동하는 경우 21℃ 이하에서 위생적으로 해동하여야 한다.

(29) 분말, 가루, 환제품을 제조하기 위하여 원료를 금속재질의 분쇄기로 분쇄하는 경우에는 분쇄 이후(여러 번의 분쇄를 거치는 경우 최종 분쇄 이후) 충분한 자력을 가진 자석을 이용하여 금속성이물(쇳가루)을 제거하는 공정을 거쳐야 한다. 이 때 제거공정 중 자석에 부착된 분말 등을 주기적으로 제거하여 충분한 자력이 상시 유지될 수 있도록 관리하여야 한다.

(30) 달걀을 물로 세척하는 경우 다음의 요건을 모두 충족하는 방법으로 세척하여야 한다.

① 30℃ 이상이면서 달걀의 품온보다 5℃ 이상의 물을 사용할 것

② 100~200 ppm 차아염소산나트륨을 함유한 물을 사용할 것. 이때 차아염소산나트륨을 사용하지 않는 경우 150 ppm 차아염소산나트륨과 동등 이상의 살균효력이 있는 방법을 사용할 수 있다.

2. 심사관리 요점

2.1 시작회의

2.1.1 사전 준비와 심사 일정 수립

유기가공식품 인증심사의 준비는 앞에서 기술한 일반적인 인증심사의 준비과정을 참조할 수 있다[23]. ISO/IEC 17065에서는 심사준비 단계에서 문서화된 정보의 검토, 리스크 기반 심사기획[24]등을 요구하고 있다. 유기가공식품 인증심사 준비에서 추가로 고려할 사항은 가공의 유형이 계약가공, 공동가공, 공동포장 등 다양하므로 심사 전에 가공의 유형을 미리 파악하여 두는 것도 중요하다. 식품공전에서는 식품첨가물이나 다른 원료를 사용하지 아니하고 원형을 알아볼 수 있는 정도로 농·임·축·수산물을 단순히 자르거나 껍질을 벗기거나 소금에 절이거나 숙성하거나 가열(살균의 목적 또는 성분의 현격한 변화를 유발하는 경우를 제외한다) 등의 처리 과정 중 위생상 위해 발생의 우려가 없고 식품의 상태를 관능으로 확인할 수 있도록 단순 처리한 것은 가공식품으로 분류하지 않으며, 이럴 때는 친환경농어업 육성 및 유기식품 등의 관리·지원에 관한 법률에 따라 농수산물, 식품, 비식용 가공품 또는 농어업용 자재를 저장, 포장[소분(小分) 및 재포장을 포함한다.], 운송, 수입 또는 판매하는 취급으로 분류되어 취급자 인증을 받도록 규정하고 있음을 유의할 필요가 있다. 유기가공 인증심사는 사전 심사준비 → 시작회의 → 운영자(경영자) 면담 → 현장순회 → 심사수행 → 심사결과 정리 → 종료(종결)회의 과정을 거치며 가 단계에서 수행하는 세부 사항을 요약하면 표 5-4와 같다. 사전 심사준비가 완료되면 인증신청 업체와 심사 일정을 협의한 후 세부 일정표(표 5-5)를 신청업체에 통보한다.

표 5-4. 유기가공 인증심사의 진행 순서

인증심사 순서	세부 내역
사전 심사준비	○ 회의(심사) 장소 마련 및 참석자 공지(경영자, 프로세스 책임자 포함) ○ 준비자료(전자매체 자료 포함) • 신청업체 경영 관련 기록 및 문서(지침서 외) • 갱신의 경우: 이전 심사기록 및 시정조치 사항(인증기관에 요청) • 회사 소개자료 ○ 자료 부족 시 인증기관과 신청업체에 자료 요구
시작 회의 (경영자가 담당 책임자일 경우 별도의 경영자 면담은 없음)	○ 회의 진행: 회사의 안내로 심사원 또는 팀장(2명 이상의 경우)이 진행 ○ 참석 범위: 경영자 및 심사대상 임직원(유기인증 책임자 참석) ○ 회의 진행 순서 1. 상견례 및 인증신청에 대한 감사 인사 2. 인증신청 범위 및 적용규격 확인 3. 인증심사 진행 절차 및 일정 확인(변경 가능성 통지) 4. 인증심사 방법(샘플링 심사)과 그 한계성 설명 5. 신청 회사의 출입 제한구역 또는 심사원 안전 관련 공지 사항 청취 6. 안내원 선임 및 심사 관련 필요 시설 제공요청 7. 기타 질의응답

23) 본서 '제3장 인증심사 일반론 2.2 심사의 준비' 참조
24) 본서 제3장 3.2.4.1 심사 착수 참조

인증심사 순서	세부 내역
경영자 면담	○ 참석대상: 최고경영자, 경영대리인, 심사 팀 ○ 면담시간: 심사일정표 참조(사전협의) ○ 면담내용: 유기시스템의 방침 및 운영 방향과 경영자의 실행에 대한 의지
현장 순회	○ 계획된 심사대상 현장 순회
심사수행	○ 심사장소: 사전협의 및 준비한 지정장소 ○ 심사대응 인원: 심사 대상 관련 인원 ○ 심사방법: 담당자 면담, 현장 관찰, 경영 관련 자료의 확인 등 ○ 출입 및 열람: 사전협의 및 준비하여 허용 협조
심사 결과 정리	○ 심사 팀의 심사 결과 회의 및 보고서 정리 (가능한 한 현장에서 심사보고서를 완결)
종결 회의	○ 종결 회의 진행: 심사원 또는 팀장(2명 이상의 경우)이 진행 ○ 참석 범위: 시작회의 시 참석인원 및 기타 ○ 회의 장소: 변경이 없는 한 시작회의 장소 ○ 회의 내용 1. 상견례 및 심사 진행 협조에 대한 감사 인사 2. 인증심사 방법 및 인증심사 결과 요약보고 3. 인증원별 부적합사항 설명 및 회사 측 확인 서명 4. 이의 또는 불만 접수 및 처리 5. 샘플링 심사의 한계성 설명 6. 이후 절차 설명 7. 기타 질의응답

표 5-5. 유기가공식품 인증심사 일정표

<table>
<tr><th colspan="4">유기가공식품 인증심사 일정표</th></tr>
<tr><th rowspan="2">심사 일자</th><th rowspan="2">심사 시간</th><th colspan="2">심사원(소속)</th></tr>
<tr><th>전남대 1 (○○○ 인증기관)</th><th>전남대 2 (○○○ 인증기관)</th></tr>
<tr><td rowspan="9">2022년
5월 10일</td><td>09시~09시 30분</td><td colspan="2">시작회의</td></tr>
<tr><td>09시 30분~10시</td><td rowspan="3">현장심사</td><td>경영자 면담</td></tr>
<tr><td>10시~12시</td><td rowspan="2">서류심사</td></tr>
<tr><td>13시~14시 30분</td></tr>
<tr><td>14시 30분~16시</td><td>추적조사,</td><td>대조 감사</td></tr>
<tr><td>16시~17시</td><td colspan="2">심사보고서 작성 및 심사팀 회의</td></tr>
<tr><td>17시</td><td colspan="2">종결 회의</td></tr>
<tr><td></td><td></td><td></td></tr>
<tr><td></td><td></td><td></td></tr>
<tr><td colspan="4">○ 심사 준비사항
1) 유기취급계획서 및 경영 관련 자료
2) 신청 품목의 품목제조보고서 및 각 시험검사 성적서, 사용물질별 MSDS 등
3) 심사원 사용시설(회의실, 전화, 복사기, 노트북 사용 전원 등) 제공
4) 심사원별 안내자 지정
○ 인증심사 일정은 심사 진행에 따라 조정될 수 있습니다.</td></tr>
</table>

2.1.2 시작회의

시작회의의 목적은 모든 참가자(예 : 피심사조직, 심사팀)가 심사계획서에 동의함을 확인하고, 심사팀 및 그들의 역할을 소개하며, 모든 계획된 심사 활동이 수행될 수 있도록 보장하는 것이다. 시작회의에는 통상적으로 피심사조직의 경영진과 해당하는 경우 심사대상의 기능 또는 프로세스의 책임자가 참석하여야 한다. 회의 동안에 질문할 기회를 제공하는 것이 좋으며, 시작회의를 얼마나 상세하게 할 것인가는 피심사조직이 심사 프로세스에 얼마나 익숙한지에 따라 결정한다. 소규모 조직의 내부 심사일 경우 시작회의는 심사수행에 대한 의사소통과 심사의 성격을 설명하는 정도로 간단히 구성될 수 있지만, 규모가 크거나 시스템이 가공 운영시스템이 복잡할수록 시작회의는 길어질 수 있으며, 참석자에 대한 공식적인 기록을 보유하여야 한다. 회의는 심사팀장이 주도한다. 시작회의에서는 해당하는 경우에만 다음의 작업을 수행한다(표 5-6). 표 5-7은 시작회의 순서 및 진행을 나타낸 것이다.

표 5-6. 시작회의의 목표 및 수행 사항

목표	수행 사항
소개	• 참관인과 안내자, 통역자를 포함한 기타 참관인과 그들의 역할에 대한 개략적 내용 • 심사팀원의 존재로부터 발생할 수 있는 조직의 리스크를 관리하기 위한 심사 방법
확인	• 심사 목표, 범위 및 기준 • 심사계획서와 기타 피심사조직과 관련된 준비사항, 예를 들면 종료 회의 일자 및 시간, 심사팀과 피심사조직의 경영진과의 모든 중간회의, 그리고 필요한 모든 변경사항 • 심사팀과 피심사조직과의 공식적인 의사소통 채널 • 심사 중 사용되는 언어 • 피심사조직이 심사 중의 진행 상황을 알도록 함 • 심사팀이 필요로 하는 자원 및 시설의 가용성 • 기밀 유지 및 정보 보안과 관련된 사항 • 심사팀을 위한 관련 접근, 안전보건, 보안, 비상사태 및 기타 준비사항 • 심사수행에 영향을 미칠 수 있는 현장 활동
제시	• 해당한다면, 등급 분류 기준을 포함하여 심사 발견사항에 대한 보고 방법 • 심사가 종료될 수도 있는 조건 • 심사 중에 있을 수 있는 발견사항을 다루는 방법 • 불만 사항이나, 이의 제기사항을 포함하여, 심사 발견사항 또는 결론에 대한 피심사조직으로부터의 피드백 시스템

표 5-7. 시작회의 순서 및 진행

항목	내역
순서	1. 상견례 및 인증신청에 대한 감사 인사 2. 인증신청 범위 및 적용규격 확인 3. 인증심사 진행 절차 및 일정 확인(변경 가능성 통지) 4. 인증심사 방법(샘플링 심사)과 그 한계성 설명 5. 신청 회사의 출입 제한구역 또는 심사원 안전 관련 공 지사랑 청취 6. 안내원 선임 및 심사 관련 필요 시설 제공요청 7. 기타 질의응답

항목	내역
진행	심사팀장 1. 안녕하십니까? 지금부터 시작회의를 개최하겠습니다. 먼저 귀사가 000 인증기관에 유기가공식품 인증심사를 신청하여 주신 것에 대하여 감사를 드립니다. - 저는 이번 AA 회사의 BB 제품에 대한 유기가공식품 인증심사를 총괄하는 심사팀장 전남대 1이며, 제 바로 옆에 계시는 분은 저와 함께 이번 심사를 수행할 심사원 전남대 2입니다. 시작회의에 참석하신 귀사의 임직원을 소개해 주시고, 참석자명단에 서명하여 주십시오. (소개 및 상견례 완료, 참석자명단 서명 완료) 2. 먼저 이번 인증심사는 귀사가 신청한 CC 공장에서 생산하는 BB 유기가공식품의 생산 및 취급 관리체계가 "친환경농어업 육성 및 유기식품 등의 관리·지원에 관한 법률" 19조와 같은 법 시행규칙 제8조(유기식품 등의 인증대상)와 제9조(유기식품 등의 인증기준)에서 정한 절차 및 방법과 000 인증기관의 유기가공식품 인증 업무규정에서 정한 심사기준에 적합한지를 평가하는 방식으로 진행되는 것입니다. 그렇지요? (업체 확인 및 동의) 3. 이번 인증심사는 미리 보내드린 인증심사 계획서 및 심사일정표에 따라 진행하겠습니다. 혹시 통보해드린 일정의 변경이 필요하십니까? (업체 확인) - (일정 변경 요청이 없는 경우) 혹시 심사 진행 중에라도 회사의 긴급한 사정 등으로 일정 변경이 필요하시다면 사전까지 심사팀장에게 통보하여 주시면 최대한 조정하겠습니다. 4. 인증심사는 샘플링 심사방법으로 진행됩니다. 실제로 심사원이 확인한 사항을 근거로 적합 또는 부적합의 판정이 이루어집니다. 따라서 실제로는 귀사에서 전반적으로 잘 관리되고 있는 사항임에도 부적합으로 평가될 수도 있고, 반대로 전반적으로 제대로 관리되지 않고 있는 사항임에도 적합으로 평가될 수도 있는 한계성을 가지고 있음을 미리 알려드리며, 유기가공식품 인증심사는 원칙적으로 시스템심사이므로 제품심사는 별도로 진행하지 않지만, 심사과정에서 원료, 가공공정 중에 제품 또는 최종 제품에 대하여 시험분석이 필요하다고 심사원이 판단되면 시료를 채취하여 시험분석이 시행될 수 있음을 미리 알려드립니다. 5. 이번 심사 일정 동안 심사원은 필요하면 여러분의 생산 현장에 수시로 출입하며 확인할 상황이 발생할 수 있습니다. 특별히 심사원의 출입이 통제되거나 특별한 출입 수칙이 적용되는 장소 등이 있으면 미리 알려주시고, 아울러 심사원의 심사 활동 수행과정에서 특별히 안전에 유의해야 할 사항이 있으면 알려주시기를 바랍니다. (회사 설명 경청) - 또한, 저를 비롯한 우리 심사팀은 귀사의 서면 동의 없이는 심사과정에서 취득한 귀사와 관련된 모든 정보를 제3자에게 누설하지 않을 것임을 약속드리며, 요청하신다면 서면으로 작성된 기밀 유지 각서를 제공해드릴 수 있음을 알려드립니다. - 원활한 심사 진행을 위하여 심사 원별로 담당할 안내인을 1분씩 선임하여 주실 것을 부탁드립니다. (2명 이상의 심사원일 경우 : 안내원 배정) 6. 심사원들이 심사 도중에 회의를 할 수 있는 공간과 해당 장소에서 간단한 사무처리를 할 수 있도록 전화기, FAX 및 복사기를 비치하여 주시거나 이들을 이용할 수 있게 허락하여 주시기 바랍니다. (해당 장소 안내 경청) 7. 혹시 이번 심사과정에서 특별히 요청하고 싶은 사항이나 다른 질문이 있습니까? (질의응답) - 이상으로 시작회의를 마치고 잠시 후 경영자 면담을 시작으로 현장심사를 시작하겠습니다.

2.2 현장심사의 지리적 범위

2.2.1 생산과정의 추적

가공 시설을 효율적으로 시찰하는 방법은 제품의 생산과정을 따라가는 것이다. 제품의 생산과정을 나타내는 도면[25]이 정확한지도 확인하여야 한다. 일반적으로 원료의 수급이 이루어지는 곳에서부터,

원료의 저장, 제품의 제조, 포장하여 완제품이 만들어지는 모든 장소와 제품의 저장, 출하 장소까지 추적하여야 한다.

2.2.2 시설 및 장소에 따른 심사관리 요점

현장심사에서 둘러보아야 할 시설 및 장소와 확인하여야 할 심사관리 요점은 다음 표 5-8과 같다.

표 5-8. 인증심사의 지리적 범위와 장소에 따른 심사관리 요점

시설 내외	가공 단계	장소	심사관리 요점
시설 내	원료 수급	원료를 받는 장소	○ 원료의 품질관리를 위한 조사 시행 여부 • 품질관리 관련 문서의 확인 • 원료 수급 시 로트번호 부여 여부 및 부여 체계 확인 • 원료 운반 방법 확인 • 운반할 때 사용되는 장비의 청소 여부 ○ 해충 방제 • 설치류 방제를 위한 창, 문의 정비 상태 • 곤충 방제를 위한 덫, 미끼 사용 여부 • 방제기구의 설치 및 보관 장소 • 금지제품의 사용 여부 • 방제 이력의 문서기록 확인
		원료 저장 장소	○ 원료의 보관 • 저장 장소의 청결도 및 청소 주기 확인 • 유기 원료와 관행 원료의 구분 표기 및 보관 확인 ○ 저장고의 병해충 방제 • 설치류 방제를 위한 창, 문의 정비 상태 • 곤충 방제를 위한 덫, 미끼 사용 여부 • 방제기구의 설치 및 보관 장소 • 금지제품의 사용 여부 • 방제 이력 문서기록 확인 ○ 오염 및 혼입 가능성 조사 • 주위에 유기적 완결성을 해칠 가능성이 있는 제품 확인
	제품의 생산 시설과 장비	가공 시설 장소	○ 생산설비 검사에서의 C&C 확인 • 여러 개의 생산라인이 있을 경우 각각의 라인을 검사 • 가공과정이 시설도면 및 가공 순서도를 따르는지 확인 • 관행 제품과 공유되어 사용되는 필터의 존재 여부 • 증기나 열탕이 사용될 경우 제품과 직접 접촉하는지 여부 • 보일러 첨가제 등 가공보조제의 사용 및 제품 잔류 여부 ○ 공장 내 부수적 설비의 C&C 확인 • 물, 공기정화 장치 확인 • 물과 제품의 직접 접촉 여부 확인 • 수질 성적서 확인

25) Flow Chart

시설 내외	가공 단계	장소	심사관리 요점
			• 주원료 및 부원료의 투입구 및 차폐 밸브 확인 • 바닥, 벽, 천장과 설비의 위생 상태 확인 ○ 공장 내 품질관리 규정 및 절차 확인
		가공상 제품의 이동 및 저장 장소	○ 이동 설비의 검사 • 엘리베이터, 컨베이어벨트, 팔레트와 잭, 수동이동 • 펌프, 진공 라인 ○ 유기 생산 전 설비의 청소, 퍼지 ○ 저장고에서 제품의 저장기간 및 라벨링 확인
	포장과 출하	포장 장소	○ 제품 포장 장소의 C&C 확인 • 유기 및 관행 제품의 포장 용기 및 라벨 확보 • 금지 물질 사용 여부
		완제품의 보관 장소	○ 유기 제품과 관행 제품의 구분 보관 확인 • 유기 제품의 격리 상태 및 인식 방식 확인 • 청결 상태, 병해충 방제 방법 확인 ○ 시설 외의 별도 보관 장소 사용 여부
		입하 및 출하 장소	○ 입출고할 때의 C&C 확인 • 입출고 운송 수단 • 운송 수단에 대한 청소 절차의 문서화 ○ 고객 불만 사항 처리 절차 • 문서화된 처리 절차 • 고객 불만 일지 확인
시설 밖	○ 병해충 침투 경로 파악 및 방제 • 병해충 관리 지도 점검 • 위생 상태, 쓰레기 처리 • 건물 벽틈, 문틈, 방충망 상태 검사 ○ 시설 주변의 제초제 사용 여부		

2.3 원료 및 제조공식[26]의 검토

2.3.1 제조공식의 검토 및 물과 소금의 기준

심사원은 제품의 개요, 제조공식, 제형 등을 실제 제조 기록과 대조하여 다음의 사항을 확인 또는 검증 가능한지 검토한다. 제품의 프로필에는 원료의 비율에 대한 제품의 제조공식이 기술되어 있다. 그러나 제조보고서에는 한 묶음 단위의 제품당 사용된 원료의 양이 기록되어 있다는 것과 원료에서 물과 소금은 제외된다(그림 5-3)는 점에 유의하여 단위 제품에 대한 원료의 비율을 정확히 계산하여야 하고, 계산된 결과는 생산계획서와 제품 라벨에 나타낸 유기 원료의 함량과 일치하는지 확인한다. 다음은 원료 및 제조공식의 검토에서 확인되어야 할 사항이다.

- 제출된 제조공식과 일치하는지
- 유기 원료의 비율과 라벨의 일치 여부 검증
- 유기 제품의 생산량과 유기 원료의 투입량이 적절한지 검증

26) Formulation

• 금지된 원료나 허용되지 않는 식품첨가물[27] 사용 여부

$$\frac{I_o}{G-WS}=\frac{I_o}{I_o+I_c+I_a}\geq 0.95$$

G : **제품(포장재, 용기 제외)의 중량** ($G\equiv I_o+I_c+I_a+WS$)

I_o : **유기원료[유기농산물+유기축산물+유기가공식품]의 중량**

I_c : **비유기 원료(유기식품인증 표시가 없는 원료)의 중량**

I_a : **비유기 식품첨가물(가공보조제 제외)의 중량**

WS : **인위적으로 첨가한 물과 소금의 중량**

가. 원료별로 단위가 달라 중량과 부피가 병존하는 때에는 최종제품의 단위로 통일하여 계산한다.

나. 유기가공식품 인증을 받은 식품첨가물은 유기 원료에 포함해 계산한다.

다. 계산 시 제외되는 물과 소금은 의도적으로 투입되는 것에 한하며, 가공되지 않은 원료에 원래 포함된 물과 소금은 포함한다.

라. 농축, 희석 등 가공된 원료 또는 첨가물은 가공 이전의 상태로 환원한 중량 또는 부피로 계산한다.

마. 비유기 원료 또는 식품첨가물이 포함된 유기가공식품을 원료로 사용하였을 때는 해당 가공식품 중의 유기 비율만큼만 유기 원료로 인정하여 계산한다.

그림 5-3. 유기 원료 비율 계산 방법

식품의 제조에 흔하게 사용되는 소금을 식품공전에서는 식염으로 분류하고 있으며 다음 표 5-9에 나타낸 바와 같이 구비요건 및 규격을 제시하고 있다.[28] 식품 대부분에 많은 양이 사용되는 물은 먹는 물 기준에 충족되도록 요구하고 있으며 먹는물수질기준 및 검사 등에 관한 규칙[29]에서는 먹는 물의 기준을 다음 표 5-10과 같이 설정하고 있다.

표 5-9. 식염의 정의와 구비요건 및 유형에 따른 규격

정의	해수(해양심층수 포함)나 암염, 호수염 등으로부터 얻은 염화나트륨이 주성분인 결정체를 재처리하거나 가공한 것 또는 해수를 결정화하거나 정제·결정화한 것을 말한다.	
원료 구비 요건	(1) 식용으로 수입하는 천일염과 기타 소금은 생산국가에서 식염으로 분류·인증된 것으로서 각 식염 유형의 정의에 적합하게 위생적으로 생산된 것이어야 한다. (2) 천일염은 식품첨가물 등 다른 물질을 사용하지 않은 것이어야 한다. (3) 식염은 공업용 소금 등 식용 이외의 소금이 혼입되지 않은 것이어야 한다.	
식품 유형	천일염	염전에서 해수를 자연 증발시켜 얻은 염화나트륨이 주성분인 결정체와 이를 분쇄, 세척, 탈수 또는 건조한 염
	재가공 소금	원료 소금(100%)을 정제수, 해수 또는 해수 농축액 등으로 용해, 여과, 침전,

27) 부록 5 허용물질 참조

28) 식품의약품안전처 고시 제2022-48호

29) 환경부령 제833호(2019.12.10)

	(재제조 소금)	재결정, 탈수의 과정을 거쳐 제조한 소금					
	태움·용융도금	원료 소금(100%)을 태움·용융 등의 방법으로 그 원형을 변형한 소금을 말한다. 다만, 원료 소금을 세척, 분쇄, 압축의 방법으로 가공한 것은 제외한다.					
	정제 소금	해수(해양심층수 포함)를 농축·정제한 농축함수 또는 원료소금(100%)을 용해한 물을 증발 설비 등에 넣어 제조한 소금을 말한다.					
	기타 소금	암염, 호수염 등 해수 외의 자연물에서 얻은 염화나트륨이 주성분인 결정체를 식용에 적합하도록 처리하거나, 유형이 다른 식염을 서로 혼합하거나 위 식품 유형 (1) 천일염~(4) 정제 소금에서 정한 제조 방법 이외의 방법을 사용하여 분말, 결정형 등으로 제조한 식염으로서 다른 식품이나 식품첨가물(고결방지제 제외)을 가하지 않은 것을 말한다.					
	가공 소금	천일염, 재가공 소금, 태움·용융 소금, 정제 소금, 기타 소금을 50% 이상 사용하여 식품 또는 식품첨가물을 가하여 가공한 소금을 말한다.					
규격	유형 항목	천일염	재가공 소금	태움·용융 소금	정제 소금	기타 소금	가공 소금
	(1) 염화나트륨(%)	70.0 이상	88.0 이상	88.0 이상	95.0 이상 (해양심층수염은 70.0 이상)	70.0 이상 (암염, 호수염은 88.0 이상)	35.0 이상
	(2) 수분(%)	15.0 이하	9.0 이하	4.0 이하	4.0 이하 (해양심층수염은 10.0 이하)	9.0 이하	5.5 이하
	(3) 불용분(%)	0.15 이하 (토판염은 0.3 이하)	0.02 이하	3.0 이하	0.02 이하	0.15 이하	-
	(4) 비소(mg/kg)	0.5 이하					
	(5) 납(mg/kg)	2.0 이하					
	(6) 카드(mg/kg)	0.5 이하					
	(7) 수은(mg/kg)	0.1 이하					
	(8) 페로시안화 이온(g/kg)	불검출	0.010 이하				

표 5-10. 먹는물의 수질기준

기준 유형	기준
미생물에 관한 기준	가. 일반세균은 1mL 중 100CFU(Colony Forming Unit)를 넘지 아니할 것. 다만, 샘물 및 염지하수의 경우에는 저온일반세균은 20CFU/mL, 중온일반세균은 5CFU/mL를 넘지 아니하여야 하며, 먹는샘물, 먹는염지하수 및 먹는해양심층수의 경우에는 병에 넣은 후 4℃를 유지한 상태에서 12시간 이내에 검사하여 저온일반세균은 100CFU/mL, 중온일반세균은 20CFU/mL를 넘지 아니할 것 나. 총 대장균군은 100mL(샘물·먹는샘물, 염지하수·먹는염지하수 및 먹는해양심층수의 경우에는 250mL)에서 검출되지 아니할 것. 다만, 제4조 제1항 제1

기준 유형	기준
미생물에 관한 기준	호 나목 및 다목에 따라 매월 또는 매 분기 시행하는 총 대장균군의 수질검사 시료(試料) 수가 20개 이상인 정수시설의 경우에는 검출된 시료 수가 5%를 초과하지 아니하여야 한다. 다. 대장균·분원성 대장균군은 100mL에서 검출되지 아니할 것. 다만, 샘물·먹는샘물, 염지하수·먹는염지하수 및 먹는해양심층수의 경우에는 적용하지 아니한다. 라. 분원성 연쇄상구균·녹농균·살모넬라 및 쉬겔라는 250mL에서 검출되지 아니할 것(샘물·먹는샘물, 염지하수·먹는염지하수 및 먹는해양심층수의 경우에만 적용한다) 마. 아황산 환원 혐기성 포자형성균은 50mL에서 검출되지 아니할 것(샘물·먹는샘물, 염지하수·먹는염지하수 및 먹는해양심층수의 경우에만 적용한다). 바. 여시니아균은 2L에서 검출되지 아니할 것(먹는물공동시설의 물의 경우에만 적용한다)
건강상 유해영향 무기물질에 관한 기준	가. 납은 0.01mg/L를 넘지 아니할 것 나. 불소는 1.5mg/L(샘물·먹는샘물 및 염지하수·먹는염지하수의 경우에는 2.0mg/L)를 넘지 아니할 것 다. 비소는 0.01mg/L(샘물·염지하수의 경우에는 0.05mg/L)를 넘지 아니할 것 라. 셀레늄은 0.01mg/L(염지하수의 경우에는 0.05mg/L)를 넘지 아니할 것 마. 수은은 0.001mg/L를 넘지 아니할 것 바. 시안은 0.01mg/L를 넘지 아니할 것 사. 크롬은 0.05mg/L를 넘지 아니할 것 아. 암모니아성 질소는 0.5mg/L를 넘지 아니할 것 자. 질산성 질소는 10mg/L를 넘지 아니할 것 차. 카드뮴은 0.005mg/L를 넘지 아니할 것 카. 붕소는 1.0mg/L를 넘지 아니할 것(염지하수의 경우에는 적용하지 아니한다) 타. 브롬산염은 0.01mg/L를 넘지 아니할 것(수돗물, 먹는샘물, 염지하수·먹는염지하수, 먹는해양심층수 및 오존으로 살균·소독 또는 세척 등을 하여 음용수로 이용하는 지하수만 적용한다) 파. 스트론튬은 4mg/L를 넘지 아니할 것(먹는염지하수 및 먹는해양심층수의 경우에만 적용한다) 하. 우라늄은 30㎍/L를 넘지 않을 것[수돗물(지하수를 원수로 사용하는 수돗물을 말한다), 샘물, 먹는샘물, 먹는염지하수 및 먹는물공동시설의 물의 경우에만 적용한다)]
건강상 유해영향 유기물질에 관한 기준	가. 페놀은 0.005mg/L를 넘지 아니할 것 나. 다이아지논은 0.02mg/L를 넘지 아니할 것 다. 파라티온은 0.06mg/L를 넘지 아니할 것 라. 페니트로티온은 0.04mg/L를 넘지 아니할 것 마. 카바릴은 0.07mg/L를 넘지 아니할 것 바. 1,1,1-트리클로로에탄은 0.1mg/L를 넘지 아니할 것 사. 테트라클로로에틸렌은 0.01mg/L를 넘지 아니할 것 아. 트리클로로에틸렌은 0.03mg/L를 넘지 아니할 것 자. 디클로로메탄은 0.02mg/L를 넘지 아니할 것 차. 벤젠은 0.01mg/L를 넘지 아니할 것

기준 유형	기준
	카. 톨루엔은 0.7mg/L를 넘지 아니할 것 타. 에틸벤젠은 0.3mg/L를 넘지 아니할 것 파. 크실렌은 0.5mg/L를 넘지 아니할 것 하. 1,1-디클로로에틸렌은 0.03mg/L를 넘지 아니할 것 거. 사염화탄소는 0.002mg/L를 넘지 아니할 것 너. 1,2-디브로모-3-클로로프로판은 0.003mg/L를 넘지 아니할 것 더. 1,4-다이옥산은 0.05mg/L를 넘지 아니할 것
소독제 및 소독부산물질에 관한 기준(샘물·먹는샘물·염지하수·먹는염지하수·먹는해양심층수 및 먹는물공동시설의 물의 경우에는 적용하지 아니한다)	가. 잔류염소(유리잔류염소를 말한다)는 4.0mg/L를 넘지 아니할 것 나. 총트리할로메탄은 0.1mg/L를 넘지 아니할 것 다. 클로로포름은 0.08mg/L를 넘지 아니할 것 라. 브로모디클로로메탄은 0.03mg/L를 넘지 아니할 것 마. 디브로모클로로메탄은 0.1mg/L를 넘지 아니할 것 바. 클로랄하이드레이트는 0.03mg/L를 넘지 아니할 것 사. 디브로모아세토니트릴은 0.1mg/L를 넘지 아니할 것 아. 디클로로아세토니트릴은 0.09mg/L를 넘지 아니할 것 자. 트리클로로아세토니트릴은 0.004mg/L를 넘지 아니할 것 차. 할로아세틱에시드(디클로로아세틱에시드, 트리클로로아세틱에시드 및 디브로모아세틱에시드의 합으로 한다)는 0.1mg/L를 넘지 아니할 것 카. 포름알데히드는 0.5mg/L를 넘지 아니할 것
심미적(審美的) 영향물질에 관한 기준	가. 경도(硬度)는 1,000mg/L(수돗물의 경우 300mg/L, 먹는염지하수 및 먹는해양심층수의 경우 1,200mg/L)를 넘지 아니할 것. 다만, 샘물 및 염지하수의 경우에는 적용하지 아니한다. 나. 과망간산칼륨 소비량은 10mg/L를 넘지 아니할 것 다. 냄새와 맛은 소독으로 인한 냄새와 맛 이외의 냄새와 맛이 있어서는 아니될 것. 다만, 맛의 경우는 샘물, 염지하수, 먹는샘물 및 먹는물공동시설의 물에는 적용하지 아니한다. 라. 동은 1mg/L를 넘지 아니할 것 마. 색도는 5도를 넘지 아니할 것 바. 세제(음이온 계면활성제)는 0.5mg/L를 넘지 아니할 것. 다만, 샘물·먹는샘물, 염지하수·먹는염지하수 및 먹는해양심층수의 경우에는 검출되지 아니하여야 한다. 사. 수소이온 농도는 pH 5.8 이상 pH 8.5 이하이어야 할 것. 다만, 샘물, 먹는샘물 및 먹는물공동시설의 물의 경우에는 pH 4.5 이상 pH 9.5 이하이어야 한다. 아. 아연은 3mg/L를 넘지 아니할 것 자. 염소이온은 250mg/L를 넘지 아니할 것(염지하수의 경우에는 적용하지 아니한다) 차. 증발잔류물은 수돗물의 경우에는 500mg/L, 먹는염지하수 및 먹는해양심층수의 경우에는 미네랄 등 무해성분을 제외한 증발잔류물이 500mg/L를 넘지 아니할 것 카. 철은 0.3mg/L를 넘지 아니할 것. 다만, 샘물 및 염지하수의 경우에는 적용하지 아니한다. 타. 망간은 0.3mg/L(수돗물의 경우 0.05mg/L)를 넘지 아니할 것. 다만, 샘물 및 염지하수의 경우에는 적용하지 아니한다.

기준 유형	기준
	파. 탁도는 1NTU(Nephelometric Turbidity Unit)를 넘지 아니할 것. 다만, 지하수를 원수로 사용하는 마을상수도, 소규모급수시설 및 전용상수도를 제외한 수돗물의 경우에는 0.5NTU를 넘지 아니하여야 한다. 하. 황산이온은 200mg/L를 넘지 아니할 것. 다만, 샘물, 먹는샘물 및 먹는물공동시설의 물은 250mg/L를 넘지 아니하여야 하며, 염지하수의 경우에는 적용하지 아니한다. 거. 알루미늄은 0.2mg/L를 넘지 아니할 것
방사능에 관한 기준(염지하수의 경우에만 적용한다)	가. 세슘(Cs-137)은 4.0mBq/L를 넘지 아니할 것 나. 스트론튬(Sr-90)은 3.0mBq/L를 넘지 아니할 것 다. 삼중수소는 6.0Bq/L를 넘지 아니할 것

2.3.2 원료의 출처 확인

심사원은 모든 원료의 출처를 확인하고 주원료가 유기 인증을 받았음을 확인하고 필요하면 비유기 원료들도 유기 기준에 적합함을 확인하여야 한다. 많은 경우 GMO에 관한 표기가 없으므로 유전자 조작 및 방사성 처리에 관한 사항은 인증 신청자가 증명하여 보여야 하는 사항이다. 원료에 대해서는 원료에 대한 인증기관이 발행한 유기인증서나 거래증명서[30]를 확인하도록 한다. 거래증명서는 원본을 확인하여야 한다. 유기 제품에 비유기 원료가 사용될 경우, 심사원은 인증 신청자가 유기 원료를 먼저 구매하려고 시도하였음이 문서화 되어 있어야 한다. 심사원은 식품첨가물로 어떤 유형의 가공보조제가 어느 가공 단계에서 사용되는지 확인하고, 사용된 가공보조제의 출처, 물질안전보건자료 (MSDS)[31], 제조 단위별 사용량 등을 확인하여야 한다. 완제품에 가공보조제가 잔류하는지 잔류 검사 실시 여부 및 검사성적서도 확보하여야 한다.

2.3.3 청관제 검토

우리나라의 식품위생법[32]에 따른 식품첨가물의 기준 및 규격에 대한 식품의약품안전처의 고시[33]에 따르면 "식품첨가물의 용도 중 '살균제', '여과보조제', '이형제', '제조용제', '청관제', '추출용제', '효소제'가 가공보조제에 해당한다."라고 명시되어 있고, 청관제는 "식품에 직접 접촉하는 스팀을 생산하는 보일러 내부의 결석, 물 때 형성, 부식 등을 방지하기 위하여 투입하는 식품첨가물을 말한다."고 되어 있다. 일반적으로 보일러 첨가제라고 불리는 가공보조제가 청관제에 해당한다.

1) 청관제의 역할(표 5-11)

보일러 운전에 필요한 용수가 유입, 가열 후 이용되는 과정에서 급수되는 보충 용수가 연화(軟化) 처리되지 않는 경우 보일러의 열전달 표면 또는 작동 표면상의 스케일 형성에 기인하는 다량의 불순물 및 오염물을 함유한다. 이들 오염물 또는 불순물은 통상적으로 용수의 경도에 기인하는 원소 또는 화합물로서 특정량의 철 산화물과 함께 특정 칼슘을 들 수 있다. 열전달 표면상의 스케일 형성은 부식 조절제가 금속 표면에 효과적으로 접촉할 수 없으므로 스케일화 된 지역 밑으로 부식되기 쉽다. 이

30) Transaction Certificate
31) Material Safety Data Sheet
32) 식품위생법 제7조 제1항
33) 식품첨가물의 기준 및 규격. 2021

상태는 증가하는 연료비용과 감소하는 시스템 효율, 장치 주변 사람들에게 위험한 상태로의 노출을 초래한다. 따라서 청결하고 스케일이 없는 열전달 표면은 보일러의 시스템에 있어서 가장 바람직한 상태를 나타낸다. 일반적으로 관류 보일러 수관 쇠의 두께는 3~4T 정도의 두께로 되어 있다. 쇠는 대기 중에서도 일정한 시간이 지나면 부식이 진행된다. 관류 스팀 보일러는 스팀을 발생하기 위해 시간당 일정량의 물을 공급 하게 된다. 물이 공급되면 급수되는 물속에 존재하는 용존 산소에 의하여 보일러 관은 부식을 일으키게 된다. 물은 중성으로 대략 pH가 7~9 정도인데 보일러의 수관은 pH 11.5 정도에서 부식이 가장 느리게 발생한다. 청관제는 강알칼리로써 pH가 12~13 정도이다. 청관제가 보일러에 급수될 때 청관제 펌프[34]를 통해 일정하게 투입되면서, 시간이 지남에 따라 관수가 농축되어 pH를 11.5 정도로 유지한다. 우리나라 모든 관류 보일러는 일정 시간이 지나면 전배수(BLOW)[35]를 실시하여 관수의 농축 방지와 물속에 있는 스케일 성분들을 제거한다. 일반적으로 실질적인 가동시간을 기준으로 전배수를 실시하는데 대략 고연소 가동으로 8시간에서~10시간 사이가 된다.

청관제는 수중의 금속이온과 결합하여 착염을 형성해주어 탄산염, 황산염, 규산염 등의 침전을 방지하여 관석(스케일)을 예방한다. 또한 이미 스케일이 형성되어 있는 표면에 서서히 반응하여 가용성 물질로 변화시켜 외부로 제거함으로써 관 벽을 청결하게 유지해준다. 보일러 내부의 슬러지는 청관제에 의해 소형입자가 되어 BLOW(블로우다운)에 의하여 배수될 때 쉽게 제거된다. BLOW는 가능한 한 자주 하는 것이 좋으며, 1회 BLOW는 2~3초가 좋다. 수처리를 위한 특별한 시설이 없는 경우라도 청관제를 사용하면 스케일 및 부식 방지 작용에 효과가 크다. 즉, 급수처리가 미흡한 경우 관 내부 방청과 스케일 생성을 최소한 줄이며 각종 성분을 미립자 형태로 분산 차단하는 역할을 하고, 수중의 CaO, MgO, Fe_2O_3, Al_2O3, SiO_2, SO_3, CO_2, Cl 등 각종 스케일 생성을 차단 및 봉쇄하고 방청에도 탁월한 효과가 있다.

2) 청관제의 화학적 작용기작

인산염 형성, pH 조절, 산소 제거 등의 화학적 작용은 다음과 같다.

(1) 인산염에 의한 칼슘염 스케일의 방지

$$10Ca(HCO_3)_2 + 6Na_3PO_4 + 2NaOH \Rightarrow \underline{[Ca_3(PO_4)_2]_3}\cdot Ca(OH)_2 + 10Na_2CO_3 + 10CO_2 + 10H_2O$$

: $\underline{[Ca_3(PO_4)_2]_3}$은 BLOW에 의해서 제거(경도 성분의 제거)

(2) pH(알칼리도)에 의한 실리카 스케일의 방지

$$SiO_2 + 2NaOH \Rightarrow Na_2SiO_3 + H_2$$

(3) 보일러 내부의 pH 조정에 의한 부식 방지

: 고온에서 부식도가 가장 낮은 pH인 11~12로 조절.

(4) 탈산소에 의한 부식의 방지

$$N_2H_4 + O_2 \Rightarrow N_2(\uparrow) + 2H_2O$$

$$2Na_2SO_3 + O_2 \Rightarrow 2Na_2SO_4$$

(5) 특수 고분자에 의한 스케일 생성 방지 및 분산

34) 정령펌프라고도 불림

35) Blow Down

표 5-11. 청관제의 역할 및 작용기작

역할	작용 기작
스케일 생성 방지	• 청관제 성분 중에는 인산제가 함유되어 있어 보일러 내부로 유입되면 연수기의 고장이나 취급 부주의로 인하여 유입된 경도 성분(칼슘, 마그네슘 이온)이 버너의 열에 의해 경화(스케일화)되는 것을 방지하여 준다. • 청관제 성분 중에는 분산제가 들어 있어 경도 성분이 스케일로 변화되었더라도 보일러 수관에 부착되지 못하도록 물렁물렁한 슬러지 상태로 만들어 놓았다가 전배수시에 배출되도록 하여 준다.
부식 방지	• 청관제는 중성 상태(pH = 6~8)로 보일러에 유입된 물을 pH = 11~12로 조정하여 pH에 의한 부식을 방지한다. • 청관제는 물속에 녹아 있는 산소를 제거하여 산소에 의한 부식을 방지하여 준다.

2) 청관제의 종류

청관제는 스팀이 직접 제품이나 인체에 닿지 않는 용도로 보일러를 사용하는 곳에 사용하는 공업용 청관제와 취사용, 사우나 등 스팀을 인체나 식품 가공용으로 사용하는 일반용(식품용) 청관제로 구분할 수 있다. 청관제는 어느 제품이나 같은 역할을 하는 것은 아니고 제품에 따라 성능이 현격히 다르게 나타날 수 있다. 이는 청관제 성분 중 용존산소를 제거하는 역할을 하는 탈산소제의 함유 여부, 스케일 방지 역할을 하는 인산제의 성능에 따라 청관제의 성능 차이가 크게 난다. 청관제에 사용할 수 있는 식품첨가물은 40개다 (표 5-12).[36] 화학적 변화를 주지 않는 방법으로 2종 이상 단순 혼합한 것이 포함되며, 품질 보존, 희석 등을 위해 물, 포도당을 첨가할 수 있도록 규정하고 있다.

표 5-12. 식품첨가물로 사용되는 청관제 화합물

순번	식품첨가물 명(영문명)
1	구연산삼나트륨(Trisodium citrate)
2	메타인산나트륨(Sodium metaphosphate)
3	메타중아황산나트륨(Sodium metabisulfite)
4	변성전분(Food starch modified)
5	산성아황산나트륨(Sodium bisulfite)
6	산성피로인산나트륨(Disodium dihydrogen pyrophosphate)
7	소르비탄지방산에스테르(Sorbitan esters of fatty acids)
8	수산화나트륨(Sodium hydroxide)
9	수산화암모늄(Ammonium hydroxide)
10	수산화칼륨(Potassium hydroxide)
11	아황산나트륨(Sodium sulfite)
12	알긴산나트륨(Sodium alginate)
13	알긴산암모늄(Ammonium alginate)

36) 식품첨가물의 기준 및 규격. 2021

순번	식품첨가물 명(영문명)
14	알긴산칼륨(Potassium alginate)
15	에리토브산(Erythorbic acid)
16	에리토브산나트륨(Sodium erythorbate)
17	이.디.티.에이.이나트륨(Disodium ethylenediaminetetraacetate)
18	이산화규소(Silicon dioxide)
19	인산(Phosphoric acid)
20	제삼인산나트륨(Sodium phosphate, tribasic)
21	제삼인산칼륨(Potassium phosphate, tribasic)
22	제이인산칼륨(Potassium phosphate, dibasic)
23	제일인산나트륨(Sodium phosphate, monobasic)
24	제일인산칼륨(Potassium phosphate, monobasic)
25	질산나트륨(Sodium nitrate)
26	초산나트륨(Sodium acetate)
27	카복시메틸셀룰로스나트륨(Sodium carboxymethyl cellulose)
28	탄닌산(Tannic acid)
29	탄산나트륨(Sodium carbonate)
30	탄산수소나트륨(Sodium bicarbonate)
31	탄산칼륨(무수)(Potassium carbonate)
32	폴리소르베이트20(Polysorbate 20)
33	폴리소르베이트60(Polysorbate 60)
34	폴리아크릴산나트륨(Sodium polyacrylate)
35	폴리에틸렌글리콜(Polyethylene glycol)
36	폴리인산나트륨(Sodium polyphosphates; Pentasodium triphosphate; Sodium tripolyphosphate)
37	폴리인산칼륨(Potassium tripolyphosphate)
38	피로인산나트륨(Sodium pyrophosphate)
39	황산나트륨(Sodium sulfate)
40	황산마그네슘(Magnesium sulfate)

3) 청관제 관련 심사관리요점

가공식품의 생산에서 청관제는 조리용 스팀 또는 끓는 물을 제품에 직접 닿게 할 경우 사용된다. 이러한 가공은 스팀으로 과일이나 채소의 껍질을 까거나, 과일과 채소를 얼리기 전 데치는 경우를 들 수 있으며, 두부를 만들 때도 스팀을 가하는 과정이 포함되고, 분유를 만들 때나 식품을 조리할 때도 청관제를 사용할 수 있다. 이처럼 스팀이나 끓는 물이 직접 제품에 닿는 가공 방식의 경우 심사원은 장비의 부식과 스케일 발생을 막기 위해서 어떤 기술이 쓰이고 있는지 알고 있어야 한다. 청관제가 사용되었다면 청관제로 사용된 물질의 물질보건안전자료(MSDS)[37]와 가열 설비의 화학적 제품에 대한 라벨을 심사보고서에 첨부해야 한다.

37) Material Safety Data Sheet

가공 시설에 따라 스팀 배관에 필터나 트랩을 설치하는 예도 있다. 스팀 필터 또는 트랩은 단지 배관의 오염에 의해 발생하는 찌꺼기를 제거하기 위한 것이므로 휘발성 화합물을 잡기 위해 설계된 것은 아니다. 휘발성을 지닌 morphaline, cyclohexamide 같은 아민화합물이 청관제로 사용되거나 사용과정에서 발생한다면 이들 아민화합물에 의하여 유기적 순수성이 훼손되는지 면밀한 검토가 필요하다. 이러한 경우 필터나 트랩이 있느냐보다는 청관제가 휘발성 아민을 포함하고 있느냐가 더 중요한 쟁점이 된다. 인증 신청자는 청관제를 다른 화학물질로 바꾸거나 유기 제품을 가공할 때는 그 화학 물질의 공급을 차단하는 별도의 밸브를 설치할 필요가 있을 것이다.

청관제의 사용 절차에 대하여 누가, 얼마나 자주 청관제를 사용하며, 어떤 희석비율로 투입되는지 파악하여야 한다. 청관제로부터 나온 화합물이 스팀에 의하여 휘발해 나가는지, 아니면 가열 설비에 잔류하는지 파악하고 필터나 트랩이 있는지도 확인하여야 한다. 또한 응축된 물과 완제품에 대한 잔류 검사가 이루어지고 있는지도 확인하고, 비록 관행 제품에 대한 검사일지라도 검사 결과의 사본을 확보해야 한다. 검사가 이뤄지고 있지 않다면 인증 신청자와 청관제에 대한 잔류 검사 시행에 대해서 논의하고 심사보고서에도 논의 결과를 기록하도록 한다.

2.4 병해충 방제체계 평가

가공 및 취급시설에서 가장 중요한 인증심사 항목은 병해충 방제 및 관리 시스템의 구성을 검토하는 것이다. 심사원은 유기적인 병해충 방제 방법을 잘 이해하고 있어야 할 뿐만 아니라, 관행적인 방제체계도 잘 알고 있어야 한다. 병해충 방제체계는 원료나 제품의 반입장소, 저장소, 수송장소, 포장재가 있는 장소 등에서 중요한 심사관리 요소로 작용한다. 이러한 장소에서 금지된 물질의 사용은 허용되지 않지만, 불가피할 경우 특정한 완충 시간을 설정하는 것이 중요할 수 있다. 모든 금지된 물질이 사용될 경우, 사용된 제품, 사용량, 사용 일시, 사용 위치, 사용한 이유 등이 상세하고 정확히 기록되어 있어야 한다. 가공 시설에는 설치류 방제를 위한 덫, 곤충의 트랩, 미끼 등의 설치 위치를 나타내는 도면이 있어야 한다.

2.4.1 병해충 방제 계획의 수립

병해충 방제 계획의 수립에서 고려하여야 하는 중요 사항을 표 5-13에 나타냈다.

표 5-13. 병해충 방제 계획의 수립에서 심사관리 요점

항목	조사 사항	비고
문서화	○ 문서화된 병해충 방제 계획 또는 정책 ○ 구체적인 전략을 실행할 수 있는 절차의 문서화 • 살충제 정보 • 농약의 보관 장소 • 종업원 훈련 • 병해충 감시 • 차단 장치(에어커튼 등) ○ 구조적 요건의 점검 계획 • 벽틈, 문의 밀착, 방충망 점검, 에어커튼의 공기압 • 해충의 서식지, 은신처 ○ 곤충, 설치류, 조류 등의 활동 추적	○ 심사원은 전년도의 관련 기록을 검토할 수 있다. ○ 많은 가공시스템은 외부 방역업체와 위탁계약을 통하여 병해충 관리를 하고 있다. ○ 위탁에 의한 방제시스템의 경우 위탁계약서, 방제 보고서 등의 문서가 있어야 한다.

항목	조사 사항	비고
위탁계약	○ 위탁에 의한 방제 관리와 사내 프로그램 병용 • 많은 가공 시설은 계약된 방제업자에 의한 정기적인 방제 활동 외에 추가로 직원들이 직접 병해충 관리업무를 수행하는 경우가 있다.	○ 사용되는 살충제의 보관 장소 및 사용 이력을 조사하여야 한다.
연막과 훈증	○ 연막 • 액체나 고체의 살충제를 열 또는 분무로 기화시킨다. • 살충제는 공기를 통하여 침투하나 용기 내로 침투하도록 설계되지는 않는다. ○ 훈증 • 밀폐된 구역에서 가스를 사용하여 사용 • 모든 구역과 제품으로 침투하여 해충, 유충 및 알까지도 죽이도록 설계된다.	○ 이산화탄소와 질소는 일정 기간 산소를 제거하여 해충을 질식시킨다. ○ 메틸브로마이드, 수소화인 등은 대표적인 훈증제이다.
해충 관련 정보의 중요성	○ 출몰 해충의 특성 파악 • 많은 종류의 해충은 생리주기, 활동 온도, 습도, 서식처, 먹이, 빛 등 특정한 환경 조건에서 활동이 왕성하다. • 출몰하는 해충의 특성을 파악하면 해충의 관리가 수월할 수 있다.	○ 유기적 관점에서 해충은 박멸의 대상이라기보다는 관리의 대상임을 이해하여야 한다.

2.4.2 구조적 병해충 방제시스템

공장 내외부의 철저한 위생관리는 효과적인 병해충 방제법이다. 가공 시설은 청결하게 유지되고 효과적인 방재 설비를 갖추고 있어야 한다. 진공청소기의 사용 가능 여부, 압축공기 라인, 세척 탱크, 전동 청소기 등이 사용되는지도 확인하여야 한다. 인증심사에서 시설의 위생은 병해충 관리와 직결된 것으로 평가하여야 한다. 서식처와 먹이를 제거하는 것은 효과적인 방서 방법이다. 공장 주위의 잡초는 예취된 상태라야 하고, 모든 폐기물 더미와 쓰레기는 제거되어야 한다. 건물 둘레의 바닥에 일정한 면적의 콘크리트나 자갈을 도포하는 것도 병해충을 배제할 수 있는 좋은 방법이다. 저온 저장고나 냉동고는 해충에 부적합한 환경을 만드는 이상적인 방법이나 설치 및 유지비가 높은 것이 단점이다. 병해충 방제를 위한 적극적 방법으로 전기장치, 형광식 끈끈이 덫, 페로몬 트랩, 초음파 장치, 교미 방해 장치 등이 있다. 규조토는 건물 벽이나 바닥의 균열에 약간씩 사용될 수 있다. 식물성 오일은 해충의 소화를 저해하는 효소의 분비를 촉진하기도 한다. 서류, 포복성 곤충, 비행성 곤충, 조류 등에 대한 효과적인 방제방안을 표 5-14에 나타냈다.

표 5-14. 해충관리를 위한 방안

해충	관리 방안	적극적 방제방안
서류	• 건물 주변의 풀 깎기 • 빈틈없는 문과 창 • 건물 주변에 자갈 깔기 • 건물 벽의 구멍 균열 창문 수리하기 • 정기적인 청소 위생관리 • 쓰레기처리장 정리	• 덫 • 끈끈이 트랩 • 초음파 장치 • 쥐약(건물 외부)

해충	관리 방안	적극적 방제방안
포복성 곤충	• 위생관리 • 물리적 장벽	• 페로몬을 함유한 끈끈이판 • 붕산 • 규조토 • 온도 조절 냉동 또는 가열 • 이산화탄소 관련 제품을 사용한 훈증 • 식물성 유지 사용
비행성 곤충	• 개구부의 밀폐 • 창문, 통풍구 배출구 등에 대한 장막 • 에어커튼, 비닐 스트립 커튼 • 실내 공기의 압력 조절	• 출입구 안쪽 코너에 형광성 덫 • 끈끈이 트랩 • 페로몬 트랩 • 온도 조절(냉동 또는 가열)
조류	• 개구부에 그물망 설치 • 먹이의 원천, 횃대, 둥지 제거 • 출입구 밀폐	• 출입구 밀폐 • 허수아비, 연 • 새의 다리를 얽히게 하는 장치

2.5 청소 및 위생체계 평가

2.5.1 세척제의 규격 및 기준

유기가공식품 생산에 있어서 청소와 위생 프로그램은 품질을 보호하고 보장하는 데 가장 중요한 사항이다. 좋은 위생 상태는 병해충 및 방사 관리를 위해서도 효과적인 구조적 방제 프로그램의 하나이며, 종업원들의 안전하고 건강한 근무조건을 유지하는 데도 중요하다. 따라서 심사원은 매일, 매주, 매월, 매년 또는 필요할 때, 각각의 제조 기간에 가공 시설의 청소가 완벽하게 이루어지고 있는지 확인하여야 한다. 청소 일정은 시설과 식품의 제조 방식에 따라 배우 다양하다. 시설의 다른 부분들은 서로 다른 청소 일정을 운영하고 있을 수 있다. 심사원은 각 부분에 대하여 문서화된 청소 일정을 확인하여야 한다. 청소 및 위생 관련 세제에 대하여 위생용품의 규격 및 기준[38]에서는 다음 표 5-15와 같이 세척제의 규격 및 기준을 규정하고 있다.

2.5.2 청소의 방식

곡물 세척 공장이나 밀가루 제분 시설과 같은 가공공장에서는 물, 세정제, 소독제 등을 사용하지 않는 건식 청소가 이루어진다. 건식 청소에는 대형 진공청소기, air compressor, 빗자루 등이 광범위하게 사용된다. 규모가 큰 최신식 시설에서는 개별 장치마다 진공 청소 장치가 부착되어 있고 먼지 수집 시스템이 설치되어 있는 곳도 있다. 습식 청소 과정을 갖는 가공 시설은 다양한 체제와 소독제를 사용하기 때문에 훨씬 더 복잡하다. 습식 청소에 표준 과정은 뜨거운 물로 헹구기 → 세제로 씻기 → 헹굼 → 산성 세제 → 헹굼 → 소독 → 헹굼 → 유기 제조 전에 퍼지의 과정을 거쳐야 한다. 시설 중에는 수동으로 씻기 위해 분해가 필요한 시설도 있고, 자동화된 세척 주기에 따라 청소가 되는 설비도 있다. 자동화된 청소 장치를 갖춘 설비는 CIP[39] 시스템을 갖추고 있다고 할 수 있다. 수동 청소를 위해 필요한 설비는 COP[40] 시스템이라고 할 수 있다.

38) 보건복지부 고시 제2014-201호
39) Clean In Place
40) Clean Out of Place

표 5-15. 세척제의 규격 및 기준

<table>
<tr><th>구분</th><th colspan="4">세부 사항</th></tr>
<tr><td rowspan="8">용도별 규격</td><td>구분 / 항목</td><td>1종 세척제</td><td>2종 세척제</td><td>3종 세척제</td></tr>
<tr><td>용도</td><td>사람이 그대로 먹을 수 있는 야채 또는 과실 등을 씻는 데 사용되는 세척제</td><td>음식기, 조리기구 등 식품용 기구(자동식기세척기용 및 산업용 식기류 포함)를 씻는 데 사용되는 세척제</td><td>식품의 제조 장치, 가공 장치 등 제조·가공용 기구 등을 씻는 데 사용되는 세척제</td></tr>
<tr><td>pH(사용농도)</td><td>6.0 ~ 10.5</td><td>6.0 ~ 10.5
(자동식기세척기용 및 산업용 식기류는 제외)</td><td>-</td></tr>
<tr><td>메틸알콜
(고형, 분말, 과립상 제외)</td><td>1 mg/g 이하</td><td>1 mg/g 이하</td><td>-</td></tr>
<tr><td>비소
(사용농도)</td><td>0.05 ppm 이하</td><td>0.05 ppm 이하</td><td>0.4 ppm 이하</td></tr>
<tr><td>중금속
(사용농도)</td><td>1 ppm 이하</td><td>1 ppm 이하</td><td>2 ppm 이하</td></tr>
<tr><td>형광증백제</td><td>불검출</td><td>불검출</td><td>불검출</td></tr>
<tr><td colspan="4">다만, 사용농도가 기재되어 있지 않거나, 세척 대상에 따라 사용농도가 다를 경우는 30배 희석액을 사용농도로 한다.</td></tr>
<tr><td>제조 기준</td><td colspan="4">1) 1종 세척제는 효소 또는 표백작용이 있는 성분을 사용하여서는 아니 된다.
2) 1종, 2종 및 3종 세척제에 사용할 수 있는 성분은 "별표 가"[41]와 같다. 다만, 우리나라에서 허용된 식품첨가물이거나 식품 성분으로 인정된 경우에는 사용할 수 있다.
3) 1종 세척제에 음이온 계면활성제를 사용할 경우에는 생분해도가 한국산업규격(KS) 합성세제의 생분해도 시험방법에 따라 시험할 때 생분해도가 90% 이상이어야 한다.
4) 제조기준 및 "별표 가"에 기재되지 않은 성분을 세척제 성분으로 사용하고자 하는 경우에는 외국에서 사용하고 있는 근거 서류나 관련 문헌 등을 식품의약품안전처장에 제출하여 검토받아야 한다.</td></tr>
</table>

2.5.3 청소 및 위생 평가에서 심사관리 요점

심사원은 청소 및 위생에 대하여 문서화된 기록 시스템을 확인하여야 한다. 청소와 관련되어서 종업원들이 준수해야 하는 표준운영절차(SOP)[42]가 문서로 만들어져 있어야 한다. 위생과 관련하여 위생 표준 운영 절차(SSOP)[43]가 문서로 만들어져 있는지 확인하여야 하고, 유기 제품에 관한 청소 조항이 별도로 마련되어 있는가? 이러한 조항에 대하여 종업원들과 의사소통이 되고 있는가? 그 조항들에 대한 검토가 규칙적으로 이루어지고 있는가? 청소 및 위생 절차의 적합성을 확인하기 위한 모니터링이 이뤄지는가? 세제나 소독제가 설비나 완제품에 잔류하는지 검사를 하고 있는가? 등도 확인하여야 할 중요한 요소이다. 만일 제조 시스템이 이전의 모든 제품과 잔류물을 완전히 비우고, 오염의 리스크가

41) 보건복지부 고시 제2014-201호

42) Standard Operation Procedure

43) Sanitation Standard Operating Procedure

매우 적다면 추가적인 청소 조항은 불필요할 수도 있다. 소독제의 잔류가 없음을 확인하기 위하여 유기 제조를 시행하기 전에 pH 검사와 함께 여러 번 헹구는 것은 필요한 일이며 시스템을 통해 유기 제품에 대한 퍼지[44], 플러쉬[45], 플러그[46]를 시행하여야 한다. 퍼지 처리된 제품은 버리거나 관행 제품으로 처리되어야 한다. 모든 라인과 설비에 대해 청소를 한 후 유기 생산이 그날 또는 그 주의 첫 번째 작업이 되도록 하여야 한다. 청소, 소독, 퍼지 작업을 문서화하여야 한다. 청소 및 위생 평가에서 심사원이 반드시 수행하여야 할 책무는 다음과 같다.

○ 잠재적 오염성을 평가할 것
○ 현장 조사할 때 청소를 위한 설비의 접근성, 청소 도구와 약품의 확인, 시설의 전체적인 청결도, 종업원들의 태도에 대하여 주의력을 집중하여 관찰할 것
○ 위생 매뉴얼과 기준 이행 절차에 대한 분석 검토
○ 청소와 위생에 요구되는 조항들을 수행했는지 확인
○ 추적조사를 시행할 때 적절한 청소 관련 조항을 따라 있는지 보증하기 위해 유기 제품이 생산된 날짜와 위생 관련 일지를 조사 비교할 것
○ 청소 및 위생용 제품의 라벨 정보 또는 MSD S를 구할 것
○ 위생 관련 일지 또는 그밖에 관계된 문서의 사본을 확보할 것
○ 유기 제품은 완전 수정을 보호하기 위한 계획이 실효성이 있는지 평가할 것
○ 퍼지가 이뤄지고 있다면 퍼지 된 제품의 양이 충분한지 평가할 것
○ 모든 구역의 잠재적 부적합성을 찾아내고 집중 조명하여 심사보고서에 기록하고 증빙서류를 첨부할 것

2.6 추적조사

2.6.1 추적조사 개요

추적조사는 인증된 제품이 유기 기준에 적합하도록 완전성을 유지하고 있음을 증빙하는 기록 유지 체계이다. 추적조사는 가공의 각 단계에서 관계자와 함께 원료의 수급으로부터 제품의 가공, 포장, 저장, 유통 과정을 따라 움직이면서 OCP[47]를 탐지하는 방법이다. 따라서, 추적조사의 목적은 가공 시설을 따라 생산과정을 추적하여 원료의 영수증을 확인하고 완제품의 제조·가공과정, 포장, 라벨링, 저장, 출하, 판매의 모든 공정을 각 가공 단계의 관리자와 함께 관련 기록을 확인한다. 추적조사시 발견된 잠재적 부적합사항들은 반드시 심사보고서에 개선 요구 사항으로 기록하여야 한다. 대부분의 추적조사는 표본의 추출[48]을 통한 표본 추적조사를 통하여 이루어진다. ISO/IEC 17065에서는 충분한 심사증거를 얻기 위해 심사 샘플링이 필요한 정도를 포함하여 사용될 심사 방법, 심사 진행 중에 기능, 활동 및 프로세스 간의 상호작용과 관련된 정보를 포함하여 심사 목표, 범위 및 기준과 관련된 정보는 적절한 샘플링 방법을 통해 수집되어야 하며, 실행 가능한 한 검증되어야 할 것을 요구하고 있다. 일반적으로 인증은 추출된 표본에 대한 적합성 평가의 결과에 기초하고 있고 그 인증이 지속해서 유효하기 위해서는 인증의 수여가 행해진 후에 제조되는 제품이 추출된 표본과 동등하다는 것이 전제 조건이 된다. 따라서, 표본의 선정은 인증심사 일자 이전에 판매된 송장이나 저장고에 저장된 완제품 중에서

44) Purge
45) Flush
46) Plug
47) Organic Control Point
48) 샘플링(ISO/IEC 17065)

무작위로 선정한다. 표본 추적조사의 표본은 반드시 인증심사원에 의하여 선정되고 그 선정과정도 인증심사원에 의하여 통제되어야 한다. 보통 1번의 인증심사에서 적어도 1~3개의 표본에 대한 추적조사가 필요하지만, 규모가 크고 운영체제가 복잡할수록 더 많은 표본의 추적이 요구된다. 추적조사에서는 원료 구매 송장, 적재명세서, 품목 제조보고서, 물품 재고, 판매 영수증, 원료에 대한 유기 인증서 등을 확인하고 심사보고서에 사본을 첨부하여야 한다.

1) 문서 및 기록체계

제품이 생산되고 이동되고 저장되고 변형되고 판매될 때마다 기록이 발생한다. 다양한 작업에 대한 해당 제품을 확인하고 주어진 시간에 어떤 작업이 이루어졌는지 확인하기 위해서 그 제품에 대한 문서가 수반되어야 한다. 문서는 문제 발생시 해당 제품을 찾아 교정할 수 있으므로 품질보증을 위해서도 중요하다. 많은 제품은 다양한 가공 절차를 거치기 위해 하나의 가공 시설에서 다른 곳으로 이동하게 된다. 이들 다양한 가공 시설들은 하나의 회사 소유가 아니고, 계약된 여러 가공자일 경우가 많다. 문서화는 하나의 가공 시설에서 다른 가공 시설로 옮겨갈 때 추적을 위해서 절대적으로 필요하다. 가공 시설을 운영해 사용되는 문서는 다음을 포함한다(표 5-16).

표 5-16. 가공 추적조사에서 사용되는 다양한 문서

문서명	
구매기록	구매 계약서는 제품의 수량, 공급자, 구매 일자, 구매 상태를 보여준다. 거래증명서나 유기 인증서는 구매한 제품이 유기 인증을 받은 것인지 확인시켜주고 인증기관의 이름도 보여준다. 구매기록은 분석성적서 등 추적조사와 직접 연관이 없는 문서들이 있을 수 있다.
운송기록	적재명세서(Bills of Landing, BOL)는 공급자로부터 인수자 또는 소비자에게 전달된 제품의 양과 유형을 보여준다. 유기 제품을 적재하기 전에 위생 상태를 조사했는지 확인하게 하는 위생 운반 보증서가 첨부될 수 있다.
계량증	벌크에 담긴 원료나 제품이 출하되는 양을 확정하기 위해 계량될 경우 발생하는 계량증은 공급자의 출하지점, 인수장소, 계량 장소에 대한 사항이 기록된다.
인수 기록	인수된 제품 인수 로트번호 인수 날짜인 수량 등의 정보를 보여준다. 가공자는 이 지점에서 인수품에 대한 내부 로트번호를 부여한다.
반입 제품 명세서	저장고에 저장된 원료의 명세표
제조보고서	주어진 시간, 주어진 날에 무엇이 제조되었는지, 제조량이 얼마만큼 인지를 보여준다. 여러 원료가 혼합될 경우, 혼합에 사용되는 원료의 로트번호도 보여준다. 일반적으로 원료의 로트번호와 완제품의 로트번호는 서로 연결되어 있다.
포장 보고서	포장 품목, 포장량
완제품 재고 현황	완제품 보관 장소, 재고량
출하 보고	출하 명세, 출하품의 BOL은 보관 제품을 운송회사와 그를 거쳐 바이어와 인수자에게 전달하기 위해서 사용된다. 수출입 관련 관세청 문서와 해외 BOL이 포함될 수도 있다.
판매 송장 (반출거래증명서(TC))[49]	구(판)매된 제품의 수량, 로트번호, 구(판)매 일자를 알 수 있다.
검사관리 기록	구매한 유기 원료의 수량, 로트번호, 구매 날짜, 공급자, 유기 상태의 증빙, 생산된 유기 제품의 수량, 판매된 날짜 등을 알 수 있다.

2) 로트번호

로트번호는 농장에서 벌크 단위로 만들어지는 것인데, 제품의 확인과 추적에서 결정적인 역할을 한다. 대부분의 식품가공업자는 품질관리 목적으로 로트번호를 사용한다. 제품의 결함이 있는 경우 제조업자의 품질관리 부서는 의문이 있는 특정 제품을 격리하여. 제품 물품 명세 추락 판매기록을 점검할 수 있다. 정확한 로트 확인 시스템은 제품별 리콜 시스템에는 필수적이다. 이와 같은 시스템은 유기 제품을 추적할 수 있게 한다. 여러 가지 원료가 섞이면 새로운 로트번호가 부여되어야 하고, 반입될 때의 로트번호와 새로운 로트번호가 모두 기록되어야 한다. 추적조사를 완전하게 하려면 원료 혼합 기록, 제조보고서, 저장 단위 기록이 하나의 문서에 기록되면 가장 좋다.

3) 적재명세서(BOL)[50)]

BOL은 한 곳에서 다른 곳으로 제품 관리를 전달하는 법적 문서다. BOL은 출하 날짜, 출하자의 이름, 주소, 배송자의 이름, 배송 목적지, 배송 주소, 배송될 곳의 이름, 제품 설명, 출하량, 로트번호, 등을 보여주는 출하 문서이다. 유기 제품이 BOL에 적힌 로트번호와 함께 유기 인증 또는 유기로 확인되어야 한다. BOL은 육로 운송뿐만 아니라 해외 운송 시에도 이용된다. BOL은 유기 제품을 적재하기 전에 트레일러 나 컨테이너가 청소되었는지 확인하는 데도 이용될 수 있다.

4) 제조 순서도 및 제조 과정의 문서화

가공업자에 대한 추적조사를 시행하기 위해서는 제조 과정을 따라 물질이 어떻게 흘러가는지 물질의 흐름을 이해해야 한다. 가공자는 공급자로부터 받은 원료를 가공하여 완제품이 만들어질 때까지의 과정을 명확히 나타낸 제조 순서도를 제출하여야 한다. 제조 순서도는 원료의 저장 장소뿐만 아니라, 원료와 가공보조제가 투입되는 단계와 시기도 나타난다. 심사원은 제조 순서도와 시설도면을 사용하여 유기 제품의 움직임을 실사하도록 한다. 심사원은 또한 설비와 저장소 등에 대하여 유기 제품 생산 전에 청소, 퍼지, 등을 확인하고 인증기준에 부적합 가능성이 있는 구역을 조사하도록 한다. 대부분은 가공된 유기 제품은 여러 가지 원료로 구성된다. 제조 기록은 반드시 사용된 모든 원료의 로트번호와 수량이 포함되어야 한다. 완제품의 로트번호와 날짜 코드는 원료의 로트번호까지 시스템을 따라 역추적이 가능해야 한다. 심사원은 표본 추적을 통하여 이러한 제조 기록 정보를 확인하여야 한다. 유기 제품의 가공은 관행 제품을 가공하는 시설에서 일어나는 것을 자주 볼 수 있음으로 가공자는 반드시 유기와 관행 제품 물질이 혼입되는 것을 막기 위한 절차를 수행하여야 한다. 이러한 절차들은 문서화되어 있어야 하고, 설비의 청소 일지, 퍼지 된 제품의 사용 내역을 보여주는 제조보고서 등을 확인하여야 한다.

5) 해충 및 방제 및 청결 운송 보고서

유기 제품과 관행 제품을 병행 가공하는 가공자들은 해충관리 또는 위생 프로그램에서 유기 생산에 허용되는 물질만을 사용하지는 않는다. 이러한 병행운영 가공자들은 저장 시설, 운송 라인, 가공설비에서 유기 제품이 오염되지 않았음을 보장하는 예방책을 문서화한다. 이러한 문서는 유기 원료, 제품, 포장재가 방제 구역에서 제거된 사실, 유기 제품이 가공되기 전에 사용된 청소차, 시설에서 사용된 모든 살충제 보관 장소를 확인하여야 한다. 심사원은 유기 제품을 가공하기 전의 장비의 청소가 적절히

---

49) Transaction Certificate

50) 해상운송 시 선하증권으로 불린다.

행해졌는지 확인하고 현장에서 금지된 물질이 사용되었는지, 설정된 유기 기준에 적합한지 확인하기 위해 해충 방제 일지를 검토해야 한다. 유기 제품을 수송할 때 차량에 유기 제품만을 적재하는 일은 매우 드물다. 따라서 심사원은 가공자에게 트럭이나 운송 단위에 유기 제품을 적재하기 전에, 청결을 보증하기를 요구해야 한다. 트럭 조사에 대한 문서화 된 증거는 적재명세서상의 기록을 검토하여 유기 제품을 출시하기 전에 오염을 방지하여 있음을 보장하여야 한다.

2.6.2 추적조사의 수행

1) 추적조사 순서도

추적조사의 순서는 제품의 흐름에 따라 관련 문서를 점검하는 것이 일반적이다(그림 5-4).

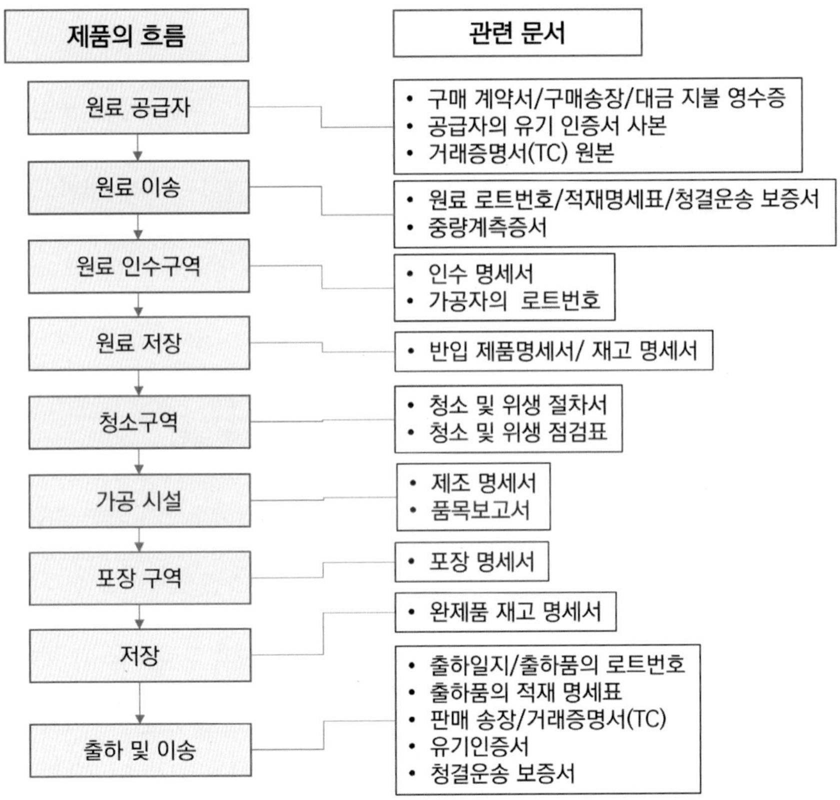

그림 5-4. 추적조사에 있어서 제품의 흐름에 따른 관련 문서

2) 추적조사 수행에 있어서 심사관리 요점

(1) 로트번호를 통한 추적

추적조사에서는 완제품의 로트번호에서 시작하여 시스템을 통하여 역으로 밟아갈 수 있어야 한다. 선택된 표본제품에 대한 추적조사를 위해서 완제품 창고, 소매점, 운영자의 판매기록 등에서 유기 제품의 로트번호를 확보하여야 한다. 선택된 로트번호에 관련되는 문서를 요구하면서 추적조사를 시작한다. 관련되는 문서는 판매기록, 출하품의 적재 명세, 저장 창고 기록, 제조 및 품목 보고서, 원료의 인수

일지 및 재고 명세서 및 인수품의 적재명세서, 원료 구매기록, 유기 원료의 인증서 사본 등이다.

(2) 표본제품의 선택

표본이 시스템을 대표하기 위해서는 적어도 2개 정도의 개별 제품을 추적하여야 한다. 여러 가지 원료와 여러 가지 제품을 생산하는 시스템에서는 많은 표본의 추적조사를 하여야 한다. 추적조사를 위해 가공자가 미리 선택한 표본에 대한 문서를 전달받는 것 보다, 심사원이 직접 표본제품을 선택하는 것은 매우 중요하다. 심사원이 선택한 제품으로부터 시작하여 이력 관리 시스템의 기능이 얼마나 잘 수행되고 있는지를 판단할 수 있어야 한다. 만일 인증 신청자가 표본 및 추적조사 문서를 사전에 선택하여 준비해 두었다면 준비된 이들을 가공 시설의 이력 시스템에 익숙해지는 도구로 활용할 수 있다. 그러나 이 표본은 가공자에 의해 선택된 것이기 때문에 실질적인 추적조사를 위하여 참고로 활용될 수 있다.

(3) 이력 추적의 문제점 기록 및 정정

추적조사 중의 적절한 문서화는 심사원이 유기 제품을 추적하는 것과 관련된 중점 관리 사항을 확인하는 데 큰 도움을 준다. 문서나 정보의 누락은 확인 시스템이 존재하지 않거나 이력 추적 기능이 제대로 작동하지 않는다는 것을 의미한다. 이것은 가공 시스템 설계나 이해의 미비, 종업원의 훈련 부족, 종업원 또는 대표의 자질 부족, 숨기거나 왜곡하려는 의도로부터 야기되는 경우가 많다. 문제가 있는 이력 추적시스템은 반드시 바로잡아서 완제품으로부터 원료까지의 역추적이 완벽하게 이루어져야 한다. 추적조사 수행할 때 흔히 발생하는 문제점 및 해결 방법은 표 5-17과 같다.

표 5-17. 추적조사를 수행할 때 흔히 발생하는 문제점 및 해결 방법

문제점	해결 방법
유기 원료가 반입될 때 계량 증명서나 반입 보고서에 인수 로트번호가 기록되지 않고, 단지 제품 이름에 의해서 원료제품이 확인되고 있다. 원료 공급자의 송장 거래 증명서, 인수품의 적재명세서, 반입 보고서, 계량 증명서 사이에 연결된 고리가 없다.	시설의 운영 책임자는 원료 반입 대장에 인수 로트번호를 추가해야 할 필요가 있다. 계량증명서에 인수 로트번호가 기록된다면 계량증명서 번호를 반입 대장에 적을 수 있다. 생산자가 생산자 나름으로 로트번호를 할당하고 있다면 동일 문서 속에서 인수 로트번호와 함께 목록으로 기록되어야 한다. 로트번호는 반입 대장, 원료 재고 명세서 등 그 밖의 다른 문서에도 사용될 수 있다.
다양한 원료를 사용하여 가공하여 제품을 생산하고 있음에도 불구하고, 가공에 사용되는 각각의 원료에 대한 로트번호를 보여주는 기록이 없다.	시설 운영 책임자는 특정 가공에 사용된 모든 원료의 로트번호를 목록화한 기록을 보관하여야 한다. 사용된 원료의 로트번호와 가공생산된 완제품의 로트번호가 동일 문서에 기록되어 있어야 한다. 제조 일자, 사용된 원료의 양, 품질보증에 관한 사항 등을 포함하는 기록들은 별도로 관리될 수 있다.
유기 대두 원료가 적재명세서와 판매 송장에 "대두, Lot No: SoyB20220723"이라고 부정확하게 표기되어 있다.	시설 운영 책임자는 적재명세서상의 제품명에 '유기 대두'라고 표기를 추가하고, 유기 인증서 사본을 보관하여야 한다.

(4) 투입된 원료의 양과 생산된 완제품의 산출량 분석

심사위원은 무작위적으로 추출된 표본에 대하여 원료의 투입량과 완제품의 산출량을 반드시 분석해야 한다. 그러나, 주어진 제조 일정 속에서 발생하는 원료의 손실 부분이 있어서 투입된 원료의 양과

생산된 제품의 산출량이 반드시 정확히 일치해야 한다는 것을 의미하지는 않지만, 심사원은 반드시 완제품의 최종 생산량을 확인하고, 인증받은 완제품에 충분한 양의 유기 원료가 투입됐음을 입증할 수 있어야 한다. 원료 투입량은 원료 반입기록, 계량 증명서, 원료의 송장, 원료의 재고 명세서 등을 검토함으로써 확정할 수 있으며, 완제품 산출량은 제조보고서, 포장 보고서, 완제품 재고 명세서, 출하 보고서, 판매기록으로부터 분석할 수 있다.

(5) 전환계수(C)[51]와 생산 비율(Y)[52]

전환계수란 해당 산업계에서 미리 설정된 양의 완제품에 투입되는 평균 원료의 양을 의미한다. 제품의 전환계수는 습도의 변화로 인한 건조, 원료의 껍질에 의한 손실 등으로 발생하는 제품의 손실이나 통조림 생산할 때 첨가하는 물 등으로 인한 제품의 증대로 표현할 수 있다. 전환계수가 설정되어 있으면 계획된 생산 비율을 계산할 수 있으며, 제조 문서에 표기된 내용을 통해서 가공에 투입된 원료의 양과 완제품의 산출량이 같은지를 확인해 볼 수도 있다. 전환계수는 완제품의 양이 나오기 위해 적절한 양의 유기 원료가 사용되었는지를 확인할 때 반드시 고려되어야 한다. 다양한 제품에 대한 평균 전환개수는 식품 가공산업 협회나 도서관에서 조사해서 알아낼 수 있다. 전환계수는 가공자 대부분이 잘 알고 있으며, 인증심사 중에 운영 관리자와 함께 토의되어야 할 사항이다. 전환계수는 제품의 특성에 따라 크게 변할 수 있다는 것도 명심하여야 한다. 생산 비율(Y)이란 사용된 원료의 양(ip)[53]에 대한 생산된 제품의 양(FP)[54]을 의미하며, Y = FP/ip로 계산된다. 심사원이 전환계수 및 생산 비율을 계산할 때 추가적인 요소들을 고려하여 계산해야 할 경우도 있다. 예를 들어 전환계수는 주로 평균에 기초하므로 모든 가공 시설에서 정확하게 산출하기는 어렵다. 따라서, 전환계수는 제품 및 가공의 유형에 따라 현실을 고려하여 고려하여야 한다. 재고량에서 추가로 고려하여야 할 또 하나의 사항은 가공 중인 제품의 양이다. 이 재고량은 완성되지 않은 상태이고, 현재 가공 라인에 들어있는 것이다. 가공 중인 제품은 가공 시설의 크기와 추적범위에 따라 완제품 재고량의 더해질 수도 있으므로 원료 재고량에서 빼질 수도 있다. 가공 중인 제품은 정확하게 확인하기 어려우므로 완전하게 가공이 끝난 제품을 추적하는 것이 편리하다.

(6) 다양한 원료와 다양한 종류의 완제품

많은 유기 가공 제품들은 하나 이상의 유기 인증 원료로부터 만들어진다. 하나의 완제품마다 투입된 각각의 원료의 양을 개선해 낼 때, 서로 다른 전환계수와 원료의 제품의 레시피가 사용된다. 다양한 원료를 사용하는 완제품에 대해서는 주원료와 부원료를 포함하는 모든 원료의 양과 다양한 가공과정에서 나타나는 전환계수를 반드시 계산해 넣어야 한다. 어떤 경우에는 왕겨, 원료 찌꺼기, 하품 등 주원료에서 나온 부산물이 사료 등의 유기 인증 제품으로 팔리기도 한다. 이들 부수적 제품들도 역시 이력관리 시스템의 정확성, 효율성, 접근성에 따라 추적되고, 평가되어야 한다. 이러한 복잡성 때문에 다양한 원료와 다양한 제품을 포함하는 유형의 가공 심사는 능력 있는 인증 심사원에 의하여 수행되어야 한다.

3) 추적조사에서의 알맞은 조언

○ 기록을 관리하는 사람(조달 및 출하 기록담당자, 품질관리자, 공장 관리자, 운영 이사 등)과 함께

51) Conversion Factor
52) Yield
53) Quantity of Ingredients Used for Processing
54) Finished Product

진행한다. 반드시 최초에 접촉한 사람과 함께 할 필요는 없다.

○ 잠시 가공 시설을 방문하여, 무엇을 조사할지를 대략 정리하고, 제조 및 기록 유지 시스템을 이해하기 위해 원료 반입장소에서부터 제조 과정을 통해 완제품 저장소까지 운영시스템을 조사한다.

○ 가공 시설 운영자와 함께 제조 흐름에 대한 다이어그램을 작성한다. 작성된 다이어그램은 어디에서 무엇이 들어오고, 어디에서 무엇이 나가는지와, 적재, 보관, 이동 날짜 등 로트번호 발생단계를 확인한다.

○ 가공 시설의 운영 유형에 따라 추적검사를 시작할 곳과 종료할 곳을 확정한다. 원료에서 완제품까지 따라가거나, 한 꾸러미의 제품을 선택하고 그 제품 꾸러미의 앞과 뒤로 추적하거나, 완제품을 역추적하는 방법을 사용한다. 일반적으로 완제품에서 시작하여 원료까지 역추적하여 종료하는 방법이 사용된다.

○ 심사원이 가공 시설의 모든 기록을 볼 필요는 없으며, 가공 시설을 운영자가 사용하는 용어를 이해하고 활용하여 가능하다면 간결하고 정확한 정보를 짧은 시간에 얻도록 한다. 심사원이 '반입기록'을 요구했는데, 가공 운영자가 '반입기록'이란 용어를 사용하고 있지 않다면, 인수한 원료에 관한 사항을 보려 한다는 것을 이해시키도록 해야 한다.

○ 제품 흐름의 순서대로 문서에 나타나 있는 제품의 로트번호를 따라 추적검사 흐름도를 만들고, 문서마다 첨부 번호를 부여하여 표기하고 인증심사 보고서에서도 같은 참조번호 표기를 사용한다.

○ 가공 시설 운영자에게 공장 내의 표기가 필요한 제품과 팔레트의 꼬리표 등 적용할 수 있는 모든 표기에 대해 유기농이라고 표기할 것을 인지시키고, 유기 원료 공급자로부터 받은 유기인증서 등이 구분되어 조직화된 파일로 보관되고 있음을 확인한다.

○ 거래 증명서 원본으로부터 제품이나 원료의 이름, 수량, 날짜를 확인하고 로트번호가 기록된 적재명세서나 인수 기록과 일치하는지 점검한다. 유기 인증서를 점검하여 인증의 유효기간, 인증 면적, 원료 작물의 출하 시기, 인수된 장소 등이 일치하는지 확인한다.

○ 중량계량서 또는 인수에 관련 문서들로부터 원료 생산자의 로트번호를 확인하고 유기를 표기하고 있는지 확인한다. 일괄 포장된 원료를 받는 가공자는 유기농 전용 제품의 보관 및 저장을 위하여 창고의 일정 비율을 분리하고, 유기 원료와 제품을 구분하여 팔레트에 눈에 띄는 꼬리표를 달아둔다. 유기 제품에 사용되는 컨테이너(운반 자루, 저장 통 등)에 대한 뚜렷한 표시와 로트번호를 강조한다.

○ 제품이 표기 기준에 맞는지 확인하기 위한 공식[55] 레시피를 점검한다. 실제 제조 기록과 대조하여 공식을 확인하고. 심사보고서에 공식의 사본을 첨부한 뒤 비밀을 철저히 보장하도록 한다.

○ 모든 원료의 로트번호와 제조 기록될 때의 로트번호를 확인하기 위해 혼합에 관한 기록을 점검한다.

○ 완제품에 대해 제품 용기와 출하 상자에서 읽을 수 있는 코드를 찾는다. 용기는 뚜렷하게 유기로 표시되어 있어야 한다.

○ 반입과 반출 모두에 대한 적재 맹세서의 로트번호 부여를 강조한다. 적재명세서는 출하에 따른 것이며, 보편적이고 법적인 문서이다.

○ 추적조사는 가능하면 단순하게, 이해할 수 있게, 사용할 수 있게 기록을 유지한다. 운영자가 혼란스럽고 추가적이고 불필요한 것으로 바꾸도록 제안하지 않으며, 가능하면 유기농을 위한 병행 시스템을 별도로 만들지 말고 운영체계에 존재하는 기록 유지 시스템을 기초로 하도록 한다.

55) Formula

제6장

유기가공식품 인증기준 및 심사요령

1. 인준기준과 심사요령
2. 생산과정 조사
3. 인증심사 점검목록

우리나라의 유기가공식품 인증은 식품산업진흥법과 친환경 농어업 육성 및 유기식품 등의 관리·지원에 관한 법률로 이원화되어 있다가, 2012년부터는 친환경 농어업 육성 및 유기식품 등의 관리·지원에 관한 법률로 일원화되어 관리되고 있다. 그러나 유기가공식품도 식품의 원료 및 첨가물, 제조·가공 시설과 같은 기본적인 가공식품의 기준을 규정한 식품위생법을 준수하여야 한다. 제6장에서는 친환경 농어업 육성 및 유기식품 등의 관리·지원에 관한 법률의 시행령 및 관련 고시에서 규정하고 있는 인증기준 및 인증심사 세부 실시요령을 바탕으로 각 심사항목에 대한 심사사항, 심사요령, 심사자료 등을 설명하였고 생산과정 조사 요령과 간략한 인증심사 점검목록도 알아보았다. 독자들은 관련 규정의 개정에 따라 세부 내용이 변경될 수 있음을 유의하여야 한다.

1. 인증기준과 심사요령

1.1 일반요건

1.1.1 인증대상

- 서류와 현장이 유기 취급계획서의 내용과 일치하는지를 담당자 및 기타 임직원과 면담 등을 통해 확인
- 현장심사는 담당자나 현장 직원에게 질의 문답 및 육안 관찰로 확인

인증기준		심사 자료	심사 요령
시행규칙[별표3]	고시[별표1]		
유기가공식품	인증기준에 따라 생산계획 중이거나 생산 중인 가공식품	- 유기 취급계획서(OHP), 규칙 [별표4] 경영 관련 자료 등	- 유기가공식품의 심사는 유기적 순수성(혼입과 오염 예방 및 방지)의 확인이다. - 반면, HACCP의 심사는 식품 안전에 미치는 위해요소의 예방적 관리 여부에 관한 확인이다. - 인증은 위험 요소(혼입과 오염)가 전혀 없는 상태여야 함을 전제로 하지만, 대기, 물, 토양의 오염과 관련하여 그 요소를 최소화하는 데 목적이 있는 것이다. - 인증심사원은 그 위험 요소를 정기적이며 객관적으로 평가하는 평가자이지, 잘못을 찾아내는 수사관이 아님을 명심한다. - 그러나 인증심사원은 신청인을 과신하는 오류를 범해서는 아니 되며, 문서위조나 거짓말의 가능성도 염두에 두어야 한다.

1.1.2 유기 취급계획

- 심사의 필수요건: 사업자가 스스로 작성한 유기적 관리계획 자료 검토
  ① 시설도면, 제조공정도, 제품명세 등이 인증신청서의 정보와 일치하는가?
  ② 유기 취급계획이 계획대로 실행되고 있는가?
  ③ 종업원들이 유기 취급계획에 대해 훈련을 받고 있는가?
  ④ 종업원들은 유기 인증기준에 대하여 종합적으로 이해하고 있는가?
  ⑤ 사업자(대표)는 유기 인증기준에 대하여 종합적으로 이해하고 있는가?
- ③항~⑤항과 관련하여 객관적인 증빙자료가 필요
  예 : 교육일지(날짜 확인)의 각각에 자필서명, 유기가공 관련 교육내용, 담당자의 유기 관련 교육 이수 후 전달 교육 여부 등

인증기준		심사 자료	심사 요령
시행규칙[별표3]	고시 [별표1]		
1) 사업자는 유기식품의 취급과정에서 대	(1) 보관창고 내 유기 생산물과 비	- 유기 취급계획서 작성을 위한	- 이 사항은 유기 생산과정에서의 일반원칙을 말한 것이고, 실제로 환경오염의

<table>
<tr><th colspan="2">인증기준</th><th rowspan="2">심사 자료</th><th rowspan="2">심사 요령</th></tr>
<tr><th>시행규칙[별표3]</th><th>고시
[별표1]</th></tr>
<tr><td>기, 물, 토양의 오염이 최소화되도록 문서화된 유기 취급계획을 수립하여야 한다.</td><td>유기 생산물의 혼합 방지를 위하여 구분관리 하여야 한다.</td><td>지침서(예: 유기 관리기준서)에 명시한 각종 기록 및 문서 확인
- 규칙 [별표4] 경영 관련 자료
- 자세한 서류 목록은[아. 기록문서화 및 접근보장] 항의 심사자료 참조</td><td>최소화 여부는 평가하기 애매한 추상적인 측면이 있다.
- 모든 서류나 현장에서 요구되고 있는 유기 인증기준에 모두가 합당한 유기 취급계획서가 작성되었다면 이 기준에 적합한 것으로 볼 수 있는 것이다.
- 아래 사항을 확인하는 것이 심사요령이다.
① 환경오염이 최소화되도록 유기 취급계획서(OHP)에 그 내용이 포함되어 있는가?
전체과정의 예: 입고 → 검사 → 보관 → 전처리(세척, 혼합, 절단, 분할 등) → 가공(추출, 성형, 살균, 튀김 등) → 포장 → 운반 및 저장 → 출하 등
② 신청인이 폐기물 등을 적법한 처리가 아닌 소각 등으로 대기를 오염시키거나, 적합한 방법으로 부산물을 처리하지 않아 토양 또는 수질오염을 일으키고 있는가?
③ 특히, 오염과 혼입으로부터 유기적 순수성을 지키려는 방안이 자체 기준서나 유기 취급계획서에서 다루어져야 하며, 그 계획에 따라 전 과정이 수행될 때 유기적 순수성을 지킬 수 있는가?
④ 임직원(대표 포함)이 인증기준을 숙지하고 있는지 확인하는 방법의 질문 내용의 예시
○ 유기적 순수성이란 무엇인가?
○ 이 유기식품에 허용된 식품첨가물 또는 가공보조제 중 어떤 것을 사용할 수 있는가?
○ 비유기 원료가 5% 내외로 허용되는 경우는 어떤 경우인가?
○ 병해충 관리 방법 중 순차적 적용이란 무엇인가?
○ 원료의 입고과정에서 기록하는 문서는 무엇인가?</td></tr>
</table>

1.1.3 유기적 순수성

- 유기적 순수성: 취급과정에서 혼입, 오염방지 및 허용되지 않은 가공방법의 사용금지
- 혼입 : 유기 원료와 비유기 원료의 섞음
- 오염 : 유기 원료가 허용되지 않는 물질과 접촉

인증기준		심사 자료	심사 요령
시행규칙[별표3]	고시[별표1]		
2) 사업자는 유기식품의 가공 및 유통 과정에서 원료의 유기적 순수성을 훼손하지 않아야 한다.	(2) 원료의 수송 및 저장 과정에서 유기 생산물과 비유기 생산물이 혼합되지 않도록 구분관리 하여야 한다.	- 경영 관련 자료[별표4] - 자세한 서류 목록 은[아: 기록·문서화 및 접근보장]의 심사자료 참조	- 사업장 특성에 따라 취급과정의 위험을 평가하고, 유기취급계획서에 반영되어 예방대책이 시행되어야 한다. - 전체 공정(입고 → 출고)이 유기적 순수성을 유지하기 위한 계획과 방법 등이 실행되고 있는지 확인한다. - 구분이란 : 공간을 달리하거나 같은 공간 내에서 펜스 등으로 나누어 격리함으로써 비유기로부터 유기를 보호하기 위한 것을 의미한다. - 혼입을 방지하는 방법은 원료·제품의 보관 중 뿐만 아니라 이동 중에도 식별표시를 유지하는 것이다. - 현장에서 식별표시 이행 여부를 확인한다. 명확한 구획 설정을 위해 칸막이나, 바닥에 식별 테이프를 붙여서 관리하고, 푯말 등을 붙여서 전용공간임을 나타내었는지 확인한다.

1.1.4 구분 취급

- 혼합 : 혼입과 같은 의미로 사용되며, 동일한 비유기 원료(원료 또는 제품)가 유기식품에 의도적, 비의도적으로 첨가되는 상황을 의미함
- 병행생산 시 현장과 자료 확인
- 전용 생산라인 없이 일반 가공품과 병행 가공할 때는 잔류물질 검사를 실시

[고시: 세부 실시요령 〔별표2〕 다. 5.다]. (2)]

인증기준		심사 자료	심사 요령
시행규칙[별표3]	고시		
3) 사업자는 유기 생산물과 유기 생산물이 아닌 생산물을 혼합하지 않아야 하며, 접촉되지 않도록 구분하여 취급하여야 한다.		- 경영 관련 자료[별표4] - 자세한 서류 목록 은[아: 기록·문서화 및 접근보장]의 심사자료 참조	- 원료에서 제품까지 물리적, 시간상으로 구분하고, 기록과 문서로 증명한다(구획, 구분관리, 유기 표시(카드, 간판)). - 청소, 세척(CIP, COP 등) 또는 퍼지(Purge)하고, 기록과 문서로 증명, 인증심사원은 필요하면 검사를 시행할 수 있다. - 퍼지(Purge): 밀어내기의 의미이며, 유기 인증품과 물, 공기 등으로 비유기 물질을 밀어내어 제거하는 작업이다.

인증기준		심사 자료	심사 요령
시행규칙[별표3]	고시		
			- 퍼지 개념을 신청인이 정확하게 이해하고 있는지가 중요하다. - 적정한 퍼지량은 인증심사원이 직접 결정할 수는 없다. 퍼지량은 설비의 구조와 크기를 정확히 알고 있는 사람이 결정해야 한다. ○ 사례 1: 대부분 구조물의 공간 속 잔량으로 판단 또는 도정 과정에서 흑미 도정 후 백미를 찧을 때 몇 kg까지 흑미가 섞여 나오는지를 확인하면 그 백미의 퍼지량을 알 수 있다. ○ 사례 2: 가공 구조물이 밀폐되고 가공품이 액성일 경우는 그 밀폐공간의 부피를 참고하여 퍼지량을 결정(부피의 1/4, 1/3, 1/2, 1/1 등)

1.1.5 오염에 대한 조치

'1.1.4 구분 취급'의 심사사항과 동일

인증기준		심사 자료	심사 요령
시행규칙[별표3]	고시		
4) 사업자는 유기 생산물이 오염원에 의하여 오염되지 않도록 필요한 조치를 하여야 한다.		상동	- 격리: 허용되지 않은 물질과 공간적, 시간상으로 구분한다. - 소독 및 세척제 보관 장소와 원료 및 제품보관 창고와 구분한다. - 소독 및 세척하는 시간에는 제품을 생산·보관하지 않는다.

1.2 가공원료

1.2.1 원료와 식품첨가물, 가공보조제

- 법에 따른 유기인증 원료(농림산물, 축산물, 유기가공식품 등)임을 확인
- 무농약 원료는 유기 원료로 사용이 불가하며 무농약 원료 가공 식품 인증을 받아야 한다.
- 국내법에 따라 지정받지 않은 인증기관이 인증한 해외인증 유기식품 원료는 사용 불가(고시된 동등성 원료는 사용 가능)
- 수입 유기 원료 중 고시된 기준 적합성 원료의 경우 유기라는 용어는 사용이 가능하나 유기 표시는 할 수 없음
- 기준 적합성 원료인 경우 인증서 발행 시 부가 조건에 그 내용을 표시함
- 보관 중인 원료, 반제품에도 로트와 인증표시가 필요
- 전체품목(원료, 반제품, 제품)의 로트번호 확인

인증기준		심사 자료	심사 요령
시행규칙 [별표3]	고시		
1) 유기가공에 사용할 수 있는 원료, 식품첨가물, 가공보조제 등은 모두 유기적으로 생산된 것으로 다음 각호의 어느 하나에 해당하여야 한다. 가) 법 제19조 제2항에 따라 인증을 받은 유기식품 나) 법 제25조에 따라 동등성 인정을 받은 유기가공식품 다) 법에 따라 지정된 인증기관의 장이 자체 기준 또는 외국 기준에 따라 기준 적합성을 확인한 제품으로써 농림축산식품부 장관이 국내 생산 부족 등으로 수급상 필요하다고 인정하여 고시한 유기가공식품(외국에서 생산, 제조·가공된 것만 해당한다.)		- 원료, 첨가물, 가공보조제의 유기인증서 세부 내역까지 확인 - 원료 입출고 및 보관 관련 자료 - 원료 수입면장, 수입신고서, 인보이스, - 보조제 및 첨가물 목록과 해당 제품의 라벨 또는 상세 내역표, 품목제조보고서 등	- 원료의 적합성이 맞는지 점검하기 위해서는 거래명세표의 인증번호와 인증기관 명칭 등을 확인한다. - 간혹 인증서 사본이 아닌 친환경농산물 정보시스템에서 인증번호를 조회한 자료를 인쇄해서 보관하고 있는 경우도 있으나, 될 수 있는 한 공급자가 제공한 인증서 사본을 확인하는 것이 더 정확하다. - 명칭은 달라도 동일 원료에서 유래된 것의 정확한 판단을 위해 심사 시 인증기관과 소통하면서 심사하고, 최종 판단은 해당 인증기관의 결정에 따른다. - 첨가물 및 가공보조제로 사용이 가능한 물질인지 [별표1 제1호 다목]에서 확인한다. - 로트번호에 따라 원료부터 제품까지의 공정 과정에서 작성된 각각의 자료로 추적 확인한다(필수사항).

1.2.2 유기 비율과 상업적 조달

- 유기 원료를 상업적으로 조달할 수 없을 경우
- 수급에 대한 시장조사 등 노력한 자료가 있는지 확인
  ① 관련 기관(제조업체, 유통업체, 농가 등) 문의 후 그에 대한 답변지, 통화내용(통화자 직책 포함)의 기록 등의 자료
  ② 인터넷 검색 시 검색한 관련 자료 등

인증기준		심사 자료	심사 요령	첨부
시행규칙[별표3]	고시[별표1]			
2) (1)에도 불구하고 유기 원료를 상업적으로 조달할 수 없는 경우, 제품에 인위적으로 첨가하는 물과 소금을 제외한 제품 중량의 5% 비율 내에서 비유기 원료를 사용할 수 있다. 다만, 중량 비율과 관	(1) 규칙 [별표3] 제4항 나목 (2)의 본문 중 '동일한 종류의 비유기 원료'로 판단하는 기준은 아래 각호와 같다. 가. 가공되지 않은 원료에 대해서는 명칭이 같으면 동일한 종류의 원료로 판단할 수 있다.	- 원료수불부등 - 거래 증명서, 원산지 증명서 - 기타 (심사사	- 원칙적으로 100% 유기 원료 사용. 다만, 상업적 조달을 할 수 없는 경우 5% 비유기 원료의 사용 가능 조건은 ① 유기 원료가 생산되지 않음 ② 유기 원료가 생산되	7

<table>
<tr><th colspan="2">인증기준</th><th rowspan="2">심사
자료</th><th rowspan="2">심사 요령</th><th rowspan="2">첨
부</th></tr>
<tr><th>시행규칙[별표3]</th><th>고시[별표1]</th></tr>
<tr><td>계없이 유기 원료와 같은 종류의 비유기 원료는 혼합할 수 없다.</td><td>나. 단순 가공된 원료에 대해서는 해당 원료의 가공에 사용된 원료가 같으면 명칭이 다르더라도 같은 원료로 판단할 수 있다. 예를 들면, 옥수수 분말과 옥수수전분, 토마토퓌레와 토마토 반죽은 같은 원료로 볼 수 있다.
다만, 실제 사용되는 유기 원료와 비유기 원료의 동일성 여부는 인증기관의 판단에 따른다.</td><td rowspan="2">항 참조)</td><td rowspan="2">지만 충분한 양이 공급되지 않을 경우
③ 조달은 가능하나 저장성이 없거나, 계획한 품질 수준에 미달하는 경우
④ 목적하는 유기 원료 사용 시 기존의 유기 제품의 형상과 물성이 전혀 다를 경우
- 이 경우 인증심사원의 확인이 필요하며, 인증심사원은 인증심사를 완료한 후 인증심사 결과보고서에 인증기준 예외적용 내역을 첨부하여 인증기관의 장에게 제출하여야 한다. (고시: 세부 실시요령 [별지 제11호 서식])
- 친환경농산물 인증조회 사이트 (http://www.enviagro.go.kr/) 참조</td><td rowspan="2"></td></tr>
<tr><td colspan="2">※ 유기 원료 비율의 계산법

$$\frac{I_o}{G-WS} = \frac{I_o}{I_o+I_c+I_a} \geq 0.95$$
G : 제품(포장재, 용기 제외)의 중량 ($G \equiv I_o + I_c + I_a + WS$)
I_o : 유기 원료[유기농산물+유기축산물+유기가공식품]의 중량
I_c : 비유기 원료(유기식품인증 표시가 없는 원료)의 중량
I_a : 비유기 식품첨가물(가공보조제 제외)의 중량
WS : 인위적으로 첨가한 물과 소금의 중량

가. 원료별로 단위가 달라 중량과 부피가 병존하는 때에는 최종 제품의 단위로 통일하여 계산한다.
나. 유기가공식품인증을 받은 식품첨가물은 유기 원료에 포함해 계산한다.
다. 계산 시 제외되는 물과 소금은 의도적으로 투입되는 것에 한하며, 가공되지 않은 원료에 원래 포함된 물과 소금은 포함한다.
라. 농축, 희석 등 가공된 원료 또는 첨가물은 가공 이전의 상태로 환원한 중량 또는 부피로 계산한다.
마. 비유기 원료 또는 식품첨가물이 포함된 유기가공식품을 원료로 사용하였을 때는 해당 가공식품 중의 유기 비율만큼만 유기 원료로 인정하여 계산한다.</td></tr>
</table>

1.2.3 유기 비율의 계산 고시[별표1] (5항)

• 유기 원료 비율의 계산법
① 유기 원료의 계산은 유기가공식품의 생산에 투입된 모든 원료의 중량, 첨가물의 중량을 기초로 하여 계산. 다만, 세척, 절단 등 제품생산 전에 버려지는 비가식 부분의 중량과 포장재, 용기 등의 중량은 제외
② 원료 및 첨가물 중량의 계측 시점은 해당 원료가 가공공정에 투입되는 시점을 기준으로 함.
③ 가공보조제 등 최종 제품에 잔류하지 않는 것은 그 중량에서 제외

인증기준 고시[별표1]	심사 자료	심사 요령
⑸ 유기 원료의 비율을 계산할 때는 다음 각호에 따른다. 가. 원료별로 단위가 달라 중량과 부피가 병존하는 때에는 최종 제품의 단위로 통일하여 계산한다. 나. 유기가공식품 인증을 받은 식품첨가물은 유기 원료에 포함해 계산한다. 다. 계산 시 제외되는 물과 소금은 의도적으로 투입되는 것에 한하며, 가공되지 않은 원료에 원래 포함된 물과 소금은 포함한다. 라. 농축, 희석 등 가공된 원료 또는 첨가물은 가공 이전의 상태로 환원한 중량 또는 부피로 계산한다. 마. 비유기 원료 또는 식품첨가물이 포함된 유기가공식품을 원료로 사용하였을 때는 해당 가공식품 중의 유기 비율만큼만 유기 원료로 인정하여 계산한다.		- 명칭은 달라도 동일 원료에서 유래된 것의 판단은 해당 인증기관의 결정에 따르며, 심사 시 인증기관과 소통한다. - 유기 원료의 사용원칙은 ① 원료는 유기농산물, 유기축산물, 유기가공식품, 유기수산물을 사용해야 하며 ○ 각 원료나 제품마다 유기 마크가 표시된 것을 사용한다. ○ 유기수산물에는 김, 미역, 홍합 등이 있다. ○ 유기가공식품에서 유기수산물이 50% 미만일 경우에는 농림축산식품부령에 따라 인증심사를 해야 하고, 유기수산물이 50% 초과일 경우에는 해양수산부령에 따라 인증심사를 한다**(시행령 제3조)**. ② 입고의 시점에서 원료의 포장, 용기, 송장의 모든 것에 ○ 유기식품의 표시가 있는 것을 원칙으로 한다. ③ 공정이나 유통의 어떤 단계에서 유기적 순수성이 훼손된 경우 ○ 유기 인증표시를 제거한 후 그 후속 조치를 하며, 그 조치 내용을 기록한다. ④ 유기 원료의 경우 유기식품 마크의 확인뿐만 아니라, ○ 이동단계에서 생길 수 있는 위험성에 대해서 대처하고 관리·기록한다. ⑤ 국내법에 따라 지정받지 않은 외국의 유기 인증(동등성 고시가 되지 않은 유기 제품)을 받은 제품은 ○ 유기가공의 유기 원료로 사용할 수 없다. ○ 기준 적합성 유기 원료는 유기 인증표시는 불가능하다(다만, 유기라는 용어는 사용할 수 있다). ⑥ 자가 생산한 유기 원료 ○ 본인(농장, 텃밭 등)이 직접 생산하는 유기농·축산물의 경우라도 이와 관련된 유기 인증을 받지 않았다면 유기 원료로 사용하여서는 아니 된다.

1.2.4 유전자변형생물체

- GMO 주요 품목과 미생물 제제를 사용하는 경우
- 공급자로부터 유전자 변형 미생물 유래가 아니라는 사실을 확인(증명). 예: 구분유통증명서

인증기준			심사 자료	심사 요령	첨부
시행규칙 [별표3]	고시[별표1]	기타			
3) 유전자변형생물체 및 유전자변형생물체 유래의 원료를 사용할 수 없다.	(2) 원료 또는 제품 및 시제품에 대한 검정 결과 GMO 성분이 검출될 때는 인증하지 아니한다. (4) 유기가공식품 제조·가공에 사용된 원료가 '유전자변형생물체 또는 유전자변형생물체 유래의 원료'가 아니라는 것은 해당 가공원료의 공급자로부터 받은 다음 사항이 기재된 증빙서류로 확인한다. 가) 거래당사자, 품목, 거래량, 로트번호 나) 유전자변형생물체 또는 유전자변형생물체 유래의 원료가 아니라는 사실	- [식품의약품안전처 고시 제 2014-114호, 유전자변형식품 등의 표시기준	- non -GMO 확인서 (필요하면)	- GMO 주요 품목: 콩, 옥수수, 유채, 감자, 사탕수수, 미생물류 등 - 의심되는 경우 GMO 검사증명서를 요구한다. - 구분유통증명서: 원료구매·생산·제조·보관·운반·선적 등 취급과정에서 비유기(유전자변형식품 포함) 등과 구분하여 관리하였음을 증명하는 서류로 모든 이동과 각각의 전달 과정에서 각 담당자가 구분하여 유통하였음을 증명하는 서류로써 수입원료의 경우에는 그 분량이 상당히 많다.	

1.2.5 물과 소금

- 물(가공용과 작업장 바닥 등 단순 청소도구의 세척용 여부 확인 후 적정성 판단) 확인
- 물의 2차 오염 가능성이 있는지도 확인
- 소금 종류: 천일염, 재제(재가공) 소금, 용융 소금, 정제 소금, 가공 소금

인증기준		심사 자료	심사 요령	첨부
시행규칙[별표3]	고시[별표1]			
4) 물과 소금을 사용할 수 있으며, 최종제품의 유기 성분 비율 산정 시 제외한다. 다만, 「먹는물 관리법」 제5조 및 「식품위생법」 제7조의 기준에 맞아야 한다.	(3) 유기가공식품에 사용하는 물은 「먹는물관리법」 제5조에 따른 「먹는물 수질기준 및 검사 등에 관한 규칙」 제2조의 별표1에서 정한 수질기준에 적합하여야 한다.	- 수질검사서 (상수도 시 이용 증명서) - 소금 검사 (자가품질 검사 성적서: 「식품위생법」에 따른 표시)	- 물: 먹는 물의 기준적합 여부를 확인한다(먹는 물의 수질검사 성적서 및 직수가 아닌 경우 물탱크 청소내역, 상수도의 경우 사용 영수증). - 물의 2차 오염은 물탱크와 배관의 노후상태에서 오염이 될 수 있다. - 정제수를 사용하고 있으면 해당 내용도 확인해서 심사보고서에 기록한다. - 소금: 식품의 기준에 적합하고 화학 공정에 의하지 않았으며, 합성물질을 첨가하지 않은 것 (단, 화학적 공정이라도 예외는 있을 수 있음. 예: 비타민C 함유 소금)	2 3

1.2.6 허용물질

• 별표 1의 허용물질(식품첨가물 및 가공보조제)을 최소량으로 사용한다는 선정기준의 자료

인증기준		심사 자료	심사 요령	첨부
시행규칙[별표3]	고시			
5) 1)에도 불구하고 [별표1] 제1호 다목의 허용물질을 식품첨가물 및 가공보조제로 사용할 수 있다. 다만, 그 사용이 불가피한 때에만 최소량을 사용하여야 한다.			- [별표1]의 허용물질(식품첨가물 및 가공보조제)을 최소량으로 사용하기 위해 자체 전문가들의 회의록 또는 실험 연구한 실험자료 등을 검토한다. - 추적 조사와 대조 감사를 시행하여 전체 공정 과정(원료 입고 ⇨ 가공 ⇨ 제품 완료까지)에서 로트번호의 흐름을 파악하여야 추적 조사와 투입산출분석이 가능하다. - 추적 조사요령(3.1 보고서 양식 참조) ○ 표본을 무작위로 선정한 후 서식에 따라 필요한 자료(예: 원료출납부, 생산일지, 제품 입출고 자료 등)를 검토하면서 추적한다. 필요하면 사본을 보고서에 첨부한다.	1

1.3 가공방법

1.3.1 가공방법

• 업체의 제조공정도에 따른 가공방법 및 각각의 과정을 체크 하면서 화학적 처리나 공정이 없는지 확인

인증기준			심사 자료	심사 요령
시행규칙[별표3]	고시[별표1]	기타		
1) 기계적, 물리적, 생물학적 방법을 이용하되, 모든 원료와 최종생산물의 유기적 순수성이 유지되도록 하여야 한다. 식품을 화학적으로 변형시키거나 반응시키는 모든 첨가물, 보조제, 그 밖의 물질은 사용할 수 없다.	(1) 규칙 [별표3] 제4항 다목(1)에서 정한 '기계적 물리적 방법'은 절단, 분쇄, 혼합, 성형, 가열, 냉각 가압, 감압, 건조 분리(여과, 원심분리, 압착, 증류), 절임, 훈연 등을 말하며, '생물학적 방법'은 발효, 숙성 등을 말한다.		- 품목제조 보고서 - 품목별 제조공정도 - 공장 시설 지도 - 제조 설비도	- 제조공정도에 따른 현장을 확인하고, 품목제조보고서 상 가공방법과 비교하여 다른 점이 있는가를 본다. - 각각의 공정에 따른 가공방법을 확인한다(육안 관찰 및 문답). 예) 장류의 경우: 자연 발효 공정이 아닌 강산에 의한 산 분해된 간장 등 - 참고 ○ 품목제조보고서는 허가가 아닌 신고의 법적 절차이다. ○ 품목 제조보고 신고는 담당 시·군·구 위생계, 보건소 등에서 관리한다. ○ 품목 제조보고 신고의 기한은 생산일로부터 1주일 이내 품목 제조보고 신고하게 되어 있다. - 심사 시에 반드시 품목제조보고서가 있

인증기준			심사 자료	심사 요령
시행규칙[별표3]	고시[별표1]	기타		
				어야 하는 조건은 아니지만, 제품생산 후 7일 이내 신고하도록 「식품위생법」에 명시되어 있으므로 확인이 필요한 사항이다.

1.3.2 전리방사선

- 서류 및 현장 확인(전리방사선 사용 여부)
- 사용 시 어떤 목적으로 사용하였는지의 적정성 검토

인증기준		심사 자료	심사 요령	첨부
시행규칙 [별표3]	고시[별표1]			
2) 유기식품의 가공및취급과정에서 전리방사선을 사용할 수 없다.	(2) 규칙 [별표3] 제4항 다목(2)에서 정한 '전리방사선'은 살균, 살충, 발아억제, 성숙의 지연, 선도 유지, 식품 물성의 개선 등을 목적으로 사용되는 방사선을 말하며, 이물 탐지용 방사선(X선)은 제외한다.	- 생산일지 - 시설물 관리대장	- 국내에 전리방사선의 사용이 의심되는 제품과 목적이 무엇인지를 확인한다. ○ 감자, 양파, 마늘, 밤 등에 발아억제 및 선도 유지를 위해 사용이 가능하다. ○ 건조 향신료, 소스류 등 살충·살균을 위해 사용이 가능하다. - 위의 품목은 필요하면 원료공급자에게 전리방사선 처리에 대한 사용 여부 확인서를 요구한다. (방사선조사를 한 원료는 반드시 포장재에 방사선조사 표시 처리를 하도록 「식품위생법」에 규정되어 있음) 또한, 포장재에 방사선조사 표시 마크의 여부를 확인한다. - 다만, 제품의 이물질 제거를 목적으로 설치한 금속검출기 등은 허용한다.	6

1.3.3 추출

- 서류 및 현장 확인
- 추출공정을 확인하고, 추출의 방법과 사용물질의 적정성 검토

인증기준		심사 자료	심사 요령
시행규칙[별표3]	고시		
3) 추출을 위하여 물, 에탄올, 식물성 및 동물성 기름, 식초, 이산화탄소, 질소를 사용할 수 있다.		- 사용 시 관련 자료	- 용매의 원료나 가공공정에 따라서 유기가공에 사용할 수 없는 때도 있다. ○ 예: 유전자 변형 옥수수로 제조된 알코올은 추출을 위한 원료로 사용할 수 없다.

1.3.4 여과

- 서류 및 현장 확인
- 여과 공정을 확인하고, 여과 방법, 여과를 위해 사용한 물질에 대한 적정성 검토
- 검사자료(여과에 사용한 물질) 등으로 확인

인증기준		심사 자료	심사 요령
시행규칙[별표3]	고시		
4) 여과를 위하여 석면을 포함하여 식품 및 환경에 부정적 영향을 미칠 수 있는 물질이나 기술을 사용할 수 없다.		- 여과에 사용한 자재의 적합성 확인자료(검사서)	- 여과 자재는 식품에 유해하지 않다는 시험성적서로 확인할 수 있다(일반적으로 스테인리스로 만들어진 여과망은 제외하고 있음). - 다만, 가공하지 않은 천연재료(100% 면이나 펄프 등)는 여과 자재로써 사용할 수 있다. 천연물질의 확인 방법은 불에 태워서 확인한다(재가 거의 남지 않고 냄새가 나지 않음).

1.3.5 저장

- 서류 및 현장 확인
- 저장창고(냉동, 냉장, 일반, 위탁한 창고 등)를 확인하고, 오염과 혼입 방지를 위해 비유기식품과 구획·구분을 하였는지 관리 방법을 확인

인증기준		심사 자료	심사 요령
시행규칙[별표3]	고시		
5) 저장을 위하여 공기, 온도, 습도 등 환경을 조절할 수 있으며, 건조하여 저장할 수 있다.		- 시설물 관리대장(냉동, 냉장, 일반, 위탁한 창고 등)	- 저장을 위한 시설(창고 등) 환경이 원료나 제품 등의 보관에 적정한지를 확인한다. - 위탁보관 장소도 심사의 대상이다. - 저장장소를 위탁해서 사용하는 경우 반드시 현장을 확인하며, 실제 창고를 소유 관리하는 주체와 위탁저장 계약서를 체결하였는지 확인한다. - 또한, 농산물 저장창고의 경우 훈증 소독 등을 실시하였거나 할 수 있는지 등 오염 우려가 없는지를 확인한다.

1.4 해충이나 병원균의 관리

1.4.1 해충이나 병원균의 관리를 위한 기준

- 서류 및 현장 확인
- 방역자료에 허용되지 않은 화학적 방법이나 방사선 조사한 자료가 있는지 확인

인증기준		심사 자료	심사 요령
시행규칙[별표3]	고시		
1) 해충이나 병원균 관리를 위하여 [별표1] 제1호 가목 2)		- 가공장 방역자료 - 방충 방서 점검일지	- 방사선은 살균, 살충, 발아억제, 성숙의 지연, 선도의 유지, 식품 특성

인증기준		심사 자료	심사 요령
시행규칙[별표3]	고시		
에서 정한 물질을 제외한 화학적인 방법이나 방사선조사 방법을 사용할 수 없다.		1) 방역에 사용자재별 물질 목록과 MSDS 등의 자료	의 개선 등을 목적으로 사용되는 방사선을 의미한다. - 화학적인 방법으로 훈증제 처리, 연막소독, 살균소독 시 허용된 물질인지를 확인한다.

1.4.2 예방적 방법, 기계적·물리적·생물학적 방법

- 서류 및 현장 확인
- 순차적 적용이 이루어지고 있는지 확인
- 예방적 방법을 사용하지 않고 물리적, 생물학적 방제만 의존하는 것도 기준위반

인증기준		심사 자료	심사 요령
시행규칙[별표3]	고시[별표1]		
2) 해충이나 병원균을 없애기 위하여 예방적 방법, 기계적·물리적·생물학적 방법을 우선 사용하여야 한다. 다만, 불가피한 경우에는 [별표1] 제1호 가목 2)에서 정한 물질을 사용할 수 있다.	1) 규칙 [별표3] 제4 호라 목 2)에서 정한 해충이나 병원균을 없애기 위한 '예방적 방법'은 서식처 제거, 접근 경로의 차단, 천적의 활용 등을 말하며, 기계적·물리적·생물학적 방법'은 물리적 장벽, 음파, 초음파, 빛, 자외선, 덫, 온도관리, 성호르몬 처리 등을 활용하는 것을 말한다.	- 방역지도(공장 내 트랩, 쥐먹이통 설치지도) - 방역업체와의 계약서(방역업체 위탁 시)	- 순차적으로 적용했는지를 확인한다. - 모니터링 자료를 확인한다. - 방역 도구(기구)를 확인한다. - 작업장에서 허용된 액제, 훈증제 등을 사용하여 해충이나 설치류 등의 구충·구서할 경우 위생수칙에 따라 실시 여부(기록 관리)를 확인한다.

1.4.3 해충이나 병원균 관리 시 허용되지 않은 물질로부터의 보호

- 서류 및 현장 확인
- 허용되지 않은 물질이 사용되었는지를 확인
- 비허용 물질일 경우 충분한 예방조치가 취해졌는지에 대한 기록과 현장을 확인
- 방역업체와 위탁 시 계약서에 유기적 관리를 한다는 사항 및 방역 처리한 자료 등을 확인

인증기준		심사 자료	심사 요령
시행규칙[별표3]	고시		
3) 해충과 병원균 관리를 위해 장비 및 시설에 허용되지 않은 물질을 사용하지 않아야 한다. 허용되지 않은 물질이나 금지된 방법으로부터 유기식품을 보호하기 위해 격리 등의 충분한 예방조치를 하여야 한다.		상동	- 제조공정과 식품의 안전성에 영향을 주지 않는 제한된 장소에서만 실시하였는지를 확인한다. - 식품이나 내포장재 설비와 도구의 식품접촉 면 등을 오염시킬 우려가 없도록 비닐 커버 등으로 보호한 후 오염물질의 제거 여부를 확인한다. - 작업종료 후에는 식품 취급시설 또는 식품에 직·간접적으로 접촉하는 부분의 세척 등을 통하여 오염물질의 제거 여부 및 기준서 및 기록 여부 등을 확인한다.

1.5 세척과 소독

1.5.1 사용된 물질의 함유

- 세척 기준에 맞는 필요한 예방조치를 하며,
- 세척제와 소독제의 사용을 되도록 최소화하는 방안을 수립하여 이행하는지 확인

인증기준		심사 자료	심사 요령
시행규칙[별표3]	고시		
1) 유기가공식품은 시설이나 설비 또는 원료의 세척, 살균, 소독에 사용된 물질을 함유하지 않아야 한다.		- 청소 및 세척 자료(세척일지, 시설물 위생관리점검표 등)	- 세척, 살균, 소독한 물질을 사용 전·후 처리 방법에 대한 기준(예: 세척에 대한 기준서 / 잔류 여부에 대한 pH 종이 등)을 확인한다.

1.5.2 보호를 위한 조치

- 사용한 자제가 허용기준에 적합한 것인지 확인
- 허용되지 않은 물질이 사용되었는지를 확인
- 비 허용물질일 경우 필요한 예방조치가 취해졌는지에 대한 기록과 현장을 확인

인증기준			심사 자료	심사 요령	첨부
시행규칙[별표3]	고시	기타			
2) 사업자는 유기가공식품을 유기재배, 제조·가공 또는 취급에 사용할 수 있도록 허용되지 않은 물질이나 해충, 병원균, 그 밖의 이물질로부터 보호하는 데 필요한 예방조치를 하여야 한다.		-「식품위생법 시행규칙」제5조(제1099호) 기구 등의 살균 소독제	1) 설비 및 작업장 세척 소독에 사용된 모든 물질목록과 각 물질의 MSDS	- 시설과 장비, 가공공정 또는 원료의 특성에 따라, ○ 먹는 물과 허용된 물질로 씻는다. ○ 또는, 소독의 효과를 얻을 수 없는 경우에는 그 이외의 물질을 세척제 또는 소독제로 사용할 수 있으나, 해당 물질이 유기식품과 접촉하지 않도록 조치하여야 하며, 접촉하지 않았다는 사실 또는 시설과 장비에 해당 물질이 잔류하지 않는다는 사실을 증명하기 위하여 검사기록, 관리자료 확인한다. - 퍼지(purge) 실시 및 퍼지 처리에 사용된 물질의 처리 기록 확인한다.	4

1.5.3 세척과 소독 시 물과 허용물질의 사용조건

- 물(원료용과 세척용 확인 후 적정성 판단)
- 물의 2차 오염의 여부가 있을 수 있는지를 확인
- 물: 먹는 물 기준 적합(수질검사 성적서, 상수도의 경우 사용 영수증)

인증기준			심사 자료	심사 요령	첨부
시행규칙[별표3]	고시	기타			
3) 「먹는물 관리법」 제5조의 기준에 적합한 먹는물과 [별표1] 제1호 다목에서 허용하는 식품첨가물 또는 가공보조제를 식품 표면이나 식품과 직접 접촉하는 표면의 세척제 및 소독제로 사용할 수 있다.			2) CIP에 사용되는 모든 물질목록, MSDS 3) 각종 청소 및 세척일지	- 먹는 물을 식품 표면의 세척제 및 소독제로 사용할 수 있으나, 수질분석을 하여 먹는 물 기준의 적합성을 확인한다(일반적으로 연 1회 이상). - 물의 2차 오염은 물탱크와 배관의 노후 상태에서 오염이 될 수 있다. - 물질목록에 허용된 가공보조제를 식품 표면의 세척제 및 소독제로 사용할 수 있으므로 회사 실정에 맞는 가공보조제를 사용하는지 확인한다. - 계면활성제는 허용 자재가 아니다.	4 5

1.5.4 세척과 소독 시의 유기적 순수성 유지

- 사용한 물질이 오염 등 유기적 순수성이 훼손될 수 있는 자재인지를 확인
- 세척, 소독 후 해당 물질이 잔류하지 않고 있음을 실험적인 결과로 증명/기록/관리사항 점검

인증기준		심사 자료	심사 요령
시행규칙[별표3]	고시		
4) 세척제·소독제를 시설 및 장비에 사용하는 경우 유기식품의 유기적 순수성이 훼손되지 않도록 조치하여야 한다.		- 세척제·소독제 관리대장 - 위생관리(시설, 장비) 점검표	- 사용하는 유독성물질에 대하여 용도, 성분, 효율성, 안전성 등을 고려하여 목적에 적합한 것의 구입 및 관련 증빙서류를 받아 비치·관리하고 있는지를 확인한다. - 세척, 소독제의 성분, 사용 방법, 잔류 여부의 확인 기록 등에 대한 자료를 확인한다.

1.6 포장

1.6.1 유기가공식품의 보호와 환경

- 표시사항 및 포장방법, 포장재 시험성적서 등의 관련 자료의 적정성 여부를 확인

인증기준		심사 자료	심사 요령
시행규칙[별표3]	고시		
1) 포장재와 포장방법은 유기가공식품을 충분히 보호하면서 환경에 미치는 나쁜 영향을 최소화하도록 선정하여야 한다.		- 표시사항 및 포장방법의 관련 자료 - 포장재 검사성적서 - 제품의 라벨 등	- 유기가공식품을 충분히 보호할 수 있는 재질인지를 확인한다. - 포장재의 폐기는 환경오염, 자원 낭비 등의 문제를 일으키므로 환경친화적인 포장재(예: 과대포장이거나, 재사용을 하였거나, 재활용이 가능한 포장재)를 사용하였는지를 확인한다.

1.6.2 오염

• 생물분해성, 재생품 또는 재활용 가능한 포장재인지 확인

인증기준		심사 자료	심사 요령
시행규칙[별표3]	고시		
2) 포장재는 유기가공식품을 오염시키지 않는 것이어야 한다.		- 포장재 관리대장 (예: 포장재 발주/입고 내역)	- 유기가공식품 포장재의 경우 환경친화적이며 동시에 유기식품을 오염시키지 않는 포장재(예: 생분해성 재질)인지를 확인한다.

1.6.3 합성 살균제, 보존제, 훈증제

• 포장재의 규격을 확인하고, 사용하고자 하는 자재와 저장고의 적절한 관리

인증기준		심사 자료	심사 요령
시행규칙[별표3]	고시		
3) 합성 살균제, 보존제, 훈증제 등을 함유하는 포장재, 용기 및 저장고는 사용할 수 없다.		상동	- 합성 살균제와 보존제, 훈증제 등을 포함하는 포장재·용기 및 저장고는 사용할 수 없으므로 인증심사원은 포장재의 규격을 확인하고, 사용하고자 하는 자재와 저장고의 적절한 관리를 하고 있는지를 기록과 현장을 통해서 확인한다.

1.6.4 유기적 순수성 유지

• 포장재가 오염 등 유기적 순수성이 훼손될 수 있는 자재인지 확인(포장재 현물, 시험성적서 등)
• 고시 [별표1] 의 사항: 업체가 계속 인증을 갱신하지 않을 경우, 인증 유효기간 만료일 전에 생산한 제품은 유통기한까지 인증표시를 할 수 있다는 해석

인증기준		심사 자료	심사 요령
시행규칙[별표3]	고시[별표1]		
4) 유기가공식품의 유기적 순수성을 훼손할 수 있는 물질 등과 접촉한 재활용된 포장재나 그 밖의 용기는 사용할 수 없다.	(1) 유기가공식품 인증을 받은 날로부터 1년 이내에 생산하거나 재포장한 후 인증표시를 하여 출하된 인증품은 해당 식품의 유통기한까지 그 인증표시를 유지할 수 있다.	상동	- 미리 계획을 세워 사용 목적에 맞게 구분관리를 하는 등 각각의 사용 방법에 따라 유기적 순수성을 훼손할 수 있는 모든 물질과 접촉되지 않도록 관리했는지를 기록과 현장을 통해서 확인한다.

1.7 수송과 운반

1.7.1 수송과 운반 시 환경에 미치는 영향

- 시설 위생 점검기록물 확인과 함께 실제 생산물의 저장장소가 청결한 상태인지 점검
- 운송 수단의 위생점검 기록물 확인과 함께 수송 수단이 청결한 상태인지 점검

인증기준		심사 자료	심사 요령
시행규칙[별표3]	고시		
1) 사업자는 환경에 미치는 나쁜 영향이 최소화되도록 원료나 가공식품의 수송 방법을 선택하여야 하며, 수송과정에서 유기식품의 순수성이 훼손되지 않도록 필요한 조치를 하여야 한다.		- 유기취급계획서 중 구분관리 계획 - 보관창고 관리 대장 - 차량 관리 대장	- 수송 이동 거리의 최적화 방안 여부를 확인한다. ① 수송에 관한 이동 거리를 최적화하는 방법을 적용하고 있는지 ② 즉, 원료구매 시 제품에 문제점이 없는 한 인근지역에서 구입하고 있는지 - 수송 중 혼입 또는 오염방지(내용물보호)를 위한 수송 방법을 확인한다.

1.7.2 수송 장비 및 운반 용기의 세척, 소독

- 수송 장비에 대한 청결(관리) 방법 확인
- 일반농산물과 구분저장 및 구분수송 관리계획이 이행되고 있는지 확인

인증기준		심사 자료	심사 요령
시행규칙[별표3]	고시		
2) 수송 장비 및 운반 용기의 세척, 소독을 위하여 허용되지 않은 물질을 사용할 수 없다.		- 세척일지(위생점검일지 등)	- 작업장, 보관실(저장실), 수송차량에 대한 세척 또는 소독 방법과 그 사용 자재의 적절성을 확인하며, 인증품에 잠재적 오염이 되지 않도록 사전 조치하였는지를 확인한다. - 저장(보관)실, 수송 수단이 외부 오염물질 유입을 차단할 수 있는지와 에어커튼·차단막 등의 보조 보호 설비가 갖추어져 있는지를 확인한다.

1.7.3 수송 또는 운반과정에서의 구분관리

- 유기 원료, 반제품, 완제품을 수송할 때나, 유기 제품과 비유기 제품, 기타 금지물질과 부득이하게 함께 적재할 때에는 칸막이 또는 랩으로의 재포장을 하는 등 확실하게 구분관리(적재) 여부 확인

인증기준		심사 자료	심사 요령
시행규칙[별표3]	고시		
3) 수송 또는 운반과정에서 유기가공식품이 아닌 물질이나 허용되지 않은 물질과 접촉 또는 혼합되지 않도록 확실하게 구분하여 취급하여야 한다.			- 저장장소 및 수송 시 사용하고 있는 자재를 검토, 사용자재가 유기 인증기준에 적합한지를 확인한다. - 저장장소 및 수송시설에 병해충 관리목적으로 금지물질을 처리하는지와 금지물질로부터의 오염방지를 위한 대책이 있는지를 확인한다. - 벌크상태로 유기 인증제품을 저장 또는 수송할 경우, 일반제품과 구분할 수 있도록 물리적 장벽(칸막이 등)과 같은 적절한 조치 또는 오염방지를 위한 조치를 하였는지 확인한다. - 유기식품(원료포함)이 벌크(Bulk)로 저장, 수송되는 경우 유기 표시를 하는지 확인한다.

1.8 기록·문서화 및 접근보장

1.8.1 경영 관련 자료와 열람 요구

- 규칙 [별표4] 경영 관련 자료의 기록 여부
- 업체 운영을 위한 지침서(유기관리기준서)의 확인

인증기준		심사 자료	심사 요령
시행규칙[별표3]	고시		
1) [별표4] 제2호에 따른 경영 관련 자료를 기록·보관하고, 국립농산물품질관리원장 또는 인증기관의 장이 열람을 요구하는 때에는 이에 응할 수 있어야 한다.		규칙 [별표 4] 경영 관련 자료 - 유기취급계획서 작성을 위한 지침서인 유기관리기준서에 명시한 각 서류 및 문서 확인	- 지침서(유기관리기준서 또는 내부규정 등)의 적합성을 검토한다. - 최근 3개월 이상의 자료가 제출되었는지 기록 기간을 확인한다. - 최초 인증 시에는 유기 생산 3개월의 자료가 없는 경우가 많다. 이 경우는 비유기 생산 자료로 확인한다. - 경영 관련 자료(전산 또는 수기로 기록한 대장)를 제출받아 지속해서 기록 / 보관 여부를 확인한다. - 전산 관리시스템일 경우 입출고의 관리 방법을 확인한다.

1.8.2 유기 관리 체계를 위한 문서화

- 지침서(유기관리기준서 또는 내부규정 등)의 내용이 취급과정 전반에 걸쳐 유기적 순수성이 이루어질 수 있는지 검토(환경에 대한 마인드, 관리체계 문서화의 적정성과 실행 여부 = 유기취급계획서와 그 이행 여부)
- 그 계획에 대한 인증기관의 승인 또는 준수하는지 여부 확인

인증기준		심사 자료	심사 요령
시행규칙[별표3]	고시		
2) 사업자는 제조·가공 및 취급의 전반에 걸쳐 유기적 순수성을 유지할 수 있는 관리체계를 구축하는 데 필요한 만큼 문서화된 계획을 수립하여 실행하여야 하며, 문서화된 계획은 인증기관의 장의 승인을 받아야 한다.		- 품목제조보고서 사본 - 제품규격(기준, 소개)서 - 원료인증서, 식품첨가물, 가공보조제 명세서(구체적) - 유기 원료 반입~제품 출고, 생산일지(로트 확인 가능) - 수질 성적서(상수도의 경우 수도세 납부 영수증 사본) - non-GMO 검사서(필요하면)	- 기록한 자료의 내용과 제출한 자료(영수증, 거래내역 등 포함)가 적정한지를 확인한다. - 일반농산물의 취급량 및 출하처별 판매량 등의 자료로 일반농산물이 유기 인증품과 구분 관리되고 있는지를 확인한다. - 원료 수급 대장 및 기타 관련 증빙자료를 바탕으로 유기 취급계획량이 적정한지를 확인한다.

1.8.3 기록의 작성과 보존

• 유기 원료, 식품첨가물, 가공보조제, 세척제, 그 밖의 사용 물질의 구매, 입고, 출고, 사용에 관한 기록을 작성한 후 보존하고 있는지 확인

인증기준		심사 자료	심사 요령
시행규칙[별표3]	고시		
3) 사업자는 유기가공식품의 제조·가공 및 취급에 필요한 모든 유기 원료, 식품첨가물, 가공보조제, 세척제, 그 밖의 사용 물질의 구매, 입고, 출고, 사용에 관한 기록을 작성하고 보존하여야 한다.		아래 1.8.4.의 심사자료와 동일	- 입·출고기록장 및 작업일지 등을 통해 입고량과 출하량을 대조 확인하여 재고량을 확인(현 재고량 = 입고량 - 출하량 - 폐기량) 하고, 현장심사 시 서류상 재고와 실 재고량이 일치하는지를 확인한다. - 심사 과정에서는 대부분 등식이 정확히 일치하지 않는다. 이는 손실과 선별, 비 가식부위 제거, 수분 증발 등 때문이다. 등식이 일치하지 않을 때는 정밀하게 확인한 결과와 업체의 설명 등을 종합적으로 검토한 후 판단한다.

1.8.4 유기적 관리지침의 문서화와 실행

• 제조·가공, 포장, 보관·저장, 운반·수송, 판매, 그 밖에 취급에 관한 유기적 관리지침을 문서로 만들어 실행하였는지의 여부 확인

인증기준		심사 자료	심사 요령
시행규칙[별표3]	고시		
4) 사업자는 제조·가공, 포장, 보관·저장, 운반·수송, 판매, 그 밖에 취급에 관한 유기적 관리지침을 문서로 만들어 실행하여야 한다.		- 원료(유기 외 비유기, 첨가물, 보조제 등) 증빙자료(인증서, 거래증명, 수입 관련 서류 등) - 품목제조보고서, 제조공정도, 생산일지 등 - 시설도면(시설물 및 설비 배치도, 저장장소 적치도 등) - 방역 관련 자료(방역내역서, 방역업체 계약서, 방역지도 등) - 세척, 소독제품 명세서, 청소, 세척, 소독일지, MSDS 등 - 포장재 시험성적서 등 각종 검사자료(물, 소금, 자체검사 등) - 제품 출고자료, 차량 관리대장, 각종 보관창고 관리대장 등 - 유기 관리기준서, ISO, HACCP 인증서 및 기준서 등 - 포장방법, 표시사항, 홍보, 판촉시안 등 - 사업자 등록증, 영업신고증, 공장등록증, 오폐수 관련 신고증 등 - 회사소개 자료, 조직도(유기 담당자 및 부서 표시) - 임직원 교육 자료(유기 관련) - 기타	- 문서화된 자료의 종류가 무엇인지 확인하고, 그 문서에 따라 실행이 되고 있는지를 확인한다.

1.8.5 현장 접근보장

• 지침서(유기 관리기준서 또는 내부규정 등)의 내용에 '사업자는 인증심사 및 사후관리를 위해 필요한 경우 유기식품의 제조·가공에서부터 취급에 이르는 전 과정에 관한 모든 기록 및 관련 현장에 접근할 수 있도록 조건 없이 보장하여야 한다.'라는 조항의 유무 확인

인증기준		심사자료	심사 요령
시행규칙[별표3]	고시		
5) 사업자는 인증심사 및 사후관리를 위해 필요한 경우 유기식품의 제조·가공에서부터 취급에 이르는 전 과정에 관한 모든 기록 및 관련 현장에 접근할 수 있도록 조건 없이 보장하여야 한다.		상동	- 인증심사 전 일정 협의 시 '사업자는 인증심사 및 사후관리를 위해 필요한 경우에는 유기식품의 제조·가공에서부터 취급에 이르는 전 과정에 관한 모든 기록 및 관련 현장에 접근할 수 있도록 조건 없이 보장하여야 한다.'라는 내용을 알린다. - '대외비'라는 이유로 문서열람을 꺼리는 경우 이 항목에 대하여 "아니오"로 평가한다.

2. 생산과정 조사

2.1 생산과정 조사 방법

2.1.1 조사 자료

• 작업장 소재지 방문 조사 시행

조사 기준		조사 자료	조사 요령	인증관리	
시행규칙 제36조	고시[별표5]			정보시스템 입력사항	조치 사항
제36조(인증품 및 인증사업자에 대한 사후관리) ① 법 제31조 제1항에 따라 국립농산물품질관리원장이 실시하는 인증품 및 인증사업자에 대한 조사의 종류는 정기조사, 수시조사, 특별조사가 있다.	사무소장 또는 인증기관의 장은 인증서 교부 이후 인증을 받은 자의 농장소재지 또는 작업장 소재지를 방문하여 생산과정 조사를 시행하여야 한다.	- 인증품 취급계획서 - 취급 경영 관련 자료 등 - 금지물질 검사	- 인증 유효기간 내 작업장 소재지를 방문하여 인증품 및 인증사업자에 대해 취급과정이 인증기준에 맞는지에 대한 서류조사 및 현장조사를 시행한다.		

2.1.2 조사 주기 및 시기

• 연 1회 이상조 사/연 2회 이상조사
• 불시 조사/특별조사

조사 기준		조사자료	조사 요령	인증관리	
시행규칙 제36조	고시[별표5]			정보시스템 입력사항	조치 사항
1. 인증품 판매장 또는 인증	- 조사 주기는 해당 인증 건의 과거 위반내용 등에 따		- 인증 유효기간 내 연 1회 이상 현장 조사를 시행한다.		

조사 기준		조사 자료	조사 요령	인증관리	
시행규칙 제36조	고시[별표5]			정보시스템 입력사항	조치사항
사업자의 사업장 중 일부를 선정하여 실시하는 정기조사 2. 특정 업체의 위반 사실에 대한 신고가 접수되어 실시하는 수시조사 3. 국립농산물품질관리원장이 필요하다고 인정할 때 하는 특별조사	라 다음 각호의 기준을 적용한다. 1) 인증건별 연 1회 이상 생산과정 조사를 시행한다. 2) 1)에도 불구하고 해당 인증 건이 최근 3년 이내에 행정처분을 받았거나 생산물에서 유해잔류물질이 검출되었을 때 연 2회 이상 실시한다. 다만, 규칙 제 33조 제4항에 따라 불시 심사를 한 경우에는 생산과정 조사를 한 것으로 간주한다. 3) 농관원장의 특별조사 계획이 있는 경우에는 조사 주기와 상관없이 생산과정 조사를 시행한다. - 조사 시기는 생산기간에 실시하되, 되도록 인증기준 위반의 우려가 가장 큰 시기에 시행한다.		- 다만, 다음의 경우에는 연 2회 이상 실시한다. ① 해당 인증 건이 최근 3년 이내에 행정처분을 받은 경우 ② 생산물에서 유해잔류물질이 검출된 경우 - 불시 조사는 다음의 경우에 실시하고, 그 결과를 기록·관리한다(규칙 제33조 제4항). ① 해당 인증 건이 인증기준 위반을 이유로 신고·진정·제보된 인증사업자 ② 최근 6개월 이내에 행정처분을 받은 적이 있는 인증사업자 - 농관원장의 특별조사 계획이 있는 경우에는 조사 주기와 상관없이 시행한다. - 조사 결과는 인증관리 정보시스템에 기록하되, 필요시에는 생산과정 조사 관리대장을 만들어 조사실적을 기록·관리한다.		

2.2 생산과정 조사 사항

2.2.1 경영 관련 자료, 인증기준 준수사항, 이행계획서

- 경영 관련 자료의 기록 확인
- 경영 관련 자료의 적정성 검토
- 인증심사 시 제출한 이행계획서의 실행 여부 확인

조사 기준		조사 자료	조사 요령	인증관리	
시행규칙 제36조	고시[별표5]			정보시스템 입력사항	조치사항
② 제1항에 따른 조사사항은 다음 각 호와 같다. 1. 인증품이 인증기준에 적합한지를 확인하기 위한 잔	1) 경영 관련 자료를 기록하고 있는지를 확인한다. 5) 항목별 인증기준의 준수	- 경영 관련 자료 - 유기취급(이행) 계획서 작성을 위한 지	- 서류·현장심사, 유기취급 계획서의 내용 일치 여부를 확인한다. - 현장심사는	- 생산 관련 자료	[인증취소] 시행규칙 [별표8] 인증취소 등 행정처분의 기준 및 절차 2.다. 1) 공통기준 가) 경영 관련 자료

조사 기준		조사 자료	조사 요령	인증관리	
시행규칙 제36조	고시[별표5]			정보시스템 입력사항	조치사항
류물질 검정 조사 2. 인증품의 생산, 제조·가공 또는 취급과정이 인증기준에 맞는지에 대한 서류조사 및 현장 조사	여부를 확인한다. 6) 인증심사 시 제출한 이행 계획서의 실행 여부를 확인한다.	침서(예: 유기 관리 기준서)에 명시한 각종 기록 및 문서 확인	담당자나 현장 직원에게 질의를 하면서 서류와 문답으로 확인한다.		를 기록·보관하지 않은 경우 또는 거짓으로 기록하는 경우 나) 경영 관련 자료를 국립농산물품질관리원장 또는 인증기관장이 요구하는 때에 이를 제공하지 않은 경우

2.2.2 인증품 출하 내역

- 인증품의 출하 내역 확인

조사 기준		조사 자료	조사 요령	인증관리	
시행규칙	고시[별표5]			정보시스템 입력사항	조치사항
	2) 인증품의 출하내역을 확인한다.	- 출하 내역(거래증명서, 제품출납부, 판매기록부 등)	- 완제품 기초재고량 + 원료구매량 - 폐기량 = 원료사용량 + 완제품 기말재고량 - 폐기량의 증가 공식이 성립하는지를 확인한다. - 폐기량은 생산 실패, 비정상품 판매 등을 고려한다. - 유기인증품 출하 내역과 거래명세서 발급내용이 일치하는지를 확인한다.	- 생산 관련 자료	다) 인증품에 인증품이 아닌 제품을 혼합하거나 인증품이 아닌 제품을 인증품으로 판매하는 경우 [해당 제품의 판매 금지] 시행규칙 [별표8] 인증취소 등 행정처분의 기준 및 절차 2. 차. 인증품이 아닌 제품을 인증품으로 표시 또는 고의로 한 것으로 인정되는 때

2.2.3 인증품의 표기사항

- 인증표시가 시행규칙 [별표5]에서 정한 규정에 맞게 제작하여 표기하였는지 확인
- 인증정보 표시사항이 인증품을 생산 포장한 사업자(인증자)의 인증정보와 일치하는지 여부 확인

조사 기준		조사 자료	조사 요령	인증관리	
시행규칙	고시[별표5]			정보시스템 입력사항	조치사항
[별표5] 유기식품 등의 유기표준	3) 인증품의 표시사항이 적정한지를 확인	- 인증표시 - 제품	- 인증품 또는 인증품의 포장·용기에 표시하는 방법 가. 생	- 표시사항 적정성 여부	- [해당 인증품의 인증표시 변경] 시행규칙 [별표8] 인증취소

조사 기준		조사 자료	조사 요령	인증관리	
시행규칙	고시[별표5]			정보시스템 입력사항	조치사항
기준, [별표6] 유기식품 등의 인증정보 표시 방법	한다. [별표4] 인증품의 세부적인 사항 등 (제12조 제1항 관련)	라벨	산, 제조·가공자의 표시를 참고하여 제품의 라벨, 포장지에 인증표시와 인증표시 문자, 인증표시사항이 인증서의 내용과 일치하게 표시되어 있는지를 확인한다.		등 행정처분의 기준 및 절차 2.아. 법 제23조 제1항에 따른 인증품의 표시사항 등을 위반하였을 때 - 인증품이 아닌 제품을 인증품으로 표시 또는 광고한 것으로 확인될 때는 해당 제품의 판매 금지

2.2.4 금지물질

• 금지물질의 구매, 보관 및 사용 여부 확인

조사 기준		조사 자료	조사 요령	인증관리	
시행 규칙	고시 [별표5]			조사 결과 정보시스템 입력사항	조치사항
	4) 금지물질의 구매, 보관 및 사용 여부를 확인한다.	현장 조사	- 다음의 경우 검사를 시행하여야 한다. 1) 최근 1년 이내에 생산물에서 금지물질이 검출된 경우 2) 비 허용물질을 사용한 흔적의 발견 등 인증기준 위반 개연성이 있는 경우	- 시료 수거 내역	- [인증취소] 시행규칙 [별표8] 인증취소 등 행정처분의 기준 및 절차 2.나. 부정한 방법으로 인증을 받은 경우 2.다. 인증품에 인증품이 아닌 제품을 혼합하거나 인증품이 아닌 제품을 인증품으로 판매하는 경우 - [해당 인증품의 인증표시 정지] 시행규칙 [별표8] 인증취소 등 행정처분의 기준 및 절차 2.사. 그 밖의 인증품이 법 제19조 제2항에 따른 인증기준에 맞지 아니한 때

2.2.5 원료추적

• 유기 원료 표본을 선정하고, 그 원료의 인증사업자로부터 구입하였는지를 추적하여 확인

조사 기준		조사 자료	조사 요령	인증관리	
시행 규칙	고시[별표5]			조사결과 정보시스템 입력사항	조치사항
	7) 제조·가공자나 취급자의 경우 원료 농산물 또는 축산물의 표본을 선	원료 입·출고자료 (로트추	- 인증품의 용기, 제품의 라벨, 포장지에 인증표시와 인	유기취급계획서의 이행 여부	- [인증취소] 시행규칙 [별표8] 인증취소 등 행정처분의 기준 및 절차 2.다.

조사 기준		조사 자료	조사 요령	인증관리	
시행규칙	고시[별표5]			조사결과 정보시스템 입력사항	조치사항
	정하여 생산자가 실제 출하하였는지를 확인한다. [별표4] 인증표시의 세부적인 사항 등 1. 인증품 또는 인증품의 포장·용기에 표시하는 방법 2. 납품서, 거래명세서, 보증서 등에 표시하는 방법 3. 표지판 또는 푯말로 표시하는 방법	적 조사), 인증서, 거래 증명서	증표시 문자, 인증표시 사항이 인증서의 내용과 일치하게 표시되어 있는지를 확인한다. - 실제 생산자가 출하하였는지 이동경로를 역추적한다(전화, 필요하면 방문 등의 방법 활용).		법 제19조 제2항에 따른 인증기준에 맞지 아니한 경우로서 다음 중 어느 하나에 해당하면 1) 공통기준 가) 경영 관련 자료를 기록·보관하지 않았을 때 또는 거짓으로 기록하는 경우 나) 경영 관련 자료를 국립농산물품질관리원장 또는 인증기관이 요구하는 때에 이를 제공하지 않은 경우 다) 인증품에 인증품이 아닌 제품을 혼합하거나 인증품이 아닌 제품을 인증품으로 판매하는 경우

2.2.6 잔류물질의 검사

• 원료에서 제품까지의 과정에서 유기적 순수성의 훼손 여부 확인

조사 기준		조사 자료	조사 요령	인증관리	
시행규칙	고시[별표5]			조사결과 정보시스템 입력사항	조치사항
	마. 조사원은 생산과정 조사 중 필요한 경우 유기합성농약·항생제·GMO 등 잔류물질(이하 "금지물질"이라 한다) 검사를 시행할 수 있다. 다음의 경우에는 검사를 시행하여야 한다. 1) 심사원은 최근 1년 이내에 생산물에서 금지물질이 검출된 경우 2) 비 허용물질의 사용 흔적의 발견	- 유기합성농약 등 금지물질 - 항생제, 항균제, 호르몬제와 - GMO	- 고시 [별표2] 인증심사의 절차 및 방법의 세부사항 중 1.다.5)다) 검사가 필요한 경우 (1) 용수: 세척 또는 원료로 사용하는 경우로 최근 5년 이내에 실시한 수질검사 성적을 비치하지 않은 경우(「수도법」에 따른 수돗물을 이용하는 경우는 제외함) (2) 생산물: ◦ 취급시설에서 비인증품을 병행하여 취급하는 경우(취급자),		[인증취소] 시행규칙 [별표8] 인증취소 등 행정처분의 기준 및 절차 2.다. 4) 유기가공식품·비식용유기가공품 가) 가공원료로 사용할 수 없는 원료·식품첨가물·가공보조제를 사용한 경우(시행규칙 [별표3] 제4호 나목 2. 상업적으로 조달할 수 없는 경우는 제외) 나) 가공과정에서 허용물질이 아닌 물질을 사용하거나 인증기준에 맞지 않는 방법을 사용한

조사 기준		조사 자료	조사 요령	인증관리	
시행규칙	고시[별표5]			조사결과 정보시스템 입력사항	조치사항
	등 인증기준 위반 개연성이 있는 경우		◦ 전용 생산설비가 없이 비유기 가공품과 병행 가공하는 경우(가공식품) ◦ 기타 비인증품 또는 GMO의 혼입이 우려되는 경우		경우 [해당 인증품의 인증표시 제거] 시행규칙 [별표8] 인증취소 등 행정처분의 기준 및 절차 2. 바. 잔류물질이 검출되어 인증기준에 맞지 아니한 때

2.2.7 검정 의뢰

- 고시 [별표2] 인증심사의 절차 및 방법의 세부 사항(제7조 제3항 관련) 다목 8) 검사방법, 9) 시료 수거 방법, 10) 기록사항

조사 기준		조사 자료	조사 요령	인증관리	
시행규칙	고시 [별표2] 1.다.5),6),7)			조사결과 정보시스템 입력사항	조치 사항
	사무소장 또는 인증기관의 장은 마목에 따른 잔류물질 검사를 위해 수거한 시료를 [별표2] 제1호 다목 7)에 규정된 기관에 보내 그 검정을 의뢰할 수 있다.		- 9)다) 시료 수거는 신청인 또는 신청인 가족 입회하에 인증심사원이 채취하고, [별지 제7호서식]의 시료 수거 확인서를 작성하여 인증심사보고서에 첨부한다. - 9) 바) 채취한 시료는 신청인 입회하에 봉인 조치한 후 검사의뢰서를 작성하여 바로 시험연구기관에 보낸다.		

2.2.8 불고지조사

- 불고지조사 대상은 최근 3년 이내 인증기준 위반이 있었거나 잔류물질이 검출된 적이 있는 등 위험도가 높은 인증 건을 위주로 선정한다.

조사 기준		조사 자료	조사 요령	인증관리	
시행규칙	고시 [별표5] 1.사.			정보시스템 입력사항	조치 사항
	사무소장 또는 인증기관의 장은 당해 연도 생산과정 조사 대상 건의 5% 이상에 대해 인증사업자에게 조사 사실을 미리 알리지 않고 생산과정 조사(불고지조사)를 시		- 당해 연도 생산과정 조사가 필요한 인증사업자를 확인하여 사후관리 계획을 수립한다. - 생산과정 조사계획 수립 시 당해 연도 대상 건수의 5% 이상에 대해	종합의견란에 '불고지조사'라고 기록	

조사 기준		조사 자료	조사 요령	인증관리	
시행 규칙	고시 [별표5] 1.사.			정보시스템 입력사항	조치 사항
	행하여야 한다. 이 경우 조사대상자의 선정은 최근 3년 이내 인증기준 위반이 있었거나 잔류물질이 검출된 적이 있는 건 등 위험도가 높은 인증 건을 위주로 선정한다.		인증사업자에게 조사 사실을 미리 알리지 않고 생산과정 조사(불고지조사)를 시행한다.		

3. 인증심사 점검목록

3.1 일반요건

점검 사항	점검 요령
1. 시설도면, 제조공정도, 제품명세 등 인증신청서 상의 모든 정보가 실제와 일치하는가?	- 제공된 자료(유기취급계획서)와 업체의 경영 관련 자료(ERP 및 수기록 자료)와 현장이 일치하는지 여부
2. 유기 취급계획이 계획대로 실행되고 있는가?	
3. 가공 및 취급 전반에 걸쳐 대기, 물, 토양의 오염이 최소화되도록 조치하고 있는가?	- 저장, 포장, 운송, 판매 등의 활동 시 환경에 대한 유기취급계획서(기준서 등)의 합당성 및 준수 상황 여부
4. 금지된 물질 및 방법으로부터 유기식품을 보호하기 위해 격리 및 충분한 예방조치를 취하고 있는가?	- 오염 및 혼입 방지 방안 및 실태 - 구분관리 실태 파악
5. 종업원들이 유기 취급계획에 대해 훈련받고 있는가?	- 교육 관련 자료로 확인(교육내용, 교육 주기, 강사 등) 후 교육의 적정성 파악
6. 사업자와 종업원들은 유기 인증기준에 대하여 종합적으로 이해하고 있는가?	- 대표, 임원이나 직원 면담(질의))으로 이해 여부 파악. <질문 내용의 예> - 허용된 식품첨가물 또는 가공보조제 목록을 확인하는 방법은? - 비유기 원료가 5% 내외로 허용되는 경우는 어떤 경우인가? - 유기적 순수성이란 무엇인가? - 병해충 관리 방법 중 순차적 적용이란 무엇인가? - 원료의 입고과정에서 기록해야 하는 문서는 무엇인가?

3.2 가공원료

점검 사항	점검 요령
1) 모든 원료에 대한 유기인증서 또는 유기적으로 생산 및 취급되었다는 것을 증빙하는 자료가 있었는가?	- 유기 원료의 인증서, 거래명세서(생산자 내역=이름, 품목, 거래량, 필지 현황 등, 인증번호, 인증기관명 등이 수록)

점검 사항	점검 요령
2) 비유기 원료가 사용(5% 이내)되었을 때 불가피하였는가? 유기 원료를 구하기 위해 어떠한 노력을 하였는가?	- 상업적 조달을 할 수 없는 경우의 노력한 근거 자료 ○ 관련 기관(제조업체, 유통업체, 농가 등) 문의 후 그에 대한 답변지, 통화내용(통화자 직책 포함)의 기록 등의 자료 ○ 인터넷 검색 시 검색한 관련 자료의 조사 자료 등
3) 비유기 원료가 사용된 경우 물과 소금을 제외한 제품 중량에 대한 비유기 원료의 중량 비율이 5% 이하였는가?	- 대조 감사의 투입산출분석으로 파악
4) 유전자 변형 원료나 미생물제제가 아님을 증빙할 수 있는 자료가 있는가?	- GMO 주요 품목 ○ 콩, 옥수수, 유채, 감자, 사탕수수, 미생물 등 ○ 의심되는 경우 GMO 검사증명서를 요구
5) 수질검사 성적서가 있는가? 검사 결과는 먹는 물 기준에 적합한가?	- 먹는 물 수질검사 성적서(상수도의 경우 사용 영수증) - 물의 2차 오염 여부 확인: 물탱크 청소내역과 배관의 노후 상태 등
6) 소금은 식품 기준에 적합한가?	- 소금 : 식품의 기준에 적합하고 화학 공정에 의하지 않았으며, 합성물질을 첨가하지 않은 것
7) 첨가물 또는 가공보조제가 사용된 경우, 사용된 물질이 허용된 것인가? 그 사용이 불가피한가? 최소량만을 사용하는가?	- 최소량을 사용한다는 선정기준의 자료 - [별표1]의 허용물질(식품첨가물 및 가공보조제)이 최소량을 사용하기 위해 자체 전문가들의 회의록 또는 실험 연구한 실험자료 등

3.3 가공방법

점검 사항	점검 요령
1) 가공방법은 허용된 방법만 사용하는가?	- 제조공정도에 따른 현장 확인(품목제조보고서 상 가공방법과 비교)
2) 병행생산의 경우 어떤 방법으로 관리하는가? 원료의 관리, 가공방법, 제품(반제품 포함)의 관리 등	- 서류 : 병행생산 시 각각의 관리기준 및 자료 확인 - 현장 : 각각의 구분관리 및 가공방법의 타당성 검토
3) 모든 가공 및 취급과정에서 방사선이 사용되지 않는가?	- 사용 시 어떤 목적으로 사용하였는지 적정성 검토
4) 추출을 위한 물질은 허용된 물질만 사용하는가?	- 추출공정을 확인하고, 추출의 방법과 사용한 물질의 적정성 검토
5) 여과를 위해 환경에 부정적 영향을 미칠 수 있는 물질이나 기술을 사용하지 않는가?	- 여과 공정을 확인하고 여과 방법과 사용한 물질에 대한 적정성 검토(여과 재료의 시험성적서 등)
6) 저장을 위해 사용된 방법은 기준에 적합한가?	- 저장창고(냉동, 냉장, 일반, 위탁창고 = 심사대상임)를 확인하고 오염과 혼입의 방지를 위해 비유기 식품과 구획 구분을 하였는지 관리 방법 확인

3.4 해충이나 병원균의 관리

점검 사항	점검 요령
1) 해충과 병원균의 관리를 위해 화학 요법이나 방사선 요법이 사용되지 않았는가?	- 방역한 자료에 허용되지 않은 화학적 방법이나 방사선 조사한 자료가 있는지 확인
2) 해충관리를 위해 허용된 방법을 순차적으로 적용하였는가?	- 순차적 적용이 이루어지고 있는지 확인 - 예방적 방법을 사용하지 않고 물리적, 생물학적 방제에만 의존하는 것도 기준위반임
3) 해충과 병원균 관리를 위해 장비와 시설에 허용되지 않은 물질을 사용하지 않는가?	- 방제한 물질목록 확인 - 비허용 물질일 경우 충분한 예방조치가 취해졌는지에 대한 기록과 현장을 확인 - 방역업체와 위탁 시 계약서 확인(유기적 관리를 한다는 사항 및 방역 처리한 자료 등)
4) 허용되지 않은 물질이나 방법으로부터 유기식품을 보호하기 위해 격리 및 충분한 예방조치가 취해지는가?	

3.5 세척과 소독

점검 사항	점검 요령
1) 세척, 살균, 소독에 사용된 물질이 유기식품에 잔류하지 않도록 조치하는가?	- 세척제와 소독제의 사용을 되도록 최소화하는 방안 수립 확인 - 사용한 자제가 허용기준에 적합한 것인지 확인 - 허용되지 않은 물질이 사용되었는지를 확인 - 비허용 물질일 경우 필요한 예방조치가 취해졌는지에 대한 기록(CIP 물질목록, 청소일지 등)과 현장을 확인 - 세척, 소독 후 해당 물질이 잔류하지 않고 있음을 실험적인 결과로 증명/기록/관리사항 점검 - 계면활성제(비누류)는 허용 자재가 아님
2) 사업자는 허용되지 않은 물질, 해충, 병원균, 기타 이물질로부터 유기식품을 보호하기 위하여 예방조치를 취하는가?	
3) 세척 또는 소독에 사용된 물질은 먹는 물 또는 허용된 가공보조제 외에는 없는가?	
4) 세척제, 살균제, 소독제를 사용하는 경우, 유기적 순수성이 훼손되지 않도록 조치하는가?	

3.6 포장

점검 사항	점검 요령
1) 포장재는 재활용되었거나 재활용할 수 있는 것인가?	- 포장재의 적정성 여부 확인: 환경친화적인 포장재이며 동시에 유기식품을 오염시키지 않는 포장재(예 : 생분해성 재질)인지, 재활용이 가능한지 - 포장재 시험성적서 확인
2) 포장재가 허용되지 않은 물질을 함유하였거나 접촉하지 아니하였다는 것을 문서로 확인할 수 있는가?	
3) 합성 살균제, 방부제, 훈증제 등 금지된 물질이 포장재, 용기, 저장고에 사용되지 않는가?	- 저장시설, 용기, 포장재 등의 규격을 확인하고, 사용하고자 하는 자재와 저장고의 적절한 관리(기준 적합성)를 하는지를 확인(기록 및 현장)
4) 재활용된 자재 또는 용기는 기준에 적합하였는가?	
5) 표시 또는 표시물의 기재사항은 기준에 적합한가?	- 표시사항 및 포장방법, 제품의 라벨 등이 기준에 적합한지 확인

3.7 원료나 제품의 수송

<table>
<tr><th>점검 사항</th><th>점검 요령</th></tr>
<tr><td>1) 환경에 미치는 악영향을 최소화할 수 있는 수송 방법을 선택하는가?</td><td rowspan="3">- 유기 원료, 반제품, 완제품을 수송할 때나, 유기 제품과 비유기 제품, 기타 금지물질과 부득이하게 함께 적재를 할 때는 칸막이 또는 랩으로 재포장을 하는 등 구분관리(적재) 여부 확인: 유기취급계획서 중 구분관리계획 / 차량 관리대장 / 세척일지(위생점검일지) 등
- 유기식품(원료포함)이 벌크(Bulk)로 저장, 수송되는 경우 유기 표시를 어떻게 하는지 확인</td></tr>
<tr><td>2) 수송 장비와 운반 용기를 세척, 소독할 때 사용 물질은 어떤 것인가?</td></tr>
<tr><td>3) 수송, 저장 등의 과정에서 유기식품이 허용되지 않은 물질이나 관행 식품과 접촉 또는 혼합되지 않도록 명백히 구분하여 취급하는가?</td></tr>
</table>

3.8 기록 및 접근보장

<table>
<tr><th>점검 사항</th><th>점검 요령</th></tr>
<tr><td>1) 사업자는 유기식품의 취급 전반에 관한 기록을 작성하고 있는가? 기록한 자료는 3년 이상 보존하고 있는가?</td><td rowspan="3">- 운영을 위한 지침서(유기 관리기준서 또는 내부규정 등)의 내용이 취급과정 전반에 걸쳐 유기적 순수성이 이루어질 수 있는지 검토(환경을 고려한 운영, 관리체계 문서화의 적정성과 실행 여부 등)
- 3년 이상의 경영 관련 자료 유무 확인</td></tr>
<tr><td>2) 유기 취급계획은 가공 및 유통을 포함하는 전체 관리시스템을 다루고 있는가?</td></tr>
<tr><td>3) 가공, 포장, 저장, 운송, 판매, 기타 취급에 관한 관리지침이 문서로 만들어져 보존, 실천되고 있는가?</td></tr>
<tr><td>4) 표본추적 결과 이력 추적이 가능하였는가?</td><td rowspan="2">- 추적 조사, 대조 감사(투입산출분석) 실시</td></tr>
<tr><td>5) 대조 감사 결과 투입과 산출량이 균형을 이루고 있는가?</td></tr>
<tr><td>6) 모든 기록 및 관련된 현장에 아무런 제한 없이 접근할 수 있는가?</td><td>- '모든 기록 및 관련 현장에 접근할 수 있도록 조건없이 보장하여야 한다.'라는 조항의 유무 확인</td></tr>
</table>

제7장

유기가공식품 인증심사의 예시

1. 우유류
2. 녹차류
3. 김치류

국내 유기가공식품은 주로 다품목 소량으로 생산, 유통되며, 대체로 일반식품에 비해 낮은 수량과 생산과정의 노동시간 증가를 반영하여 가격이 비교적 높은 편이기 때문에 일반도매시장을 경유하는 유통뿐만 아니라, 생산자와 소비자 간의 직거래부터 생산자 조직(단체)과 소비자조직(생협)의 거래를 통하거나 인터넷 판매까지 다양하므로 유기가공식품을 판매하고자 하는 사업자는 이용하고자 하는 유통방법에 따라 유기적 순수성이 훼손될 가능성이 없는지 유의하여야 한다. 유기적 순수성을 유지하기 위한 구체적인 방법은 품목별로 다를 뿐 아니라 사업장의 환경에 크게 의존하므로 일률적으로 규정할 수 없지만, 유기 원료의 성질을 훼손하지 않는다는 기본적인 원칙에 따라 자신의 사업장 환경에 맞는 방법을 세워 적용하여야 한다. 제7장에서는 유기가공식품 인증심사에서 대표적인 예라고 할 수 있는 우유류, 녹차류, 김치류의 제조설비와 공정을 설명하고 각각의 품목에 대한 심사관리 요점을 설명하였다.

1. 우유류

1.1 우유 제조설비

1.1.1 우유 제조과정

우유는 수집된 원유가 그림 7-1[1]과 같이 냉각, 균질, 살균 포장 등의 제조과정을 거쳐 생산된다.

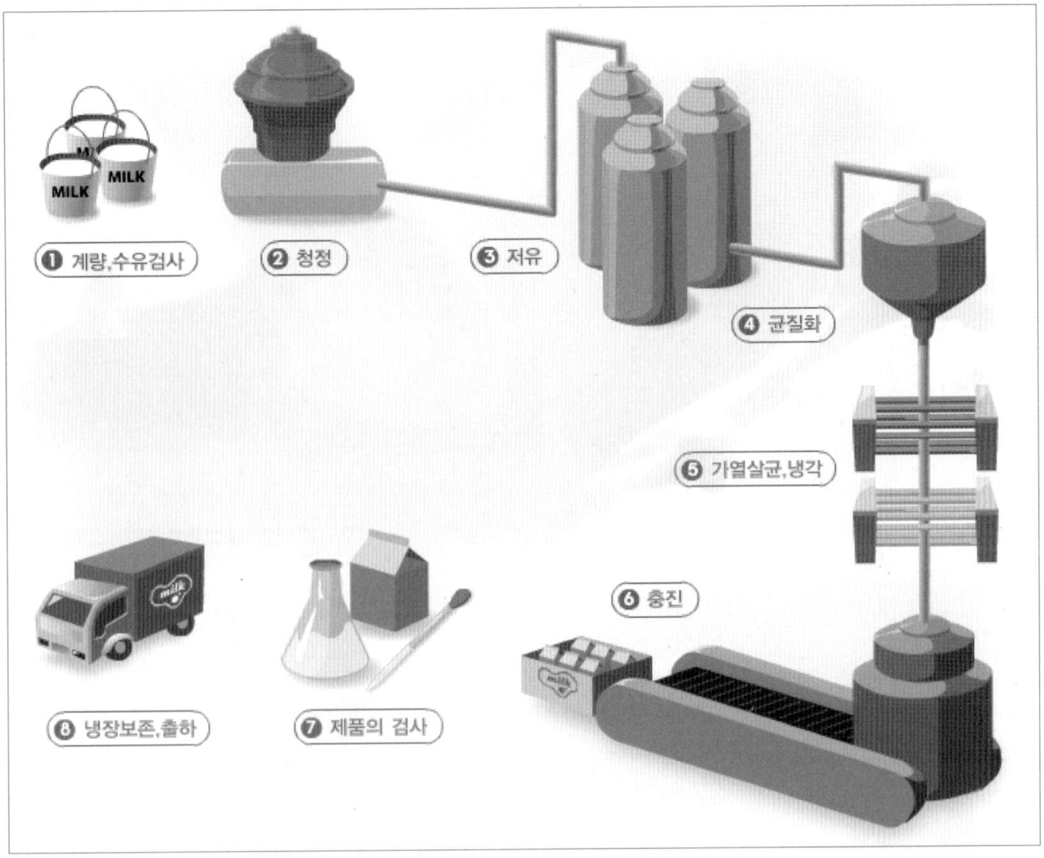

그림 7-1. 우유 제조과정

1.1.2 공정 단계별 심사 사항 및 심사 요령

우유 제조를 위한 제조 단계별 순서도를 다음 그림 7-2에 간략히 나타냈다. 유기 우유 심사 시 공정 단계별 심사 사항 및 심사 요령은 표 7-1과 같다.[2]

---

1) 우유 자조금 관리위원회(https://imilk.or.kr/). 2022
2) 유기가공식품 표준모델. 2012

표 7-1. 우유 제조 공정과 공정 단계별 심사 사항 및 심사 요령

공정 6단계	공정	심사 사항	심사 요령	사진 자료
원유 수유	유기 원유를 탱크로리로 집유하여 합격한 원유를 선별하여 수유한다.	원유는 대부분 탱크로리로 운반하여 입고된다. 유기축산물 인증서, 운반 차량 유기 표식, 거래증명서 등을 확인한다.	· 사용되는 원유가 유기 인증품인지 확인함 · 일반 가공유 제품에는 다양한 첨가물이 사용되나 유기가공 제품에는 그 사용이 제한되어 있으므로 관행에 따라 첨가물을 사용하지 않도록 한다.	
여과 /청정	여과망 및 청정기를 이용하여 원유를 여과 보이지 않는 불순물을 제거한다.	수유 된 원유를 여과 청정하기 전에 비유기 원유를 사용했을 경우 여과, 청정기를 세척 (CIP)하고, 비유기의 혼입과 유해 생물의 발생을 방지하기 위해 충분한 세척 및 소독 관리가 이루어져야 한다.	· 세척에 사용되는 물의 적합성 확인 · 세척 상태 확인: 페놀프탈레인 반응검사, pH paper Test	
냉각	냉각기를 통과시켜 원유를 냉각시킨다.	여과, 청정된 원유를 냉각기를 통과하여 냉각한다. 비유기 제품이 남지 않도록 깨끗이 세척되어 있는 것을 확인하고 사용한다.	· 세척에 사용되는 물의 적합성 확인 · 세척 상태 : 페놀프탈레인 반응검사, pH paper Test	
저장	원유 저장 탱크(Silo Tank)에 저장한다(저장조 : 7°C 이하).	원유는 원유 사일로나 저장조에 보관되지만, 비유기와 바뀌는 것을 방지하기 위해서는 전용 사일로나 저장조를 사용하는 것이 좋다.	· 비유기 제품의 혼입 방지 확인 · 저장 탱크 : 원기원유 전용 탱크 푯말 부착 관리	
예열	살균기의 예열부를 통과시켜 예열시킨다.	예열은 주로 예열기 혹은 살균기의 예열부를 통과시켜 예열한다. 비유기 제품을 생산하였다면 기기 세척을 한 후 유기적 순수성이 훼손되지 않도록 해야 한다.	· 세척에 사용되는 물의 적합성 확인 · 세척 상태 : 페놀프탈레인 반응검사, pH paper Test	

공정 6단계	공정	심사 사항	심사 요령	사진 자료
표준화	필요하면 크림분리기를 사용하여 유지방을 표준화한다.	원유의 표준화는 크림분리기를 이용하여 유지방 함량을 조정하는 것이다. 환원유 및 가공유의 경우 유가공품의 용해를 위해서는 물을 사용하는 만큼 공장 내 사용하는 용수의 관리는 중요하다. 비유기 제품을 생산하였다면 기기 세척을 한 후 유기적 순수성이 훼손되지 않도록 해야 한다.	· 세척 상태 : 페놀프탈레인 반응검사, pH paper Test · 사용 목적별 용수 관리 : 가공유의 경우	
균질	균질기를 이용하여 원유의 유지방구를 작게 균질을 한다.	원유의 지방구를 작게 분쇄하는 공정이다. 비유기 제품과 섞이지 않도록 사용 전 기기 세척(CIP)을 실시한 후 유기적 순수성이 훼손되지 않도록 한다.	· 세척 상태 : 페놀프탈레인 반응검사, pH paper Test	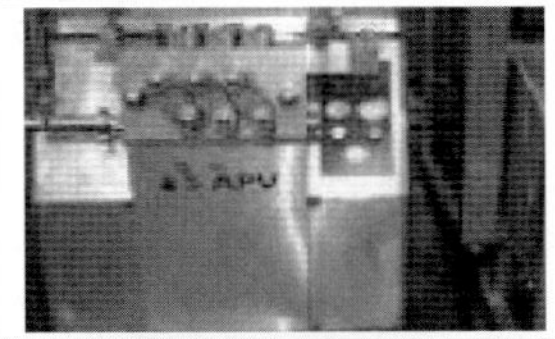
살균	살균기의 살균부를 통과시켜 원유를 살균(UIXT, HTST, UHT)한다.	원유를 살균하여 미생물을 사멸하는 공정이다. 플레이트 타입의 경우 세척 미흡으로 잔류물이 살균기 내에 남아있는 것을 방지하기 위해 CIP를 철저히 한다. 살균 탱크의 경우 뚜껑 개폐에 따른 이물 혼입을 방지한다. 인젝션 타입의 살균기의 경우 증기 접촉에 따른 보일러 첨가물 관리를 한다.	· 플레이트 타입: 세척 관리 · 살균 탱크: 뚜껑 개폐에 따른 이물 혼입에 대한 관리 · 인젝션 타입 : 증기와 접촉에 따른 보일러 첨가물 관리	
냉각	살균기의 냉각부를 통과시켜 원유를 냉각한다.	원유 살균 후 냉각하는 공정이다. 비유기 제품과 섞이지 않도록 사용 전 기기 세척(CIP)을 실시한 후 유기적 순수성이 훼손되지 않도록 한다.	· 세척 관리 · 세척 상태 : 페놀프탈레인 반응검사, pH paper Test	
저장	살균 및 냉각된 원유를 저장 탱크에 보관한다.	원유의 살균 및 냉각 후 반제품을 저장 탱크에 보관 시 저장 탱크에 푯말을 부착하여 비유기와 바뀌는 것을 방지하여야 한다. 또한 전용 저장 탱크나 저장조를 사용하는 것이 좋다.	· 저장 탱크: 반제품 전용 탱크 푯말 부착 관리 · 비유기 제품과의 구분	

공정 6단계	공정	심사 사항	심사 요령	사진 자료
충진[3] /포장	충진기를 이용하여 충진 및 포장을 한다.	충진과 동시에 밀봉(혹은 캡핑)되는 경우는 상관없으나 충진 후 밀봉기로 이동되는 공정의 경우 밀봉 전까지 외부의 이물이 혼입이 되지 않도록 관리한다. 충진/포장할 때 추적성 관리를 위한 Date Code 색인을 한다. 또한 제품의 품질을 유지하기 위하여 충진 직전에 포장재에 살균제를 분무하는 경우가 있다. 사용하는 살균제가 식품산업진흥법 시행 규칙 별표 5에서 허용되었고 사용 기준에 적합한지 검토를 해야 한다.	· 추적성 관리를 위한 Date Code 색인 · 개별 밀봉·포장하여 유기적 순수성 유지 · 외부 이물 혼입 예방 · 포장자재에 분무하는 살균제가 사용 기준에 적합한지 확인	
냉장 보관	포장 완료된 제품을 냉장 보관한다.	우유류 완제품을 냉장 저장고에 보관할 때 유기 제품에 푯말을 부착하여 비유기와 바뀌는 것을 방지하여야 한다.	· 유기 완제품 보관: 유기 완제품 푯말 부착 관리 · 비유기 제품과의 구분 보관 관리	
출하	제품을 출고한다.	유기 우유류 완제품을 출고할 때 이송 차량에 적재할 때 유기 제품에 푯말을 부착하여 비유기와 바뀌는 것을 방지하여야 한다.	· 유기 완제품 보관: 유기 완제품 푯말 부착 관리 · 비유기 제품과의 구분	

3) 충전

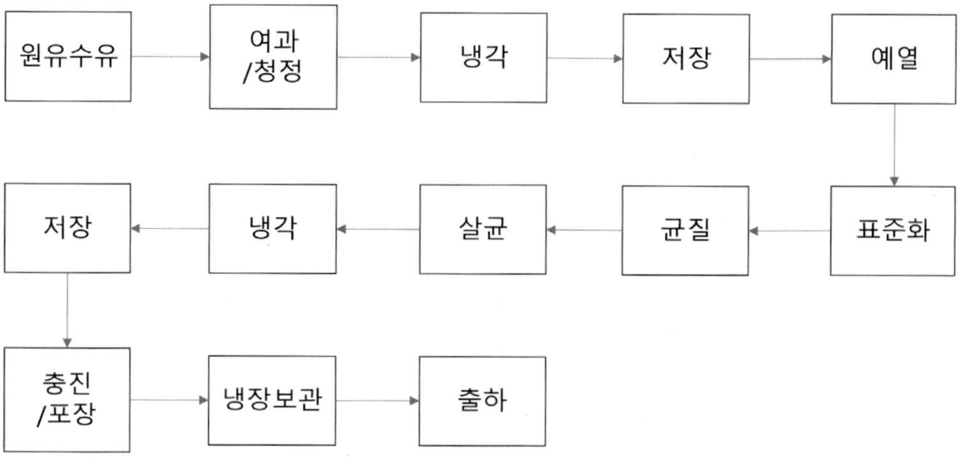

그림 7-2. 우유 제조 단계별 순서도

1.2 우유 유기관리 요점

1.2.1 우유의 유형

유가공품이라 함은 원유 또는 유가공품을 원료로 하여 가공한 우유류, 저지방우유류, 유당분해우유, 가공유류, 산양류, 발효유류, 버터유류, 농축유류, 유크림류, 버터류, 치즈류, 분유류, 유청류, 유당, 유단백 가수분해 식품, 조제유류, 아이스크림류, 아이스크림분말류, 아이스크림 믹스류 등의 제품을 말한다. 가공우유는 가공의 유형에 따라 분류하며 각 유형의 우유류 제품에서 유기관리 요점은 표 7-2와 같다.

표 7-2. 우유류의 유형 및 유기 관리점

분류	정의	유기 관리점
시유	원유(100%)를 살균 또는 멸균 처리한 것을 말한다.	원유는 유기축산물 인증을 받은 것이어야 하며 이에 대한 인증서를 갖고 있어야 한다. 강화우유는 우유에 비타민 또는 무기질을 강화한 것을 말한다. (원유 100%, 단 강화제 제외) 환원유는 유가공품으로 물을 사용하여 원유 성분과 유사하게 환원하여 살균 또는 멸균 처리한 것으로 유고형 분(전지분유와 성분규격이 같은 것) 11% 이상의 것을 말한다. 여기에 사용되는 물은 먹는 물 기준에 적합한 것이어야 하고, 비타민 또는 무기질은 허용된 식품첨가물을 사용하여야 하며, 원유는 유기 축산물 인증을 받은 것이어야 한다. 또한 이에 대한 인증서를 갖고 있어야 한다.
저지방 우유류	원유의 유지방분을 2% 이하로 조정하여 살균 또는 멸균한 것을 말한다(원유 100%).	환원 저지방 우유는 유가공품으로 저지방 우유와 유사하게 환원한 것으로 무지유 고형분(탈지분유와 성분규격이 같은 것) 8% 이상의 것을 말한다. 이때 사용되는 물은 먹는 물 기준에 적합하여야 한다. 저지방 강화우유는 저지방 우유에 비타민 또는 무기질을 강화한 것을

분류	정의	유기 관리점
		말한다. (원유 100%, 단 강화제 제외) 환원강화 저지방 우유는 유가공품으로 저지방 우유와 유사하게 환원한 것에 비타민, 무기질을 강화한 것으로 무지유고형분(탈지분유와 성분규격이 같은 것) 8% 이상의 것을 말한다. 여기에 사용되는 비타민, 무기질은 허용된 첨가물을 사용하여야 한다. 젖산균첨가 저지방 우유는 저지방 우유에 젖산균을 첨가한 것을 말한다. (원유 100%, 단, 첨가 젖산균 제외). 젖산균이라 하더라도 유전자조작 미생물로부터 유래된 젖산균 역시 사용할 수 없고, 첨가물의 사용 가능 여부를 반드시 검토해야 한다.
유당 분해 우유	원유 또는 저지방 우유를 유당분해효소로 처리하여 유당을 분해 또는 유당을 물리적으로 제거한 것이나, 이에 비타민, 무기질을 강화한 것으로 살균 또는 멸균 처리한 것을 말한다 (원유 또는 저지방 우유 100%).	여기에 유당분해효소 및 비타민, 무기질은 허용된 식품첨가물이어야 하며, 원유는 유기축산물 인증을 받은 것이어야 하며 이에 대한 인증서를 갖고 있어야 한다.
가공 유류	원유 또는 유가공품을 원료로 하여 이에 다른 식품 또는 식품첨가물 등을 가한 후 살균 또는 멸균 처리한 것을 말한다.	저지방 가공유는 원유 또는 유가공품을 원료로 하여 이에 다른 식품 또는 식품첨가물 등을 가한 후 살균 또는 멸균 처리한 것이거나 살균 또는 멸균 처리 후 식품 또는 식품첨가물 등을 무균적으로 첨가한 것으로 조지방 2.0% 이하의 것을 말한다. 유음료는 무지유고형분이 4% 이상 함유된 음료로서 다른 유가공품에 해당되지 아니한 것을 말한다. 여기서 원유는 유기축산물 인증을 받은 것이어야 하며 이에 대한 인증서를 갖고 있어야 하고, 여기에 가공유에 사용되는 식품첨가물은 식품산업진흥법 시행 규칙 유기가공식품에 허용된 물질에 허용된 취급물질에만 사용해야 하며 5% 내로 사용해야 한다. 식품첨가물 등은 허용된 식품첨가물이어야 한다.
산양유	산양의 원유를 살균 또는 멸균 처리한 것을 말한다(산양의 원유 100%).	산양의 원유는 유기축산물 인증을 받은 것이어야 하며 이에 대한 인증서를 갖고 있어야 한다.

1.2.2 원료의 확인 및 관리

1) 원료 확인

○ 주원료가 되는 원유는 유기 축산물이고, 가공유에 사용된 식품첨가물 중 향료는 화학합성품을 사용할 수 없지만, 천연향료는 사용한다. 여기에 사용되는 설탕도 유기가공식품이 아니면 안 된다.

【비고】 입고되는 원유의 품질 및 유기축산물 인증서, 거래증명서를 확인하여야 한다. 원료의 유기인증 및 첨가물의 사용 가능 여부 확인

2) 원료 관리

○ 유기 원유의 보관은 위생관리에 금지물질이 사용되지 않는 저장조 등에서 보관 중 유기적 순수성을 유지하는 것이 요구되는 것은 다른 유기가공식품과 같다.

○ 원유는 원유 저장조 사일로나 저장 탱크에 보관되지만 비유기와 바뀌는 것을 방지하기 위해서는 전용 사일로나 저장 탱크에 보관하는 것이 좋다. 물론 매회 원유를 저장할 때 사일로나 저장 탱크의 세척을 마치고 비어있는 것을 확인한 다음 저장하여 유기 원유와 비유기 원유의 혼입을 방지할 수도 있다. 그러나 일반적으로 사일로나 저장 탱크는 그 크기가 크며, 매일 1회 이상의 원유를 저장하는 경우가 많으므로 전용 사일로나 저장 탱크를 사용할 것을 권장한다.

【비고】 원유를 저장할 때 사일로나 저장 탱크의 세척을 마치고 비어있는 것을 확인한 다음 저장하여 유기 원유와 비유기 원유의 혼입을 방지할 수 있다.

3) 유기 원료의 비율

○ 유기 우유는 유기 원유 100%를 살균 또는 멸균 하는 것이지만, 가공유의 경우는 유가공품과 첨가물을 물로 용해하여 살균 및 멸균한다.

○ 유기 원유를 주원료로 하고, 비유기 당류, 과즙 및 향료 등 부원료를 첨가하여 가공유를 만드는 경우 첨가물의 합계 중량은 전체 원재료의 5% 이하가 되어야 한다.

1.2.3 수질관리

○ 우유류 중 환원유 및 가공유의 경우 유가공품 및 첨가물에 물을 첨가하여 용해 공정을 거친다. 물은 공영의 상수도와 수도법으로 인정된 전용수도 가능하지만, 수질기준에 관한 법령에서 정해진 기준을 지키는 것은 당연하다.

○ 첨가물의 용해를 위해 보일러의 증기를 불어 넣어서 가열하는 경우 보일러 물의 전처리기를 사용하는 등으로서 보일러용 약제를 사용하지 않는 것이 필요하다. 또한 뜨거운 물은 보일러 증기를 첨가하여 직접 투입하는 것보다는 간접 가열기(열교환기)를 사용하여 뜨거운 물을 제조하여야 한다.

○ 우유류 중 환원유 및 가공유의 경우 유가공품의 용해를 위해서는 물을 사용하는 만큼 공장 내 사용하는 용수의 관리는 중요하다. 용수의 사용 목적에 맞게 용수를 관리할 수 있도록 한다.

【비고】 수질기준에 관한 법령에서 정해진 기준에 적합한 용수인지 확인하고, 물탱크, 물 라인이 주기적으로 청소가 이루어지는지 확인한다.

1.2.4 세척 및 위생체계

○ 우유류 제품은 라인(line)을 통해 제품이 운송되는 공정이 주를 이룬다. 병행 생산할 때 라인에 비유기 제품이 남아있거나 세척 후 세척제가 라인에 남아있지 않도록 해야 한다.

○ 일반적으로 유가공품의 제조 공장에서는 CIP(Cleaning in place) 세척 시스템을 도입하고 있다. 따라서 CIP 시에 사용되는 산성, 알칼리성 세제가 물에 완전히 헹구어졌는지를 배수에서 확인하고, 라인이나 탱크에 물이 남아있는지를 확인한 후 그 점검 결과를 기록유지 하는 것이 필요하다. 작업 전 퍼지를 하면 더욱 좋다.

○ 제조 설비 이외에 호스나 탱크도 세척된 것을 확인하는 것을 잊지 않아야 한다.

【비고】 생산 전/후로 청소상태를 확인하고 특히 설비에 세제 CIP 작업을 했을 경우 그 상태를 확인하여 제품에 산성 및 알칼리성 세제가 오염되는 일이 없도록 한다. 기계류의 청소 및 세척 시 세제 잔류물이 없도록 주의하여야 한다.

1.2.5 해충관리

○ 우유류를 제조하는 공장은 주원료가 원유이므로 원재료에 붙어서 공장까지 이동되는 경우는 거의 없으나, 공장 자체에서 서식하는 설치류, 파리, 모기, 하루살이, 곤충류 등은 많은 문제를 일으킬 수 있으므로 서식지를 사전에 없애고, 발생했을 시에는 제거 방법(물리적 방법: 쥐덫, 끈끈이, 방충망, 유인등)을 이용하여 제거하도록 해야 한다.

○ 출입구는 항상 밀폐하고 창문은 방충망을 설치하여 관리하도록 한다.

【비고】 원료로부터 유래하는 해충이나 공장 주변에서 서식하는 해충을 물리적인 방법에 따라 항상 제거할 수 있도록 세척, 방충망, 덫 등을 설치한다.

1.2.6 공정 운영

○ 생산계획의 원칙은 유기 우유부터 생산하고 비유기 우유를 생산하는 것으로 수립되어 있으나 사정이 여의치 못하여 역순으로 생산하는 경우가 생길 수 있다. 이럴 때는 특히 비유기 제품에 대한 잔류물을 염려하지 않으면 안 된다.

○ 공정별 설비별 2중 3중으로 청소상태를 확인하여 비유기의 잔류물이 유기 우유에 오염되는 일이 절대 없도록 세심한 주의를 기울여야 한다. 특히 기계류, 생산설비 등에 잔류하는 비유기 우유를 확인하지 않으면 안 된다.

【비고】 공정 운영 중 청소의 소홀, 비유기 관리의 소홀, 주변 환경 청결 관리 소홀 등으로 유기 우유가 오염되는 일이 없도록 관리해야 한다. 유기 원료 또는 제품이 비유기 원료와 접촉되지 않도록 주의함

2. 녹차류

2.1 녹차의 가공 유형

2.1.1 다류의 분류

다류는 식물성 원료를 주원료로 하여 제조·가공한 기호성 식품으로 식품의 유형에 따라 침출차, 액상 차, 고형차로 분류한다(표 7-3)[4]. 우리나라에서 가장 흔하게 마시는 녹차는 침출차인 경우가 많다.

4) 식품공전. 2022

표 7-3. 식품 유형에 따른 다류의 분류

유형	정의
침출차	식물의 어린싹이나 잎, 꽃, 줄기, 뿌리, 열매 또는 곡류 등을 주원료로 하여 가공한 것으로서 물에 침출하여 그 여액을 음용하는 기호성 식품으로 녹차잎, 뽕잎, 국화, 감잎, 현미, 보리, 옥수수 등을 침출 원료로 사용한다.
액상차	식물성 원료를 주원료로 하여 추출 등의 방법으로 가공한 것 (추출액, 농축액 또는 분말)이거나 이에 식품 또는 식품첨가물을 가한 시럽 상 또는 액상의 기호성 식품이다.
고형차	식물성 원료를 주원료로 하여 가공한 것으로서 분말 등의 고형의 기호성 식품이다.

2.1.2 녹차의 가공

녹차를 만드는 제다 방법은 전통적인 방식으로 찻잎에 열을 가한 약한 솥(팬)을 사용하는 덖음법과 증기로 찌는 증제법[5]이 있다(표 7-4). 중국과 일본 등이 주요 녹차 생산국으로, 중국에서는 덖음차, 일본에서는 증제차가 주로 생산되고 있다. 우리나라의 경우는 덖음차가 주류를 이루고 있고, 증제차는 전체 생산량이 25% 정도를 차지하고 있다. 또한 열처리 과정에서 증기로 찐 다음 덖음차와 같이 말아진 형태로 만든 옥록차[6]도 생산되고 있는데, 이는 증제차의 산뜻한 맛과 덖음차의 고소한 맛이 조화된 새로운 형태의 녹차이다. 덖음차를 만드는 방법은 비비기와 수분함량을 조절하기가 매우 어려워 한국에서 수제차의 경우 차를 만드는 명인을 지정하기도 한다. 덖음차는 가공을 거치면서 증제차보다 아미노산의 함량이 높아져 차의 감칠맛과 단맛이 뛰어나며 담백한 편이며, 차의 색깔은 연황색에 가깝다. 증제차는 덖음차보다 깔끔하고 풍부한 향과 연두색의 수색은 특징이다. 그러나 근래에는 덖음과 증제 공정을 모두 거치는 일도 있어서 단순히 증제차와 덖음차로만 구분하기는 어려워지고 있다. 녹차는 제조 공법에 따라 덖음차와 증제차 외에도 다양하게 분류된다. 찻잎 중에 가장 많이 함유되어있는 성분은 떫은맛을 내는 폴리페놀[7] 성분이 찻잎에 존재하는 산화 효소의 작용으로 황색이나 홍색을 띠면서 水色과 맛, 양 등이 변화되는 과정을 발효라고 할 수 있다. 차를 만드는 방법에는 찻잎을 덖거나 볶아서 만드는 부초법[8] 증기로 쪄서 만드는 증제법, 찻잎을 발효시켜 만든 발효법, 떡처럼 만드는 병다법[9] 등이 있으나 같은 제조 방법이라도 그 제조 공법에 따라서 차의 맛, 향기, 색깔이 달라지며 부초법이나 증제법은 모두 차의 산화 효소를 파괴시켜 녹색이 그대로 유지되도록 만드는 방법이다.

표 7-4. 가공유형에 따른 녹차의 분류

분류	가공유형
덖음차	덖음차는 생잎 중의 산화 효소를 파괴하기 위해 솥에서 덖어서 만들기 때문에 풋내가 적고 구수한 맛이 특징이다. 특히 수제로 만든 차는 기계로 만든 차보다 녹색이 떨어지며 열처리 기간이 길어서 수색이 황 녹색을 띠고 비비기가 부족해 고소한 맛은 있으나 맛이 담백하다. 반면에 기계로 제조된 것은 위생적이고 녹색이 강하며 맛이 진한 특징이 있다.

5) 蒸製法
6) 玉綠茶
7) Polyphenol
8) 釜炒法
9) 餅茶法
10) 가루차

분류	가공유형
증제차	찻잎을 100℃ 정도의 수증기로 30~40초 정도 찌면 찻잎 중의 산화 효소가 파괴되어 녹색이 그대로 유지되고 부드러운 증제차가 된다. 증제차의 형상은 비닐과 같은 침상형으로 차의 맛이 담백하고 신선하며 녹색이 강하다.
옥록차	증제차와 마찬가지로 먼저 생잎을 수증기로 찐 다음 덖음차와 같이 구부러진 모양으로 만든 차로 증제차의 산뜻한 맛과 덖음차의 고소한 맛이 조화된 새로운 형태의 녹차이다. 담백한 맛과 구수한 향이 특징이며 엽록소의 파기가 적어 녹색이 강한 편이다.
말차[10]	가루 녹차라고도 하는데 차나무에 인공 그늘을 만들어 재배하거나 그늘에서 자란 어린 순을 채취하여 찌고 말린 후 갈아서 가루 상태로 만든 말차는 연차[11]를 다구 등으로 아주 곱게 빻아 미세한 분말로 만든 차로써 맛의 강도에 따라 진한 차와 엷은 차로 구분된다. 말차는 떫은맛이 별로 없고 아미노산과 엽록소가 많아 가루차 그대로 물에 타서 마시거나 차빵, 차국수, 차아이스크림 등 여러 가지 식품 소재로 이용되고 있으며, 특히 물에 녹지 않는 비타민A 나 토코페롤, 섬유질 등을 그대로 섭취할 수 있어 영양 가치가 높다. 말차는 물의 가루가 그대로 있는, 즉 현탁액 상태로 마시게 되므로 입자의 크기나 모양 등이 아주 중요하게 작용한다. 입자가 거칠거나 너무 크면 마시기에 적당하지 않으므로 입자는 약 10μm 이하로 가늘고 약간 길쭉한 것이 좋다. 또한 입자가 균일하여야 하며 해머나 기계로 분쇄한 것보다 절구를 이용한 분쇄가 더욱 좋다.
현미녹차	현미 녹차는 증제차에 볶은 현미를 혼합하여 만든 차로 녹차의 산뜻한 맛과 볶은 현미의 구수한 맛이 조화되어 누구나 부담 없이 마실 수 있다.

2.1.3 녹차의 채엽 시기

녹차의 원료는 채엽 시기에 따라 차의 맛과 향이 크게 다르며 채엽 시기별로 찻잎의 특성, 맛, 향이 크게 다르다(표 7-5).

표 7-5. 채엽시기에 따른 녹차 원료의 구분

구분	채엽시기 및 특징
우전	우전은 봄비가 내려 百穀이 윤택해진다는 穀雨전에 따는 아주 어린 찻잎이나 순으로 만든 것으로 곡우 전에 나온 차라고 하여 우전이라고 하며, 녹차 중 최고급 차로 분류된다. 첫맛은 매우 부드럽고 뒷맛은 떫은맛이 없으며, 가공 기술에 따라 부드러운 녹차 맛을 느낄 수 있다.
세작	우전 다음의 어린 잎으로 차를 만드는데 곡우에서 4월 말경까지 늦은 것은 여름에 들어섰다고 하여 명칭을 붙인 立夏까지 딴 순과 잎으로 만든 차다. 첫맛은 녹차 특유의 맛이 우전보다 강하고 뒷맛은 떫은맛은 매우 적은 대신 우전 특유의 부드러운 맛은 없다.
중작	중작은 말 그대로 세작과 대작의 중간으로 입하 이후에 5월 중순까지 딴 차로 첫맛은 강하고 뒷맛은 떫은맛을 느낄 수 있다. 보통 전문가들은 운전과 세작을 주로 마시나 중작은 맛도 그렇게 떨어지지 않고 잘 마시면 色, 香, 味를 다 즐길 수 있어 대중화된 차라고 볼 수 있다.
대작	대작은 그야말로 제일 큰 잎인데 채엽기간은 보통 5월 말경까지 딴 잎으로 만든 차로서 잎이 크고 억세며 첫맛이 매우 강하고, 뒷맛은 떫은맛이 강하다. 조금은 억세고 커서 여간 잘 만들지 않고는 녹차의 풍부한 맛을 내기가 실제로 어려운 차이다. 현실적으로 대작은 만들고도 인건비가 나오기 힘든 상황이어서 주로 우전과 세작을 만드는 데 관심을 기울이기 때문에 대작은 구하기도 힘들고 유통도 거의 되지 않는다.

11) 研茶

2.2 녹차의 제조 공정

2.2.1 제조 순서도

1) 덖음차의 제조 순서도

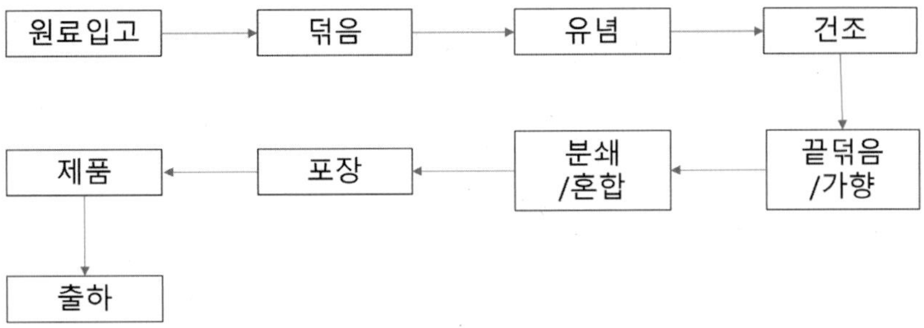

그림 7-3. 덖음차의 제조 순서도

2) 증제차의 제조 순서도

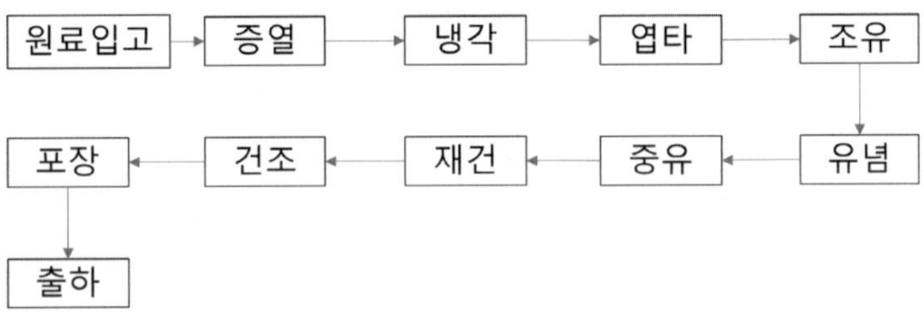

그림 7-4. 증제차의 제조 순서도

2.2.2 공정 단계별 심사 사항 및 심사 요령

덖음차 및 증제차 제조시 공정 단계별 심사 사항 및 심사 요령은 표 7-6 및 표 7-7과 같다.[12)]

12) 유기가공식품 표준모델. 2012

표 7-6. 덖음차 제조 공정별 심사 사항 및 심사 요령

단계	공정	심사 사항	심사 요령	
원료 입고	유기농산물(녹차 잎) 인증을 받은 녹차 잎을 사용한다. 유기가공식품(침출차) 인증을 받은 제품을 원료로 사용할 수도 있다.	유기농 찻잎의 유기인증 여부를 확인해야 한다. 유기농 현미차의 경우 유기농 현미의 유기인증 여부를 확인해야 한다.	• 유기 찻잎의 유기농 인증 마크 및 유기농 인증서, • 거래증명 확인	
덖음	녹차 생잎(1~3kg)을 250~350°C로 가열된 차 덖음 솥에 넣고 타거나 설익지 않게(4~5분 정도) 덖어내어 찻잎 속의 산화 효소의 활동을 정지시킴으로써, 녹차의 맛과 향의 변화가 일어나는 과정이다. 유기(덖음)녹차를 생산하는 대부분 가공공장은 수작업용 덖음 솥(위 사진)에서 덖는다. 일부 대량생산을 하는 경우 기계식 덖음기를 이용하여 생잎을 덖는다.	유기(덖음)녹차를 생산하는 대부분의 가공공장은 덖음 솥을 이용하여 생잎을 덖기 때문에 솥의 세척 상태에 따라 혼입 또는 오염이 발생할 수 있으므로 작업 전 세척 상태를 확인하는 것과 작업 후 적절히 씻는 것이 중요하다. 일부 대량생산을 하는 경우 자동화된 덖음기를 사용하지만 유기 관리점은 같다.	• 세척 상태 : 세척 후 비유기 제품이 없어야 한다.	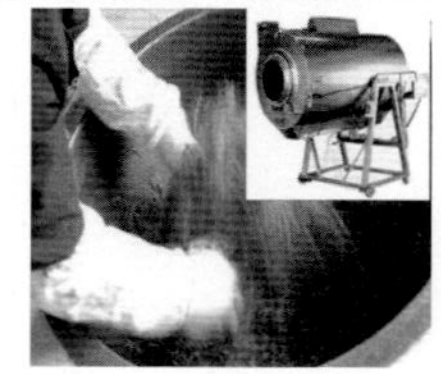
유념 (비빔)	덖음 솥에서 가열된 찻잎을 꺼낸 후 비벼서 잎의 상태를 조정하는 공정이다. 소규모 공장에서는 대부분 수작업이 이뤄지며, 일부 대산을 하는 경우 기계식 유념기를 이용한다.	소규모 공장에서는 대부분 수작업이 이뤄지기 때문에 작업 도중 작업자에 의해 오염 또는 혼입이 발생할 가능성이 크다. 유념기를 사용할 경우에는 작업 전 세척 상태를 확인하는 것과 작업 후 적절히 세척하는 것이 필요하다.	• 작업자 : 유념 전용 장갑을 착용(수작업) • 청소상태 : 세척 후 비유기 제품이 없어야 한다.	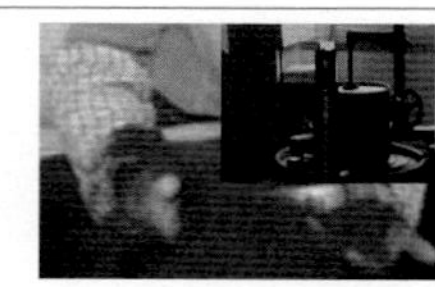
건조	덖음과 유념으로 생성된 맛과 향을 고정하는 공정이다. 노천 건조대를 이용하기도 하지만 최근에는 건조기를 이용하여 건조하는 경우가 많다.	청소 미비로 인하여 건조기판에 잔류하거나 부착한 비유기 원료의 혼입을 방지하여야 한다.	• 청소상태 : 세척 후 비유기 제품이 없어야 한다.	
끝덖음 /향 첨가	건조 후 제품 포장 전에 은근한 불(80°C 내외)로 2~3시간 동안 가열·건조하여 향이 생성되도록 한다.	유기(덖음)녹차를 생산하는 대부분의 가공공장은 덖음솥을 이용하여 끝덖기를 하므로 솥의 세척 상태에 따라 혼입 또는 오염이 발생할 수 있으므로 작업 전 세척 상태를 확인하는 것과 작업 후 적절히 세척하는 것이 중요하다. 일부 대량생산을 하는 경우 자동화된 덖기를 사용하지만 유기 관리점은 같다.	• 세척 상태 : 세척 후 비유기 제품이 없어야 한다.	

단계	공정	심사 사항	심사 요령	
분쇄		청소 미비로 인하여 분쇄기 내에 잔류하거나 부착한 비유기 원료의 혼입을 방지하여야 한다.	• 청소상태 : 세척 후 비유기 제품이 없어야 한다.	
선별/포장	형이 균일하지 않은 잎이나 이물질은 최종 선별하여 온도, 습기, 공기, 빛에 영향을 받지 않도록 소포장, 밀봉한다.			

표 7-7. 증제차 제조 공정별 심사 사항 및 관리 요점

단계	공정	심사 사항	심사 요령	
원료 입고	유기농산물(녹차잎) 인증을 받은 녹차잎을 사용한다. 유기가공식품(침출차) 인증을 받은 제품을 원료로 사용할 수도 있다.			
증열	보일러에서 발생시킨 수증기로 찻잎 중의 효소를 불활성화시킴과 동시에 찻잎을 부드럽게 하여 작업을 쉽게 하고, 생잎의 풋내를 없애는 것이 주목적이다. 잎이 어린 경우는 시간을 짧게 하고, 경화된 잎은 길게 열처리를 한다.	증열 공정은 수증기로 잎을 쪄서 효소를 없애는 공정이다. 따라서 수증기와의 접촉이 유기녹차의 유기적 순수성을 훼손키지 않는지 파악할 필요가 있다. 병행 생산이면 비유기 제품의 혼입을 방지하기 위해 씻은 후 작업이 이루어지도록 한다.	• 보일러 첨가제와 접촉 방지 • 세척 상태 : 세척 후 비유기 제품이 없어야 한다.	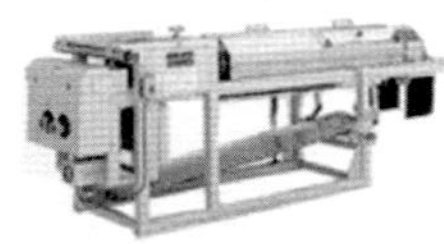
냉각	냉각 공정은 증열된 유기 찻잎의 온도를 낮추는 공정이다.	냉각 공정은 증열된 유기 녹차잎의 온도를 낮추는 공정이다. 냉각 중 외부의 이물질에 대한 혼입에 대비하여야 한다.	• 이송 중 외부 이물질의 혼입 방지 • 세척 상태 : 세척 후 비유기 제품이 없어야 한다.	
엽타	엽타 공정은 녹차 잎을 일정한 방향으로 비벼 바늘 모양의 형상을 만들고 수분을 증발시키는 공정이다.	유기 녹차 전에 비유기 녹차를 엽타하였다면(병행생산인 경우), 잔여물이 남는 경우가 많으므로 이에 대해 대비를 한다.		

단계	공정	심사 사항	심사 요령	
조유	증기로 쪄진 잎을 열풍 속에서 털면서 교반시켜 찻잎 표면의 수분을 건조시키는 작업이다. 찻잎 표면의 수분 증발 속도와 찻잎 내부의 수분 확산 속도가 평형을 유지해야 녹색을 유지할 수 있다. 이 공정에서 엽온은 34~36°C, 수분 함량은 40~50% 정도가 감소한다.	기기의 청결 상태를 조사해야 한다. 특히 열풍기의 팬으로부터 이물질이 혼입되지 않도록 주의한다.	• 세척 상태 : 세척 후 이물질, 비유기 제품이 없어야 한다.	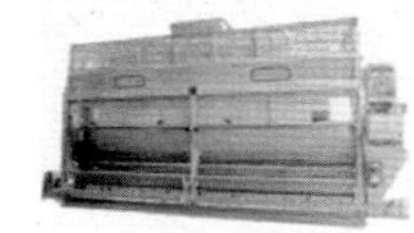
유념	찻잎 각 부분의 수분함량을 균일하게 함과 동시에 찻잎 세포 조직을 적당히 파괴해 차 함유 성분을 잘 우러나게 하고 형상도 좋아지게 하는 공정이다. 찻잎의 경화 정도에 따라 시간 및 압력을 조금씩 다르게 한다. 여린 잎은 비빔추의 무게를 가볍게 하여 시간을 길게 하고 경화된 잎은 주의 무게를 무겁게 하여 시간을 짧게 한다. 보통 비빔 시간은 10~20분 정도이다.	찻잎을 비벼 잎의 상태를 조정하는 공정이다. 기기의 종류에 따라 브러쉬 등이 사용되는 경우가 있으므로 이물질이나 비유기 녹차 잎이 남아 있지 않은지 확인한다.	• 세척 상태 : 세척 후 이물질, 비유기 제품이 없어야 한다.	
중유	찻잎 표면의 수분과 내부 수분의 확산을 균형 있게 하여 열풍으로 건조하는 과정이다. 중유의 온도가 과도하게 상승하지 않도록 찻잎의 온도를 34~36°C로 유지해주는 것이 중요하다. 차온이 과도하게 상승하면 빛깔이 적흑색을 띠는 원인이 되므로 배기 온도를 차 온도보다 20°C가 낮은 32 ~34°C가 되도록 조절하는 것이 중요하다.	찻잎 표면의 수분과 내부 수분의 확산을 균형이 있게 하여 열풍으로 건조하는 작업이다. 열풍기 관리에 주의한다.	• 세척 상태 : 세척 후 이물질, 비유기 제품이 없어야 한다.	

단계	공정	심사 사항	심사 요령	
재건(정유)	찻잎의 수분을 건조시킴과 동시에 차 제품의 형태를 바늘 모양으로 만드는 과정으로서, 정유 공정이라고 한다. 비빔 쟁반 위의 비빔손이 왕복운동을 하여 찻잎에 압박을 주어 수분이 압출되도록 하여 건조하는데 이때 차온은 38~40℃가 적당하며, 소요 시간은 약 40분 정도가 적당하고, 함수율은 25%까지 감소하게 된다.	비빔 쟁반 위의 비빔손이 왕복운동 하여 찻잎에 압박을 주기 때문에 부서진 녹차 가루가 기기에 잔류하기 쉽다. 유기 생산 전 비유기를 생산하였다면 잔여물이 남지 않도록 깨끗이 씻어야 한다.	• 세척 상태 : 세척 후 비유기 제품이 없어야 한다.	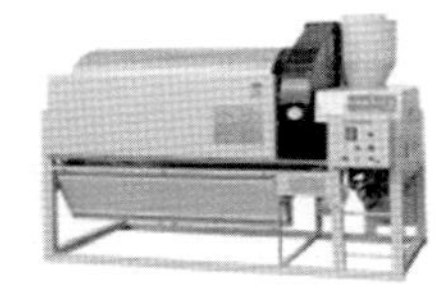
건조	정유기에서 나온 찻잎을 건조시켜 제품으로 만드는 마지막 공정으로 80~90℃의 열풍으로 45분 정도 건조시켜 제품의 최종 수분함량을 4~5%까지 떨어뜨리는 과정이다.	열풍으로 찻잎을 건조하는 마지막 공정이다. 열풍기 팬 등을 포함한 기기의 세척 상태를 확인한다.	• 세척 상태 : 세척 후 비유기 제품이 없어야 한다.	
숙성		비유기 제품과 같은 공간에서 숙성할 때, 유기 녹차라고 표시 및 구분 구획을 확실히 하여야 한다. 또한 해충관리에도 특별히 신경을 써야 한다.	• 숙성 중인 유기 녹차의 명확한 표시 및 구분 숙성보관실의 해충관리	
포장	수분함량이 5% 이하로 감소하여 저장성이 부여된 찻잎을 용기에 충전, 밀봉하는 공정이다. 포장한 제품은 저온에서 보관한다. 보관 중의 품질 변화를 최소화하기 위해서 용기 중의 공기를 질소로 치환 또는 진공 포장하는 그것이 좋다.	포장에 사용되는 포장지의 상태와 표시사항 등을 확인한다.	• 포장지 상태 : 훼손되어있지 않아야 한다. • 포장지 표시사항 : 표시기준에 적합해야 한다.	

2.3 녹차의 유기관리 요점

2.3.1 원료의 확인 및 관리

1) 원료의 확인

○ 유기 침출차(녹차)를 제조하는 데 있어서 유기농산물(녹차 잎) 원료를 사용하는 경우가 대부분이지만, 유기가공식품(침출차)을 원료로써 사용할 수 있으며, 어떤 경우든지 반드시 원료의 유기인증 여부를 확인하여야 한다. 또한 자가 생산한 농산물을 사용할 때는 유기적으로 생산한 농산물이라 하더라도 유기 인증을 받지 않았다면 원료로 사용할 수 없으므로 주의해야 한다. 녹차 제품 이외의 유기가공식품(침출차)에 사용되는 원료로는 녹차 잎 이외에 국화, 뽕잎(및 뽕나무 가지), 둥굴레, 보리, 옥수수 등이 있으며, 일반적으로 식품첨가물은 사용되지 않는다.

○ 생산되는 유기 제품에서 사용하는 원료를 모두 기록하여 관리한다. 각 원료는 유기와 비유기로 구분하여 관리될 수 있도록 하며 유기일 경우 인증서를, 비유기일 경우 관련 명세서의 주요 사항(발생 기관, 발행번호, 유효기간)을 기록하여 둔다. 비유기 원료를 사용할 경우, 사용하는 사유를 명확하게 기록하고 그와 관련된 증빙서를 보관하도록 한다. 비유기 원료를 사용하는 사유는 유기 원료를 상업적으로 조달할 수 없는 경우를 의미한다.

○ 사용하는 원료 중 건조 버섯과 같이 방사선 조사 가능성이 있거나 옥수수, 콩과 같이 GMO와 관련된 원료의 경우 이와 관련한 원료 목록을 작성하고 증빙서를 갖춰 놓도록 한다.

【비고】 입고되는 찻잎의 품질 및 유기농 인증마크와 유기농 인증서, 거래증명을 확인하여야 한다.

2) 원료의 관리

○ 침출차(녹차)의 제조에 사용되는 원료(녹차 잎)의 경우, 수확 시기에는 일시적으로 대량의 가공이 이루어지고, 가공품(황차)은 보관창고에서 장기 보관하게 된다. 따라서 차 제조업자는 대량의 차 원료를 저온 창고에 보관하는 것이 보통이다. 반제품을 원료로 구매하여 사용할 때는 원료를 인증받은 사업자로부터 공급받은 것을 사용하여야 한다. 또한 반제품을 저온 창고에 보관하는 경우, 비유기 원료와 혼합되지 않도록 조처하여야 한다. 즉, 이 과정에서 원료들의 유기성이 훼손되지 않도록 유기적 취급의 기준에 따라 명확한 식별 및 구분 관리하고, 보관할 때 허용되지 않은 해충 방제 물질로부터 오염이 방지되도록 하여야 한다. 식품 원료로서의 품위를 유지하기 위한 온도 및 습도 유지 관리 등의 일반 요건을 준수하여야 함은 두말할 필요가 없을 것이다.

○ 공장에 입고되는 원료가 유기적 순수성을 유지된 상태로 입고되고 있는지 확인해야 하며 원료의 검사에 따른 비유기의 혼입 가능성이 없는지 검토하고 방지 방안을 수립해 둔다.

○ 유기 침출차 제조에는 유기농산물 인증을 받은 녹차 잎, 뽕잎, 둥굴레, 보리, 옥수수, 현미 등을 단독(녹차, 뽕잎차, 둥굴레차, 보리차, 옥수수차 등) 또는 혼합(현미녹차)하여 사용하며, 식품첨가물은 사용하고 있지 않다.

【비고】 입고된 원료에 유기농 식별표시를 하고, 구분 적재하여 관리한다.

2.3.2 제품의 조성

1) 물과 소금의 비율

○ 생산하는 유기식품의 조성에 대한 요약으로 유기 함량을 관리하기 위해서 물과 소금의 비율을 명확히 기록한다.

2) 사용 원료 및 첨가물 목록

○ 사용하는 원료 및 첨가물을 모두 기록하고 첨가물의 경우 사용 목적을 기록하여 둔다. 첨가물의 사용 목적이 적합한 것인지 반드시 확인한다.[13](부록 5 참조). 물과 소금을 제외한 유기 원료와 비유기 원료의 비율을 기록하여 유기 원료의 비율이 95% 이상이 되는지를 확인한다.

3) 가공보조제

○ 제품의 제조에 사용되는 가공보조제의 목록을 기록하여 관리한다. 원료와 같게 유기와 비유기로 구분하여 관리하며 유기일 경우 인증서가 관리될 수 있도록 한다.

4) 청관제(보일러 첨가제)

○ 보일러의 증기와 식품이 접촉하는지 조사를 하여야 하며 휘발성 보일러 첨가제를 사용하면 기록하여 관리한다. 사용하는 보일러 첨가제는 모두 목록을 작성하여 관리하며 휘발성 여부를 반드시 확인하여 둔다.

○ 만약 휘발성 보일러 첨가제를 사용하면 유기 제품과의 접촉을 방지하기 위한 계획을 수립하여 유기 제품이 보일러 첨가제에 의해 오염이 되지 않도록 비휘발성 첨가제의 사용을 검토하고, 보일러 증기가 별도로 배출이 되도록 닥트 또는 가이드를 설치하며, 생산된 제품에 휘발성 보일러 첨가제 잔류 여부 검사하여야 한다.

2.3.3 수질관리

○ 가공공장 내에서 사용하는 물을 용수원 (지하수, 상수 등)과 용도(식품 제조용, 청소용 등)를 구분하여 관리한다. 만약 사용하는 첨가제가 있으면 같이 기록하여야 한다. 사용하는 용수를 처리하는 시설, 장비가 있으면 모두 기록하여 관리가 될 수 있도록 한다. 이물을 제거하기 위한 여과기를 사용하거나 사용한 용수를 재사용하여 세척수로 사용하는 시스템이 유기가공식품 공장에서 주로 사용하는 시설이지만 이외에도 UV, 오존 등의 살균 시스템을 사용한다면 같이 기록하여 관리한다.

○ 침출차류 제조 공장에서 물의 사용량이 많지 않으나 증제차 제조 시 찻잎을 찌는데 사용되는 스팀 제조에 물이 사용되며, 이 물은 공영의 상수도 외 수도법으로 허용된 전용수도 가능하지만 수질기준에 관한 법령에서 정해진 기준을 지키는 것은 당연하다. 손 세척 또는 청소용으로 사용하는 물은 상수도 또는 지하수를 사용하는 것이 대부분이다. 지하수의 경우에는 반드시 수질검사를 받는 것과 동시에 그 물이 물탱크 내에 보관될 경우 물탱크 내의 물을 모아둔 상태에서 검사한 결과의 증명서류를 보관해 놓을 필요가 있다.

【비고】 수질기준에 관한 법령에서 정해진 기준에 적합한 용수인지 확인하고, 물탱크, 물 라인이 주기적으로 청소가 이루어지는지 확인

2.3.4 세척 및 위생체계

○ 가공시설 구역에 대한 세척 및 소독을 시행할 때 세척 및 소독으로 유기 제품의 유기적 순수성이 훼손되지 않도록 공장의 구역별로 방법과 빈도를 정하도록 한다. 설비의 세척 및 소독에 사용하는 물질은 모두 목록을 정하여 관리하며 사용한 세척제 또는 소독제가 설비에 잔류하여 유기식품에 혼입되거나 접촉되지 않도록 조처하여야 한다.

---

13) 친환경농어업 육성 및 유기식품 등의 관리·지원에 관한 법률 시행 규칙 제3조(허용물질)

○ 침출차 제조 공장의 기계. 기구류는 일반적으로 건식 세척을 시행하고 있다. 위생관리 측면에서 특별한 경우를 제외하고는 주기를 정하여 물청소하는 것이 바람직하다. 세척을 소홀히 함으로써 유기와 비유기 혼용설비에서 비유기 물질이 유기 제품에 혼입되지 않도록 주의하고, 원료가공 중 찌꺼기가 잘 끼일 수 있는 설비는 특히 주의하여야 한다. 그리고 설비의 고장으로 보수를 할 경우, 더 세심한 청소가 이루어져야 하며, 흑 설비에 윤활 작업을 했을 경우 윤활유가 설비 밖으로 흘러나와 제품을 오염하는 일이 없도록 주의를 기울여야 한다.

【비고】 생산 전후로 청소상태를 확인하고 특히 설비에 윤활 작업을 했을 경우 그 상태를 확인하여 제품에 오염되는 일이 없도록 한다.

2.3.5 해충이나 병원균 관리

○ 유해 물질을 관리하는 방법으로 살충 물질을 우선 적용해서는 안 된다. 반드시 예방 방법-사후관리 방안-살충 물질의 사용 순으로 차례로 적용할 수 있도록 계획을 수립하고 관리해야 한다. 예방 방법을 통해 관리가 안 되는 경우 사용할 수 있는 사후관리 방안으로는 기계적, 물리적, 생물학적인 방법 등이 있다.

○ 침출차를 제조하는 공장은 주원료가 녹차 잎 등의 농산물이므로 해충류(나방, 나방알, 애벌레, 메뚜기 등)에 노출되어있는 상태이며, 원재료에 붙어서 공장까지 이동되는 경우가 흔한 일이다. 이를 정선하고, 씻는 단계에서 제거하지 못하면 품질 불량, 소비자 불만 등의 문제를 초래할 수 있으며, 공장 자체에서 서식하는 설치류, 파리, 모기, 하루살이, 곤충류 등도 많은 문제를 일으킬 수 있으므로 서식지를 사전에 없애고, 발생했을 시에는 제거 방법(물리적 방법:쥐덫, 끈끈이, 방충망, 유인 포충등)을 이용하여 제거하도록 해야 한다.

○ 출입구는 항상 밀폐하고 창문은 방충망을 설치하여 관리하도록 한다.

【비고】 원료로부터 유래하는 해충이나 공장 주변에서 서식하는 해충을 물리적인 방법으로 제거할 수 있도록 세척, 방충망, 덫 등을 설치, 관리한다.

2.3.6 포장 및 수송

○ 내포장, 외포장 등 해당 제품의 현장에서 생산된 유기 제품에 사용되는 모든 포장재의 종류의 목록을 만들고 포장 재질을 함께 기록하여 재활용을 위한 참고자료로 활용될 수 있도록 한다. 생산된 유기가공식품의 유기적 순수성의 훼손 없이 운송되도록 계획을 세워 관리한다.

2.3.7 기록 및 접근성 보장

○ 사업장 내의 유기 관리 시스템과 관련한 모든 문서에 대한 목록을 작성하여 기록하고 관리가 되도록 한다. 모든 문서의 보존기한은 3년 이상으로 설정함을 주의한다. 제품의 회수와 철수에 대비한 추적 시스템을 구축해야 한다. 모든 문서는 추적 시스템에 의해 유기적으로 구성되어야 한다. 유사시 누구나 추적을 할 수 있도록 추적 시스템에 대해 최대한 자세히 계획을 세워놓아야 한다.

2.3.8 공정 운영 및 퍼지

○ 유기침출차를 먼저 생산하고 비유기 침출차를 생산하는 것으로 생산계획을 수립하였으나 긴급하게 역순으로 생산하는 상황이 발생할 수 있다. 이럴 때는 특히 비유기 제품의 잔류를 염려하지 않으면 안 된다. 공정별로 청소상태를 확인하여 비유기의 잔류물이 유기 침출차에 혼입되지 않도록 퍼지를 시행하고 세심한 주의를 기울여야 한다. 유기 제품을 생산하기 위해 사용하는 공장 내의 설비나

시설에 대해 목록을 작성하여 관리하고, 유기가공 전 세척과 퍼지의 실행 여부를 점검해 둔다.

【비고】 세척과 퍼지를 실시한다면 방법, 시간 등의 구체적인 사항을 기록하고, 가공 전 세척이나 퍼지를 실시하지 않는다면 미시행하는 사유를 기록한다.

【비고】 공정 운영 중 청소의 소홀, 비유기 관리의 소홀, 주변 환경 청결 관리 소홀 등으로 유기 침출차가 오염되는 일이 없도록 관리해야 한다.

3. 김치류

3.1 김치류의 유형 및 설비

3.1.1 김치류의 유형 및 규격[14)]

김치류란 배추 등 채소류를 주원료로 하여 절임, 양념 혼합공정을 거쳐 그대로 또는 발효시켜 가공한 김치와 김치를 제조하기 위해 사용하는 김칫속[15)]을 말한다. 김치류의 제조·가공기준에서는 원료로 사용되는 채소류는 이물이 제거될 수 있도록 충분히 세척하도록 요구하고 있다. 김치류는 식품 유형에 따라 김칫속과 김치로 구분할 수 있으며 중금속 등에 대한 규격은 표 7-8에 나타낸 바와 같다.

표 7-8. 식품 유형에 따른 김치류의 분류 및 규격 요구사항

<table>
<tr><th colspan="2">식품 유형</th><th>정의</th><th>규격</th></tr>
<tr><td colspan="2">김칫속
(김치소)</td><td>식물성 원료에 고춧가루, 당류, 식염 등을 가하여 혼합한 것으로 채소류 등에 첨가, 혼합하여 김치를 만드는 데 사용하는 것을 말한다.</td><td rowspan="3">(1) 납(mg/kg) : 0.3 이하
(2) 카드뮴(mg/kg) : 0.2 이하
(3) 타르색소 : 검출되어서는 아니 된다.
(4) 보존료 : 검출되어서는 아니 된다.
(5) 대장균군 : n=5, c=1, m=0, M=10 (살균제품에 한한다).</td></tr>
<tr><td rowspan="2">김치</td><td>배추김치</td><td>배추를 주원료로 하여 절임, 양념 혼합과정 등을 거쳐 그대로 또는 발효시킨 것이거나 이를 가공한 것을 말한다.</td></tr>
<tr><td>기타 김치</td><td>채소류를 주원료로 하여 절임, 양념 혼합과정 등을 거쳐 그대로 또는 발효시킨 것이거나 이를 가공한 것을 말한다.</td></tr>
</table>

3.1.2 김치의 원료 및 제조 설비

유기 김치를 제조하기 위하여 사용되는 원재료는 다양하지만 가장 흔한 배추김치와 총각김치(총각김치)의 원재료는 유기농 배추, 유기농 무, 유기농 파, 유기농 고춧가루, 유기농 마늘, 유기농 생강, 유기농 찹쌀, 소금, 액젓 등이다. 원재료 가운데 소금과 액젓은 비유기 제품을 사용할 수 있음을 유의하여야 한다. 김치를 제조하기 위하여 사용되는 제조 설비는 세척 용기, 절임 용기, 탈수 장비, 파쇄기, 절단기, 채칼, 칼, 저장 용기 등을 들 수 있다. 이들 설비를 구성하는 도구를 사용할 때 유기적 순수성을 지키기 위하여 유의할 사항은 표 7-9와 같다.

14) 식품공전. 2022
15) 김치소

표 7-9. 김치 제조할 때 사용되는 도구에 대한 심사할 때 유의 사항

도구 명	유기전용 여부	심사할 때 유의 사항	
칼	혼용	• 칼의 녹 발생 여부 확인 • 칼날과 자루 사이 찌꺼기 여부 확인 • 칼 연마 후 세척 상태 확인	
채칼	전용	• 무 절단 설비의 청소상태 확인 • 절단기 재질 적합성 확인	 
필러	혼용	• 청소 및 청결 상태 확인 • 필러 재질 적합성 확인	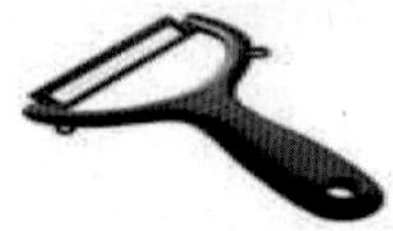
도마	전용	• 도마의 청소. 청결 상태 확인 • 사용 후 세척. 건조	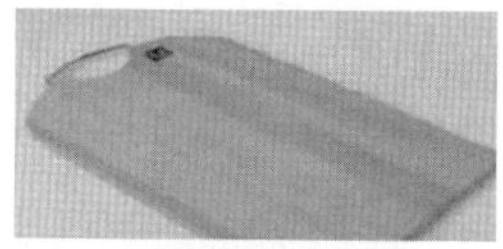
용기	혼용	• 재질 적합성 여부 확인 • 재생 용기 여부 확인 • 청소상태 확인	
김치 단지	전용	• 용기의 재질 적합성 여부 확인 • 질그릇 용기의 칠(유약) 성분 확인 • 청소·청결 상태 확인	 
소쿠리	전용	• 재질 적합성 여부 확인 • 재생 용기 여부 확인 • 청소·청결 상태 확인	
세척통	혼용	• 재질 적합성 여부 확인 • 재생 용기 여부 확인 • 청소·청결 상태 확인	
절구	혼용	• 절구의 돌가루 발생 여부 확인 • 절구대의 이물 발생 여부 확인 • 청소·청결 상태 확인	
운반 차량	혼용	• 운반 차량 청소 및 청결 상태 확인 • 유기 제품 적재장소 구획	

3.2 김치의 제조 공정

3.2.1 제조 순서도

배추김치와 총각김치의 제조 순서도는 그림 7-5 및 그림 7-6과 같다.

1) 배추김치 제조 순서도

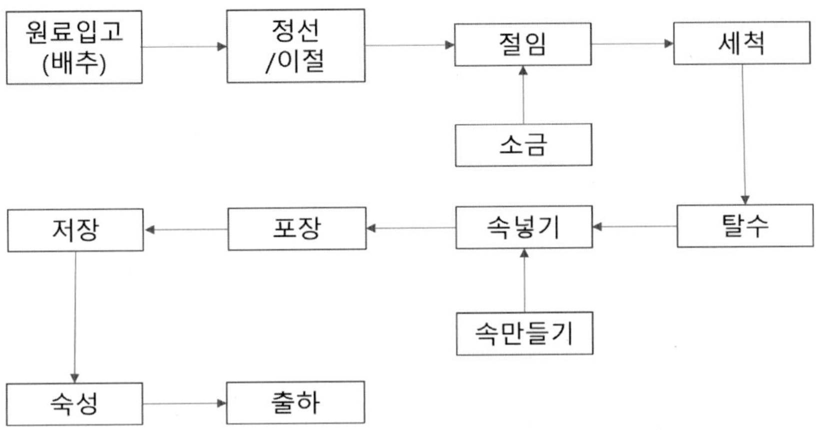

그림 7-5. 배추김치 제조 순서도

2) 총각김치 제조 순서도

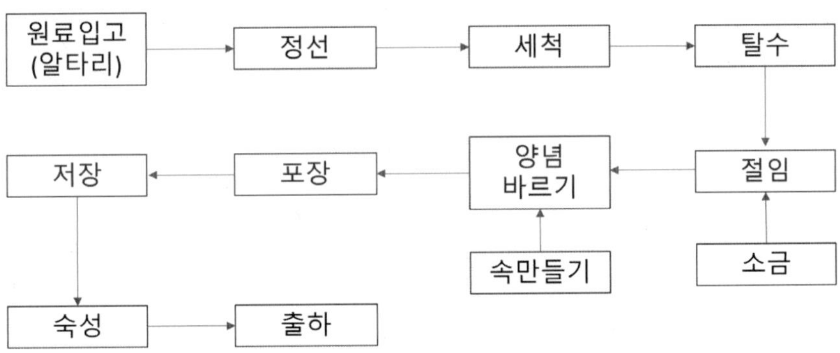

그림 7-6. 총각김치 제조 순서도

3.2.2 공정 단계별 심사 사항 및 심사 요령

배추김치 및 총각김치[16] 제조할 때 공정 단계별 심사 사항 및 심사 요령은 표 7-10 및 표 7-11과 같다.[17]

---

16) 알타리김치

17) 유기가공식품 표준모델. 2012

표 7-10. 배추김치 제조 공정별 심사 사항 및 심사 요령

단계	공정	심사 사항	심사 요령	
원료 입고	배추의 신선도를 확인한다.	유기가공 김치의 원료를 준비하는 단계에서는 사용될 원료(유기농 배추, 유기농 무, 유기농 고춧가루, 유기농 마늘, 유기농 파, 유기농 생강 등)의 유기 인증 여부를 확인해야 한다.	• 유기인증(마크 및 인증서) 확인 • 품질검사 • 거래증명서 확인	
정선	누른 잎, 뿌리 등 비가식 부위를 잘라 내고 다듬는다.	유기농 배추를 다듬고 둘로 쪼개는 단계에서 사용하는 칼로부터 녹 등의 유기를 훼손할 만한 물질이 발생하는지 확인한다.	• 칼날에서 녹이 발생하는지 확인	
이절	배추를 두 쪽으로 쪼갠다.			
절임	배추를 소금물(5~7%)에 담근 다음 11~20시간 정도 절인다. 오래 절이면 아삭아삭한 맛이 없어지고 질겨진다.	유기농 배추를 절이는 과정에서 사용 되는 용수는 먹는 물 기준에 적합한 것인지 확인해야 한다. 절임에 사용되는 소금도 유기를 훼손할 만한 물질이 함유된 것인지를 반드시 확인한다.	• 배추절임에 사용되는 물의 적합성 확인 • 배추절임에 사용되는 소금의 적합성 확인 • 규격에 적합하더라도 허가되지 않은 첨가물이 사용된 소금인지 확인	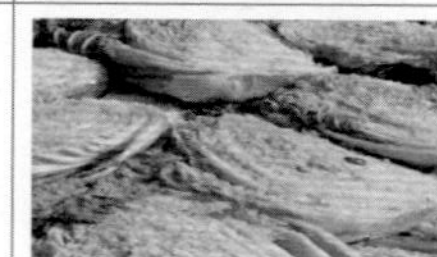
세척	절임 배추를 물로 씻는다.	절인 배추를 씻는 과정에서 사용되는 용수가 먹는 물 기준에 적합한 것인지 확인해야 한다.	• 이물 혼입 방지 • 절임 배추의 세척에 사용되는 물의 적합성 확인	
탈수	씻은 배추를 탈수대에서 탈수한다.			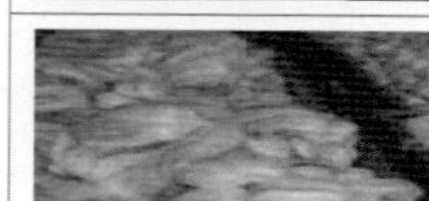

단계	공정	심사 사항	심사 요령	
속 만들기	무, 배, 당근은 채로 썰고, 미나리, 갓, 파는 3cm 정도 길이로 썬다. 생강, 마늘은 곱게 다진다. 먼저 채를 친 무에 고춧가루를 섞은 다음 나머지 재료를 함께 섞고 소금, 젓갈, 조미료 등을 넣는다.	김치의 속을 만들 원료를 준비하는 단계에서는 사용될 원료(유기농 무, 유기농 고춧가루, 유기농 마늘, 유기농 파, 유기농 생강, 유기농 찹쌀 등)의 유기 인증 여부를 확인해야 한다. 또한 혼합설비의 청소상태를 확인한다.	• 비유기 원료, 이물 혼입 주의 • 유기농 인증 확인(무, 고춧가루, 파, 마늘, 생강, 액젓, 소금) • 혼합설비 세척 상태 확인	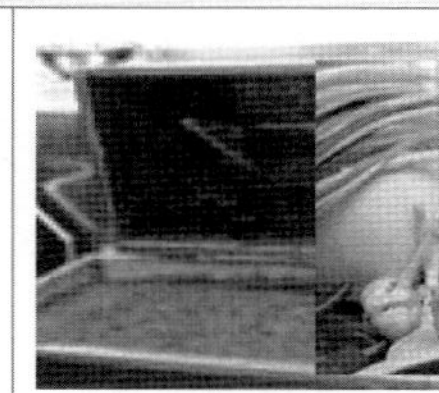
속 넣기	배추의 잎을 하나하나 벌려서 속을 넣고 겉잎으로 한 자락 돌려서 배추의 속이 빠져나오지 않게 한다.	절임 배추에 김치의 속을 넣는 과정에서 외부로부터 이물(날벌레, 먼지, 기타 이물)이 혼입되지 않도록 한다.	• 이물 혼입 주의	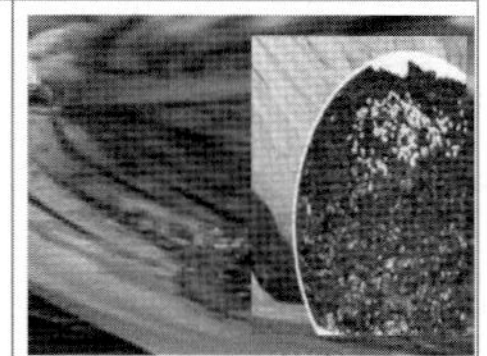
포장	비닐 백 또는 용기에 담을 때는 공기를 최대한 제거하면서 포장하여 공기의 접촉을 막아준다.	용기에 담을 때 이물이 주변으로부터 혼입되지 않도록 주의해서 꼭꼭 담는다.	• 내포장재의 시험성적서를 확인 • 유기 마크 부착	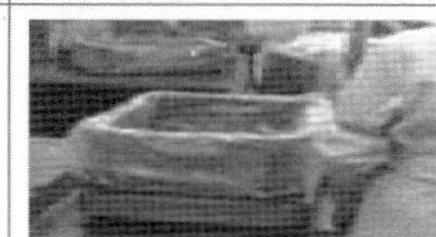
저장	저장 중 공기 접촉이 많으면 맛이 나빠지고 부패가 빨라진다.	담기 상태를 확인하고 비유기 제품과 섞이지 않도록 보관 및 저장한다.	• 유기와 비유기의 혼용적재에 주의	
숙성	냉장 온도에서 약 10일간 숙성한다.			
출하	유통과정에서 규정 온도를 잘 지켜 운반 배달한다.	제품 포장 상태를 확인하고 비유기 제품과 섞이지 않도록 구분 적재한다.	• 운반 차량 청결 상태 확인 • 운송 차량에서의 유기/ 비유기의 구분적재 확인	

표 7-11. 총각김치 제조 공정별 심사 사항 및 심사 요령

단계	공정	심사 사항	심사 요령	
원료 입고	총각무의 신선도를 확인한다.	유기 총각김치의 원료를 준비하는 단계에서는 사용될 원료(유기농 총각무, 유기농 고춧가루, 유기농 마늘, 유기농 파, 유기농 생강, 유기 설탕 등)의 유기 인증 여부를 확인해야 한다.	• 유기인증(마크 및 인증서) 확인 • 품질검사 • 거래증명서 확인	 
정선	비가식 부위를 제거한다.	유기농 총각무를 다듬고 하는 단계에서 다듬는 칼로부터 녹 등의 유기를 훼손할 만한 물질이 발생하는지 확인한다.	• 칼날에서 녹이 발생하는지 확인	
세척	흙을 제거하고 씻는다.	절인 유기농 총각무를 씻는 과정에서 사용되는 용수가 먹는 물 기준에 적합한 것인지 확인해야 한다.	• 절임 무의 세척에 사용되는 물의 적합성 확인	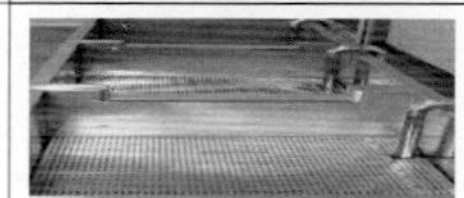
탈수	씻은 무를 탈수 설비에 넣고 탈수한다.			
절임	탈수한 무에 소금을 뿌린다.	유기농 총각무를 절이는 과정에서 사용 되는 용수는 먹는 물 기준에 적합한 것인지 확인해야 한다. 그리고 이때 사용되는 소금도 유기를 훼손할 만한 물질이 함유된 것인지를 반드시 확인한다.	• 소금이 규격에 적합한 것인지 확인 • 무절임에 사용되는 물의 적합성 확인	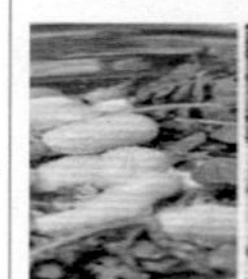 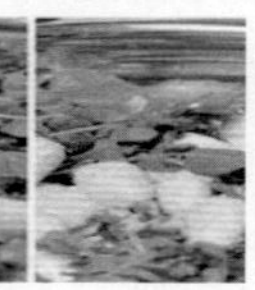
양념 만들기	양념 만들기: (액젓+찹쌀풀+고춧가루) + 마늘+생강 +소금 + 설탕 + 파	양념을 만들 원료를 준비하는 단계에서는 사용될 원료(유기농 고춧가루, 유기농 마늘, 유기농 파, 유기농 생강, 유기농 찹쌀, 유기 설탕 등)의 유기 인증 여부를 확인해야 한다. 또한 혼합설비의 청소상태를 확인한다.	• 유기농 원료 인증서 확인 • 이물 혼입 방지 • 혼합설비 세척 상태 확인	

단계	공정	심사 사항	심사 요령	
양념 바르기	만들어진 양념을 무에 잘 섞어 바른다.	절임 총각무에 양념을 바르는 과정에서 외부로부터 이물(날벌레, 먼지, 기타 이물)이 혼입되지 않도록 한다.	• 이물 혼입 방지	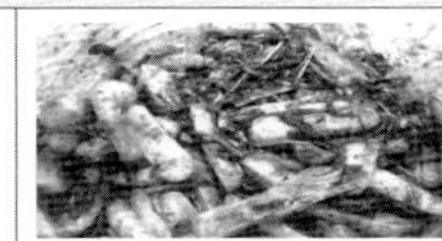
포장	내 포장을 하고, 공기를 제거한다.	용기에 담을 때 이물이 주변으로부터 혼입되지 않도록 주의해서 꼭꼭 담는다.	• 포장 용기 재질 적합성 확인 (시험성적서) • 이물 혼입 방지	
저장/숙성		담기 상태를 확인하고 비유기 제품과 섞이지 않도록 보관 및 저장한다.	• 유기와 비유기 제품의 구분 관리	
출하	깨끗이 정리된 적재함에 싣고 제품을 운송한다.	제품 포장 상태를 확인하고 비유기 제품과 섞이지 않도록 적재 이송한다.	• 운송 중 유기와 비유기 구분 적재	

3.3 김치류의 유기관리 요점

3.3.1 원료의 확인 및 관리

1) 원료의 확인

○ 유기가공식품(김치)을 제조하는 데 있어서 반드시 다음과 같은 사항을 주의해야 한다. 배추, 무 등의 신선한 유기농산물 원료를 사용하는 예도 있지만, 근래에 와서는 절임 배추를 제조·판매하는 업체가 생겨나면서 이를 이용하는 예도 있을 수 있으므로, 어떤 경우가 되었든지 반드시 유기농산물(배추, 무 등)의 인증 여부를 확인하여야 한다. 또한 자가 생산한 농산물을 사용할 때는 유기적으로 생산한 농산물이라 하더라도 유기 인증을 받지 않았다면 원료로 사용할 수 없으므로 주의해야 한다.

【비고】 입고되는 배추의 품질 및 유기농 인증마크와 유기농 인증서, 거래증명서를 확인하여야 한다.

2) 원료의 관리

○ 김치의 제조는 단시간에 끝나는 것이 아니고 장시간의 작업 시간이 필요하므로 이때 취급되는 원료들의 유기성이 훼손되지 않도록 비유기와의 철저한 구분관리가 필요하다. 유기와 비유기의 혼돈을 방지하기 위해 유기의 마크나 생산관리자의 이름, 로트번호 등을 부여하고 표시하여야 한다. 이 단계에서 표시하지 않게 되면 추적할 수 없고 혼돈이 야기될 수 있으므로 주의해야 한다.

○ 유기농 배추와 유기농 무, 유기농 고춧가루, 유기농 파, 유기농 마늘을 주원료로 하고 여기에 비유기 액젓을 첨가할 경우 여기에 사용되는 물과 소금을 제외하고 액젓의 함량은 배추 무, 고춧가루, 파, 마늘의 합계 중량의 5% 이하가 되어야 한다.

【비고】 입고된 원료에 유기 배추의 표시를 하고, 구분 적재하여 관리한다. 장기 보관 원료의 식별표시, 유기인증 마크 등의 관리가 필요하다.

3.3.2 수질관리

○ 김치류는 배추를 씻고, 절이고 하는데 물이 필수적이다. 물은 먹는물관리법으로 인정된 상수도가 사용 용수로 이용할 수 있지만, 먹는물관리법 수질기준에 관한 법령에서 정해진 기준을 당연히 지켜야 한다.

○ 원료를 씻거나 절임수로 쓰이는 물은 상수도 또는 지하수를 사용하는 것이 대부분이다. 지하수의 경우에는 반드시 수질검사를 받는 것과 동시에 그 물이 물탱크 내에 보관될 경우 물탱크 내의 물을 모아둔 상태에서 검사한 결과의 증명서류를 보관해 놓을 필요가 있다.

○ 물을 사용하는 공정에서 놓치기 쉬운 부분은 연속적으로 씻는 시스템의 경우, 일반 농산물을 그대로 유기농산물에 사용할 수 없다는 것이다. 세척물에 용해된 물질에 유기농산물이 오염된 위험성이 있기 때문이다.

○ 유기농산물을 씻기 전에 물탱크의 물을 빼고 물탱크를 씻은 후 새로운 물을 모으고 나서 작업을 개시하고, 세척수를 새로 갈았다는 것을 기록에 남기는 것이 필요하다. 마찬가지 이유로 냉동 유기농산물을 물탱크에서 해동할 때도 물의 교환이 필요하다.

【비고】 수질기준에 관한 법령에서 정해진 기준에 적합한 용수인지 확인하고, 물탱크, 물 라인이 주기적으로 청소가 이루어지는지 확인

3.3.3 세척 및 유지보수

○ 김치 제조 공장의 기계. 기구류는 특별한 것(저울, 포장기 등)을 제외하고는 물청소를 하는 것이 바람직하다. 세척을 소홀히 함으로써 특히 유기와 비유기 혼용설비에서 비유기의 물질이 유기 김치 생산할 때 오염될 가능성이 크므로 충분한 청소가 이루어져야 한다. 특히 주의를 더 기울여서 청소해야 하는 설비는 원료가공 중 찌꺼기가 잘 끼일 수 있는 설비(chopper, 채칼 등)이다.

○ 설비의 고장으로 보수를 할 때 더 세심한 청소가 이루어져야 하며, 혹 설비에 윤활 작업을 했을 경우 윤활유가 설비 밖으로 흘러나와 유기 김치 제품에 오염되는 일이 없도록 주의를 기울여야 한다.

【비고】 생산 전후로 청소상태를 확인하고 특히 설비에 윤활 작업을 했을 경우 그 상태를 확인하여 제품에 오염되는 일이 없도록 한다. 기계류의 청소 및 세척 시 잔류물이 없도록 주의한다.

3.3.4 해충이나 병원균 관리

○ 김치를 제조하는 공장은 주원료가 배추. 무 등의 농산물이므로 해충류(나방, 나방알, 애벌레 등)에 노출된 상태이며, 원재료에 붙어서 공장까지 이동되는 경우가 흔한 일이다. 이를 정선하고, 세척하고 하는 단계에서 제거하지 못하면 심각한 문제를 가져올 수 있으며, 공장 자체에서 서식하는 설치류, 파리, 모기, 하루살이, 곤충류 등도 많은 문제를 일으킬 수 있으므로 서식지를 사전에 없애고, 발생했을 시에는 제거 방법(물리적 방법 : 쥐덫, 끈끈이, 방충망, 유인등 등)을 이용하여 제거하도록 해야 한다.

○ 출입구는 항상 밀폐하고 창문은 방충망을 설치하여 관리하도록 한다.

【비고】 원료로부터 유래하는 해충이나 공장 주변에서 서식하는 해충을 물리적인 방법에 따라 항상 제거할 수 있도록 세척, 방충망, 덫 등을 설치한다.

3.3.5 공정 운영 및 퍼지

○ 작업계획의 원칙은 유기 김치부터 생산하고 비유기 김치를 생산하는 것으로 수립되어 있으나 사정이 여의치 못하여 역순으로 생산하는 경우가 생길 수 있다. 이럴 때는 특히 비유기 제품에 대한 잔류물을 염려하지 않으면 안 된다.

○ 공정별 설비별 2중 3중으로 청소상태를 확인하여 비유기의 잔류물이 유기 김치에 오염되는 일이 절대 없도록 세심한 주의를 기울여야 한다. 특히 배추 찌꺼기, 무채 찌꺼기, 고춧가루 찌꺼기, 파 찌꺼기, 마늘 찌끼, 생강 찌꺼기 등을 확인하지 않으면 안 된다.

【비고】 공정 운영 중 청소의 소홀, 비유기 관리의 소홀, 주변 환경 청결 관리 소홀 등으로 유기 김치가 오염되는 일이 없도록 관리해야 한다.

제8장

유기가공식품 인증심사보고서 작성

1. 인증심사보고서 양식
2. 인증심사보고서 예시

심사보고서는 법정에서 증거 문서로 사용될 수 있는 공식문서임으로 객관적인 사실을 기초로 작성되어야 한다. 심사원은 인증기준에서 요구하는 사항을 간결하게 작성하고 정확한 문법과 명확한 용어를 사용하여 인증기관이 보고서를 잘못 해석하는 일이 없도록 해야 한다. 보고서는 인증판정에 필요한 모든 정보를 포함하도록 완전성을 갖추어야 한다. 제8장에서는 유기 원료의 투입 비율 산출, 제조 공식의 검토, 로트번호를 통한 표본의 추적조사 결과 등 유기가공식품 인증심사보고서의 양식을 설명하고, 두부, 청국장, 밀가루, 떡, 토마토즙의 예시를 통하여 유기가공식품의 인증심사보고서 작성요령을 설명하였다.

1. 인증심사보고서 양식

인증심사보고서 (유기가공식품)

○ 접수번호 :

<table>
<tr><td rowspan="4">사업장</td><td>상호 :</td><td rowspan="2">신청
품목</td><td rowspan="2"></td></tr>
<tr><td>소재지 :</td></tr>
<tr><td>담당자 :</td><td>심사원</td><td></td></tr>
<tr><td>연락처 :</td><td rowspan="4">심사일
및
소요
시간
(총:)</td><td>서류검토 :</td></tr>
<tr><td rowspan="2">대표자</td><td>성명 :</td><td>현장심사 :</td></tr>
<tr><td rowspan="2">연락처(소재지 포함 - 별도장소의 경우)</td><td>보고서 작성 :</td></tr>
<tr><td></td><td>이동(왕복) :</td></tr>
</table>

☑ 심사 신청 종류	☑ 인증기관으로부터 전달받은 문서
◻ 신규 신청 ◻ 인증갱신 신청 ◻ 인증품 유효기간 연장신청 ◻ 인증변경 승인신청 ◻ 추가 심사 ◻ 불시 조사 ◻ 기타	◻ 식품 품목제조보고서 사본 ◻ 유기취급계획서 ◻ 원료 및 첨가물이 기준에 적합하다는 것을 증명하는 서류 ◻ 생산시설 도면 ◻ 품목별 제조공정도 ◻ 제품명세서 ◻ 심사안내서 ◻ 이전심사보고서 ◻ 현장심사 계획서 ◻ 기타 : 인증계약서 및 관련 공문 등

1.1 기본정보

항목	내용	비고
대표자/담당자 면담 여부		
유기가공식품 사업과 인증 신청 사유		
소유관계		
조직구조		
직원 수/유기식품 작업 인원		
근무환경 및 직원복지		
유기가공식품의 생산주기와 시간		
마케팅 및 주요 판매 방법		
인증표시 및 사용 방법		
불만 사항(반품 관련) 기록		
기타 필요사항		

1.2 심사 결과

1) 일반요건

심사 항목	평가	예/개선/ 아니오/ 해당 없음
(1) 시설도면, 제조공정도, 제품명세 등 인증신청서상의 모든 정보가 실제와 일치하는가?		
(2) 유기 취급계획이 계획대로 실행되고 있는가?		
(3) 가공 및 취급 전반에 걸쳐 토양의 오염이 최소화되도록 조치하고 있는가?		
(4) 가공 및 취급 전반에 걸쳐 대기의 오염이 최소화되도록 조치하고 있는가?		
(5) 가공 및 취급 전반에 걸쳐 물의 오염이 최소화되도록 조치하고 있는가?		
(6) 금지된 물질 및 방법으로부터 유기식품을 보호하기 위해 격리 및 충분한 예방 조치를 취하고 있는가?		
(7) 종업원들이 유기 취급계획에 대해 훈련받고 있는가?		
(8) 종업원들은 유기 인증기준에 대하여 종합적으로 이해하고 있는가?		
(9) 사업자는 유기 인증기준에 대하여 종합적으로 이해하고 있는가?		

2) 가공원료

심사 항목	평가	예/개선/ 아니오/ 해당 없음
(1) 모든 원료에 대한 유기인증서 또는 유기적으로 생산 및 취급되었다는 것을 증빙하는 자료가 있었는가?		
(2) 비유기 원료가 사용되었으면 불가피하였는가? 유기 원료를 구하기 위해 어떠한 노력을 하였는가?		
(3) 비유기 원료가 사용되었으면 물과 소금을 제외한 제품 중량에 대한 비유기 원료의 중량 비율이 5% 이하였는가?		
(4) 사업자는 비유전자변형 확인서 등 유전자변형이 아님을 증빙할 수 있는 자료를 가지고 있었는가?		
(5) 수질검사 성적서가 있었는가? 검사 결과는 먹는 물 기준에 적합하였는가?		
(6) 소금이 식품 기준에 적합하였는가?		
(7) 미생물 제제가 사용된 경우, 그것이 유전자 변형 미생물에서 유래된 것이 아님을 증빙하는 자료가 있었는가?		
(8) 첨가물 또는 가공보조제가 사용된 경우, 사용된 물질이 허용된 것인가? 그 사용이 불가피하였는가? 최소량만을 사용하였는가?		

3) 가공 방법

심사 항목	평가	예/개선/ 아니오/ 해당 없음
(1) 가공방법은 허용된 방법만을 사용하였는가?		
(2) 유기식품에 관한 모든 가공 및 취급 과정에서 방사선이 사용되지 않았는가?		
(3) 추출을 위해서 허용된 물질만을 사용하였는가?		
(4) 여과를 위해 환경에 부정적 영향을 미칠 수 있는 물질이나 기술을 사용하지 않았는가?		

심사 항목	평가	예/개선/ 아니오/ 해당 없음
(5) 저장을 위해 사용된 방법은 기준에 적합한가?		

○ 유기 원료 투입 비율 계산 과정 (내용이 많으면 붙임)

4) 해충이나 병원균 관리

심사 항목	평가	예/개선/ 아니오/ 해당 없음
(1) 해충과 병원균의 관리를 위해 화학 요법이나 방사선 요법이 사용되지 않았는가?		
(2) 해충 관리를 위해 허용된 방법을 순차적으로 적용하였는가?		
(3) 해충과 병원균 관리를 위해 장비와 시설에 허용되지 않은 물질을 사용하지 않았는가?		
(4) 허용되지 않은 물질이나 방법으로부터 유기식품을 보호하기 위해 격리 및 충분한 예방 조치가 취해졌는가?		

5) 세척 및 소독

심사항목	평가	예/개선/ 아니오/ 해당 없음
(1) 세척, 살균, 소독에 사용된 물질이 유기식품에 잔류하지 않도록 조치하였는가?		
(2) 사업자는 허용되지 않은 물질, 해충, 병원균, 기타 이물질로부터 유기식품을 보호하기 위하여 예방 조치를 취하였는가?		
(3) 세척 또는 소독에 사용된 물질은 먹는 물 또는 허용된 가공보조제 외에는 없는가?		
(4) 세척제, 살균제, 소독제를 사용한 경우, 유기적 순수성이 훼손되지 않도록 조치하였는가?		

6) 포장

심사 항목	평가	예/개선/ 아니오/ 해당 없음
(1) 포장재는 재활용되었거나 재활용할 수 있는 것인가?		
(2) 포장재가 허용되지 않은 물질을 함유하였거나 접촉하지 아니하였다는 것을 문서로 확인할 수 있는가?		
(3) 합성 살균제, 방부제, 훈증제 등 금지된 물질이 포장재, 용기, 저장고에 사용되지 않았는가?		
(4) 재활용된 자재 또는 용기는 기준에 적합하였는가?		
(5) 표시 또는 표시물의 기재사항은 기준에 적합한가?		

7) 원료와 제품의 수송

심사 항목	평가	예/개선/ 아니오/ 해당 없음
(1) 사업자는 환경에 미치는 악영향을 최소화할 수 있는 수송 방법을 선택하였는가?		
(2) 수송 장비와 운반 용기를 세척, 소독할 때 허용되지 않은 물질을 사용하지 않았는가?		
(3) 수송 과정에서 유기식품이 허용되지 않은 물질이나 관행 식품과 접촉 또는 혼합되지 않도록 명백히 구분하여 취급하였는가?		

8) 기록 및 접근 보장

심사 항목	평가	예/개선/ 아니오/ 해당 없음
(1) 사업자는 유기식품의 취급 전반에 관한 기록을 작성하고 있는가? 기록한 자료는 3년 이상 보존하고 있는가?		
(2) 유기 취급계획은 가공 및 유통을 포함하는 전체 관리 시스템을 다루고 있는가?		
(3) 표본추적 결과 이력 추적이 가능하였는가?		
(4) 대조 감사 결과 투입과 산출량이 균형을 이루고 있는가?		
(5) 가공, 포장, 저장, 운송, 판매, 기타 취급에 관한 관리 지침이 문서로 만들어져 보존되고 있는가?		
(6) 모든 기록 및 관련된 현장에 아무런 제한 없이 접근할 수 있는가?		

○ 기타 참고사항

1.3 첨부 문서

[첨부 1] 유기 원료 비율 계산서

계산 기준

※ 유기 원료 비율의 계산법 [규칙 별표3 4. 나. 목 2) / 고시 별표1 나. 목 5) 관련]

$$\frac{I_o}{G-WS} = \frac{I_o}{I_o + I_c + I_a} \geq 0.95$$

G : **제품(포장재, 용기 제외)의 중량** ($G \equiv I_o + I_c + I_a + WS$)

I_o : **유기원료[유기농산물+유기축산물+유기가공식품]의 중량**

I_c : **비유기 원료(유기식품 인증표시가 없는 원료)의 중량**

I_a : **비유기 식품첨가물(가공보조제 제외)의 중량**

WS : **인위적으로 첨가한 물과 소금의 중량**

가. 원료별로 단위가 달라 중량과 부피가 병존하는 때에는 최종 제품의 단위로 통일하여 계산한다.

나. 유기가공식품 인증을 받은 식품첨가물은 유기 원료에 포함해 계산한다.

다. 계산 시 제외되는 물과 소금은 의도적으로 투입되는 것에 한하며, 가공되지 않은 원료에 원래 포함된 물과 소금은 포함한다.

라. 농축, 희석 등 가공된 원료 또는 첨가물은 가공 이전의 상태로 환원한 중량 또는 부피로 계산한다.

마. 비유기 원료 또는 식품첨가물이 포함된 유기가공식품을 원료로 사용하였을 때는 해당 가공식품 중의 유기 비율만큼만 유기 원료로 인정하여 계산한다.

계산 결과

[첨부 2]

표본 추적 조사 결과 보고서
* 표본 선정내용 • 제품명 : • 제조일자, 유통기한 및 로트번호 : • 포장재 및 포장형태 : • 표본 선정 장소 및 시간 :
추적 결과
1. 해당 제품 포장일자 및 작업시간 2. 해당 제품의 반가공 일시 및 사용 제조설비 3. 해당 제품의 반제품 생산을 위한 원부재료 배합시간 및 단위 배합량 4. 해당 제품의 반제품 배합에 투입된 원부재료의 입고 로트번호 5. 해당 원부재료의 공급업체 및 입고일자 6. 판정 :

[첨부 3]

대조감사 결과 보고서
* 대조감사 대상제품 선정내용 • 분석대상기간
대조감사 결과
1. 투입산출 분석 결과 : 2. 평가 :

[첨부 4]

시작 및 종결 회의 서명서							
신청 회사명		회의 참석자			작성일자 :		
시작회의				종결회의			
일시 :				일시 :			
소 속	직급(위)	성 명	서 명	소 속	직급(위)	성 명	서 명

1.4 심사보고 요약

접수번호 :

조항 번호	범 위	적합	개선	부적합	개선 및 부적합 사항
1	일반요건				
2	가공원료				
3	가공방법				
4	해충 및 병원균 관리				
5	세척, 소독				
6	포장				
7	원료 및 제품의 수송				
8	기록 및 접근 보장				

※ '부적합 사항'에는 인증기준에 부적합한 사항을 요약하여 기록하고, '변경 또는 불일치 사항', 부족한 정보'가 있으면 함께 기술하시오.

○ 시료채취 (해당되는 경우) :
- 채취 사유 :
- 채취 장소 :
- 시료 내용 및 양 :

심사 종료일	신청자 측 담당자 서명	심사원 서명

1.5 잠재적 부적합 보고서

잠재적 부적합 보고서			
신 청 자		소 재 지	
심 사 일 시		확 인 장 소	
해당 인증기준			
부적합 내용	(※ 6하 원칙에 따라 작성. 구체적 입증자료 첨부: 심사원 작성)		
개선조치 내역	(※ 6하 원칙에 따라 작성. 구체적 입증자료 첨부: 신청자 작성<별지 첨부 가능>)		
부적합 구분	ㅁ경부적합 ㅁ중부적합	조치 요구기한	년 월 일
심사원 확인	(서명)	신청자 확인	직위: 성명: (서명)
차기심사 확인사항 및 기타 사항			

2. 인증심사보고서 예시

2.1 두부

2.1.1 두부(표준 안)

인증심사보고서 (유기가공식품)※

○ 접수번호 :

<table>
<tr><td rowspan="4">사업장</td><td>상 호 : ㈜유기식품</td><td rowspan="2">신청
품목</td><td>- 유기농두부 부침용,
- 유기농두부찌개용,
- 유기농컵두부 찌개, 부침겸용
주원료 : 유기대두(Grits)</td></tr>
<tr><td>소재지 : ○○○</td></tr>
<tr><td>담당자 : 홍 길 동</td><td>심사원</td><td>전남대</td></tr>
<tr><td>연락처 : ○○○</td><td rowspan="4">심사일
및
소요시간
총:
19시간</td><td>서류검토 : 2022.11.20
4시간</td></tr>
<tr><td rowspan="3">대표자</td><td>성 명 : 임 꺽 정</td><td>현장심사 : 2022.11.27
8시간</td></tr>
<tr><td rowspan="2">연락처(별도 장소의 경우) :</td><td>보고서 작성 : 2022.11.27
2시간</td></tr>
<tr><td>이동(왕복) : 2022.11.27
5시간</td></tr>
</table>

☑ 심사 유형	☑ 인증기관으로부터 전달받은 문서
☐ 신규 신청	☑ 식품품목제조보고서 사본
☑ 인증갱신 신청	☑ 유기취급계획서
☐ 인증품 유효기간 연장신청	☑ 원료 및 첨가물이 기준에 적합하다는 것을 증명하는 서류
☐ 인증변경 승인신청	☑ 생산시설 노년
☐ 추가 심사	☑ 품목별 제조공정도
☐ 불시 조사	☑ 제품명세서
☐ 기타	☑ 이전심사보고서 및 시정조치사항
	☑ 인증계약서 및 관련공문
	☑ 기타 : 방역관련자료, 검사서(수질, 간수=첨가물, 여과자재, 포장재 등)

※ 본 보고서는 표준(안) 서식에 맞춰 작성된 것임.

1. 기본정보

항 목	내용	비고
대표자/담당자 면담 여부	대표는 업무상 출타 중이었으며, 담당자(홍길동)와 면담했음	
유기가공식품 사업과 인증 신청 사유	"유기농 시장의 수요에 대응하기 위하여"라고 말했음	
소유관계	주식회사임	
조직구조	생산부서를 중심으로 조직된 생산조직구조이며, 첨부된 조직도 참조	
직원 수/유기식품 작업인원	상근 직원수 50여명으로 생산직 약 25명, 사무직 15명, 영업직 10명 등으로 구성됨 유기농 제품관련 작업인원은 유기작업(병행생산 시설임)시 10명이 투입되고 있었음	
근무환경 및 직원복지	담당자(홍길동)는 상위수준의 근부환경 및 복지를 유지하고 있다고 말했음	
유기가공식품의 생산주기와 시간	2013년에는 매일 첫 작업으로 1시간씩 가공하고 있음(생산일지로 확인함)	
마케팅 및 주요 판매방법	전국 가맹점(이마트, 홈플러스 등)으로 판매	
인증표시 및 사용방법	원료는 그리츠(Grits=콩분말)로 입고되며 유기전용 사이로(표시됨)에 보관되고 있으며, 반제품 없이 유기표시된 제품으로 유기 표시된 포장박스에 담겨 출하되고 있었음	
불만사항(반품 관련) 기록	반품기록부를 보관하고 처리하고 있었음	
기타 사항		

2. 심사 결과

1) 일반요건

심사 항목	평가	예/개선/아니오/해당 없음
(1) 시설도면, 제조공정도, 제품명세 등 인증신청서 상의 모든 정보가 실제와 일치하는가?	○ 문서감사 및 시설관찰을 통하여 유기작업장 설비배치도, 제조공정도 및 품목제조보고서 등이 인증신청서의 내용과 현장이 일치함을 확인하였음 [관련자료] 시설배치도, 제조공정도, 품목제조보고서	예
(2) 유기취급계획이 계획대로 실행되고 있는가?	○ 신청서상의 유기취급계획(OHP)에 따라 원료입고, 가공, 해충관리, 세척소독, 원료 및 제품의 운송, 물의 사용 등이 실행되고 있었음 [관련자료] 유기관리기준서 등 경영자료, 현장시설관찰	예
(3) 가공 및 취급 전반에 걸쳐 토양의 오염이 최소화되도록 조치하고 있는가?	○ 가공부산물인 비지, 파손품 등은 2개의 용역업체(푸른농장, 녹색환경산업)와, 폐포장지(합성수지)류는 그린환경산업과의 계약에 의해 처리되고 있었음 [관련자료] 3개업체 계약서확인 - 폐기물처리일지(전산자료)	예
(4) 가공 및 취급 전반에 걸쳐 대기의 오염이 최소화되도록 조치하고 있는가?	○ 두유를 제조하는 가열공정의 에너지원은 LNG(3라인, 4라인)를 사용함으로써 오염물질 배출을 최소화하고 있었음 - 현장 확인	예
(5) 가공 및 취급 전반에 걸쳐 물의 오염이 최소화되도록 조치하고 있는가?	○ 가공 후 세척 및 소독을 위하여 CIP를 4시 간 동안 실시하고 있으며, 이 때 발생하는 폐수는 해당공장의 폐수처리장에서 1차 처리되어 최종적으로는 00 산업단지 폐수종말처리장에서 배출수 기준에 적합하게 처리되어 배출되고 있었음 [관련자료] 폐수수질검사성적서, 현장 확인	예
(6) 금지된 물질 및 방법으로부터 유기식품을 보호하기 위해 격리 및 충분한 예방 조치를 취하고 있는가?	○ 신청제품인 두부류 가공에 금지된 첨가물 을 사용하지 않았음 ○ 해충관리를 위하여 금지된 물질인 스톰그 래늪(쥐목이상자)을 사용하고 있으나 건물 외곽에 설치하고 있고 뚜껑이 되어 있어 식품과 직접 접촉하지 않도록 관리하고 있었음 ○ 가공시설 세척소독을 위하여 쿼어럼옐로우686, 크렌즈액티브, PHMP-A로써 CIP를 실시하고 있으며, 사용후 pH 페이퍼로 잔류유무를 검사하여 잔류하지 않도록 관리하고 있었음 [관련자료] 제조공정도, 소독필증, 방역보고서, CIP점검표, 시설관찰 결과	예

심사 항목	평가	예/개선/ 아니오/ 해당 없음
(7) 종업원들이 유기취급계획에 대해 훈련 받고 있는가?	○ 현장생산기술자(○○○) 및 품질관리담당자(○○○)은 aT교육원에서 실시하는 유기가공식품인증 실무자과정을 이수하였으며, 종업원의 OHP계획 실행에게 전달 교육을 실시하였음 <사외교육 수료> - 교육기간 : 2021.11.17～18(2일간) - 수료자 : ○○○(식품교육 제100408호) ○○○ (식품교육 제 100409호) <사내교육 실시> - 일시 : 2021.11.24～12.9(4회) - 강사 : 품질관리담당자 ○○○ - 대상 : 현장 종업원 ○○○ 등 20명 [관련자료] 교육수료증(2매), 사내교육결과보고서	예
(8) 종업원들은 유기 인증기준에 대하여 종합적으로 이해하고 있는가?	○ 현장심사 시 생산현장에 있는 작업자(○○○)에게 유기적 순수성에유지 방안에 대하여 질문한 결과 "유기제품을 먼저 가공한 후 일반제품을 생산하는 등 시간을 달리하는 것이 바람직하다"고 답변하였음	예
(9) 사업자는 유기 인증기준에 대하여 종합적으로 이해하고 있는가?	○ 실질적인 사업장책임자인 공장장(○○○)은 유기가공에 대한 기본원칙에 대해 질문한 결과 '배출물질의 최소화하여 환경부화를 줄여주는 것이 좋다'라고 답변하였고 인증기준에 대하여 이해하고 있다고 판단되었음	예

2) 가공원료

심사 항목	평 가	예/개선/ 아니오/ 해당 없음
(1) 모든 원료에 대한 유기인증서 또는 유기적으로 생산 및 취급되었다는 것을 증빙하는 자료가 있었는가?	○ 원료에 대한 유기인증서, 수입 및 입고 관련 서류를 확인하였음 ○ 원료저장고에 보관되어 있는 원료포장에 부착되어 있는 유기인증표지 및 인증정보가 실제와 일치하였음 - 유기대두 grits: - 생산자: Mara Global Foods Pty Ltd. 419 Culmaran Creek Road, Mallanganee 2469 NSW Austrailia - 유효기간: 2021.10.20～2023.10.19 - 인증번호: GOAA 00#-00021 - 인증기관: ###인증원 - 운송주선인: SPUD Organics	예

심사 항목	평 가	예/개선/ 아니오/ 해당 없음
	- 수입신고필증: 2BC-2010-335552, - 수입 23톤 수입(2021.12.25) - 세금계산서 920포(25kg)=23톤 ○ 두 자료가 동일함을 확인하였음	
(2) 비유기 원료가 사용된 경우 불가피하였는가? 유기원료를 구하기 위해 어떠한 노력을 하였는가?	○ 비유기원료인 식품첨가물로 조제해수염화마그네슘과 미강유와 올리브유를 혼합 제조한 응고제를 사용하고 있었음(응고제에 혼합된 현미유 및 올리브유는 유기두부제품에 잔류 가능성이 있어 비유기원료로 평가하였음) - 응고제 제품명: 천일염천연응고제 100 - 응고제 성분: 해수염화마그네슘 55%, 현미유 40%, 올리브유 5% [관련자료] 유기두부 품목제조보고 사항 변경보고서 (2010.12.10) ○ 올리브유는 유기제품이 있으나 미강유는 인증제품이 없으며, 유기올리브유 사용시 응고제의 유화안정성이 떨어진다는 실험 결과를 확인하였음 [관련자료] 응고제 안정성 실험요약(보고자료로 첨부)	예
(3) 비유기 원료가 사용된 경우 물과 소금을 제외한 제품 중량에 대한 비유기 원료의 중량 비율이 5% 이하였는가?	○ 유기: 대두분말: 97.8%, 비유기: 응고제(고형분): 2.2% **※ 계산과정 붙임**	예
(4) 사업자는 비유전자변형 확인서 등 유전자변형이 아님을 증빙할 수 있는 자료를 가지고 있었는가?	○ 대두분말은 유기농산물인증을 받았으며, [관련자료] 현미유는 non-GM plant 증명이 있었음 (Dept. of Agr. No AC0915.01/649, Sep. 6. 2021)	예
(5) 수질검사성적서가 있었는가? 검사결과는 먹는 물 기준에 적합하였는가?	○ 상수도수질검사성적은 먹는 물 수질기준에 적합하였음 - 1호공 채수장: ○○군 ○○면 ○○리 412 - 검사기관: 중앙생명과학원(주)대덕연구원 - 검사의뢰일: 2022.01.18 - 의뢰인: ○○○식품(주) ○○○ - 접수번호: 31100168 - 판정: 적합(수연11-00475호, 2011.01.31) - 2호공 채수장: 상동(별도의 채수장) - 검사기관: 상동 - 검사의뢰일: 상동 - 의뢰인: 상동 - 접수번호: 31100169	예

심사 항목	평 가	예/개선/ 아니오/ 해당 없음
	- 판정: 적합(수연11-00476호, 2022.01.31) - 01월분 공업용수사용료 납부영수증 확인함 (○○산업단지 입주업체 협의회 발행)	
(6) 소금이 식품기준에 적합하였는가?	○ 소금은 사용하지 않으며, 응고제(식품첨가물)로 "천일염천연응고제100"을 사용하였음; (8)항 참조	**해당 없음**
(7) 미생물 제제가 사용된 경우, 그것이 유전자변형 미생물에서 유래된 것이 아님을 증빙하는 자료가 있었는가?	○ 사용하지 않으므로 해당 사항 없음	**해당 없음**
(8) 첨가물 또는 가공보조제가 사용된 경우, 사용된 물질이 허용된 것인가? 그 사용이 불가피하였는가? 최소량만을 사용하였는가?	○ 응고제(식품첨가물)로 천일염천연응고제100을 4.6% 사용하였으며, 최소량 사용에 대한 자사 실험 데이터를 확인하였음 - 식품첨가물제조보고사항변경서(2021.10.05) (천일염천연응고제100) (해수염화마그네슘 + 미강유 + 올리브유) - 공급자; (주)○○○지엔에스 [관련자료] 천일염 천연응고 제100 시험성적서내역	예

3) 가공방법

심사 항목	평 가	예/개선/ 아니오/ 해당 없음
(1) 가공방법은 허용된 방법만을 사용하였는가?	○ 가공방법은 세척, 침지, 마쇄, 가열, 여과, 응고, 성형, 절단, 포장, 냉각 등 기계적, 물리적 방법만 사용하였음 [관련자료] 식품품목제조보고서, 통합유기가공 시스템 매뉴얼, 작업일지	예
(2) 유기식품에 관한 모든 가공 및 취급 과정에서 방사선이 사용되지 않았는가?	○ 시설관찰시 방사선조사 시설 및 표지가 발견되지 않았음	예
(3) 추출을 위해서 허용된 물질만을 사용하였는가?	○ 두부제조공정에 추출공정이 없으므로 해당 사항 없음	**해당 없음**
(4) 여과를 위해 환경에 부정적 영향을 미칠 수 있는 물질이나 기술을 사용하지 않았는가?	○ 두유의 여과를 위한 여과기의 여과망의 재질은 스테인리스로 되어 있었음	예
	○ 두유의 여과를 위한 여과기의 여과망의 재질은	개선

심사 항목	평 가	예/개선/아니오/해당 없음
	부직포이며, 식품에 적합하다는 자료가 없어 자료요청을 하였음	
(5) 저장을 위해 사용된 방법은 기준에 적합한가?	○ 원료 및 제품의 저장은 5℃ 이하의 저장고에서 관리되고 있으며, 특히 유통 시에도 cold chain 시스템을 적용하고 있었음 [관련자료] 저온저장고 점검표, 차량관리점검표 (운반용 냉장 탑차)	예

○ 유기원료 투입비율 계산 과정 (내용이 많을 경우 붙임) - 붙임자료 참조

4) 해충 및 병원균 관리

심사 항목	평 가	예/개선/아니오/해당 없음
(1) 해충과 병원균의 관리를 위해 화학 요법이나 방사선 요법이 사용되지 않았는가?	○ 공장시설과 서류 확인 결과, 화학 요법이나 방사선 요법은 사용하지 않고 있었음 [관련자료] 소독필증, 서비스 확인서(세스코), 해충모니터링현황, 방제관리계약서, 소독용역계약서, 해충(방서)제어장비현황, 약제의 MSDS, 작업장 청소점검 기록서	예
(2) 해충 관리를 위해 허용된 방법을 순차적으로 적용하였는가?	○ 순차적으로 적용하고 있었음 - **예방적 방법:** 출입구 하단 밀폐, 창문밀폐, 청결유지(주1회 CIP=대청소 개념): 점검일지 - **기계적 방법:** 에어커튼(2곳), 방충망, 쥐 끈끈이(15곳), 포충등(24곳), 냉장전실사용 - **허용물질 사용:** 알펫ES(에탄올-손소독제) - 비허용자재 * 팡팡제로유제: 공장외곽 배수로 * 쥐먹이상자(스톰그레늄-공장외곽), * 솔팩50 유탁제: 공장외곽 ※ 창문방충망, 건물벽설치문 기밀정도 확인. [관련자료] 위(1)의 자료와 동일	예
(3) 해충과 병원균 관리를 위해 장비와 시설에 허용되지 않은 물질을 사용하지 않았는가?	○ 해충 방제를 위해 제조장비 및 시설에 허용되지 않은 물질을 사용하지 않았음 - 비허용 물질은 외부에만 적용하였음	예

심사 항목	평 가	예/개선/ 아니오/ 해당 없음
(4) 허용되지 않은 물질이나 방법으로부터 유기식품을 보호하기 위해 격리 및 충분한 예방조치가 취해졌는가?	○ 허용되지 않은 물질을 사용하지 않았음 - 방역업체(세스코)에서는 주1회 방문하여 모니터링하며, 공장외곽의 방역을 위한 약제처리는 월 1회로, 처리하는 당일에만 직접 가져와서 처리하였음(회사 자체보관은 없음) - 자체적으로 사용하는 비 허용물질(알펫ES와 세척, 소독제)은 위험물질보관소(일반구역)에 보관하였음	예

5) 세척 및 소독

심사 항목	평가	예/개선/ 아니오/ 해당 없음
(1) 세척, 살균, 소독에 사용된 물질이 유기식품에 잔류하지 않도록 조치하였는가?	○ 절단기, 기계표면, 배관 등의 세척은 CIP를 실행하며, 이 때 사용하는 세척/소독제의 잔류여부는 현장에서 간이 pH paper로 확인하고, 실험실에서 pH meter로 측정하여 잔류하지 않는다는 자료를 기록 유지하고 있었음 - 세척/소독제: PHMB-A, 퀴어럼옐로우686, 크렌즈 액티브 [관련자료] OHP, CIP 점검표 확인	예
(2) 사업자는 허용되지 않은 물질, 해충, 병원균, 기타 이물질로부터 유기식품을 보호하기 위하여 예방조치를 취하였는가?	○ 세척/소독에 사용된 물질은 헹굼수의 pH측정으로 잔류하지 않는 자료를 기록 보관하고 있었음 ○ 해충관리를 위하여 작업장 내부는 방충망, 포충등, 끈끈이 등으로 관리하고 있었음 ○ 유기제품 제조시에는 퍼지(purge)를 통하여 관행제품 잔류물이 시설내에 잔류하지 않도록 조치하고 있었음 - 퍼지량: 압착 후 절단 전, 약300모/10분 ○ 1차보일러에서 발생한 수증기를 2차보일러의 수증기발생 열원으로 사용되고 있으며, 1차보일러청관제로 Chem-Aqua 3(주성분 : 폴리아크릴화 나트륨, 스케일분산제)와 OX-AWAY(주성분: 아황산나트륨, 용존산소제거제)가 사용되고 있으나 2차 보일러의 수증기와는 혼합되지 않는 구조였음 [관련자료] 방역계약서, CIP점검표, 시설관찰결과	예
(3) 세척 또는 소독에 사용된 물질은 먹는 물 또는 허용된 가공보조제 외에는 없는가?	○ 대두분말을 사용하므로 별도의 세척/소독은 이루어지지 않고 있었음 [관련자료] 식품품목제조보고서, 유기가공시스템 매뉴얼(제조공정도)	예

<table>
<tr><th>심사 항목</th><th>평가</th><th>예/개선/
아니오/
해당 없음</th></tr>
<tr><td>(4) 세척제, 살균제, 소독제를 사용한 경우, 유기적 순수성이 훼손되지 않도록 조치하였는가?</td><td>○ 절단기 등 제조시설 표면 및 배관내부의 세척/소독에 아래의 물질이 사용되고 있었으나, pH 페이퍼 및 pH 메타로 잔류여부를 검사하여 잔류되지 않게 조치하였다는 자료를 관리·보관하고 있었음
- 세척/소독제 사용내역
<table>
<tr><th>제품명</th><th>성분조성</th><th>사용설비</th><th>잔류검사</th></tr>
<tr><td>쿼어럼엘로우686</td><td>차아염소산나트륨, 수산화칼륨</td><td>절단기, 기계표면</td><td>pH paper
pH meter</td></tr>
<tr><td>크렌즈액티브</td><td>초산,
과산화수소,
과산화초산,
1-비스포스포닉산</td><td>두유제조설비</td><td>〃</td></tr>
<tr><td>PHMB-A</td><td>과산화수소,
초산</td><td>배관,
기계표면</td><td>〃</td></tr>
<tr><td>알펫ES</td><td>에탄올</td><td>손 소독</td><td>자연증발</td></tr>
</table>
[관련자료] OHP, CIP점검표, 해당 MSDS</td><td>예</td></tr>
</table>

6) 포장

심사 항목	평가	예/개선/ 아니오/ 해당 없음
(1) 포장재는 재활용되었거나 재활용할 수 있는 것인가?	○ 재활용이 가능한 폴리프로필렌(용기) /NY+PE (리드지)를 사용하고 있었음 - 신청된 2품목의 포장재에는 분리배출마크가 부착되어 있으며, 생산 중에 부적합 발생 시 폐기하고 있었음 (현장사진 자료9 참조)	예
(2) 포장재가 허용되지 않은 물질을 함유하였거나 접촉하지 아니하였다는 것을 문서로 확인할 수 있는가?	○ 포장재시험성적서로 확인하였음 (적합) - 두부용기 : 재질-PP - 접수일자 : 2022.01.13 - 분석기관 : 한국건설생활환경시험연구원 (CT11-02022, 2022.01.20.) - 리드지 : 재질-PE(내부) - 접수일자 : 2022.01.13 - 분석기관 : 한국건설생활환경시험연구원 (CT11-02021, 2022.01.20)	예

심사 항목	평가	예/개선/아니오/해당 없음
(3) 합성살균제, 방부제, 훈증제 등 금지된 물질이 포장재, 용기, 저장고에 사용되지 않았는가?	○ 시설관찰 결과 합성살균제, 방부제 등 금지된 물질이 포장재보관창고에 사용되지 않았음 [관련자료] 작업장 청소점검 기록서로 확인(물청소)	예
(4) 재활용된 자재 또는 용기는 기준에 적합하였는가?	○ 재활용하지 않으므로 해당 사항 없음	**해당 없음**
(5) 표시 또는 표시물의 기재 사항은 기준에 적합한가?	○ 유기가공인증마크, 인증번호, 인증기관 등이 표시기준에 적합하게 표시하고 있었음 [관련자료] 포장재 표시	예

7) 원료 및 제품의 수송

심사 항목	평가	예/개선/아니오/해당 없음
(1) 사업자는 환경에 미치는 악영향을 최소화할 수 있는 수송방법을 선택하였는가?	○ 원료는 공급업체에서 직접 운송하였음 ○ 제품운송은 자사 냉장차로 운송되며, 냉장 차 앞부분에 공기저항 저감장치를 부착하여 이산화탄소 등 배출물질을 최소화하고 있었음 [관련자료] 운송일지, 원료수불 ERP자료 확인	예
(2) 수송 장비와 운반용기를 세척, 소독할 때 허용되지 않은 물질을 사용하지 않았는가?	○ 수송차량은 물과 빗자루로 청소하였음 ○ 운반용기는 박스세척기를 사용하여 먹는물로 발생시킨 스팀을 이용해 세척하였음 [관련자료] 작업장 청소점검기록서 확인	예
(3) 수송 과정에서 유기식품이 허용되지 않은 물질이나 관행식품과 접촉 또는 혼합되지 않도록 명백히 구분하여 취급하였는가?	○ 원료운반 시 25kg 지대포장을 32포 적재한 파렛(Wrapping처리)으로 운반되고 있었음 ○ 유기제품은 일반제품과 제품명 및 포장디자인이 다르므로 혼입의 우려가 없다고 판단되었음 [관련자료] 운송일지, 현장 확인	예

8) 기록 및 접근 보장

심사 항목	평가	예/개선/아니오/해당 없음
(1) 사업자는 유기식품의 취급 전반에 관한 기록을 작성하	○ 유기가공식품 생산시작일 이후 기록을 관리하고 있으며, 기록 보존기간은 자체규정(유기가공시스	예

심사 항목	평가	예/개선/아니오/해당 없음
고 있는가? 기록한 자료는 3년 이상 보존하고 있는가?	템매뉴얼)에 3년으로 규정하여 보존할 수 있도록 하고 있었음 - 유기가공시스템 매뉴얼에 따라 관련양식에 의거 관리되고 있었음 - 유기취급계획서에 근거해 관련 자료를 작성함	
(2) 유기취급계획은 가공 및 유통을 포함하는 전체 관리 시스템을 다루고 있는가?	○ 유기가공시스템 매뉴얼(2008.12.15. 제정)에 따라 전체 시스템이 관리되고 있었음 1. 조직도 및 인수인계 2. 시설현황 3. 원료(ERP전산등록) 및 배합비 4. 제조공정도 5. 위생관리 6. 방서, 방충 7. 추적관리 8. 클레임처리 프로세스 9. 격부 규정	예
(3) 표본추적 결과 이력 추적이 가능하였는가?	○ 추적 가능하였음 **※ 표본추적 결과 붙임**	예
(4) 대조 감사 결과 투입과 산출량이 균형을 이루고 있는가?	○ 균형을 이루고 있었음 **※ 대조 감사 결과 붙임**	예
(5) 가공, 포장, 저장, 운송, 판매, 기타 취급에 관한 관리 지침이 문서로 만들어져 보존되고 있는가?	○ 회사 자체적으로 유기가공 시스템 매뉴얼을 갖고 있으며, 문서의 내역은 아래와 같았음 - 원료(ERP 전산 등록) 및 제품에 대한 추적시스템을 운영하고 있었음 - 원료 입고: 로트번호 체계(GR-F-R-O) - 가공: 작업일지, CIP일지, CCP일지 등 - 제품(재고일지): 포장지 GAP번호(1234) - 비규격제품 관리일지 - 기타 유기가공 시스템 매뉴얼에 따른 문서들이 보존되고 있었음	예
(6) 모든 기록 및 관련된 현장에 아무런 제한 없이 접근할 수 있는가?	○ 모든 기록과 장소를 담당자의 안내에 따라 제한 없이 접근할 수 있었으며, 사진 촬영도 하였음 - 모든 출입문은 보안키로 관리되고 있었음	예

○ 기타 참고사항

3. 첨부 문서

[첨부 1]

유기 원료 비율 계산서

계산 기준

※ 유기 원료 비율의 계산법 [규칙 별표3 4. 나. 목 2) / 고시 별표1 나. 목 5) 관련]

$$\frac{I_o}{G-WS} = \frac{I_o}{I_o + I_c + I_a} \geq 0.95$$

G : **제품(포장재, 용기 제외)의 중량** ($G \equiv I_o + I_c + I_a + WS$)

I_o : **유기원료[유기농(축)산물+유기가공식품]의 중량**

I_c : **비유기 원료(유기인증 표시가 없는 원료)의 중량**

I_a : **비유기 식품첨가물(가공보조제 제외)의 중량**

WS : **물과 소금의 중량**

가. 원료별로 단위가 달라 중량과 부피가 병존하는 때에는 최종 제품의 단위로 통일하여 계산한다.

나. 유기가공식품 인증을 받은 식품첨가물은 유기 원료에 포함해 계산한다.

다. 계산 시 제외되는 물과 소금은 의도적으로 투입되는 것에 한하며, 가공되지 않은 원료에 원래 포함된 물과 소금은 포함한다.

라. 농축, 희석 등 가공된 원료 또는 첨가물은 가공 이전의 상태로 환원한 중량 또는 부피로 계산한다.

마. 비유기 원료 또는 식품첨가물이 포함된 유기가공식품을 원료로 사용하였을 때는 해당 가공식품 중의 유기 비율만큼만 유기 원료로 인정하여 계산한다.

계산 결과

1. 원 부재료(첨가물 포함) 성분배합비: 작업일지(2022. 10. 14)
   유기농 두부 부침용: 유기농 대두분 100%
2. 원 부재료별 유기 원료 및 비유기 원료 구분 백분율
   대두 267kg, 응고제(염화마그네슘 55%, 미강유 40%, 올리브유 5%) 12.8kg(투입하여 266kg 생산(340g × 782모 생산)
   - 유기 대두분말 95.4%, 응고제 4.6%
3. 계산식에 따른 계산 결과
   o 〔267kg(유기 대두분말)〕 / 〔267kg(유기 대두분말) + 5.76kg(혼합올리브유)〕 × 100
   = **97.8%(유기)**
   - 응고제에는 현미유 40%, 올리브유가 5% 함유되어 있으므로 제품에 잔류하는 것으로 평가하였음

※ 유기농 두부 찌개용 및 유기농 투컵두부 찌개부침겸용은 유기농 두부 부침용과 원료투입 비율이 같으므로 계산 과정 생략함

[첨부 2]

표본의 추적 결과 보고서

1. 표본 선정내용

- **제품명 : 유기농두부 부침용(340g)**
- **제조 일자 및 로트번호 : 2022.11.15. 37116**
- **유통기한 : 2022.11.24(제조일로부터 10일)**
- **포장재 및 포장 형태 : PP(용기)/PE(리드지)**
- **표본 선정장소 및 시간 : 냉장창고, 2022.11.16. 14:00시**

추적 결과

1. 해당 제품 포장 일자 및 작업시간: 제품 로트번호 43942(TBS 식품 이력 관리 시스템)
   - ○ 포장 일자 및 작업시간 : 2022.02.14, 16:30

2. 해당 제품의 반가공 일시 및 사용 제조설비
   - ○ 반가공일시: 2022.11.14, 16:00
   - ○ 생산설비: 혼합기, 마쇄기, 자숙기, 응고 및 성형기 등

3. 해당 제품의 반제품 생산을 위한 원 부재료 배합시간 및 단위배합량
   - ○ 원 부재료 배합시간: 2022.11.14, 16:00 : 작업일지(2022.11.14)
   - ○ 단위배합량:
     - 유기 대두분말: 267kg
     - 응고제: 12.8kg
     - 제품생산량: 266kg(340g × 782모)

4. 해당 제품의 반제품 배합에 투입된 원 부재료의 입고 로트번호, 입고 일자, 공급업체 등

원 부재료	입고 일자	입고량	공급업체	로트번호
유기 대두분말	2022.10.07	23t	MARA Global Foods PTY LTD (00-8-21) / 2022.08.20, GGG인증원	- 17120(공급자 로트번호) - 입고 일자(회사관리번호)
응고제	2022.11.10	260kg	태진지엔에스	2022.11.10(입고일)

5. 결과 : 추적 가능하였음

[첨부 3]

대조 감사 결과 보고서

1. 대조 감사 대상 제품 선정내용

- **분석 기간 : 2021.11.01 - 2022.10.31(1년)**

대조 감사 결과

1. 투입-산출 분석 결과 / 2. 평가

제품명	품목 제조보고 **변경 전**			품목 제조보고 **변경 후('13.08.01)**		
	유기농두부 단단한부침용	유기농두부 부드러운 찌개용	유기농투컵 두부 찌개, 부침겸용	**유기농두부 부침용**	**유기농두부 찌개용**	**유기컵두부 찌개, 부침겸용**
○ **총투입량(A)**	126,886kg	175,944kg	22,619kg	**86,961kg**	**91,661kg**	**3,207kg**
- 유기대두	126,886kg	175,944kg	22,619kg	-	-	
- 유기대두분	-	-	-	**86,961kg**	**91,661kg**	**3,207kg**
- 응고제A[1]	(7,100kg)	(8,445kg)	(1,086kg)	-	-	-
- 응고제B[2]	-	-	-	**(4,174kg)**	**(4,400kg)**	**(153.9kg)**
○ **총생산량(B)**	364.942kg	524,879kg	55,707kg	**238,456kg**	**253,372kg**	**8,948kg**
○ **수율 경험값**	280±10%	300±10%	240±10%	**270±10%**	**280±10%**	**270±10%**
○ **투입-산출 비율 (B/A × 100)**	287.6%	298.3%	246.3%	**274.2%**	**276.4%**	**279.0%**
2. 평가	투입-산출 비율이 수율의 경험값에 근사함	투입-산출 비율이 수율의 경험값에 근사함	투입-산출 비율이 수율의 경험값에 근사함	**투입-산출 비율이 수율의 경험값에 근사함**	**투입-산출 비율이 수율의 경험값에 근사함**	**투입-산출 비율이 수율의 경험값에 근사함**

주 : 1) 해수 조제 염화마그네슘+올리브유+식물성유지
　　2) 해수 조제 염화마그네슘+올리브유+현미유

※ 투입된 응고제는 성형과정에서 제거되고 고형분만 일부 남게 됨.

[첨부 4] 시작 및 종결 회의 서명: 생략

4. 심사보고 요약

접수번호 :

조항 번호	범위	적합	개선	부 적합	개선 및 부적합 사항
1	일반요건	적합			없음
2	가공원료	적합			없음
3	가공방법	적합			없음
			개선		여과망(부직포)에 대한 자료 없음-요청함
4	해충이나 병원균 관리	적합			없음
5	세척 및 소독	적합			없음
6	포장	적합			없음
7	유기 원료 및 유기가공식품의 수송 및 운반	적합			없음
8	기록·문서화 및 접근 보장	적합			없음

※ '부적합 사항'에는 인증기준에 부적합한 사항을 요약하여 기록하고,
'변경 또는 불일치 사항', 부족한 정보'가 있으면 함께 기술하시오.

○ 시료 채취 (해당하는 경우) : 없음
- 채취 사유 :
- 채취 장소 :
- 시료 내용 및 양 :

심사 종료일	신청자 측 담당자 서명	심사원 서명
○○○	○○○	○○○

2.1.2 두부(간편안)

유기가공식품 심사내역서※

1. 신청인

신청자 성명 : (주) ○○○○○(대표 홍길동)
사업장 주소 : ○○○○○○
품　　목 : 유기농 맛두부
신 청 종 류 : ■ 신규 신청 □ 갱신 신청 □ 인증품 유효기간 연장신청

가. 친환경 농축산물 또는 유기식품 등의 인증을 받은 사실이 있는지?
□ 있음 ■ 없음

나. 인증과 관련하여 법 규정(부정행위 금지)을 위반하여 벌금 이상의 형을 선고받은 사실이 있는지? (집행유예 선고를 포함함)
□ 있음 ■ 없음

다. 인증이 취소되었거나 인증표시의 제거·정지 또는 인증품의 판매금지 명령을 받은 사실이 있는지?
□ 있음 ■ 없음

라. 친환경농산물 인증을 신청하여 부적합 통보를 받은 사실이 있는지?
□ 있음 ■ 없음

2. 심사 결과 요약

관찰 및 권고 사항: - 위생관리 등 관리 시스템이 양호하게 되어 있었음 - 세척일지 작성을 권고함. - 거래명세서의 공급자 명시를 확인하도록 권고함

인증심사 결과를 위와 같이 보고합니다.
2022년 ○월 ○일

1) 심사 기간 : 2022. ○○. ○○ ~ 2022. ○○. ○○
2) 심사원　　　성명　전남대 (인)

※ 본 표본 보고서는 E 인증기관의 서식[간편 양식]에 맞춰 작성된 것임

3. 항목별 심사 결과

심사항목	심사사항	평가	예/아니오
일반요건	<요약보고의 평가자 의견>	현장 심사 결과 인증신청서상의 모든 정보가 실제와 일치함을 확인하였음	예
	1) 시설도면, 제조공정도, 제품명세 등 인증신청서 상의 모든 정보가 실제와 일치하는가?	현장 심사 결과 인증신청서상의 모든 정보가 실제와 일치함을 확인하였음	예
	2) 유기취급계획이 계획대로 실행되고 있는가?	현장심사 결과 유기취급계획이 계획대로 실행되고 있음을 확인하였음	예
	3) 가공 및 취급 전반에 걸쳐 토양의 오염이 최소화되도록 조치하고 있는가?	가공과정에서 금지된 물질의 사용이 없었으며, 공정 중에서 나오는 부산물인 비지는 사료공장(하이피드)으로 보내져 토양오염 우려를 최소화하고 있었음 <비지 공급계약서 첨부>	예
	4) 가공 및 취급 전반에 걸쳐 대기의 오염이 최소화되도록 조치하고 있는가?	관류형 소형 보일러 사용으로 대기 오염이 최소화되도록 조치하고 있었음	예
	5) 가공 및 취급 전반에 걸쳐 물의 오염이 최소화되도록 조치하고 있는가?	폐수처리장을 운영하여 물의 오염이 최소화되도록 하고 있었음 <2022. ○. ○. 처리수 분석 결과서 첨부>	예
	6) 금지된 물질 및 방법으로부터 유기식품을 보호하기 위해 격리 및 충분한 예방 조치를 취하고 있는가?	금지된 물질 및 방법의 사용이 없었음	예
	7) 종업원들이 유기취급계획에 대해 훈련 받고 있는가?	정기적으로 유기 취급에 대한 교육을 진행하고 있었음 <2022.○.○. 교육훈련일지 첨부>	예
	8) 종업원들은 유기 인증기준에 대하여 종합적으로 이해하고 있는가?	직원(○○○)과 면담하여 인증기준에 대하여 종합적으로 이해하고 있음을 확인하였음	예
	9) 사업자는 유기 인증기준에 대하여 종합적으로 이해하고 있는가?	대표(홍길동)와 인터뷰한 결과 종합적으로 이해하고 있음을 확인하였음	예
가공원료	<요약보고의 평가자 의견>	사용된 염화마그네슘과 키토산은 허용된 물질이었으며 두부 응고 등 공정을 위해 그 사용이 불가피하였고 최소량만 사용되었음	예
	1) 모든 원료에 대한 유기인증서 또는 유기적으로 생산 및 취급되었다는 것을 증빙하는 자료가 있는가?	사용된 유기농 콩에 대해서는 유기인증서를 확인하고 첨부하였음 <00-00-1-0 첨부>	예
	2) 비유기 원료가 사용된 경우 불가피하였는가? 유기 원료를 구하기 위해 어떠한 노력을 하였는가?	응고제로 사용된 #####는 염화마그네슘으로 허용된 물질이었으며 키토산과 천일염은 천연물질로서 유기원료를 구할 수 없으므로 확인하였음	예

심사항목	심사사항	평가	예/아니오
	3) 비유기 원료가 사용된 경우 물과 소금을 제외한 제품 중량에 대한 비유기 원료의 중량 비율이 5% 이하였는가?	사용된 맛두부순과 키토산은 합계 1%로서 비유기 원료의 중량 비율은 5% 이하로 적합하였음	예
	4) 사업자는 비유전자변형 확인서 등 유전자 변형이 아님을 증빙할 수 있는 자료를 가지고 있었는가?	유기 인증서 첨부하였음	예
	5) 수질검사 성적서가 있었는가? 검사결과는 먹는 물 기준에 적합하였는가?	사용된 지하수에 대한 수질검사 결과 적합 성적서 첨부하였음 <2022.○.○. 시험성적서 첨부>	예
	6) 소금이 식품 기준에 적합하였는가?	소금은 국산 천일염으로 식품 기준에 적합하였으며 원산지증명서와 시험성적서 첨부하였음 <2022.○.○. 시험성적서 등 첨부>	예
	7) 미생물 제제가 사용된 경우, 그것이 유전자 변형 미생물에서 유래된 것이 아님을 증빙하는 자료가 있었는가?	미생물 제제 사용이 없으므로 해당 사항 없음	예
	8) 첨가물 또는 가공보조제가 사용된 경우, 사용된 물질이 허용된 것인가? 그 사용이 불가피하였는가? 최소량만 사용하였는가?	사용된 염화마그네슘과 키토산은 허용된 물질이었으며 두부 응고 등 공정을 위해 그 사용이 불가피하였고 최소량만 사용되었음	예
가공방법	<요약보고의 평가자 의견>	원료(콩)세척-침지-마쇄-여과-가열-응고-압착-성형-포장-출고의 물리적인 방법만을 사용하고 있었음	예
	1) 가공방법은 허용된 방법만을 사용하였는가?	원료(콩)세척-침지-마쇄-여과-가열-응고-압착-성형-포장-출고의 물리적인 방법만을 사용하고 있었음	예
	2) 유기식품에 관한 모든 가공 및 취급 과정에서 방사선이 사용되지 않았는가?	방사선사용이 없었음	예
	3) 추출을 위해서 허용된 물질만을 사용하였는가?	추출 과정이 없으므로 해당 사항이 없음	예
	4) 여과를 위해 환경에 부정적 영향을 미칠 수 있는 물질이나 기술을 사용하지 않았는가?	1차 여과에 사용된 스테인리스 여과기와 2차 여과에 사용된 면 보자기 모두 환경에 부정적 영향은 없는 물질들임	예
	5) 저장을 위해 사용된 방법은 기준에 적합한가?	원료 및 완제품은 냉장 저장으로 기준에 적합함	예
해충 및 병원균 관리	<요약보고의 평가자 의견>	청결 관리, 방충망, 에어샤워, 비닐 커튼 등의 예방적 방법을 우선적으로 적용하고 있었으며 포충등을 사용하고 있었음	예

심사항목	심사사항	평가	예/아니오
	1) 해충과 병원균의 관리를 위해 화학 요법이나 방사선 요법이 사용되지 않았는가?	화학 요법이나 방사선 요법이 사용되지 않았으며 대신 방충망, 에어샤워, 비닐 커튼 등의 예방적인 방법을 우선하고 있었음	예
	2) 해충 관리를 위해 허용된 방법을 순차적으로 적용하였는가?	청결 관리, 방충망, 에어샤워, 비닐 커튼 등의 예방적 방법을 우선적으로 적용하고 있었으며 포충 등을 사용하고 있었음	예
	3) 해충과 병원균 관리를 위해 장비와 시설에 허용되지 않은 물질을 사용하지 않았는가?	허용되지 않은 물질의 사용이 없었음	예
	4) 허용되지 않은 물질이나 방법으로부터 유기식품을 보호하기 위해 격리 및 충분한 예방 조치가 취해졌는가?	허용되지 않은 물질의 사용이 없었음	예
세척 및 소독	<요약보고의 평가자 의견>	운반용 기구 등은 수산화나트륨을 세척제로 사용한 후 물로 5번 헹구어내고 24시간 침수한 후 리트머스지로 확인하여 잔류 되지 않도록 조치하고 있었음	예
	1) 세척, 살균, 소독에 사용된 물질이 유기식품에 잔류하지 않도록 조치하였는가?	운반용 기구 등은 수산화나트륨을 세척제로 사용한 후 물로 5번 헹구어내고 24시간 침수한 후 리트머스지로 확인하여 잔류 되지 않도록 조치하고 있었음	예
	2) 사업자는 허용되지 않은 물질, 해충, 병원균, 기타 이물질로부터 유기식품을 보호하기 위하여 예방 조치를 취하였는가?	해충은 예방적, 물리적 방법을 우선시하며, 개인위생 등을 통하여 예방 조치를 취하고 있었음	예
	3) 세척 또는 소독에 사용된 물질은 먹는 물 또는 허용된 가공보조제 외에는 없는가?	원료의 세척은 먹는 물로만 실시하고 있었음	예
	4) 세척제, 살균제, 소독제를 사용한 경우, 유기적 순수성이 훼손되지 않도록 조치하였는가?	세척제로 사용된 수산화나트륨은 첨가물로 허용된 물질이며 세척 후 잔류 되지 않도록 조치하고 있었음	예
포장	<요약보고의 평가자 의견>	포장재는 재활용할 수 있으며 적합 성적서를 첨부하였음	예
	1) 포장재는 재활용되었거나 재활용할 수 있는 것인가?	포장재로는 PP와 PE 재질이 사용되고 있었으며 재활용 가능함을 확인하였음	예
	2) 포장재가 허용되지 않은 물질을 함유하였거나 접촉하지 아니하였다는 것을 문서로 확인할 수 있는가?	포장재 적합 성적서 첨부하였음 <2022.○.○. 검사성적서 첨부>	예

심사항목	심사사항	평가	예/아니오
	3) 합성 살균제, 방부제 훈증제 등 금지된 물질이 포장재, 유기, 저장고에 사용되지 않았는가?	금지된 물질의 사용이 없었음	예
	4) 재활용된 자재 또는 용기는 기준에 적합하였는가?	재활용 자재나 용기는 기준에 적합하게 관리되고 있었음	예
	5) 표시 또는 표시물의 기재사항은 기준에 적합한가?	최초 인증으로 해당 사항 없음	예
원료 및 제품의 수송	<요약보고의 평가자 의견>	유기 원료의 수송은 40kg 마대에 유기 표시하여 수송함으로 관행 식품과 혼입되지 않도록 구분 조처되고 있었음	예
	1) 사업자는 환경에 미치는 악영향을 최소화할 수 있는 수송 방법을 선택하였는가?	원료 산지는 가공공장과 가까운 경기도와 충청북도로서 원료의 수송으로 인한 환경에 미치는 악영향은 최소화되고 있었음	예
	2) 수송 장비와 운반 용기를 세척, 소독할 때 허용되지 않은 물질을 사용하지 않았는가?	물 세척만 하고 있었음	예
	3) 수송 과정에서 유기식품이 허용되지 않은 물질이나 관행 식품과 접촉 또는 혼합되지 않도록 명백히 구분하여 취급하였는가?	유기 원료의 수송은 40kg 마대에 유기 표시하여 수송함으로 관행 식품과 혼입되지 않도록 구분 조치하고 있었음	예
기록 및 접근	<요약보고의 평가자 의견>	2022.○.○ 제조된 우리 콩 참 두부를 추적 조사한 결과 2022.○.○일에 인증 농가인 ☆☆☆유기농에서 입고되었음을 확인할 수 있었음	예
	1) 사업자는 유기식품의 취급 전반에 관한 기록을 작성하고 있는가? 기록한 자료는 3년 이상 보존하고 있는가?	취급 전반에 관한 자료들을 기록 및 보존하고 있으며 기록한 자료는 3년 이상 보존하기로 하였음	예
	2) 유기 취급계획은 가공 및 유통을 포함하는 전체 관리 시스템을 다루고 있는가?	전체 관리 시스템을 다루고 있었음	예
	3) 표본추적 결과 이력 추적이 가능하였는가?	2022.○.○ 제조된 우리 콩 맛 두부를 추적 조사한 결과 2022.○.○일에 인증 농가인 ☆☆☆유기농에서 입고되었음을 확인할 수 있었음	예
	4) 대조 감사 결과 투입과 산출량이 균형을 이루고 있는가?	2022.○.○ 제조된 우리 콩 참 두부를 대조 감사한 결과 수율 295%로 균형을 이루고 있음을 확인할 수 있었음	예
	5) 가공, 포장, 저장, 운송, 판매 기타 취급에 관한 관리 지침이 문서로 만들어져 보존되고 있는가?	취급에 관한 관리 지침이 문서로 만들어져 보존되고 있었음	예
	6) 모든 기록 및 관련된 현장에 아무런 제한 없이 접근할 수 있는가?	모든 기록 및 현장에 아무런 제한 없이 접근할 수 있었음	예

☆ 현장 사진 및 기타 붙임: 생략(표준[안] 참조)

2.2 청국장

1) 심사보고서

심사보고서 (가공)※

○ 접수번호 :	
○ 사업자명 : ○○○○ ○ 대표자명 : ○○○○ ○ 소 재 지 : ○○○○	○ 사업장명 : ○○○○ ○ 소 재 지 : ○○○○ ○ 품 목 명 : 유기청국장
○ 심사 소요 시간 : 총 10시간 - 서류검토 2022년 7월 1일 10시 ~ 7월 1일 12시 (2시간) - 현장심사 2022년 7월 2일 9시 ~ 7월 2일 13시 (4시간) - 보고서 작성 2022년 7월 2일 14시 ~ 7월 2일 16시 (2시간) - 이동(왕복) 2022년 7월 2일 8시 ○분 ~ 7월 2일 9시 ○분 (1시간) 2022년 7월 2일 16시 ○분 ~ 7월 2일 17시 ○분 (1시간)	

심사유형	인증기관으로부터 전달받은 문서
■ 최초 심사 □ 정기 심사 □ 추가 심사 □ 불시 심사	□ 식품품목제조보고서 사본 ■ 유기취급계획서 □ 원료 및 첨가물이 기준에 적합하다는 것을 증명하는 서류 ■ 생산시설 도면 ■ 품목별 제조공정도 □ 제품명세서 □ 기타 :

※ 본 표본 보고서는 C 인증기관의 서식에 맞춰 작성된 것임

1.가. 일반요건	평가	예/ 아니오
(1) 시설도면, 제조공정도, 제품명세 등 인증신청서 상의 모든 정보가 실제와 일치하는가?	- 시설도면에서 가공공장이나 설비의 배치도는 일치하였으나, '완제품 보관창고'에 대한 정보가 누락되어 있었음 【'보관창고' 사진 첨부】 - 시설도면에서 '가공실' 내 식염 보관 위치를 지정하고 있었으나, 심사 당일 현장 검사할 때 '보일러실'에 적재되어 있었음 【식염 보관 불일치 사항 사진 첨부】 - 시설도면에서 '자재 보관창고'는 현장 확인할 때 '작업용 도구 보관실'로 표기되어 있었으며 포장재나 물품 보관 장소로 이용되고 있었음 【'자재 보관창고' 사진 첨부】 - 제조공정도는 내용과 일치하고 이에 따라 실행하고 있음을 확인하였음 【 식품품목제조보고서, 원료 및 첨가물이 기준에 적합하다는 서류 및 제품명세서 첨부】	아니오
(2) 유기 취급계획이 계획대로 실행되고 있는가?	- 유기취급계획서(OHP) '1.가. 1.'에서는 1일 제조량을 70kg으로 기술하고 있으나, '생산 내역 대장' 확인 시 매일 생산하지 않으며 수요에 따라 최소 5kg에서부터 최대 70kg까지 가변적이었음 (OHP 작성자는 최대생산량에 관한 내용으로 오해하고 기술한 것으로 소명하였음) - OHP '2.나. 2.'에서는 기술되어 있지 않은 3종의 합성세제가 '작업장'에서 발견되었음 - OHP '2.나. 2.'에서는 대상 설비(13호, 14호)가 세척 소독제를 이용하여 씻는 것으로 기술되어 있으나, 사용하고 있지 않았음 - OHP '2.다. 1'에서는 포장재질을 PE로만 기술하였으나, 내포장재(랩: PVC)과 외포장재(진공포장지: PE)로 2중 포장하고 있었음	아니오
(3) 가공 및 취급 전반에 걸쳐 토양의 오염이 최소화되도록 조치하고 있는가?	- 가공 및 취급 과정 중 발생하는 폐기 청국장과 원료는 소의 먹이로 사용하고 있었음 - 가공공장 주변에 사업자(○○○)가 직접 유기 농축산물을 함께 관리하고 있고, 제조공정과 작업장 내 바닥 청소 후 발생하는 폐수는 자체 정화조로 모여 토양오염을 최소화하고 있었음	예
(4) 가공 및 취급 전반에 걸쳐 대기의 오염이 최소화되도록 조치하고 있는가?	- 콩을 삶은 가마솥의 열원으로 장작과 LPG를 이용하여 대기 오염을 최소화하고 있었음	예
(5) 가공 및 취급 전반에 걸쳐 물의 오염이 최소화되도록 조치하고 있는가?	- 제조공정 중 발생하는 폐수는 자체 정화조로 모여 일괄처리하고 있었음	예

1.가. 일반요건	평가	예/아니오
(6) 금지된 물질 및 방법으로부터 유기식품을 보호하기 위해 격리 및 충분한 예방 조치를 취하고 있는가?	- '곡물 보관 저온저장고'와 '가공실' 등에 비유기 원료나 화학물질 등의 혼입 우려는 없는 것으로 판단됨	예
(7) 작업자들이 유기 취급계획에 대해 훈련받고 있는가?	- 작업자와 사업자가 OHP를 직접 작성한 것으로 이에 대한 훈련이 이루어진 것으로 봄	예
(8) 작업자들은 유기 인증기준에 대하여 종합적으로 이해하고 있는가?	- 유기 인증기준에 대한 이해는 다소 부족하였으나, 홍길동 대표의 주도하에 모든 작업이 이루어지고 있어 유기 취급의 개념은 이해하고 있는 것으로 판단됨	예
(9) 사업자는 유기 인증기준에 대하여 종합적으로 이해하고 있는가?	- ○○○ 대표와의 면담 결과, 유기 인증기준에 대해 종합적인 이해는 하고 있으나, 세부 내용(세척 소독제)에 대한 이해는 다소 미흡하였음 - ○○○ 대표는 87년부터 한국 유기농협회 회원으로 활동하면서 관련 교육을 꾸준히 받고 있었음	예

1.나. 가공원료	평가	예/아니오
(1) 모든 원료에 대한 유기인증서 또는 유기적으로 생산 및 취급되었다는 것을 증빙하는 자료가 있었는가?	- 원료(소금과 물 제외)는 '유기농 콩(백태)'만을 사용하며, 이에 대한 증명자료를 확인하였음 【○○○(사업자): 친환경농산물인증서(10-29-1-26), @@@: 친환경농산물인증서(제14-04-1-30), ###: 친환경농산물인증서(제2-1-29호) 및 관련 자료 첨부】	예
(2) 비유기 원료가 사용되었으면 불가피하였는가? 유기 원료를 구하기 위해 어떠한 노력을 하였는가?	- 소금과 물 이외의 비유기 원료는 사용하고 있지 않은 바 해당 사항 없음	-
(3) 비유기 원료가 사용되었으면 물과 소금을 제외한 제품 중량에 대한 비유기 원료의 중량 비율이 5% 이하였는가?	- 유기 원료 100% 제품임 ※ **다음 페이지에 계산 과정을 작성하시오.**	예
(4) 사업자는 비유전자변형 확인서 등 유전자 변형이 아님을 증빙할 수 있는 자료를 가지고 있었는가?	- 친환경 농산물인증서(유기농산물)를 비유전자변형 확인서로 갈음할 수 있음 - 「친환경농어업 육성 및 유기식품 등의 관리·지원에 관한 법률 시행령」 제9조의 '[별표3] 인증기준'에 유기농림산물은 유전자변형농산물(종자)의 사용을 금지하고 있음 【친환경농산물 인증서 첨부】	예
(5) 수질검사 성적서가 있었는가? 검사 결과는 먹는 물 기준에 맞는가?	- 용수원(지하 암반수 마을 간이상수도)의 수질검사 결과, 먹는 물 기준에 적합하였음 (09년 2월 17일) 【수질검사 성적서(유림엔마텍(주) 부설 환경위생연구소) 첨부】	예

1.나. 가공원료	평가	예/아니오
(6) 소금이 식품 기준에 맞는가?	- 소금[(주)한주, 한주소금(정제 소금)] 검사 결과, 『식품위생법』에 적합하였음 (09년 1월 16일) 【자가품질성적서(한국생활환경시험연구원) 첨부】	예
(7) 미생물 제제가 사용된 경우, 그것이 유전자 변형 미생물에서 유래된 것이 아님을 증빙하는 자료가 있었는가?	- 미생물 제제를 사용하고 있지 않은바, 해당 사항 없음	-
(8) 첨가물 또는 가공보조제가 사용된 경우, 사용된 물질이 허용된 것인가? 그 사용이 불가피하였는가? 최소량만을 사용하였는가?	- 첨가물 및 가공보조제를 사용하고 있지 않은바, 해당 사항 없음	-

1.다. 가공방법	평가	예/아니오
(1) 가공방법은 허용된 방법만을 사용하였는가?	- 전통적인 가공방법(콩 선별, 세척 및 삶기, 자연 접종, 발효 숙성, 파쇄, 식염 첨가 등)으로 기계적, 물리적, 생물학적 방법을 이용하고 있으며, 최종 생산물의 유기적 순수성이 유지되고 있는 것으로 판단됨 【품목별 제조공정도 첨부】	예
(2) 유기식품에 관한 모든 가공 및 취급 과정에서 방사선이 사용되지 않았는가?	- 현장 검사할 때 모든 가공 및 취급 과정에서 방사선 조사 처리에 필요한 시설이나 설비를 찾아볼 수 없었음	예
(3) 추출을 위해서 허용된 물질만을 사용하였는가?	- 추출 공정이 없는바, 해당 사항 없음	-
(4) 여과를 위해 환경에 부정적 영향을 미칠 수 있는 물질이나 기술을 사용하지 않았는가?	- 여과 공정이 없는바, 해당 사항 없음	-
(5) 저장을 위해 사용된 방법은 기준에 적합한가?	- 최종 제품은 포장 후 '완제품 보관창고(냉장창고)'에 보관하며, 유기와 비유기가 표기되어 있지 않으나, 구분 관리하는 데 무리가 없는 것으로 판단됨 【완제품 보관창고 내부 사진 첨부】	예

○ **유기 원료 투입 비율 계산 과정**

- 제품명 : 유기농 청국장
- 성분배합비 : 백태 93.5 %(유기인증, 국내산), 소금 6.5 %(KS 인증)
- 중량 : 300 g
- 생산 내역 대장의 전산 기록으로 현장에서 확인, 계산함. - 전산다운

1. 제품별/고객유형별 판매현황
   청국장 2022년 7월 1일 300g 노를 쇼핑

2. 생산 내역 대장
2022년 6월 16일

원료	입고 일자	사용량	생산자	인증번호
콩	2022년 ○월 ○일	30kg	○○○	00-1-10
소금	2022년 ○월 ○일	2.1kg	(주)한주	FF09-00139

- 계산 : $\text{유기원료 함량(\%)} = \dfrac{30\text{kg(유기원료량)}}{30\text{kg(물과 소금을 제외한 총투입량)}} \times 100 = 100$

2.가. 해충이나 병원균 관리	평가	예/아니오
(1) 해충과 병원균의 관리를 위해 화학적인 방법 및 방사선 조사 방법이 사용되지 않았는가?	- 현장 검사 결과 예방적, 기계적 및 물리적 방법을 이용하여 해충과 병원균을 관리하고 있으며 허용된 방제물질, 화학적인 방법 및 방사선 조사 방법은 사용하지 않았음	예
(2) 해충 관리를 위해 허용된 방법을 차례로 적용하였는가?	- 현장 검사 결과 예방적 방법인 방충망(출입문, 환풍기, 창문틀)을 이용하고 있으며, 바닥 청소는 잘되어 있으나, 포장실 천장 벽 쪽에 거미줄이 있었음 - 예방적 방법으로 미흡한 점은 기계적, 물리적 방법인 유인등, 해충포획기, 퇴치기(해충, 서류, 조류), 끈끈이, 덫을 이용하여 관리하고 있었음 - 화학적 방법은 아직 적용하고 있지 않았음	예
(3) 해충과 병원균 관리를 위해 장비와 시설에 금지된 물질을 사용하지 않았는가?	- 현장 검사와 면담 결과, 해충과 병원균 관리를 위해 금지된 화학물질은 사용하고 있지 않았음	예
(4) 금지된 물질이나 방법으로부터 유기식품을 보호하기 위해 격리 및 충분한 예방 조치가 취해졌는가?	- 금지된 물질을 사용하고 있지 않아 유기식품에 접촉과 혼입으로 인한 유기적 순수성을 훼손하지는 않을 것으로 판단됨 - 원료나 제품이 각각의 창고에 보관되어 있어 금지된 물질로부터 충분한 예방 조치를 취했다고 판단됨	예

2.나. 세척, 소독	평가	예/아니오
(1) 세척, 살균, 소독에 사용된 물질이 유기식품에 잔류하지 않도록 조치하였는가?	- 원료 운반 장비 및 가공 시설에는 에어 및 물만을 이용하고 있어 화학물질 등이 잔류할 가능성은 없는 것으로 판단됨 - OHP '2.나. 2.'에 기술되지 않은 3종의 세제(슈가버블 살균세척제, 슈가버블세제, 홈스타유리용)가 '작업장'에서 발견되었고 작업 후 간헐적으로 바닥 및 유리창에 사용되고 있었으나, 유기식품에 잔류 가능성은 없는 것으로 판단됨 - 작업장 내 '손 살균 세정설비'가 비치되어 있었으나, 사업자(작업자)가 살균소독제로 분사되는 물질에 대한 성분과 정보를 모르고 있었음	예

2.나. 세척, 소독	평가	예/ 아니오
(2) 사업자는 금지된 물질, 해충, 병원균, 그 밖의 이물질로부터 유기식품을 보호하기 위하여 예방 조치를 취하였는가?	- 가공공장 뒤편에 산과 개울이 근접하여 유해 생물(쥐, 해충 등)이 공장 내부로 접근할 가능성은 있으나, 방충망 및 차단시설 등으로 적절하게 예방 조치를 취하고 있었음	예
(3) 식품 표면의 세척 또는 소독에 사용된 물질은 먹는 물 또는 허용된 가공보조제 외에는 없는가?	- 청국장 표면은 별도의 세척 및 소독이 이루어지지 않고 있었음	예
(4) 시설이나 장비에 세척제, 살균제, 소독제를 사용한 경우, 유기적 순수성이 훼손되지 않도록 조치하였는가?	- 간헐적으로 작업실 바닥 등을 청소하기 위해 세척제를 일부 사용하고 있으나, 완전히 헹군 후 작업이 이루어지므로 유기적 순수성이 훼손되지는 않는 것으로 판단됨.	예

2.다. 포장	평가	예/ 아니오
(1) 포장재는 재활용되었거나 재활용할 수 있는 것인가?	- 내포장(랩, PVC)과 외포장(진공 포장용, PE)은 단일 성분으로 이루어져, 재활용 분리가 가능함	예
(2) 포장재가 금지된 물질을 함유하였거나 접촉하지 아니하였다는 것을 문서로 확인할 수 있는가?	- 청국장을 랩(PVC)으로 싸 내포장하여 진공포장 형태로 다시 외포장(PE)하는데, 『식품위생법』에 의거 식품 포장 용기 제조업 허가를 받은 업체에서 생산된 포장재를 사용하고 있었으며, 검사성적서는 랩만 가지고 있었음 (2022년 4월 9일) 【검사성적서(한국 생활환경시험연구원) 첨부】	예
(3) 합성 살균제, 방부제, 훈증제 등 금지된 물질이 포장재, 용기, 저장고에 사용되지 않았는가?	- 현장 검사 및 면담 결과, 금지된 물질이 포장재, 용기, 저장고에 사용되고 있지 않았음	예
(4) 재활용된 자재 또는 용기는 기준에 적합하였는가?	- 재활용된 자재나 용기는 사용하지 않는바, 해당 사항 없음	-
(5) 표시 또는 표시물의 기재사항은 기준에 적합한가?	- 『식품위생법』의 '식품 등의 표시기준'에 따른 모든 표시사항이 기준에 적합한 것으로 판단됨(최초 심사를 가정하였기에 유기 관련 표시는 평가하지 않았음) 【제품의 표시사항 복사본 첨부】	예

2.라. 원료나 제품의 수송	평가	예/아니오
(1) 사업자는 환경에 미치는 악영향을 최소화할 수 있는 수송 방법을 선택하였는가?	- 제품수송 시 자가 차량을 이용해 택배업체와 일부 납품처로 수송하고 있으며 다른 대체 수송 방법이 없었음 - 작업장 내 동력을 이용한 이동 수단은 사용하지 않았음	예
(2) 수송 장비와 운반 용기를 세척, 소독할 때 금지된 물질을 사용하지 않았는가?	- 수송 장비와 운반 용기는 물과 에어로만 세척, 소독하고 있었음	예
(3) 수송 과정에서 유기식품이 아닌 물질이나 금지된 물질과 접촉 또는 혼합되지 않도록 확실하게 구분하여 취급하였는가?	- 자가 생산한 유기 원료와 완제품은 상자 포장하여 자가 차량을 이용하여 수송하고 있었음 - 외부에서 들어오는 유기 원료와 비유기 원료는 구분하여 공급받고 있으며, 택배 이용 시에도 완전 포장 상태로 들어오므로 비유기 원료와의 접촉 또는 혼입이 발생하지 않을 것으로 판단됨	예

2.마. 기록 및 접근 보장	평가	예/아니오
(1) 사업자는 유기식품의 취급 전반에 관한 기록을 작성하고 있는가? 기록한 자료는 3년 이상 보존하고 있는가?	- 전반적인 기록 관리는 하고 있으나, 전산상의 문제로 최근 사항을 확인하지 못했음	예
(2) 유기 취급계획은 가공 및 유통을 포함하는 전체 관리 시스템을 다루고 있는가?	- 유기 취급계획은 원료의 입고에서부터 보관, 가공, 저장 및 유통까지 전체 관리 시스템을 종합적으로 다루고 있었음	예
(3) 표본추적 결과 이력 추적이 가능하였는가?	- 전산에 문제가 있어 이력 추적을 제대로 확인하지 못했음 ※ **다음 페이지에 표본 추적한 내용을 작성하시오.**	아니오
(4) 투입-산출 분석 결과 투입-산출 비율과 수율의 경험값이 오차 범위 내에서 같다고 할 수 있는가?	- 전산에 문제가 있어 이력 추적을 제대로 확인하지 못했음 ※ **다음 페이지에 투입-산출 분석 내용을 작성하시오.**	아니오
(5) 가공, 포장, 저장, 운송, 판매, 그 밖에 취급에 관한 관리 지침이 문서로 만들어져 보존되고 있는가?	- 관리 지침이 다소 미흡하지만, 청소대장, 작업장 점검대장 등을 기록하고, 이를 관리 지침으로 활용하고 있었음	예
(6) 모든 기록 및 관련 현장에 아무런 제한 없이 접근할 수 있는가?	- 전산에 문제가 있어 모든 기록에 접근할 수는 없었지만, 보관된 기록과 관련 현장에는 직원의 동행하에 제한 없이 접근 가능하였음	아니오

○ **표본추적 및 투입-산출 분석 결과(과정을 함께 쓰시오)**

[원료 수급 대장의 3월, 유기백태량(청국장+메주)]

초기재고(3월 1일 : 2,897kg) + 입수량(3월 : 0kg)

= 말기재고(3월 31일 : 2,743kg) + 생산투입량(3월 : 154kg)

⇒ ***완제품 재고량을 확인하지 못해 중단***

[투입산출분석]

▷청국장 : 300g/개

▷사업자의 경험치 제품 수율 : 콩만을 기준으로 1.5배

▷6월 16일 제조 기준 = $\frac{51kg(\text{산출량})}{30kg(\text{투입량})} = 1.7$

(사업자의 경험치 제품 수율 기준이 콩을 기준으로 하여 알기 때문에, 비교분석을 위해 동일하게 콩만을 수율을 계산하였음)

▷경험치 수율을 기준으로 하면 30kg 투입할 때 45kg의 청국장이 생산되어야 함 그러나, 실제 계산 시 6kg의 차이로 이를 개수로 환산하면 20개의 청국장이 더 생산된 것으로 편차를 참작하더라도 적정범위를 초과하였음

▷이는 전산시스템이 복구되면, 실제 수율을 계산하여 경험치와 비교 검토해 필요성이 있음

1. 제품별/고객유형별 판매현황
   청국장 알뜰쇼핑 ○○○○년 7월 1일 300g 425개
2. 거래명세표
   청국장 알뜰쇼핑 ○○○○년 7월 1일 300g 30개
   ⇒ 전산상 2009년 6월 16일 제조된 제품임
3. 생산내역대장
   ⇒ ○○○○년 6월 16일자 청국장 170개 생산(170개 × 300g/개 = 51kg)

원료	입고일자	사용량	생산자	인증번호
콩	○○○○년 12월 1일	30kg	○○○	14-04-1-30
소금	○○○○년 1월 1일	2.1kg	(주)한주	FF09-00139

4. 원료수불대장

원료	입고일자	사용량	생산자	인증번호
콩	○○○○년 12월 1일	3,000g	○○○	14-04-1-30
소금	○○○○년 1월 1일	1,290kg	(주)한주	FF09-00139

   ⇒ 소금 입고날짜는 전산입력시 착오가 생긴 것으로 보임
   영수증 확인시, ○○○○년 12월 15일이 맞을 것으로 추정함)

5. 영수증(콩, 소금 확인)
   콩 ○○○○년 12월 1일 40kg 75개 ○○○ ⇒ 3,000g 확인
   소금 ○○○○년 12월 15일 30kg 43개 (주)한주 ⇒ 1,290kg 확인

○ **그 밖의 참고사항**

- '생산시설도면', 'OHP' 및 '품목별 제조공정도'에서 사용하는 명칭이 통일되어 있지 않아 서류검토 시 오해의 여지가 있었음 [예: 황토방(유기농 청국장 제조공정), 띄움실(시설명), 숙성실(가공공장 평면도)]
- OHP '1.가. 2.'에서는 '유기 청국장' 발효시키는 '띄움실'이 누락되어 있었음
- '유기농 청국장 생산 공정'에서는 '백태' 생산자가 '○○○ 외 1인'으로 기술되어 있으나, 현장 서류 확인 때 ○○○ 외 2인으로부터 '백태'를 공급받았음
- 숙성실에 비치된 가습기는 물이 남아있는 상태로 장기간 사용하지 않아 물통을 들었을 때 물때와 이물질이 끼어있었음
- 작업장 내 '손 살균 세정설비'를 비치하고는 있었으나, 살균소독제로 분사되는 물질에 대한 성분과 정보를 사업자(작업자)가 모르고 있었음

2) 심사보고 요약

접수번호 :		
조항 번호	범위	부적합 사항
1.가.	일반요건	- 시설도면에서 '완제품 보관창고'에 대한 정보가 누락되어 있었음 - 시설도면에서 '가공실' 내 식염 보관 위치를 지정하고 있었으나, '보일러실'에 적재되어 있었음 - OHP '1.가. 1. 유기 제품목록'의 1일 제조량(70kg)은 1일 최대생산량을 기술한 것임 - OHP '2.나. 2. 설비의 세척 및 소독에 사용되는 물질'에서는 기술되어 있지 않은 3종의 합성세제가 '작업장'에서 발견되었고, 대상 설비(13호, 14호)는 세척 소독을 하고 있지 않았음 - OHP '2.다. 1. 오염방지'에서는 포장 재질을 PE로 기술하였으나, PVC(내포장)와 PE(외포장)로 포장하고 있었음
1.나.	가공원료	- 해당 사항 없음
1.다.	가공방법	- 해당 사항 없음
2.가.	해충이나 병원균 관리	- 해당 사항 없음
2.나.	세척, 소독	- 해당 사항 없음
2.다.	포장	- 해당 사항 없음
2.라.	원료나 제품의 수송	- 해당 사항 없음
2.마.	기록 및 접근 보장	- **전산에 문제가 있어 표본추적과 투입산출분석이 제대로 이루어지지 않아, 차후 재확인 작업을 요구함**

※ '부적합 사항'에는 인증기준에 부적합한 사항을 요약하여 기록하되 '변경 또는 불일치 사항', '부족한 정보'가 있으면 함께 기술하시오.

○ **시료 채취 (해당하면)** **- 채취 사유 :** **- 채취 장소 :** **- 시료 내용 및 양 :**

심사 종료일	신청자 측 담당자 서명	심사원 서명
2022년 ○월 ○일	홍 길 동	전 남 대

2.3. 제분(밀가루)

1) 심사보고서

유기가공식품 인증 심사보고서※

○ 접수번호 :

운영자	사업자 : △△식품	인증기관	○○인증원
	대표자 : ○○○	인증번호	
	소재지 : ○○○	품　목	○○○ 유기농 밀가루
	연락처 : ○○○		
작업자	사업장 : ○○○	심 사 원	전남대
	담당자 : ○○○	심 사 일	서류검토 : ○○○
	소재지 : ○○○		현장심사 : ○○○
	연락처 : ○○○		보고서 작성 : ○○○

심사 유형	인증기관으로부터 전달받은 문서
□ 최초 심사 ☑ 정기 심사 □ 추가 심사 □ 불시 심사	☑ 식품 품목제조보고서 사본 ☑ 유기취급계획서 ☑ 원료 및 첨가물이 기준에 적합하다는 것을 증명하는 서류 ☑ 생산시설 도면 ☑ 품목별 제조공정도 □ 제품명세서 ☑ 기타: 수질검사 성적서. 밀 보관도급계약서·종합방제계약서 등

※ 본 표본 보고서는 E 인증기관의 서식에 맞춰 작성된 것임

1. 기본정보

항목	내용	비고
대표자 / 담당자 면담 여부	내용은 샘플1 보고서 참조	
유기가공식품 사업과 인증 신청을 하게 된 이유		
소유관계		
조직구조		

항목	내용	비고
직원 수/유기식품 관련 작업 인원		
근무환경 및 직원복지		
유기가공식품의 생산주기와 시간		
생산시설의 개요		
병행생산 여부		
마케팅 및 주요 판매 방법		
인증표시 및 사용 방법		
품질관리 시스템		
불만 사항 관련 기록		

2. 심사 결과

심사 항목	심사 결과			
	적	개선권고	부	해당없음
1.가. 일반요건				
(1) 유기 사업자는 유기식품의 취급 과정에서 대기, 물, 토양의 오염이 최소화되도록 문서화된 유기 취급계획을 수립하였는가?	☑	□	□	□
평가: 유기 취급계획을 문서로 수립했음. 밀가루를 생산하는 과정에서 발생하는 부산물은 밀을 씻은 물과 밀 껍질인 밀기울이었음. 밀기울은 비유기 밀가루 생산과정에서 발생하는 밀기울과 합쳐, 사료공장에 판매하고 있었음 대기물토양의 오염이 최소화되는 구조였음				
(2) 유기 취급계획이 실행되고 있었는가?	☑	□	□	□
평가: 유기 취급계획이 실행되고 있었음 유기 전용생산설비가 문서 및 실제로 존재했음. 취급계획서 및 제출한 붙임 서류인 유기 전용생산설비를, 원료의 입고 위치에서 완성제품의 출고장까지의 공정을 맨눈으로 확인했음				
(3) 유기 사업자는 유기식품의 가공 및 유통 과정에서 원료의 유기적 순수성을 훼손하지 않았는가?	☑	□	□	□
평가: 수입 밀. 국내산 관행 밀, 무농약 밀, 유기농 밀 등을 가공하여 밀가루를 생산하고 있었음 유기 전용생산설비를 구축하여 비유기 생산과정과 유기 생산과정을 구분하여 관리하고 있었음 원료인 유기농 밀은 ○○군 지역의 저장창고 내에 비유기 밀과 구분하여 저장한 후, 계약된 수송차량에 의하여 업체로 수송되는 방법을 채택하고 있었음 원료의 유통 과정에서 유기적 순수성이 훼손될 우려가 없었음				
(4) 유기 사업자는 유기 생산물과 비유기 생산물이 혼입되거나 접촉되지 않도록 구분하여 취급하였는가?	☑	□	□	□

심사 항목	심사 결과			
	적	개선권고	부	해당없음
평가: 비유기 밀가루와 유기 밀가루를 생산하고 있었음 유기 전용생산설비를 구축하여 비유기 생산과정과 유기 생산과정을 구분하여 관리하고 있었음 각각의 밀가루는 20kg 단위 지대로 포장하여 팔레트 위에 적재한 후 저장 및 유통되므로 혼입 및 오염의 우려가 없었음				
(5) 유기 사업자는 유기 생산물이 오염원에 의하여 오염되지 않도록 필요한 조치를 하였는가?	☑	□	□	□
평가: 유기 밀가루 생산과정 및 전용 생산 공장 내부를 살펴본 결과, 오염원의 사용 및 요염의 우려가 없었음. 전용 생산공장 내에는 해충의 침입 예방을 위해 구충 구석용 트랩을 사용하지 않고, 음파를 이용한 해충퇴치기(전기식)를 설치 사용하고 있었음 (붙임 사진 참조) 전기식 나방 포획기를 설치 사용하고 있었음 이외의 오염원을 사용하지 않고 있었음				
(6) 금지된 물질 및 방법으로부터 유기식품을 보호하기 위해 격리 및 충분한 예방 조치를 취하고 있었는가?	□	□	□	☑
평가: 전용생산설비에서 금지된 물질 및 방법을 사용하지 않고 있었음				
(7) 작업자들이 유기 취급계획에 대한 훈련을 받고 있었는가?	☑	□	□	□
평가: 유기 전용생산설비의 작업자들에 대한 취급 교육을 시행하고 있었음(교육 관리대장 확인)				
(8) 인증기관으로부터 전달받은 문서의 정보와 실제가 일치하였는가?	☑	□	□	□
평가: 문서와 실제가 일치했음				

1.나. 가공원료

심사 항목	적	개선권고	부	해당없음
(1) 유기 원료는 무엇인가?, 이를 증빙하는 문서가 있었는가?	☑	□	□	□
평가: 유기농 밀이었음. 생산자는 인증번호 제00-1-00호(▽▽친환경 영농사업단)이었음. 인증서를 열람, 확인했으며 유효기간 및 생산자 이름(@@@)을 확인했음				
(2) 비유기 원료는 무엇인가?, 이를 사용한 경우, 불가피하였는가? (첨가물 및 가공보조제 제외)	□	□	□	☑
평가: 사용하지 않았음				
(3) 첨가물 및 가공보조제는 무엇인가?, 첨가물 및 가공보조제는 허용된 것인가? 이를 사용한 경우, 불가피하였으며 최소량만 사용했는가?	□	□	□	☑
평가: 사용하지 않았음				
(4) 유기 원료 비율은 얼마인가? 비유기 원료, 첨가물 및 가공보조제를 사용한 경우, 물과 소금을 제외한 제품 중량의 5% 비율 내에서만 비유기 원료를 사용할 수 있다. 비유기 원료, 첨가물 및 가공보조제는 제품 중량의 5% 비율 이내였는가? (단, 유기 원료와 같은 종류의 비유기 원료는 혼합할 수 없음)	☑	□	□	□
평가: 유기 밀의 원료 비율은 100%였음				
(5) 유전자 변형농산물 및 유전자변형농산물 유래의 원료를 사용하지 않았는가?, 미생물제제를 사용한 경우, 유전자 변형 미생물에서 유래한 것은 아닌가?	□	□	□	☑
평가: 사용하지 않았음				

심사 항목	심사 결과			
	적	개선권고	부	해당없음
(6) 물을 사용한 경우, 먹는 물 기준에 적합하였는가?	☑	□	□	□
평가 : 물은 템퍼링(가수) 목적으로만 사용했음. 사용하는 수돗물의 먹는 물 수질검사 결과서를 제출하였으며(2022.○.○) 적합하였음				
(7) 소금을 사용한 경우, 사용되는 소금은 식품 기준에 맞았는가?	□	□	□	☑
평가 : 사용하지 않았음				

1.다. 가공방법

심사 항목	적	개선권고	부	해당없음
(1) 가공방법은 기계적, 물리적, 생물학적 방법을 사용하였는가? 식품을 화학적으로 변형시키거나 반응시키는 모든 첨가물, 보조제, 그 밖의 물질은 사용하지 않았는가?	☑	□	□	□
평가 : 가공방법은 밀을 기계적, 물리적인 방법으로 이물질을 제거한 후, 템퍼링(가수) 후 기계로 비벼 분말화하는 방법을 사용하였음. 화학적으로 변형시키거나 반응시키는 모든 첨가물, 보조제, 그 밖의 물질은 사용하지 않았음				
(2) 유기식품의 가공 및 취급 과정에서 전리 방사선이 사용하지 않았는가?	□	□	□	☑
평가 : 사용하지 않았음				
(3) 추출을 위하여 물, 에탄올, 식물성 및 동물성 기름, 식초, 이산화탄소, 질소를 사용할 수 있다. 이 이외에 다른 물질을 활용한 추출 방법을 사용하지 않았는가?	□	□	□	☑
평가 : 사용하지 않았음				
(4) 여과를 위하여 석면을 포함하여 식품 및 환경에 부정적 영향을 미칠 수 있는 물질이나 기술을 사용하지 않았는가?	□	□	□	☑
평가 : 사용하지 않았음				
(5) 저장을 위해 사용된 방법은 저장할 때 공기, 온도, 습도 등 환경을 조절하거나 건조할 수 있는 기준에 적합한 방법을 사용하였는가?	☑	□	□	□
평가 : 유기전용 생산설비 공간 내에 저장할 계획이었음. 공기 온습도를 적정하게 조절할 수 있는 환경이었으며 상온 보관을 유지한다고 말하였음(홍길동).				

2.가. 해충이나 병원균 관리

심사 항목	적	개선권고	부	해당없음
(1) 해충과 병원균의 관리를 위해 화학적인 방법이나 방사선 조사 방법이 사용되지 않았는가?	□	□	□	☑
평가 : 사용하지 않았음				
(2) 해충 관리를 위해 예방적 방법, 기계적·물리적·생물학적 방법, 허용된 살충 물질 등을 차례로 적용하였는가?	☑	□	□	□
평가 : 해충 관리를 위해 방충망, 해충 퇴치기, 해충 유인기 등을 설치하여, 예방적 방법, 기계적·물리적 방법을 사용하였으며, 허용된 살충 물질 등을 사용하지 않을 계획이었음				
(3) 해충과 병원균 관리를 위해 장비와 시설에 허용되지 않은 물질을 사용하지 않았는가?	□	□	□	☑

심사 항목	심사 결과			
	적	개선권고	부	해당없음
평가 : 사용하지 않았음				
(4) 허용되지 않은 물질이나 방법으로부터 유기식품을 보호하기 위해 격리 및 충분한 보호조치가 취해졌는가?	□	□	□	☑
평가 : 사용하지 않았음				

2.나. 세척 및 소독

(1) 세척, 살균, 소독에 사용된 물질이 유기가공식품에 함유하지 않도록 조치하였는가?	□	□	□	☑
평가 : 템퍼링 목적의 물 이외의 물질을 사용하지 않았음. 살균, 소독에 사용된 물질이 유기가공식품에 함유할 우려가 없었음				
(2) 사업자는 허용되지 않은 물질, 해충, 병원균, 기타 이물질로부터 유기가공식품을 보호하는 데 필요한 예방 조치를 취하였는가?	☑	□	□	□
평가 : 허용되지 않은 물질, 해충, 병원균, 기타 이물질로부터 유기가공식품을 보호하기 위해 음향을 이용한 쥐 등 해충 퇴치기, 나방 등 해충 포획기를 공장 내에 설치사용 중이었음. 창문에 방충망을 설치하였으며, 모든 출입문은 밀폐상태가 우수하였음. 청소도구 및 청소 작업기록 및 담당자 확인을 기재하는 모니터링문서를 공장 내에 부착하여 운영 중이었음(붙임 사진 참조). 작업자의 출입문은 이중의 공간으로 구성되어, 작업자로 인한 해충 등 오염물질을 예방하기 위한 손 소독기, 위생복이 준비되어 있었음				
(3) 세척 또는 소독을 위하여 사용한 물질은 먹는 물 또는 허용된 가공보조제 외에는 없는가?	☑	□	□	□
평가 : 세척 또는 소독을 위하여 사용한 물질은 먹는 물 이외 없다고 말했음. 장비나 설비의 세척방법은 에어건, 솔, 진공청소기이며, 바닥 세척은 빗자루, 진공청소기, 마른걸레를 사용한다고 말하였음(홍길동). 맨눈으로 관찰한 결과, 청소도구 보관장소를 확인했으며, 이외의 금지물질을 발견하지 못했음				

2.다. 포장

(1) 포장재와 포장방법은 식품과 환경에 미치는 나쁜 영향을 최소화하도록 선정하였는가? (포장재는 재사용 또는 재활용 가능 여부)	☑	□	□	□
평가 : 최종 제품은 황색 크라프트지(20kg)를 사용했음. 원재료인 유기밀은 1t 백을 사용했음(사진 참조). 재활용이 가능하였음				
(2) 포장재가 유기식품을 오염시키지 않았는가? (포장재가 허용되지 않은 물질을 함유하였거나 접촉하였는지 아닌지)	☑	□	□	□
평가 : 포장재 검사 성적서를 보관하고 있었음(2012.6. 한국건설생활환경연구원).				
(3) 합성 살균제, 방부제, 훈증제 등 금지된 물질이 포장재, 용기, 저장고에 사용되지 않았는가?	□	□	□	☑
평가 : 사용하지 않았음				
(4) 유기가공식품의 유기적 순수성을 훼손할 수 있는 모든 물질과 접촉한 재활용	□	□	□	☑

심사 항목	심사 결과			
	적	개선권고	부	해당없음
된 자재 또는 용기를 사용하지 않았는가?				
평가 : 사용하지 않았음				

2.라. 원료나 제품의 수송

(1) 사업자는 환경에 미치는 악영향을 최소화할 수 있는 수송 방법을 선택하였는가?	☑	□	□	□
평가 : 원료 밀의 수송은 25t 용역계약 트럭을 이용한다고 말했음. 수송 거리가 가까운 전북지역에서 생산되는 원료를 구매, 사용한다고 말하였음				
(2) 수송 장비와 운반 용기를 세척, 소독할 때 허용되지 않은 물질을 사용하지 않았는가?	□	□	□	☑
평가 : 사용하지 않았음				
(3) 수송 과정에서 유기식품이 허용되지 않은 물질이나 비유기 식품과 접촉 또는 혼입되지 않도록 명백히 구분하여 취급하였는가?	☑	□	□	□
평가 : 원료 밀은 수송 과정 중 1t 백으로 포장되어, 유기 인증마크 및 인증번호, 생산자를 적은 태그를 부착하여 구분한다고 말하였음(사진 참조). 최종 제품은 20kg으로 포장한 후, 팔레트 위에 적재하여 비닐로 루핑을 하므로 수송 과정 중 접촉이나 혼입의 우려가 없다고 말하였음				

2.마. 기록 및 접근 보장

(1) 사업자는 유기가공식품의 취급 전반에 관한 어떤 기록을 작성하고 있는가? 기록한 자료는 3년 이상 보존하고 있는가?	☑	□	□	□
평가 : 유기 원료인 유기 밀의 생산자, 구입일 및 수입량, 원료투입을 및 투입량, 생산량 및 판매량 등을 기록하여 보관하고 있었음 과거 1년간의 기록을 보관하고 있었음(2013년 인증획득).				
(2) 유기 취급계획은 가공 및 유통을 포함하는 전체 관리 시스템을 다루고 있는가?	☑	□	□	□
평가 : 유기 취급계획은 가공 및 유통을 포함하는 전체 관리 시스템을 다루고 있었음				
(3) 사업자는 유기 원료, 첨가물, 보조제, 세척제, 그 밖의 투입 자재의 구매, 입고, 출고, 사용에 관한 기록을 작성하고 보존하였는가?	☑	□	□	□
평가 : 유기 원료나 포장재의 구매, 입고, 출고, 사용에 관한 기록을 작성하고 보존하였음				
(4) 가공, 포장, 저장, 운송, 판매, 기타 취급에 관한 관리 지침이 문서로 만들어져 보존되고 있는가?	☑	□	□	□
평가 : 유기농산물 가공방법, 제조 방법 설명서, 품목제조보고서 등 취급에 관한 관리 지침이 문서로 만들어져 보존하고 있었음				
(5) 모든 기록 및 관련된 현장에 아무런 제한 없이 접근할 수 있는가?	☑	□	□	□
평가 : 모든 기록 및 문서를 열람할 수 있었음 전용생산설비 등 생산 현장에 제한 없이 접근할 수 있었음				
○ 추적조사 과정 및 결과 1) 추적조사 대상선정 : - 현재 완성제품 재고량은 없었음. 2022년엔 생산실적이 없었으며, 원료인 유기 밀 재고는 서류상				

심사 항목	심사 결과			
	적	개선권고	부	해당없음
151t이었음 - 2013년 최종 판매 제품을 서류 추적 조사대상으로 선택하였음 2) 과정: - 판매기록: 2013.7.31 [유기농백밀가루]50포 판매. LOT.20130526 - 생산기록: 2013.5.26 원료유기밀 6,032kg 투입, 백밀가루 생산량 6,010kg, 부산물 22kg 발생. 원료LOT. 유2012 438. - 원료 맥 입출고 대장: 유2012 438 [유기 인증번호 제00-1-00호(▽▽친환경 영농사업단) 생산자: 전봉준] - 창고 입고일: 2012.7.27 - 밀다원 입고일: 2013.5.24 - 밀다원 출고일: 2013.5.25 3) 결과: 기록 및 증빙 문서를 확인하여 추적조사를 시행한 결과, 추적조사가 가능하였음				
○ 투입-산출 분석 과정 및 결과 1) 2022.5.26 생산기록을 토대로 분석했음. 원료 유기 밀 6,032kg 투입, 백밀가루 생산량 6,010kg, 부산물 22kg 발생. 수율은 +95%였음 (수율의 변화가 심한 이유를 묻는 질문에 밀은 작황에 따라 수율 차이가 크게 난다고 말했음. 2022년 최초 심사 시, 4,786kg를 투입, 백밀가루 2,460kg과 통밀가루 572kg을 생산한 수율은 63%였음. 수율이 낮은 이유는 백밀가루와 비교해 통밀가루의 일반적인 수율은 30% 미만이라고 말하였음)				

3. 심사 요약

1. 부적합 사항

- 인증기준에 대해 부적합 사항이 있었는가? □ 예 ☑ 아니오

구분	부적합 사항	비고
1.가. 일반요건	없음	
1.나. 가공원료	없음	
1.다. 가공방법	없음	
2.가. 해충이나 병원균 관리	없음	
2.나. 세척 및 소독	없음	
2.다. 포장	없음	
2.라. 원료나 제품의 수송	없음	
2.마. 기록 및 접근 보장	없음	

2. 개선 권고 사항

- 인증기준에 대해 개선사항이 있었는가? □ 예 ☑ 아니오

구분	개선 권고 사항	비고
1.가. 일반요건	없음	
1.나. 가공원료	없음	
1.다. 가공방법	없음	
2.가. 해충이나 병원균 관리	없음	
2.나. 세척 및 소독	없음	
2.다. 포장	없음	
2.라. 원료나 제품의 수송	없음	
2.마. 기록 및 접근 보장	없음	

3. 시료 채취

- 검사를 위한 시료를 채취하였는가? □ 예 ☑ 아니오

1. 시료의 내용	
2. 시료 채취 사유	
3. 시료 채취 장소	

4. **붙임자료** : 심사 사진 : 붙임 유기가공 심사 사진 20220902

5. 사후관리, 다음 정기 심사에 대한 권고 사항

기록 및 문서관리상태가 적합하였음

신청자 서명	심사원 서명
###	@@@

유기가공식품 인증심사 결과를 위와 같이 보고합니다.

제출일 2022. ○. ○

인증기관 대표 귀하

2.4 떡

1) 심사보고서※

■ 친환경농축산물 및 유기식품등 인증에 관한 세부실시 요령 [별지 제10호 서식]

[제　　　호 안건]

<table>
<tr><th colspan="5">인증심사 결과 보고서(제조·가공 및 취급자용)</th></tr>
<tr><td colspan="5">1. 신청내용</td></tr>
<tr><td rowspan="3">신
청
인</td><td>법인(조직)명</td><td>(주)DDDD</td><td>취급자 수</td><td>33</td></tr>
<tr><td>대표자 성명</td><td>HHH</td><td>사업자등록번호
(생년월일)</td><td>123-45-67890</td></tr>
<tr><td>주 소</td><td colspan="3">○○○○○○</td></tr>
<tr><td rowspan="5">신
청
내
용</td><td>인증 구분</td><td colspan="3">[○] 유기가공식품, [ ] 비식용유기가공품, [ ]취급자 :</td></tr>
<tr><td>신청 구분</td><td colspan="3">[○] 최초 인증 신청, [ ] 갱신 신청, [ ] 유효기간 연장신청</td></tr>
<tr><td>사업장소재지</td><td colspan="3">○○○○○○</td></tr>
<tr><td>신청면적(㎡)</td><td colspan="3">공부면적 1,000㎡ / 신청면적 1,000㎡
인증(예정)면적 1,000㎡</td></tr>
<tr><td>신청 품목</td><td colspan="3">유기농 맛좋은 떡</td></tr>
</table>

<table>
<tr><td colspan="3">2. 심사 결과</td></tr>
<tr><td rowspan="2">항목</td><td colspan="2">평가</td></tr>
<tr><td>적합</td><td>부적합</td></tr>
<tr><td>① 일반요건(취급자 : 경영관리)</td><td>적합</td><td></td></tr>
<tr><td>② 가공원료(취급자 : 작업장 시설기준)</td><td>적합</td><td></td></tr>
<tr><td>③ 가공방법(취급자 : 원료관리)</td><td>적합</td><td></td></tr>
<tr><td>④ 해충이나 병원균 관리(취급자: 취급 방법)</td><td>적합</td><td></td></tr>
<tr><td>⑤ 세척 및 소독(취급자 : 저장·포장·운송·수송)</td><td>적합</td><td></td></tr>
<tr><td>⑥ 포장(취급자 : 생산물의 품질관리)</td><td>적합</td><td></td></tr>
<tr><td>⑦ 유기 원료 및 가공식품의 수송 및 운반</td><td>적합</td><td></td></tr>
<tr><td>⑧ 기록·문서화 및 접근 보장</td><td>적합</td><td></td></tr>
<tr><td>⑨ 제조시설기준(유기사료에 한함)</td><td></td><td></td></tr>
<tr><td colspan="3">3. 심사의견 : 제출한 서류를 심사하고 현장 방문 심사하고 잔류농약 검사 결과 당사 유기가공식품 인증기준에 적합하였음</td></tr>
<tr><td colspan="3">붙임 : 인증기준의 구비요건에 대해 항목별로 심사한 내역서 1부
심사 결과를 위와 같이 보고합니다.
2022년 ○○월 ○○일
심사원 소속　　　직급　　　성명 ○○○ (서명 또는 인)
직급　　　성명 ○○○ (서명 또는 인)</td></tr>
</table>

※ 본 표본 보고서는 O 인증기관의 서식에 맞춰 작성된 것임

2) 항목별 세부심사 결과※

유기가공식품 심사 세부 항목표

심사 항목	심사 사항	평가	예/아니오
일반요건	<필수 입력사항: 요약보고의 평가자 의견>	모든 과정을 유기 취급계획대로 실행하고 있었고 신청서상의 모든 정보는 실제와 일치하였음	예
	1) 시설도면, 제조공정도, 제품명세 등 인증신청서 상의 모든 정보가 실제와 일치하는가?	인증기관으로부터 전달받은 유기취급계획서, 유기가공 관리기준서, 제조가공공정도, 영업장 평면도, 제조설비 기계 배치도, 원료나 제품 이동경로 등의 서류를 받았으며 모든 정보는 실제와 일치하였음	예
	2) 유기 취급계획이 계획대로 실행되고 있는가?	현장 심사 결과 생산공장의 현황은 유기취급계획서의 정보와 같았음	예
	3) 가공 및 취급 전반에 걸쳐 토양의 오염이 최소화되도록 조치하고 있는가?	별도의 토양 오염원은 없었음	예
	4) 가공 및 취급 전반에 걸쳐 대기의 오염이 최소화되도록 조치하고 있는가?	모든 생산시설은 LNG만을 동력원으로 사용하고 있었고 대기의 오염원은 없었음	예
	5) 가공 및 취급 전반에 걸쳐 물의 오염이 최소화되도록 조치하고 있는가?	자체 폐수처리장에서 처리하고 있었음 (첨부 사진 참조)	예
	6) 금지된 물질 및 방법으로부터 유기식품을 보호하기 위해 격리 및 충분한 예방 조치를 취하고 있는가?	세척제 등은 별도 공간에 격리 보관하고 있었으며 잠금장치가 되어 있었음 (첨부 사진 참조)	예
	7) 종업원들이 유기 취급계획에 대해 훈련 받고 있는가?	유기가공 교육을 KKK 과장이 직원들 대상으로 1개월에 한 번씩 교육하고 있었음 (교육일지 사본 참조)	예
	8) 종업원들은 유기 인증기준에 대하여 종합적으로 이해하고 있는가?	현장과 사무실에서 작업 중이던 '임해은'씨에게 유기 취급에 관해 질문했을 때 유기 제품의 생산과 보관, 취급 등에 관한 답변을 하였음	예
	9) 사업자는 유기 인증기준에 대하여 종합적으로 이해하고 있는가?	사업자는 물론 AAA 상무, KKK 과장(유기가공 취급 책임자), MMM 주임은 유기가공 기준에 대한 상황을 인지하고 있었음	예
가공원료	<필수 입력사항: 요약보고의 평가자 의견>	유기 원료 구매 관리에 대해 철저한 서류 검증을 하고 있었음	예
	1) 모든 원료에 대한 유기인증서 또는 유기적으로 생산 및 취급되었다는 것을 증빙하는 자료가 있는가?	[유기 쌀가루] • 인증번호 : 00-8-55 • KOREA인증원	예

심사 항목	심사 사항	평가	예/아니오
		• 인증 유효기간: 22.11.07∼23.11.06 • 해당 내용의 유기가공식품 인증서를 보유하고 있었음 ※ 인증서 사본 폴더 內 첨부	
	2) 비유기 원료가 사용된 경우 불가피하였는가? 유기 원료를 구하기 위해 어떠한 노력을 하였는가?	해당 사항 없음	예
	3) 비유기 원료가 사용된 경우 물과 소금을 제외한 제품 중량에 대한 비유기 원료의 중량 비율이 5% 이하였는가?	해당 사항 없음	예
	4) 사업자는 비유전자변형 확인서 등 유전자변형이 아님을 증빙할 수 있는 자료를 가지고 있었는가?	GMO 원료를 사용하지 않았음 (해당 사항 없음)	예
	5) 수질검사 성적서가 있었는가? 검사 결과는 먹는 물 기준에 적합하였는가?	AAA 군청 수도사업부 수질검사 결과 - 검사 결과 종합: 기준에 적합 - 미생물에 관한 항목 불검출 - 건강상 유해영향 무기물질에 관한 항목: 불검출 - 건강상 유해영향 유기물질에 관한 항목: 불검출 - 소독제 및 소독 부산물질에 관한 항목: 적합 - 심미적 영향 물질에 관한 항목 : 적합 ※ 폴더 內 성적서 첨부	예
	6) 소금이 식품 기준에 적합하였는가?	D 꽃소금으로 기준에 적합하였음	예
	7) 미생물 제제가 사용된 경우, 그것이 유전자 변형 미생물에서 유래된 것이 아님을 증빙하는 자료가 있었는가?	해당 사항 없음	예
	8) 첨가물 또는 가공보조제가 사용된 경우, 사용된 물질이 허용된 것인가? 그 사용이 불가피하였는가? 최소량만 사용하였는가?	해당 사항 없음	예
가공방법	<필수 입력사항: 요약보고의 평가자 의견>	유기 기준에 적합한 방법만을 사용하고 있었음	예
	1) 가공방법은 허용된 방법만을 사용하였는가?	유기취급계획서와 현장을 확인한 결과(미분 증숙, 떡 사출, 속 재료 가공, 떡+속 재료 성형, 냉각, 코팅, 급랭, 내포장, 검수, 외포장, 적재) 등 허용된 가공방법만이 사용되고 있었음	예

심사 항목	심사 사항	평가	예/아니오
	2) 유기식품에 관한 모든 가공 및 취급 과정에서 방사선이 사용되지 않았는가?	• 현장 검사 결과 전리 방사선 사용은 없었음 • 사용되는 원료의 포장지에 전리 방사선 처리 표시가 없었음	예
	3) 추출을 위해서 허용된 물질만을 사용하였는가?	추출 공정이 없으므로 해당 사항 없음	예
	4) 여과를 위해 환경에 부정적 영향을 미칠 수 있는 물질이나 기술을 사용하지 않았는가?	여과 공정이 없으므로 해당 사항 없음	예
	5) 저장을 위해 사용된 방법은 기준에 적합한가?	제품의 특성상 저장을 위해서 영하 25~40도 내외로 급속 동결하여 냉동 보관하고 있었음	예
해충 및 병원균 관리	<필수 입력사항: 요약보고의 평가자 의견>	예방적, 기계적, 물리적 방법으로 순차적으로 이루어지고 있었음,	예
	1) 해충과 병원균의 관리를 위해 화학요법이나 방사선 요법이 사용되지 않았는가?	방사선 조사 방법은 사용되지 않고 있었으며 대신에 예방적, 기계적/물리적, 생물학적 방법으로 병해충 관리를 시행하고 있었음	예
	2) 해충 관리를 위해 허용된 방법을 순차적으로 적용하였는가?	[예방적 방법] 1) 주기적인 방충 방서 모니터링 2) 주기적인 작업장 주변 점검 [기계적·물리적 방법] 1) 작업장 내부 유인 포충등 9개 2) 보행 트랩 33개소 설치 운영 • 전문 방역업체 위탁하여 방충 방서 관리를 하고 있었음 (BBB 중부지사 종합위생계약서 사본 첨부) • 상기 내용의 방법대로 순차적으로 적용하고 있었음	예
	3) 해충과 병원균 관리를 위해 장비와 시설에 허용되지 않은 물질을 사용하지 않았는가?	BBB 방역업체의 관리를 받고 있었으며 허용되지 않은 물질의 사용은 없었음 ※ 폴더 內 계약서 사본 첨부	예
	4) 허용되지 않은 물질이나 방법으로부터 유기식품을 보호하기 위해 격리 및 충분한 예방 조치가 취해졌는가?	현장심사 결과 원료실, 제품보관실, 포장재 보관실에는 허용되지 않는 약재 또는 물질들을 보관하고 있지 않았음	예

심사 항목	심사 사항	평가	예/아니오
세척 및 소독	<필수 입력사항: 요약보고의 평가자 의견>	세척 및 소독에 사용된 물질은 허용된 물질들을 사용하였으며 잔류 되지 않도록 조치하고 있었음	예
	1) 세척, 살균, 소독에 사용된 물질이 유기식품에 잔류하지 않도록 조치하였는가?	세척은 유기 쌀가루의 특성상 에어건으로 세척하고 있었고 살균, 소독 물질은 허용된 가공보조제였음 (참고로 MSDS(물질안전보건자료)에 등재된 제품이었음)	예
	2) 사업자는 허용되지 않은 물질, 해충, 병원균, 기타 이물질로부터 유기식품을 보호하기 위하여 예방 조치를 취하였는가?	현장심사 결과, 원료실, 제품보관실, 포장재 보관실에는 허용되지 않는 약재 또는 물질들을 보관하고 있지 않았음	예
	3) 세척 또는 소독에 사용된 물질은 먹는 물 또는 허용된 가공보조제 외에는 없는가?	허용된 가공보조제만 사용하고 있었고, 상수도, 자몽 종자 추출물로 소독하고 있었음 기타 가공보조제 사용은 없었음	예
	4) 세척제, 살균제, 소독제를 사용한 경우, 유기적 순수성이 훼손되지 않도록 조치하였는가?	살균, 소독제로 그린후레쉬(자몽종자 추출물)만을 사용하고 있었으며, 유기적 순수성이 훼손될 우려는 없었음	예
포장	<필수 입력사항: 요약보고의 평가자 의견>	포장재는 재활용이 가능한 재질이며, 분석 성적서 확인 결과 적합한 자재를 사용하고 있었음	예
	1) 포장재는 재활용되었거나 재활용할 수 있는 것인가?	사용하는 포장재는 분리배출 표식이 되어 있는 재활용이 가능한 재질을 사용하고 있었음 ※ 사진 참조(재활용 마크)	예
	2) 포장재가 허용되지 않은 물질을 함유하였거나 접촉하지 아니하였다는 것을 문서로 확인할 수 있는가?	포장재는 종류별로 별도의 자재 창고에 상자로 밀봉된 채로 관리되고 있었으며, 작업에 사용되는 포장재는 별도 보관되어 금지된 물질 또는 이물질과 접촉되지 않도록 관리하고 있었음 ※ 포장재 시험성적서 첨부	예
	3) 합성 살균제, 방부제 훈증제 등 금지된 물질이 포장재, 유기, 저장고에 사용되지 않았는가?	공장 전체를 확인한 결과 금지된 물질을 사용하지 않고 있었고, 금지된 물질을 보관하지도 않고 있었음 (사진 참조)	예
	4) 재활용된 자재 또는 용기는 기준에 적합하였는가?	1) 제품의 포장재 또는 용기는 재사용되지 않고 있었음 ※ 폴더 內 검사성적서 사본 첨부	예

심사 항목	심사 사항	평가	예/아니오
	5) 표시 또는 표시물의 기재사항은 기준에 적합한가?	유기 원재료 표시 및 유기가공 완제품의 표시사항이 모두 적합하였음	예
원료 및 제품의 수송	<필수 입력사항: 요약보고의 평가자 의견>	운송 차량 점검 일지를 통하여 최선의 수송 방법을 선택하고 있으며 청결 관리 등의 기록을 통하여 확인할 수 있었음	예
	1) 사업자는 환경에 미치는 악영향을 최소화할 수 있는 수송 방법을 선택하였는가?	유기가공관리기준서에 환경에 미치는 나쁜 영향이 최소화되도록 원료나 제품의 수송 방법을 선택하여야 한다는 기준을 마련해 실행하고 있었으며, 차량 운행일지를 매일같이 작성하여 관리하는 것으로 적합한 수송 방법을 선택하고 있었음	예
	2) 수송 장비와 운반 용기를 세척, 소독할 때 허용되지 않은 물질을 사용하지 않았는가?	• 신청자 회사에 비치된 유기가공관리기준서에 수송 장비 및 운반 용기의 세척/소독을 위하여 금지된 물질을 사용할 수 없다고 명시되어 있었음 • 지하수만을 이용하여 청소하고 있었음	예
	3) 수송 과정에서 유기식품이 허용되지 않은 물질이나 관행 식품과 접촉 또는 혼합되지 않도록 명백히 구분하여 취급하였는가?	제품의 수송 시에 유기 표시된 포장재에 담긴 완제품을 외포장 C/T 상자에 담아 팔레트 단위로 운반함으로써 비유기 제품과 혼합될 수 없었음	예
기록 및 접근 보장	<필수 입력사항: 요약보고의 평가자 의견>	기록 확인 결과 취급에 관한 관리 지침이 문서로 만들어져 보존하고 있었음	예
	1) 사업자는 유기식품의 취급 전반에 관한 기록을 작성하고 있는가? 기록한 자료는 3년 이상 보존하고 있는가?	유기가공취급기준서에 제조기록서, 원료출납부, 제품 출납부, 출고 차량 점검표, 해충 모니터링일지를 3년 동안 보존하는 것으로 기준이 설정되어 있었고, 실제 문서 폴더의 겉에 보존기간이 3년으로 표기되어 관리되고 있음을 확인하였음 ※ 보고서 內 사진 참조	예
	2) 유기 취급계획은 가공 및 유통을 포함하는 전체 관리 시스템을 다루고 있는가?	전체 관리가 엑셀을 사용하여 시스템화되어 있어서 전체 관리 시스템을 다루고 있었음	예

심사 항목	심사 사항	평가	예/아니오
	3) 표본추적 결과 이력 추적이 가능하였는가?	- 역방향 이력 추적 내용 - [생산일지] • LOT NO. AA-3(40kg) 추적 결과 AB-3(15kg) 추적 결과 • 유기농 맛좋은 떡의 생산일지 확인 추적 결과 60kg 제조 [원료출납부] • LOT NO. AA-3(40kg) 추적 결과 AB-3(15kg) 추적 결과 • 총 원료 55kg 원료출납 위의 내용대로 이력 추적한 결과 이력 추적 확인 가능하였고 문제가 될 것이 없었음 (생산일지, 원료 수급 대장 첨부함)	예
	4) 대조 감사 결과 투입과 산출량이 균형을 이루고 있는가?	투입산출 결과 - 산출 근거 - • LOT NO.A31 (완제품) : 2022.11.07일자를 대조함 • 총투입량 : 55kg • 총산출량 : 60kg • 대조 감사 : 109% (60kg 산출 / 55kg 투입) • 업체 제시 수율 : 110% • 수율이 100% 이상이 되는 원인은 제품을 생산하는 과정에서 수분이 포함되어 100% 건조물이 되지 않기 때문임	예
	5) 가공, 포장, 저장, 운송, 판매 기타 취급에 관한 관리 지침이 문서화되어 보존되고 있는가?	유기원료 구매대장, 유기원료 재고관리, 제품생산일지, 제품의 재고관리, 판매처 기록, 차량운행일지 등 유기식품 가공 취급 등에 대한 기록물을 작성 문서화하여 보관 중에 있었음	예
	6) 모든 기록 및 관련된 현장에 아무런 제한 없이 접근할 수 있는가?	심사원이 심사하여야 할 서류, 심사하여야 할 모든 기기 제조설비 등 원하는 곳은 아무런 제한 없이 접근 가능하였음	예

※ 사진 자료 및 기타 붙임 자료는 생략

2.5 토마토즙

1) 심사보고서

심사보고서 (가공)※

○ 접수번호 :	
○ 사업자명 : ○○○○ ○ 대표자명 : ○○○ ○ 소 재 지 : ○○○	○ 사업장명 : ○○○○○ ○ 소 재 지 : ○○○ ○○○ ○ 품 목 명 : ○○○ 유기 토마토 즙
○ 심사 소요 시간 : 총 시간 - 서류검토 월 일 시 ~ 월 일 시 (시간 분) - 현장심사 월 일 시 ~ 월 일 시 (시간 분) - 보고서 작성 월 일 시 ~ 월 일 시 (시간 분) - 이동(왕복) 월 일 시 ~ 월 일 시 (시간 분) 월 일 시 ~ 월 일 시 (시간 분)	

심사유형	인증기관으로부터 전달받은 문서
☑ 최초 심사 □ 정기 심사 □ 추가 심사 □ 불시 심사	☑ 식품품목제조보고서 사본 ☑ 유기취급계획서 ☑ 원료 및 첨가물이 기준에 적합하다는 것을 증명하는 서류 ☑ 생산시설 도면 ☑ 품목별 제조공정도 □ 제품명세서 □ 기타 :

※ 본 표본 보고서는 H 인증기관의 서식에 맞춰 작성된 것임

1.가. 일반요건	평가	예/ 아니오
(1) 시설도면, 제조공정도, 제품 명세 등 인증신청서상의 모든 정보가 실제와 일치하는가?	○ 시설도면, 제조공정도 및 제품명세가 인증신청서의 내용과 일치하고, 이에 따라 실행하고 있었음 ※ 관련 자료 - OHP, 식품품목제조보고서, 품질매뉴얼, 건물배치도, 설비배치도(2현장), 제조공정도	예
(2) 유기 취급계획이 계획대로 실행되고 있는가?	○ 신청서상의 유기 취급계획(OHP)에 따라 실행하고 있었음 ※ 관련 자료 : OHP	예
(3) 가공 및 취급 전반에 걸쳐 토양의 오염이 최소화되도록 조치하고 있는가?	○ 제조과정에서 발생하는 비지, 폐수처리 후 발생하는 압착된 오니 등은 별도의 밀폐 저장탱크에 보관하였다가 전문업체에 의해 적절히 폐기되고 있었음 ※ 관련 자료 - 비지 처리 : TMR(2022.11.13) - 폐수 오니 : (주) 그린환경(2022.10.31) - 폐기물처리계약서(TMR, 그린환경)	예
(4) 가공 및 취급 전반에 걸쳐 대기의 오염이 최소화되도록 조치하고 있는가?	○ 가열공정(마쇄물)에 사용되는 보일러의 열원은 도시가스(LNG)를 사용함으로써 배출가스를 최소화하고 있었음	예
(5) 가공 및 취급 전반에 걸쳐 물의 오염이 최소화되도록 조치하고 있는가?	○ 두부 제조과정에서 발생하는 폐수(원료 세척, 설비 세척/소독 등)는 자체 폐수처리시설에서 기준에 적합하게 처리, 배출하고 있었음 ※ 관련 자료 - 제조공정도, 폐수처리시설 운영일지 - 수질검사 성적서(2022.7.12. (주)원일환경)	예
(6) 금지된 물질 및 방법으로부터 유기식품을 보호하기 위해 격리 및 충분한 예방 조치를 취하고 있는가?	○ 관련 규정 수립하여 적합하게 운영하고 있었음 ※ 관련 자료 - 위험물질 저장창고 관리대장 확인 - 화합물 보관창고 점검표(보관운송 관리기준서) - HACCP 선행요건 관리기준서 - 보관창고 확인(원료나 제품)	예
(7) 종업원들이 유기 취급계획에 대해 훈련받고 있는가?	○ 품질관리담당자(@@@)는 농수산물유통공사에서 시행한 유기가공식품 실무자 교육을 이수하였으며, 종업원들에게 전달 교육을 시행하였음 ※ 관련 자료 - 담당자 교육수료증 : @(식품 교육 제100200호, 2022.8.27 aT 센터교육 - 종업원 교육 : 2022.8.30. 강사@ - 유기 교육수료증, 사내/외부 교육훈련보고서	예

1.가. 일반요건	평가	예/아니오
(8) 종업원들은 유기 인증기준에 대하여 종합적으로 이해하고 있는가?	○ 품질관리담당자는 인증기준에 대하여 종업원을 대상으로 교육을 시행하였음 - 교육 일자 : 2022.10.11 - 교육 대상 : 생산 1팀 @ 등 4명	예
(9) 사업자는 유기 인증기준에 대하여 종합적으로 이해하고 있는가?	○ 사업자는 같은 일자에 유기 작업과 관행 작업을 하는 경우 유기 작업을 먼저 수행함으로써 혼입을 방지한다고 대답하였었고, 다른 답변에서도 유기 인증기준을 이해하고 있다고 판단됨	예

1.나. 가공원료	평가	예/아니오
(1) 모든 원료에 대한 유기인증서 또는 유기적으로 생산 및 취급되었다는 것을 증빙하는 자료가 있었는가?	- 토마토 : 신청인의 유기농장 인증서 확인 - 제00-1-00호(####인증원) - 생산자 : @(○○○ ○○○ ○○○ ○○리) - 유효기간 : 2022.2.11～2025.2.10 - 최초 인증일 : 2004.2.11 (계획량 ; 126t) - 유기 올리고당 : 00-8-00 - 생산업체 : @ - 유효기간 : 2022.9.21～2025.9.20 ※ 기타 관련 자료(자료 첨부) - 품목제조보고서, 자체 검사 성적서(중앙생명과학연구원), 생산일지 등	예
(2) 비유기 원료가 사용되었으면 불가피하였는가? 유기 원료를 구하기 위해 어떠한 노력을 하였는가?	- 비유기 원료 없음	예
(3) 비유기 원료가 사용되었으면 물과 소금을 제외한 제품 중량에 대한 비유기 원료의 중량 비율이 5% 이하였는가?	**※ 다음 페이지에 계산 과정을 작성하시오.** **- 유기 원료 비율: 100%**	예
(4) 사업자는 비유전자변형 확인서 등 유전자 변형이 아님을 증빙할 수 있는 자료를 가지고 있었는가?	- 해당 사항 없음 - 유기농산물 인증을 받았으며, - 유기농산물(토마토)은 GMO가 없음	-
(5) 수질검사 성적서가 있었는가? 검사 결과는 먹는 물 기준에 적합하였는가?	- 상수도를 사용 - @@@ 상수도사업소 수질검사 결과 첨부 - 마을상수도 영수증(10월분) 확인(○○리)	예

1.나. 가공원료	평가	예/아니오
(6) 소금이 식품 기준에 적합하였는가?	- 소금(천일염) 시험성적서 첨부 - 의뢰처(인) : ㈜태평소금 (000)-2010/8/24 - 주소: 신안군 중도면 대초리 00-37 - 시험기관: 계명대학교 전통 미생물자원연구센터 - 제14-2-632호(발급번호 14-07-168호)	예
(7) 미생물 제제가 사용된 경우, 그것이 유전자 변형 미생물에서 유래된 것이 아님을 증빙하는 자료가 있었는가?	- 사용 하지 않음 (해당 사항 없음)	-
(8) 첨가물 또는 가공보조제가 사용된 경우, 사용된 물질이 허용된 것인가? 그 사용이 불가피하였는가? 최소량만을 사용하였는가?	- 사용 하지 않음 (해당 사항 없음)	예

1.다. 가공방법	평가	예/아니오
(1) 가공방법은 허용된 방법만을 사용하였는가?	○ 가공방법은 원료 세척, 마쇄, 가열, 여과, 성형, 냉각, 포장 등 허용된 기계적/물리적 방법만을 사용하였음 ※ 관련 자료 - 식품품목제조보고서, 유기취급관리기준서	예
(2) 유기식품에 관한 모든 가공 및 취급 과정에서 방사선이 사용되지 않았는가?	○ 시설관찰 결과 방사선 조사표지 및 시설이 발견되지 않았음	예
(3) 추출을 위해서 허용된 물질만을 사용하였는가?	○ 제조 공정상 추출 공정이 없으므로 해당 사항 없음	-
(4) 여과를 위해 환경에 부정적 영향을 미칠 수 있는 물질이나 기술을 사용하지 않았는가?	○ 여과기에서 순차적으로 스크루 방식과 원심분리 방식에 의하여 분리되며 여과망의 재질은 스테인리스였음 ※ 관련 자료 - 제조공정흐름도, 시설관찰 결과	예
(5) 저장을 위해 사용된 방법은 기준에 적합한가?	○ 제품의 저장은 5℃ 이하의 저장고에서 관리되고 있었으며, 특히 유통 시에도 cold chain 시스템을 적용하고 있었음	예

1.다. 가공방법	평가	예/ 아니오
	※ 관련 자료 - 현장 확인: 저온저장고 - 냉장 보관창고 점검일지 - 보관운송관리기준서(선행요건관리기준서)	

○ **유기 원료 투입 비율 계산 과정**

2.가. 해충이나 병원균 관리	평가	예/ 아니오
(1) 해충과 병원균의 관리를 위해 화학 요법이나 방사선 요법이 사용되지 않았는가?	- 공장시설과 서류 확인 결과, 화학 요법이나 방사선 요법은 사용하지 않고 있었음 ※ 관련 자료 - 유기취급기준서 - 방충 방서 점검일지(12/8일자 확인) - 위생점검 체크리스트	예
(2) 해충 관리를 위해 허용된 방법을 순차적으로 적용하였는가?	- 순차적으로 적용하고 있었음 - 예방적 방법: 출입문 밀폐, 제초 작업, 쥐 서식처 제거, 청결(건조) 유지(실내, 외) - 기계적 방법: 방충망, 포충등, 쥐 끈끈이 설치 - 허용 자재: 없음 - 비허용 자재: 없음 ※ 관련 자료 - 현장(장비, 시설) 확인 - 위의 (1)항 자료 확인	예
(3) 해충과 병원균 관리를 위해 장비와 시설에 허용되지 않은 물질을 사용하지 않았는가?	- 허용되지 않은 물질은 사용하지 않았음 ※ 관련 자료 - 현장(장비, 시설) 확인 - 위의 (1)항 자료 확인	예
(4) 허용되지 않은 물질이나 방법으로부터 유기식품을 보호하기 위해 격리 및 충분한 예방 조치가 취해졌는가?	- 허용되지 않은 물질을 사용하지 않았으며, 예방 조치가 취해졌다고 판단됨 - ***방역업체와는 계약하지 않고 자체적으로 처리하고 있었음*** ※ 관련 자료 - 현장(장비, 시설) 확인 - 위의 (1)항 자료 확인	예

2.나. 세척, 소독	평가	예/아니오
(1) 세척, 살균, 소독에 사용된 물질이 유기식품에 잔류하지 않도록 조치하였는가?	○ 세척/소독제로 카우스틱소다(가공 시설), 새니크린쿼트(가공 시설), 신창크린# 100(면포)를 사용하고 있으며, 가공 시설에는 CIP 방식으로 적용한 후 잔류 검사는 현장에서 pH meter(카우스틱소다, 신창크린#100), Hydrion QT-10(새니크린쿼터)로 측정하여 잔류하지 않도록 조치하였으며, CIP는 관련 규정에 따라 실행하고 있었음 ※ 관련 자료 - 제조설비 pH 측정일지, CIP 실시관리계획, 위생관리기준서	예
(2) 사업자는 허용되지 않은 물질, 해충, 병원균, 기타 이물질로부터 유기식품을 보호하기 위하여 예방 조치를 취하였는가?	○ 제품의 제조에 허용되지 않은 첨가물 사용하지 않았음 ○ 해충 관리를 위하여 시설 내부에 허용되지 않은 물질을 사용하지 않았음 ○ 세척/소독제 사용된 물질은 적용 후 잔류 여부 검사를 통하여 잔류하지 않도록 조치하고 있었음 ○ 관행 작업 후 세척/소독(CIP)을 통하여 관행 작업 잔류물을 제거함으로써 이물질에 의한 오염이 없었음 ※ 관련 자료 - 제조설비 pH 측정일지, 소독필증	예
(3) 세척 또는 소독에 사용된 물질은 먹는 물 또는 허용된 가공보조제 외에는 없는가?	○ 원료 토마토 세척에는 먹는 물(지하수)을 사용하고 있었음 ※ 관련 자료 - 식품품목제조보고서, 현장 관찰 결과	예
(4) 세척제, 살균제, 소독제를 사용한 경우, 유기적 순수성이 훼손되지 않도록 조치하였는가?	○ 가공 시설 및 면포의 세척/소독제로 카우스틱소다(가공 시설), 새니크린쿼터(가공 시설), 신창크린#100(면포)를 사용하고 있으며, 가공 시설에는 CIP 방식으로 적용한 후 잔류 검사는 현장에서 pH meter(카우스틱소다, 신창크린#100), Hydrion QT-10(새니크린쿼트)로 측정하여 잔류하지 않도록 조치하고 있었으며, 세척/소독제는 전용창고에 별도로 보관관리하고 있었음 - 세척/소독제의 사용실태 [제품명 / 성분조성 / 용도 / 잔류 검사] 카우스틱소다 / 수산화나트륨 / 가공 시설 / pH 미터 새니크린쿼트 / 염화알킬벤질디메틸암모늄 / 가공 시설 / QT10 신창크린#100 / 탄산소다, 메타인산소다, 황산소다 등 / 면포 / pH 미터 ※ 관련 자료 - MSDS, OHP, 시설관찰 결과	예

2.다. 포장	평가	예/ 아니오
(1) 포장재는 재활용되었거나 재활용할 수 있는 것인가?	- 재활용이 가능하였음 - 재활용 인증마크가 부착되어 관리되었음 - 포장재 : PE(은박 필름 ; PET+AL+LDPE) ※ 관련 자료 - 포장재 표시(분리배출) 확인(자료 첨부)	예
(2) 포장재가 허용되지 않은 물질을 함유하였거나 접촉하지 아니하였다는 것을 문서로 확인할 수 있는가?	- 시험성적서로 확인하였음 - 시험 결과 : 적합 - 시험 항목 : 식품 포장지 PE - 의뢰인 : 삼화화학 - 분석기관 : 충청북도보건환경연구원 - 접수번호 : 515(2022.5.25) ※ 관련 자료 - 포장재 시험성적서(추가자료로 첨부됨)	예
(3) 합성 살균제, 방부제, 훈증제 등 금지된 물질이 포장재, 용기, 저장고에 사용되지 않았는가?	- 현장과 서류 확인 결과 사용하지 않았음 ※ 관련 자료 - 유기취급기준서 - 청소일지	예
(4) 재활용된 자재 또는 용기는 기준에 적합하였는가?	- 재활용이 가능하나 재활용을 하지 않고 있었으며, - 시험성적서 상으로 적합하였음 ※ 관련 자료 - 현장과 포장재 시험성적서	예
(5) 표시 또는 표시물의 기재사항은 기준에 적합한가?	- 제품 표시사항은 인증을 받은 후에 인증기관과 상의 후 제작할 계획이라 하였음 ※ 관련 자료 - 초안(포장재 표시라벨)은 자료가 첨부됨	예

2.라. 원료나 제품의 수송	평가	예/ 아니오
(1) 사업자는 환경에 미치는 악영향을 최소화할 수 있는 수송 방법을 선택하였는가?	- 유기 토마토는 인근(400m) 자가 농장(3,000평)에서 1t 회사 화물차로 운반 - 유기 올리고당(@@@)은 택배로 운송됨 ※ 출하처는 유통업체와 직거래를 하며, - 유통업체(○○○)는 회사 자가 냉장 차량으로 운반 - 인터넷 직거래는 택배회사(우체국)의 차량을 이용하였음	예
(2) 수송 장비와 운반 용기를 세척, 소독할 때 허용되지 않은 물질을 사용하지 않았는가?	- 적합 - 차량은 물과 빗자루, 밀대로 청소하였음 ※ 관련 자료 : 위생점검일지	예

2.라. 원료나 제품의 수송	평가	예/아니오
(3) 수송 과정에서 유기식품이 허용되지 않은 물질이나 관행 식품과 접촉 또는 혼합되지 않도록 명백히 구분하여 취급하였는가?	- 적합 - 원료 운반 : 유기인증 받은 토마토 - 제품 : 유기 제품 생산일에는 유기 제품만 생산하였음 ※ 관련 자료 - 현장 확인	예

2.마. 기록 및 접근 보장	평가	예/아니오
(1) 사업자는 유기식품의 취급 전반에 관한 기록을 작성하고 있는가? 기록한 자료는 3년 이상 보존하고 있는가?	- 유기농업은 1994년도에 시작하였고, 2002년부터 최초 인증(토마토 유기인증)을 받았으며, - 유기가공 제품은 2009년 11월 시작하였다고 하며, 기록은 없었음 - 유기 관련 서류는 인증을 준비하면서 2010년부터 기록을 시작하였음 - 기록 보존기간은 3년으로 규정(유기취급기준서)하고 있으며 보존할 계획이라 하였음 - 유기취급기준서에 근거하여 관련 자료와 양식들을 작성 관리하고 있었음 ※ 관련 자료 - 유기취급기준서, 생산일지, 방충 방서 점검일지, 위생점검 체크리스트, 포장재 서류 등	예
(2) 유기 취급계획은 가공 및 유통을 포함하는 전체 관리 시스템을 다루고 있는가?	- 전체 관리 시스템을 다루고 있다고 판단됨. - 법 조항에 따라 유기취급기준서를 제정(2010.11.20)하고, 그 기준에 따라 구성하였음	예
(3) 표본추적 결과 이력 추적이 가능하였는가?	**※ 다음 페이지에 표본 추적한 내용을 작성하시오.**	예
(4) 대조 감사 결과 투입과 산출량이 균형을 이루고 있는가?	**※ 다음 페이지에 대조 감사한 내용을 작성하시오.**	예
(5) 가공, 포장, 저장, 운송, 판매, 기타 취급에 관한 관리 지침이 문서로 만들어져 보존되고 있는가?	- 유기취급기준서 내에 가공, 포장, 저장, 운송, 판매, 기타 취급에 관한 관리 지침이 문서로 만들어져 있다고 판단됨 ※ 관련 자료 - 유기취급기준서	예
(6) 모든 기록 및 관련된 현장에 아무런 제한 없이 접근할 수 있는가?	- 모든 기록과 장소에 동의를 구하여 제한 없이 접근할 수 있었으며, - 사진 촬영도 하였음	예

2) 심사보고 요약

접수번호 :

조항 번호	범위	부적합 사항
1.가.	일반요건	없음
1.나.	가공원료	없음
1.다.	가공방법	없음
2.가.	해충이나 병원균 관리	없음
2.나.	세척, 소독	없음
2.다.	포장	없음
2.라.	원료나 제품의 수송	없음
2.마.	기록 및 접근 보장	없음

※ '부적합 사항'에는 인증기준에 부적합한 사항을 요약하여 기록하되 '변경 또는 불일치 사항', '부족한 정보'가 있으면 함께 기술하시오.

○ **표본 추적 및 대조 감사 과정 및 결과** **생략**
○ **그 밖의 참고사항**

○ **시료 채취 (해당하면)** **- 채취 사유 :** **- 채취 장소 :** **- 시료 내용 및 양 :**

심사 종료일	신청자 측 담당자 서명	심사원 서명
2022. ○○. ○○	@@@	###

부록 1 우리나라 친환경 농산물 인증기관 목록

표 1-1. 우리나라 친환경 농산물 인증기관 목록

지정 번호	인증기관명	인증기관소재지	전화번호	인증범위
제02호	(유)돌나라유기 인증코리아	강원도 원주시 능라동길 63 (무실동, 법조타워), 404호	033-732-4234	유기농산물, 유기축산물, 무농약 농산물, 무항생제축산물, 취급자, 유기가공식품, 비식용유기가공 양축용동물, 비식용유기가공 애완용동물, 유기양봉 산물·부산물, 무농약원료가공식품
제03호	(사)양평친환경 인증센터	경기도 양평군 양평읍 농업기술센터길 22 양평농업종합분석센터 3층	031-774-8095	유기농산물, 유기축산물, 무농약 농산물, 무항생제축산물, 취급자, 유기가공식품, 비식용유기가공 양축용동물, 비식용유기가공 애완용동물, 무농약원료가공식품
제05호	(주)한국유기농 인증원	경기도 용인시 기흥구 금화로 103 (상갈동), 503호 정진프라자		유기농산물, 유기축산물, 무농약 농산물, 무항생제축산물, 취급자, 유기가공식품, 비식용유기가공 양축용동물, 비식용유기가공 애완용동물, 무농약원료가공식품
제09호	(주)글로벌농식품 인증원	대구광역시 북구 칠곡중앙대로136길 30 (동호동)	053-326-9895	유기농산물, 유기축산물, 무농약 농산물, 무항생제축산물, 취급자, 유기가공식품, 비식용유기가공 양축용동물, 비식용유기가공 애완용동물, 유기양봉 산물·부산물
제10호	(주)한경인증원	경기도 안성시 미양면 미양로 347(2층)	031-8057-2175	유기농산물, 유기축산물, 무농약 농산물, 무항생제축산물, 취급자, 유기가공식품, 비식용유기가공 양축용동물, 비식용유기가공 애완용동물, 유기양봉 산물·부산물
제12호	(사)울진친환경 농산물인증원	경상북도 울진군 근남면 울진북로 234-28	054-781-0448	유기농산물, 무농약농산물, 취급자
제15호	(주)미래친환경 농업인증센터	광주광역시 서구 상무화원로23번길 5 (치평동)(3층)	062-385-8882	유기농산물, 유기축산물, 무농약 농산물, 무항생제축산물, 취급자, 유기양봉 산물·부산물
제18호	(사)제주생태도시 연구소	제주특별자치도 제주시 아봉로 762-1 (봉개동)	064-721-2136	유기농산물, 유기축산물, 무농약 농산물, 취급자
제20호	전남대학교 산학협력단	광주광역시 북구 용봉로 77 (용봉동)	062-530-2034	유기농산물, 유기축산물, 무농약 농산물, 무항생제축산물, 취급자, 유기가공식품, 비식용유기가공 양축용동물, 비식용유기가공 애완용동물, 유기양봉 산물·부산물, 무농약원료가공식품
제21호	경상국립대학교 산학협력단	경상남도 진주시 동진로 55 (칠암동), 산학협력단 203호	055-772-3616	유기농산물, 유기축산물, 무농약 농산물, 무항생제축산물, 취급자

지정 번호	인증기관명	인증기관소재지	전화번호	인증범위
제23호	(주)농식품인증 관리원	경기도 수원시 장안구 율전로 105 (율전동), 종욱빌딩 401호	031-298-6615	유기농산물, 유기축산물, 무농약농산물, 무항생제축산물, 취급자, 유기가공식품, 비식용유기가공 양축용동물, 비식용유기가공 애완용동물, 유기양봉 산물·부산물, 무농약원료가공식품
제24호	(주)케이에이에프 씨씨	서울특별시 노원구 동일로241길 36 (상계동) 203호	02-458-4200	유기농산물, 유기축산물, 무농약농산물, 무항생제축산물, 취급자, 유기가공식품, 비식용유기가공 양축용동물, 비식용유기가공 애완용동물, 유기양봉 산물·부산물
제26호	충북대학교 산학협력단	충청북도 청주시 서원구 예체로 1 (개신동)	043-261-3432	유기농산물, 유기축산물, 무농약농산물, 취급자
제28호	국립순천대학교 산학협력단	전라남도 순천시 중앙로 255 (석현동)	061-750-5471	유기농산물, 유기축산물, 무농약농산물, 무항생제축산물, 취급자, 유기가공식품, 유기양봉 산물·부산물, 무농약원료가공식품
제29호	강원대학교 산학협력단	강원도 춘천시 강원대학길 1 (효자동), 친환경농업연구센터 (316동) 310호	033-250-7268	유기농산물, 무농약농산물, 취급자
제31호	(주)토지글로닉스	광주광역시 서구 매월2로 16 (매월동, 관리동 1층)	062-655-0755	유기농산물, 유기축산물, 무농약농산물, 무항생제축산물, 취급자, 유기가공식품, 비식용유기가공 양축용동물, 비식용유기가공 애완용동물, 무농약원료가공식품
제32호	(주)성농	전라북도 완주군 삼례읍 삼례로 443, 공학관 2101호	063-291-8422	유기농산물, 유기축산물, 무농약농산물, 취급자, 유기가공식품, 무농약원료가공식품
제33호	(주)사연들농식품 인증원	전라북도 익산시 부송로 124 (부송동), 3층	063 833-8555	유기농산물, 유기축산물, 무농약농산물, 무항생제축산물, 취급자, 유기가공식품, 무농약원료가공식품
제34호	(주)한국작물 연구소	전라남도 담양군 봉산면 송강정로 88-1	061-381-3643	유기농산물, 무농약농산물, 취급자, 유기가공식품, 비식용유기가공 양축용동물, 비식용유기가공 애완용동물
제35호	제주대학교 산학협력단	제주특별자치도 제주시 제주대학로 102 (아라일동)	064-754-2480	유기농산물, 무농약농산물, 취급자
제37호	국립목포대학교 산학협력단	전라남도 무안군 청계면 영산로 1666 (대외협력관 407호)	061-454-6003	유기농산물, 무농약농산물, 취급자
제42호	(주)유기식품 평가원	광주광역시 북구 첨단연신로91번길 14 (신용동) 5층	062-953-0411	유기농산물, 유기축산물, 무농약농산물, 무항생제축산물, 취급자, 유기가공식품, 비식용유기가공 양축용동물, 비식용유기가공 애

지정번호	인증기관명	인증기관소재지	전화번호	인증범위
				완용동물, 유기양봉 산물·부산물, 무농약원료가공식품
제43호	(주)에버그린 농우회	경상북도 성주군 성주읍 성주읍1길 27 (향군회관 2층)	054-931-8374	유기농산물, 유기축산물, 무농약 농산물, 무항생제축산물, 취급자, 유기가공식품, 비식용유기가공 양축용동물, 비식용유기가공 애완용동물, 유기양봉 산물·부산물, 무농약원료가공식품
제44호	(주)아이에스씨 농업발전연구소	전라북도 익산시 번영로1길 20 (목천동)	063-856-0907	유기농산물, 유기축산물, 무농약 농산물, 무항생제축산물, 취급자, 유기가공식품, 비식용유기가공 양축용동물, 비식용유기가공 애완용동물, 유기양봉 산물·부산물
제49호	(주)온누리친환경	충청남도 천안시 서북구 성정중7길 26 (성정동)	041-555-1915	유기농산물, 유기축산물, 무농약 농산물, 무항생제축산물, 취급자, 유기가공식품, 비식용유기가공 양축용동물, 비식용유기가공 애완용동물, 유기양봉 산물·부산물, 무농약원료가공식품
제50호	(주)건국에코 인증원	충청북도 충주시 충원대로 268 (단월동, 건국대학교충주캠퍼스)	02-1599-6259	유기농산물, 유기축산물, 무농약 농산물, 무항생제축산물, 취급자, 유기가공식품, 비식용유기가공 양축용동물, 비식용유기가공 애완용동물, 유기양봉 산물·부산물, 무농약원료가공식품
제51호	(주)예농	경상남도 진주시 문산읍 월아산로 991, 성장지원동 305-2호	055-744-5711	유기농산물, 유기축산물, 무농약 농산물, 무항생제축산물, 취급자
제56호	(주)녹색친환경	경상남도 밀양시 시청로2길 3 (내이동), 2층	055-356-6279	유기농산물, 유기축산물, 무농약 농산물, 무항생제축산물, 취급자, 유기가공식품, 비식용유기가공 양축용동물, 비식용유기가공 애완용동물, 유기양봉 산물·부산물, 무농약원료가공식품
제57호	(주)지리산인증	전라북도 남원시 시청로 26-1 (도통동), 2층	063-633-0080	유기농산물, 유기축산물, 무농약 농산물, 무항생제축산물, 취급자
제60호	(주)우리농인증원	경상남도 거창군 거창읍 거함대로5길 71, 201호	055-941-0828	유기농산물, 유기축산물, 무농약 농산물, 무항생제축산물, 취급자, 유기가공식품, 비식용유기가공 양축용동물, 비식용유기가공 애완용동물, 유기양봉 산물·부산물, 무농약원료가공식품
제62호	(주)컨트롤유니온 코리아	서울특별시 성동구 성수이로 66, 서울숲드림타워 903, 908, 909, 910호	02-2281-9200	유기농산물, 유기축산물, 무농약 농산물, 취급자, 유기가공식품, 비식용유기가공 양축용동물, 비식용유기가공 애완용동물, 무농약원료가공식품

지정번호	인증기관명	인증기관소재지	전화번호	인증범위
제64호	(주)참사랑친환경 인증센터	광주광역시 남구 봉선2로 25 (봉선동), 3층	062-653-0266	유기농산물, 무농약농산물, 무항생제축산물, 취급자
제65호	(유)도담친환경	광주광역시 북구 본촌택지로30번길 27, 2층 (본촌동)	062-574-9339	유기농산물, 유기축산물, 무농약농산물, 무항생제축산물, 취급자
제66호	해진친환경영농조합법인	광주광역시 광산구 목련로382번길 78 (신가동 302-32)	062-956-9320	유기농산물, 유기축산물, 무농약농산물, 무항생제축산물, 취급자
제67호	(주)농업회사법인 제이케이	광주광역시 동구 필문대로 134-1 (산수동), 경원빌딩 5층	062-418-5867	유기농산물, 유기축산물, 무농약농산물, 무항생제축산물, 취급자
제68호	ACO(Australian Certified Organic)	Level 21, 12 Creek Street Brisbane QLD 4000 Australia Ground floor, 766 Gympie Rd Chermside, QLD Australia		유기농산물, 유기축산물, 취급자, 유기가공식품, 비식용유기가공 양축용동물, 비식용유기가공 애완용동물, 유기양봉 산물·부산물
제69호	Kiwa BCS Oko Garantie GmbH	Marientorgaben 3-5Urnberg, Germany		유기농산물, 유기축산물, 취급자, 유기가공식품, 비식용유기가공 양축용동물, 비식용유기가공 애완용동물, 유기양봉 산물·부산물
제71호	(주)비씨에스 코리아	충청남도 천안시 동남구 청수10길 4-92 (삼룡동) 101호	041-562-6265	유기농산물, 유기축산물, 무농약농산물, 무항생제축산물, 취급자, 유기가공식품, 비식용유기가공 양축용동물, 비식용유기가공 애완용동물, 유기양봉 산물·부산물, 무농약원료가공식품
제73호	(주)유기농진흥원	전라남도 담양군 담양읍 객사2길 7-1(2층)	061-381-1217	유기농산물, 유기축산물, 무농약농산물, 무항생제축산물, 취급자, 유기가공식품, 비식용유기가공 양축용동물, 비식용유기가공 애완용 동물, 무농약원료가공식품
제74호	(주)농업회사법인 그린스타농식품 인증원	경상북도 상주시 발산로 31 (초산동), 2층	054-534-7060	유기농산물, 유기축산물, 무농약농산물, 무항생제축산물, 취급자
제75호	(사)한솔농림수산식품인증센터	제주특별자치도 제주시 남광로 187 (일도이동)	064-752-6050	유기농산물, 유기축산물, 무농약농산물, 무항생제축산물, 취급자, 유기가공식품, 무농약원료가공식품
제76호	(주)한국농산업 인증원	광주광역시 북구 첨단과기로208번길 43-22 (오룡동) 첨단와이어스파크 A동 701호	062-973-9002	유기농산물, 유기축산물, 무농약농산물, 무항생제축산물, 취급자
제78호	(재)하동녹차연구소 친환경농림산물 인증센터	경상남도 하동군 화개면 섬진강대로 3748-14	055-880-2880	유기농산물, 무농약농산물, 취급자, 유기가공식품, 무농약원료가공식품

지정 번호	인증기관명	인증기관소재지	전화번호	인증범위
제80호	(주)그린인증원	광주광역시 북구 양산제로 32 (연제동), 상가동 201호 (한국아델리움)	062-464-9300	유기농산물, 무농약농산물, 무항생제축산물, 취급자, 유기가공식품, 무농약원료가공식품
제81호	(주)친환경농업 연구원	충청남도 아산시 염치읍 은행나무길 223, 충남경제진흥원 110호	041-531-2915	유기농산물, 유기축산물, 무농약농산물, 무항생제축산물, 취급자, 유기가공식품, 비식용유기가공 양축용동물, 비식용유기가공 애완용동물, 무농약원료가공식품
제84호	(주)호남유기인증 연구소	전라남도 나주시 산포면 영산로 6187-8	061-334-8500	유기농산물, 무농약농산물, 취급자
제86호	(주)친환경인증 센터	전라남도 순천시 서면 화정길 34-10 2층	061-753-5115	유기농산물, 유기축산물, 무농약농산물, 무항생제축산물, 취급자
제87호	(주)에코리더스 인증원	서울특별시 강남구 강남대로 240 (도곡동, 양재SK허브프리모) B101호	02-393-3922	유기농산물, 유기축산물, 무농약농산물, 무항생제축산물, 취급자, 유기가공식품, 비식용유기가공 양축용동물, 비식용유기가공 애완용동물, 유기양봉 산물·부산물, 무농약원료가공식품
제89호	(주)인증포럼	서울특별시 송파구 오금로 87 507호 (방이동 잠실리시온)	02-423-7748	유기농산물, 유기축산물, 무농약농산물, 무항생제축산물, 취급자, 유기가공식품, 비식용유기가공 양축용동물, 비식용유기가공 애완용동물, 유기양봉 산물·부산물, 무농약원료가공식품
제93호	(재)전남바이오 산업진흥원	전라남도 나주시 동수농공단지길 30-5 (동수동)	061-339-1210	유기가공식품

부록 2 동등성 협정문

2.1 한국-미국 동등성 협정문

2014년 6월 30일

미 농무부 농업마케팅청 Anne L. Alonzo 청장님
미 무역대표부 Sharon Bomer Lauritsen 농업 부대표님

존경하는 농무부 청장님과 무역대표부 부대표님께:

대한민국 농림축산식품부는 미국 유기식품 생산법(1990, 이하 '미국 유기식품법'이라 한다)과 국가 유기 프로그램(이하 'NOP'라 한다) 규정에 따라 생산되고 취급되는 유기 농산품의 인증에 관한 미국의 프로그램을 검토하였습니다. 이 검토에 근거하여, 농림축산식품부는 친환경농어업 육성 및 유기식품 등의 관리·지원에 관한 법률(이하 '한국 유기식품법'이라 한다) 제25조에 따라 미국 유기식품법과 NOP에 따라 생산되고 취급되는 가공식품은 2014년 7월 1일 자로 한국 유기식품법의 요구사항과 최소한 동등하게 생산·취급을 관리할 수 있는 요건과 기준을 제공하는 유기 인증프로그램에 따라 생산되고 취급되었음을 결정하였습니다.

따라서, 본 서한 부속서 1에서 정한 조건을 따른다면, 미국 유기식품법과 NOP에 따라 생산되고 취급되는 가공식품은 2014년 7월 1일부터 농림축산식품부에 의해 한국 유기식품법에 따라 생산 및 취급되었다고 간주됩니다. 이 제품들은 부속서 1에서 정한 조건에 따라 미국 농무부의 유기 로고뿐만 아니라 농림축산식품부 유기 로고를 표시하는 것을 포함하여 한국 내에서 유기적으로 생산된 것으로 판매, 표시 및 표현될 수 있습니다.

대한민국은 또한 2014년 6월 30일자 서한으로 대한민국 유기 프로그램에 대한 미국의 인정을 기쁘게 생각합니다. 농림축산식품부와 산업통상자원부는 본 서한과 부속서 1에서 정한 조건과 부속서 2에서 정한 유기작업반에 관한 협약을 이행하기 위하여 미국 농무부의 농업마케팅청, 해외농업청 및 무역대표부와 노력할 것을 약속합니다.

최희종
식품산업정책실장
농림축산식품부
세종시, 대한민국

부속서 1

A. 미국 제품은 다음과 같아야 한다 :

1. 한국의 식품공전 1.2.29항에서 정의한 "가공식품"으로서, 유기 원재료를 95% 이상 함유하여야 하고, 미국 내에서 최종가공이 이루어져야 함
2. 미국 제7연방법령 제205항에서 미국 농무부(USDA) 유기인증프로그램(NOP) 규정에 따라 유기로 인증 받은 제품
3. 항생제를 사용하여 생산된 사과 또는 배에서 유래한 원재료를 함유하지 않은 제품
4. 금지된 농약, 방사선 조사 및 유전자변형생물체를 포함한 미국 제7연방법령 제205항에 따라 금지된 방법과 물질을 사용하지 않고 생산되고 취급되었음이 미국 유기인증프로그램에 따라 검증된 제품 ; 그리고
5. 금지된 물질과 방법에 대한 시험을 포함하여 한국의 친환경농어업 육성 및 유기식품 등의 관리·지원에 관한 법률 제 23조의2 및 제 31조에 따른 잔류물질 검사요구사항과 해당하는 경우 후속 규제조치를 적용 받게 됨

B. 유기가공식품으로서 한국으로 수입되기 위한 상기 A항에 따른 미국산 제품 (이하 "미국산 유기가공식품"이라 한다)은 농림축산식품부 유기 표시 요구사항에 따라 표시해야만 하고, 한국 농림축산식품부(MAFRA) 유기 표지 또는 USDA 유기 인증표지, 혹은 이들 모두를 표시할 수 있다.

C. 한국으로 수입되는 모든 미국산 유기가공식품은 미국유기프로그램이 인정한 인증기관으로부터 동 부속서의 내용에 적합함을 증명하는 국립농산물품질관리원의 유기가공식품 수입인증서를 첨부하여야 한다.

D. 미국 농무부 유기인증프로그램은 참조표준으로서 ISO 17011을 적용하여 미국유기인증프로그램이 인정한 인증기관에 대한 주기적인 심사를 실시한다.

E. 미국 농무부는 다음 사항에 대하여 시의 적절한 방법으로 농림축산식품부로 통지한다 :

1. 미국 유기인증프로그램이 인정한 인증기관의 인정지위에 대한 변경사항 ; 그리고
2. 동 부속서에 영향을 미칠 수 있는 미국 내 규정 및 지침의 개정(안) 또는 최종 개정사항

F. 한국의 사전통지에 따라서 미국 농무부는 한국의 농림축산식품부와 국립농산물품질관리원(NAQS)의 공무원이 미국 유기프로그램의 관련 규제당국 및 인증기관이 해당 프로그램의 요구사항을 이행하고 있다는 것을 검증하기 위하여 미국에서 주기적인 현장평가를 할 수 있도록 허용한다. 미국 농무부는 해당 규제당국의 사무소, 인증기관의 사무소, 인증기관이 미국 내에서 인증한 생산시설 및 농장을 방문하는 것을 포함하여, 이러한 현장평가를 수행하도록 허용 가능한 범위까지 농림축산식품부와 국립농산물품질관리원을 협력하고 지원한다.

G. 미국 농무부는 매년 다음 문서를 한국의 농림축산식품부측에 제공한다 ;

1. 동 부속서에 따라 수출된 미국산 유기가공식품의 종류 및 수량에 관한 정보를 포함하는 보고서 ;
2. 모든 관리감독 또는 심사과정에서 미국 농무부가 파악한 부적합의 유형 및 부적합 사항이 시정되었음을 보장하기 위하여 미국 농무부가 취한 단계를 포함하는 보고서 ; 그리고
3. 미국 농무부의 유기표준에 대해 인정을 한 미국 농무부 유기제도 인증기관 목록

부속서 2

1. 미국과 한국은 미국을 대표하는 미국 농무부와 미국 무역 대표부의 대표자들과 한국을 대표하는 농림축산식품부와 산업통상자원부의 대표자들로 구성되는 유기작업반에서의 공동 작업을 위해 노력한다.
2. 유기작업반의 임무는 양자 간의 교역을 촉진하고, 유기농산품과 관련된 사안에 대하여 한국의 농림축산식품부와 미국의 농무부 간의 규정과 표준에 관한 협력을 강화하는 것이다.
3. 유기작업반은 이 협정의 운영 실태에 대한 검토 및 인정범위 논의, 확인된 기술적 사안에 대한 진척도 평가, 유기농산품과 관련된 최선의 실천 및 다른 현안의 논의를 위하여 동 서한의 서명 후 1년 이내에 회의를 갖는다. 유기작업반은 양국의 별도 다른 결정이 없는 한 매년 회의를 개최하기로 한다.

2.2 한국-EU 동등성 협정문

2014.12.19.

총국장
Jerzy Plewa

Jerzy Plewa 총국장님 귀하

대한민국 농림축산식품부는 EU 집행이사회 규정 (EC) No 834/2007, 집행위원회규정 (EC) No 889/2008 및 집행위원회 규정 (EC) No 1235/2008(이하 "EU 유기규정"이라 한다)에서 정한 유기 생산, 표시 및 관리에 관한 EU의 유기시스템을 검토하였습니다.

이 검토결과에 근거하여 농림축산식품부는 친환경 농어업 육성 및 유기식품 등의 관리·지원에 관한 법률(이하 "한국 유기식품법"이라 한다) 제25조에 따라 EU 유기규정에 적합하게 생산되고 가공된 가공식품은 2015년 2월 1일부터 한국 유기식품법의 요구사항과 최소한 동등한 생산·가공 관리 요건 및 기준에 따른 유기인증시스템에서 생산·가공되었다고 판단하였습니다.

따라서, 부속서 1에서 정한 조건에 따라 EU 유기규정에 적합하게 생산, 가공되고 한국 식품공전 1.2.29항에 규정된 가공식품은 농림축산식품부에 의해 2015년 2월 1일부터 3년 동안 한국의 유기식품법에 따라 생산 및 가공되었다고 간주됩니다. 이들 제품은 부속서 1에서 정한 조건에 따라 집행위원회 규정 (EC) No 889/2008에서 정한 EU 유기로고뿐만 아니라 농림축산식품부 유기로고 표시까지 포함해서 한국 내에서 유기적으로 생산된 것으로 판매, 표시 또는 표현될 수 있습니다.

상호주의 원칙에 따라 이 협정은 집행위원회 규정 (EC) No 1238/2008의 부속서 Ⅲ에서 대한민국을 제3국 인정목록에 포함시킴으로써 완료됩니다.

인정기간의 연장은 가능한 한 빠른 시일 내에 논의될 것이며, 한국과 EU간의 향후 양자협정에서 다루게 될 것입니다.

최희종

식품산업정책실장,
농림축산식품부,
대한민국 세종시

부속서 1

A. EU 제품은 다음과 같아야 한다.:

1. 한국 식품공전 1.2.29항에서 정한 "가공식품"으로, 유기원료를 최소한 95% 이상 함유해야 하고, EU산 그리고/또는 EU 유기규정에 따라 EU로 수입된 유기 농산물 원료를 사용하여 EU 내에서 최종 가공이 이루어져야만 함;
2. "EU 유기규정"에 따라 유기로 인증 받아야만 함;
3. 금지된 농약, 방사선 조사처리 및 유전자 변형생물체를 포함한 집행이사회규정 (EC) No 834/2007의 제III 장에 따라 금지된 물질과 방법을 사용하지 않고 생산 및 가공된 것임을 EU가 검증한 것이어야 함; 그리고
4. 한국 내에서 금지된 물질과 방법에 대한 시험을 포함하여 유기생산기준에 대한 부적합의 위험에 대한 일반평가에 기반한 잔류물질 시험요구 사항을 적용받고, 해당하는 경우 한국의 친환경 농어업 육성 및 유기식품 등의 관리·지원에 관한 법률 제23조의2 및 제31조에 따른 후속규제 조치를 받게 됨.

B. 상기 A항에 해당되는 유기가공식품으로 한국에 수입되는 EU 제품(이하 "EU유기가공식품"이라 한다)은 한국 농식품부 유기 표시 요구사항에 따라 표시해야만 하고, 농림축산식품부(MAFRA) 유기로고 또는 EU 유기로고나 이들 모두를 표시 할 수 있다.

C. 한국으로 수입되는 EU 유기가공식품은 이 부속서의 조건에 대한 적합성을 입증하는 집행이사회 규정 (EC) No 834/2007의 제27조에 따라 지정/승인된 관할 당국/기관이 발행한 국립농산물품질관리원(NAQS) 유기가공식품 수입증명서를 동봉해야만 한다.

D. 회원국의 국가 인정기관은 참조표준으로 ISO 17011을 적용하여 집행이사회규정(EC) No 834/2007의 제27조에 따라 승인된 인증기관에 대한 정기심사를 수행한다.

E. 유럽집행위원회는 다음에 해당하는 모든 사항을 시의적절한 방법으로 농림축산식품부에 통지한다.:

1. 집행이사회규정(EC) No 834/2007에 따라 지정/승인된 관리 당국/기관에 관한 변경사항; 그리고
2. 이 부속서에 영향을 미칠 수 있는 규정 및 지침의 개정(안)과 최종 개정사항

F. 한국의 사전통지에 따라 EU 집행위원회는 농림축산식품부와 한국의 국립농산물품질관리원(이하 "NAQS"라 한다) 당국자로 하여금 관련 집행 구조와 관리 당국/기관이 EU 유기 규정의 요구사항을 이행하고 있다는 것을 검증하기 위하여 EU 내에서 정기적인 현장 평가를 할 수 있도록 허용한다. EU 집행위원회는 해당 법률에서 허용하는 한도 내에서 해당 관리 당국/기관, EU 집행위원회, 회원국의 관할 당국, 인정기관 및 EU내에서 인증을 받은 생산 및 가공시설의 사무소 방문을 포함한 이러한 현장 동등성 평가를 수행하는데 있어서 농림축산식품부 및 NAQS 모두에 협력하고 지원한다.

G. EU 집행위원회는 농림축산식품부에 매년 다음의 문서를 제공한다.:

1. 이 부속서에 따라 한국으로 수출된 EU 유기가공식품의 유형과 수량에 관한 정보가 포함된 보고서;
2. 모든 관리감독 또는 심사과정에서 EU가 파악한 부적합의 유형, 그리고 부적합이 시정되었음을 보장하기 위하여 해당 당국이 취한 조치가 포함된 보고서; 그리고
3. 집행이사회 규정 (EC) No 834/2007의 제27조에 따라 지정/승인된 관리 당국/기관 목록

부록 3 ISO/IEC 17065:2014 부속서 A[1] - B

부속서 A

(참고)

제품인증기관 및 인증활동에 대한 원칙

A.1 일반사항

A.1.1 인증의 총체적 목표는 모든 이해관계자에게 제품이 규정된 요구사항을 충족한다는 신뢰를 주는 것이다. 인증의 가치는 제3자가 규정된 요구사항에 충족하다는 것을 공평하고 역량 있는 입증을 통하여 달성되는 신뢰와 믿음의 정도이다. 인증의 이해관계자는 다음을 포함하나 제한하는 것은 아니다:

a) 인증기관의 의뢰자(clients) ;
b) 인증제품을 생산하는 조직의 의뢰자(customers) ;
c) 정부기관 ;
d) 비정부조직(NGO) ;
e) 소비자 및 사회의 기타 구성멤버

A.1.2 신뢰를 높여주는 원칙은 A.2절에서 A.6절에 명시된 요소들이다.

A.2 공평성

A.2.1 인증기관 및 인원은 그들의 활동과 결과물에 신뢰를 주기위하여 공평하여야하며, 공평하다고 인식될 필요가 있다.

A.2.2 공평성에 대한 리스크는 다음과 같은 것으로부터 발생될 수 있는 치우침을 포함한다.:

a) 자체 이해관계 (예: 서비스 또는 수수료 계약에 대한 과도한 의존, 의뢰자를 잃는다는 두려움, 실직에 대한 두려움, 적합성 평가활동을 수행하는데 있어서 공평성에 부정적 영향을 미치는 정도);
b) 자체검토 (예: 인증기관이, 자문과 같은, 이미 제공한 다른 서비스 결과를 평가하는 적합성 평가활동을 수행하는 것) ;
c) 옹호 (예: 자신의 의뢰자인 특정회사에 대한 지지 또는 반대를 동시에 하는 인증기관 또는 그 직원의 행위) ;
d) 과잉친절, 즉, 적합성의 증거를 찾는 대신에 지나친 친밀함 또는 과잉신뢰를 갖고 있는 인증기관 또는 그 인원으로부터 발생되는 리스크(제품인증 맥락에서, 이러한 리스크는 관리하는 것이 더욱 어렵다, 왜냐하면 매우 세분화된 전문기술자에 대한 필요성이 종종 자격을 갖춘 인원의 가용성을 제한하기 때문이다.) ;
e) 협박 (예: 인증기관 또는 그 인원은 의뢰자 또는 다른 이해관계자로부터의 두려움으로부터 오는 리스크에 의하여 공정한 행위를 단념하게 될 수 있다) ;
f) 경쟁 (예: 의뢰자와 계약된 자 간의)

---

1) 한국 제품 인정기구. 2015

A.3 역량

인증기관의 경영시스템에 의하여 지원되는 인원의 역량은 신뢰를 제공하는 인증을 부여하는데 필요하다.

A.4 기밀유지 및 개방성

A.4.1 일반사항

기밀유지(A.4.2참조)와 개방성(A.4.3참조)와 관련된 요구사항간의 균형관리는 수행되는 적합성 평가활동에서 이해관계자의 신뢰와 그들의 가치인식에 영향을 미친다.

A.4.2 기밀유지

효과적인 적합성평가활동을 수행하는데 필요한 정보에 대한 접근을 허용받기 위해서, 인증기관은 기밀정보는 공개하지 않겠다는 신뢰를 부여할 필요가 있다.

모든 조직과 인원은 법률이나 인증스킴이 독점적 정보(4.5참조)의 공개요구를 적용하지 않는 한 그들이 제공한 어떠한 개인정보도 보호받을 권리가 있다.

A.4.3 개방성

인증기관은 인증의 성실성과 신용성에 신뢰를 얻기 위하여, 인증기관의 평가, 인증프로세스 및 제품인증상태(즉, 승인, 유지, 범위확대, 범위축소, 정지, 취소 또는 인증거부)에 대한 정보를 공개적이고 시의 적절하게 접근할 수 있게 하는 것이 필요하다. 개방성은 관련 정보에 대한 접근 또는 공개에 관한 원칙이다.

A.4.4 정보접근

평가 및/또는 인증대상제품에 관하여 인증기관이 가지고 있는 정보는, 요청에 의하여, 인증활동을 수행하도록 인증기관과 계약한 사람 또는 조직에게 접근할 수 있도록 하는 것이 좋다.

A.5 불만 및 이의제기에 대한 대응성

불만 및 이의제기의 효과적인 해결은 오류, 누락 또는 불합리한 행위에 대하여 인증기관, 인증기관의 의뢰자 및 적합성평가의 다른 사용자들을 위한 중요한 보호수단이다. 적합성평가활동에서 신뢰는 불만이나 이의제기가 합리적으로 처리되었을 때 보호 받게 된다.

A.6 책임

A.6.1 인증 요구사항을 충족시키는 책임은 인증기관이 아닌 의뢰자에게 있다.

A.6.2 인증기관은 인증결정의 근거가 되는 충분하고 객관적인 증거를 확보할 책임이 있다. 증거의 검토에 근거하여, 적합성증거가 충분하면 인증승인을 결정하고, 또는 적합성증거가 불충분하면 인증승인 또는 인증유지를 결정하지 않는다.

부속서 B

(참고)

프로세스 및 서비스에 대한 이 표준의 적용

B.1 프로세스인증에 대한 이 표준의 적용방법 설명

이 표준을 프로세스인증에 적용할 때:

- "제품"은 "프로세스"로 대체;
- "생산"은 "운영"으로 대체;
- "생산된"은 "운영된"으로 대체;
- "생산하는 것"은 "운영하는 것"으로 대체.

B.2 서비스인증에 대한 이 표준의 적용방법설명

이 표준을 서비스인증에 적용할 때:

- "제품"은 "서비스"로 대체;
- "생산"은 "제공"으로 대체;
- "생산된"은 "제공된"으로 대체;
- "생산하는 것"은 "제공하는 것"으로 대체

부록 4 ISO 19011 부속서 A[2)]

부속서 A

(참고)

심사원의 심사 기획 및 수행을 위한 추가 가이던스

A.1 심사방법 적용

심사는 다양한 심사방법을 사용하여 수행할 수 있다. 일반적으로 사용되는 심사방법에 대한 설명은 이 부속서에서 찾을 수 있다. 심사를 위해 선택된 심사방법은 기간 및 장소뿐만 아니라 규정된 심사 목표, 범위 및 기준에 따라 다르다. 이용 가능한 심사원 역량을, 그리고 심사방법의 적용으로부터 야기되는 모든 불확실성을 고려해야 할 것이다. 각종 심사방법의 유형 및 조합을 적용하면 심사프로세스의 효율성과 효과성 및 그 결과를 최적화할 수 있다.

심사의 성과는 심사 대상 경영시스템에 관여하는 개별 인원과 심사를 수행하는 데 사용된 기법 간의 상호작용을 포함한다. 표 A.1은 심사 목표를 달성하기 위하여 단독으로 사용되거나 조합하여 사용될 수 있는 심사방법의 사례를 제시한다. 만약 심사가 다수의 심사원이 참가하는 심사팀을 활용하는 경우 현장방문과 원격심사방법을 동시에 활용할 수 있다.

비고 물리적인 위치 방문에 관한 추가 정보는 A.15에 제시된다.

표 A.1 심사방법

심사원과 피심사조직간의 참여 정도	심사원의 위치	
	현장	원격
인적 상호작용이 있는 경우	• 면담 수행 • 피심사자와 함께 체크리스트 및 설문서 작성 • 피심사자와 함께 문서검토 수행 • 샘플링	상호 의사소통 수단을 통해 • 면담 수행 • 원격 가이드를 활용하여 수행된 업무 관찰 • 체크리스트 및 설문서 완성 • 피심사자와 함께 문서검토 수행
인적 상호작용이 없는 경우	• 문서검토 수행(예: 기록, 데이터 분석) • 수행된 업무의 관찰 • 현장방문 수행 • 체크리스트 완성 • 샘플링(예: 제품)	• 문서검토 수행(예: 기록, 데이터 분석) • 사회적, 법적 및 규제적 요구사항을 고려하여 감시수단을 통해 수행된 업무 관찰 • 데이터 분석
○ 현장심사 활동은 피심사조직의 장소에서 수행된다. 원격심사 활동은 거리에 관계없이 피심사조직 장소 이외의 다른 장소에서 수행된다. ○ 상호작용 심사 활동은 피심사조직의 인원과 심사팀 간의 상호작용을 포함한다. 상호작용이 없는 심사 활동은 피심사조직을 대표하는 개인과 아무런 상호작용이 없지만 장비, 시설 및 문서와의 상호작용을 포함한다.		

2) 산업표준 심의회. 2021

기획 단계에서 정해진 심사에 대한 심사방법의 효과적인 적용 책임은 심사프로그램 관리자 또는 심사팀장에게 있다. 심사팀장은 심사 활동 수행 시 이러한 책임을 진다.

원격 심사활동의 실행 가능성은 여러 가지 요소(예: 심사 목표를 달성하기 위한 리스크 수준, 심사원과 피심사조직 인원의 신뢰수준 및 규제적 요구사항)에 따라 달라질 수 있다.

심사프로그램의 수준에서, 심사프로그램 목표가 만족스럽게 달성되도록 하기 위해 심사방법의 원격 및 현장 적용이 적절하고 균형을 이루도록 보장하여야 할 것이다.

A.2 심사에 대한 프로세스 접근법

ISO/IEC Directives, 제1부의 부속서 SL에 따라, "프로세스 접근법"의 활용은 모든 ISO 경영시스템 표준에 대한 요구사항이다. 심사원은 하나 이상의 경영시스템 표준에 관련한 조직의 프로세스와 프로세스의 상호작용을 심사하는 것이 경영시스템 심사임을 이해해야 할 것이다. 활동이 하나의 일관된 시스템으로 기능하는 상호 관련된 프로세스로 이해되고 관리될 때, 일관성 있고 예측 가능한 결과가보다 효과적이고 효율적으로 달성된다.

A.3 전문가적 판단

심사원은 심사 프로세스에서 전문가적 판단을 해야 하며, 경영시스템의 의도된 결과를 달성하는 대신 표준의 각 조항의 특정 요구사항에 집중하지 않아야 할 것이다. 일부 ISO 경영시스템 표준 조항은 일련의 기준과 절차 또는 작업 지침의 내용을 비교하여 심사하는 것은 쉽지 않다. 이러한 상황에서 심사원은 자신의 전문가적 판단을 활용하여 조항의 의도가 충족되었는지 여부를 결정해야 할 것이다.

A.4 성과 결과

심사원은 심사프로세스 전반에 걸쳐 경영시스템의 의도된 결과에 중점을 두어야 할 것이다. 프로세스 및 프로세스의 원활한 운용도 중요하지만 경영시스템의 결과와 성과가 더 중요하다. 서로 다른 경영시스템의 통합 수준과 의도된 결과를 고려하는 것도 중요하다.

프로세스 또는 문서화의 부재가 리스크가 높거나 복잡한 조직에서는 중요할 수 있지만, 다른 조직에서는 중요하지 않을 수 있다.

A.5 정보 검증

실행 가능한 한, 심사원은 정보가 요구사항을 충족한다는 사실이 실증될 수 있는 충분하고 객관적인 증거를 제공하는지를 고려해야 할 것이다. 정보는 다음과 같아야 할 것이다.

a) 완전(모든 기대되는 내용은 문서화된 정보에 포함됨)
b) 정확(내용은 표준 및 법규와 같은 다른 신뢰할 수 있는 출처에 부합함)
c) 일관(문서화된 정보는 그 자체 및 관련 문서와 일관성이 있음)
d) 최신(내용은 갱신되어 있음)

또한 검증될 정보가 요구사항을 충족한다는 사실이 실증될 수 있는 충분하고 객관적인 증거를 제공하는지 여부도 고려해야 할 것이다.

정보가 예상한 것과 다른 방식(예: 서로 다른 개인이나 대안 매체에 의한)으로 제공된 경우 증거의 무결성을 평가해야 할 것이다.

데이터 보호에 대한 적용 가능한 규정 때문에 정보 보안에 특별한 주의가 필요하다(특히 심사 범위 밖에 있지만 문서에도 포함되어 있는 정보).

A.6 샘플링

A.6.1 일반사항

심사 샘플링은 심사 동안 모든 가용 정보를 조사하는 것이 현실적이지 않거나 비용이 효과적이지 않을 경우, 예를 들면 기록이 모집단에서 모든 항목에 대한 조사를 정당화하기에 너무 많거나 지리적으로 과도하게 분산되어 있을 때 실시한다. 모집단에 관한 결론을 내기 위하여 규모가 큰 모집단에 대한 심사 샘플링은 그 모집단의 몇몇 특성에 대한 증거를 입수하고 평가하기 위한 모든 이용 가능한 데이터 집단(모집단) 내에서 100%의 아이템보다는 적게 선택하는 프로세스이다.

심사 샘플링의 목표는 심사원이 심사목표가 달성될 수 있거나 달성될 것이라는 확신을 가질 수 있도록 정보를 제공하는 것이다.

샘플링과 연관된 리스크는 추출된 샘플이 모집단을 대표하지 않을 수 있으며, 이로 인해 심사원의 결론은 편의(bias)가 있을 수 있고, 만약 전체 모집단이 조사되었을 경우에 내려질 수 있는 결론과 심사원의 결론이 다를 수 있다는 것이다.

샘플링 대상 모집단 및 선택된 샘플링 방법 내의 변동성에 따라 다른 리스크가 있을 수 있다.

심사 샘플링에는 일반적으로 다음의 단계가 포함된다.

a) 샘플링 목표 수립
b) 샘플링 대상 모집단의 범위 및 구성요소 선정
c) 샘플링 방법 선정
d) 취해질 샘플크기의 결정
e) 샘플링 활동 수행
f) 결과의 정리, 평가, 보고 및 문서화

샘플링을 할 경우, 불충분하고 부정확한 데이터는 유용한 결과를 제공하지 않을 것이기 때문에 가용 데이터의 품질을 고려하여야 할 것이다. 적절한 샘플의 선정은, 예를 들면 특별한 거동 패턴을 추론하거나 모집단에 대한 추론을 하기 위하여 요구되는 샘플링 방법 및 데이터의 유형에 근거하여야 할 것이다.

선정된 샘플에 대한 보고서 작성 시 샘플 및 신뢰수준을 기초로 만들어진 샘플크기, 샘플 선정방법 및 추정치를 고려할 수 있다.

심사 시에는 판단 샘플링(A.6.2 참조)이나 통계적 샘플링(A.6.3 참조)을 사용할 수 있다.

A.6.2 판단 샘플링

판단 샘플링은 심사팀의 역량과 경험에 의존한다(7절 참조).

판단 샘플링에서는 다음 사항이 고려될 수 있다.

a) 심사범위 내의 이전 심사 경험
b) 심사 목표를 달성하기 위한 요구사항(법적 요구사항 포함)의 복잡성
c) 조직의 프로세스 및 경영시스템 요소에 대한 복잡성 및 상호작용

d) 기술, 인적 요인 또는 경영시스템에 대한 변화 정도
e) 이전에 파악된 중요한 리스크 및 개선 기회
f) 경영시스템의 모니터링으로부터 얻은 산출물

판단 샘플링의 단점은 심사 시에 발견한 사항과 도달된 결론에서 불확실성의 영향에 대한 통계적 추정치가 없다는 것이다.

A.6.3 통계적 샘플링

통계적 샘플링을 사용하기로 결정하였다면 샘플링 방식은 심사 목표와 샘플이 취해지는 전체 모집단의 특성에 알려진 내용을 기반으로 해야 할 것이다.

통계적 샘플링 설계는 확률 이론에 기반한 샘플 선정 프로세스를 사용한다. 계수치 샘플링은 각 샘플에 대해 두 가지 샘플 결과(예: 적합/부적합 또는 합격/불합격)가 있는 경우에 사용한다. 계량치 샘플링은 샘플 결과가 연속 범위에서 발생할 때 사용된다.

샘플링 방식은 조사되어 나올 결과가 계수치인지 또는 계량치인지를 고려해야 할 것이다. 예를 들어, 완성된 서식이 절차에서 설정된 요구사항과 적합한지 평가할 때, 계수치 접근법을 사용할 수 있다. 식품안전 사고의 발생이나 보안 위반의 수를 조사할 때, 계량치 접근법이 더 적절할 것이다.

심사 샘플링 방식에 영향을 줄 수 있는 요소는 다음과 같다.

a) 조직의 상황, 규모, 성질 및 복잡성
b) 역량 있는 심사원의 수
c) 심사 빈도
d) 개별 심사시간
e) 외부에서 요구되는 모든 신뢰수준
f) 바람직하지 않은 및/또는 예상치 못한 사건의 발생

통계적 샘플링 방법을 수립할 때 심사원이 수용하고자 하는 샘플링 위험(risk)의 수준은 중요한 고려사항이다. 이것은 통상 수용 가능한 신뢰수준이라고 한다. 예를 들어, 5%의 샘플링 위험은 95%의 수용 가능한 신뢰수준에 해당한다. 5%의 샘플링 위험은 심사원이 조사된 표본의 100개 중 5개(또는 1개에서 20개)가 전체 모집단 조사가 실시된 경우 나타나는 실제 값을 반영하지 않을 위험을 수용할 용의가 있음을 의미한다.

통계적 샘플링이 사용될 때, 심사원은 수행된 업무를 적절하게 문서화해야 할 것이다. 이 문서화에는 샘플링하기로 한 모집단에 대한 설명, 평가에 사용된 샘플링 기준(예: 수용 가능한 샘플이 무엇인지), 활용된 통계적 파라미터 및 방법, 평가된 샘플의 수 및 얻어진 결과가 포함되어야 할 것이다.

A.7 경영시스템 내 준수에 대한 심사

심사팀은 피심사조직에 다음 사항을 위한 효과적인 프로세스가 있는지 고려해야 할 것이다.

a) 법적 및 규제적 요구사항, 그리고 조직이 약속한 기타 요구사항을 파악
b) 이러한 요구사항을 준수하기 위한 활동, 제품 및 서비스를 관리
c) 준수 상태를 평가

관련 요구사항의 준수를 보장하기 위해 피심사조직이 실행한 프로세스를 평가할 때, 심사팀은 이

표준에 제시된 일반 가이던스 이외에 피심사조직의 다음 사항을 고려해야 할 것이다.

1) 준수 요구사항의 변경을 식별하고 변경 관리의 일부로 고려하기 위한 효과적인 프로세스를 갖고 있다.
2) 준수 프로세스를 관리할 역량 있는 인원이 있다.
3) 규제기관 또는 기타 이해관계자가 요구하는 준수 상태에 대한 적절한 문서화된 정보를 유지 및 제공한다.
4) 내부심사 프로그램에 준수 요구사항이 포함된다.
5) 미준수의 모든 사례를 다룬다.
6) 경영검토에서 준수 성과를 고려한다.

A.8 상황에 대한 심사

많은 경영시스템 표준은 조직이 관련 이해관계자의 니즈와 기대, 그리고 외부 및 내부 이슈를 포함하여 상황을 결정하도록 요구한다. 이를 위해 조직은 전략적 분석 및 기획에 다양한 기법을 사용할 수 있다.

심사원은 이를 위해 적절한 프로세스가 개발되고 효과적으로 활용됨으로써 그 결과가 경영시스템의 범위와 개발을 결정하는 데 신뢰할 수 있는 기반을 제공하여야 함을 확인해야 할 것이다. 이를 위해 심사원은 다음과 관련된 객관적인 증거를 고려해야 할 것이다.

a) 사용된 프로세스 또는 방법
b) 프로세스에 기여하는 개인의 적절성 및 역량
c) 프로세스의 결과
d) 경영시스템의 범위와 개발을 결정하기 위한 결과의 적용
e) 적절한 경우, 상황에 대한 주기적 검토

심사원은 상황을 결정하는 데 사용되는 프로세스의 효과성에 대한 판단을 내리기 위하여 조직이 사용할 수 있는 관리 도구에 대한 관련 부문-특정 지식 및 이해를 가져야 할 것이다.

A.9 리더십과 의지표명에 대한 심사

많은 경영시스템 표준에서 최고경영자에 대한 요구사항이 강화되었다.

이러한 요구사항에는 경영시스템의 효과성에 대한 책무를 갖고 여러 가지 책임을 수행함으로써 의지표명과 리더십을 실증하는 것이 포함된다. 여기에는 최고경영자가 수행하여야 하는 업무와 위임할 수 있는 업무가 포함된다.

심사원은 최고경영자가 경영시스템과 관련한 의사결정에 관여하는 정도에 대한 객관적인 증거를 얻고, 경영시스템의 효과성 보장에 대한 의지표명이 어떻게 실증되는지에 대한 객관적인 증거를 얻어야 할 것이다. 이는 관련 프로세스(예: 방침, 목표, 가용한 자원, 최고경영자와의 의사소통)의 결과를 검토하고 최고경영자의 적극 참여 정도를 결정하기 위해 직원과 면담하여 달성할 수 있다.

심사원은 최고경영자가 경영시스템과 관련한 분야-특정 이슈를 조직 내에서 운영되는 상황과 함께 충분히 이해함으로써 경영시스템이 의도한 결과를 달성하는 것이 보장될 수 있도록 최고경영자와 면담하는 것을 목표로 해야 할 것이다.

심사원은 최고경영자의 리더십에 중점을 두어야 할 뿐만 아니라, 적절한 경우 다른 계층의 경영자/관리자의 리더십과 의지표명도 심사해야 할 것이다.

A.10 리스크와 기회에 대한 심사

개별 심사 임무의 한 부분으로 조직의 리스크와 기회에 대한 결정과 관리가 포함될 수 있다. 이러한 심사 임무의 핵심 목표는 다음과 같다.

- 리스크와 기회의 식별 프로세스의 신뢰에 대한 보증을 제공
- 리스크와 기회가 정확하게 결정되고 관리된다는 보증을 제공
- 조직이 결정한 리스크와 기회를 다루는 방법을 검토

리스크와 기회의 결정에 대한 조직의 접근법에 대한 심사는 단편적인 활동으로 수행해서는 안 될 것이다. 이는 최고경영자와 면담할 때를 포함하여 경영시스템의 전체 심사 기간 내내 포함되어야 할 것이다. 심사원은 다음 단계에 따라 행동하고 다음과 같은 객관적인 증거를 수집하여야 할 것이다.

a) 리스크와 기회를 결정하기 위해 조직이 사용하는 입력사항은 다음을 포함할 수 있다.
- 외부 및 내부 이슈의 분석
- 조직의 전략적 방향
- 분야-특정(discipline-specific) 경영시스템 및 이들 요구사항과 관련된 이해관계자
- 환경 측면 및 안전 위험요인 등과 같은 리스크의 잠재적 근원/출처

b) 리스크와 기회가 평가되는 방법, 이는 분야와 부문에 따라 다를 수 있다.

조직이 수용하려는 리스크 수준과 이의 관리 방법을 포함하여 조직의 리스크와 기회에 대한 처리는 심사원의 전문가적 판단의 적용을 요구할 것이다.

A.11 수명주기/전과정

어떤 분야-특정 경영시스템은 제품 및 서비스에 대한 수명주기 관점의 적용을 요구한다. 심사원은 수명주기 접근법의 채택을 요구사항으로 여기지 않아야 할 것이다. 수명주기 관점은 제품 및 서비스의 수명주기 단계에 걸쳐 조직이 갖는 관리와 영향에 대한 고려를 포함한다. 수명주기의 단계에는 원자재의 획득, 설계, 생산, 운송/인도, 사용, 폐기 처리 및 최종 처분이 포함된다. 이 접근법은 조직이 적용범위를 고려할 때 조직에 가치를 부가하면서 환경에 미치는 영향을 최소화할 수 있는 영역을 파악할 수 있게 해 준다. 심사원은 조직이 전략 및 다음 사항과 관련하여 어떻게 수명주기 관점을 적용했는지에 대한 전문가적인 판단을 사용하여야 할 것이다.

a) 제품 또는 서비스의 수명
b) 공급사슬에 대한 조직의 영향
c) 공급사슬의 길이
d) 제품의 기술적 복잡성

조직이 자체 니즈를 충족하기 위해 여러 경영시스템을 단일 경영시스템으로 통합한 경우 심사원은 수명주기의 고려에 관한 모든 중복을 주의 깊게 살펴보아야 할 것이다.

A.12 공급사슬에 대한 심사

특정 요구사항과 관련된 공급사슬에 대한 심사가 요구될 수 있다. 공급자 심사프로그램은 공급자 및 외부공급자의 유형에 대한 적용 가능한 심사기준으로 개발되어야 할 것이다. 공급사슬 심사범위는 다를 수 있다. 예를 들면 모든 범위의 경영시스템심사, 단일프로세스심사, 제품심사, 형상관리심사에서 다를 수 있다.

A.13 심사수행 문서의 작성

심사수행 문서를 작성할 때, 심사팀은 각각의 문서에 대해 다음 사항을 고려하여야 할 것이다.

a) 이 수행 문서를 사용하여 어떤 심사기록이 생성될 것인가?
b) 어떤 심사 활동이 특정 수행 문서와 연결되는가?
c) 이 수행 문서의 사용자는 누가 될 것인가?
d) 이 수행 문서를 작성하기 위해 필요한 정보는 무엇인가?

결합심사의 경우, 수행 문서는 다음 사항에 의해 심사 활동의 중복을 피하도록 개발되어야 할 것이다.

- 상이한 기준으로부터 유사 요구사항의 집단화
- 관련된 체크리스트 및 질문지의 내용을 조정

심사수행 문서는 심사 범위 내의 경영시스템에 대한 모든 요소를 다루기에 충분하여야 할 것이며, 어떠한 매체로도 제공될 수 있다.

A.14 정보의 출처 선택

선택된 정보 출처는 심사의 범위 및 복잡성에 따라 다양할 수 있으며, 다음 사항이 포함될 수 있다.

a) 종업원 및 기타 개인과의 면담
b) 활동 그리고 주변 업무환경 및 조건의 관찰
c) 방침, 목표, 계획, 절차, 표준, 지침, 면허증과 허가증, 규격, 도면, 계약서 및 주문서와 같은 문서화된 정보
d) 검사기록, 회의록, 심사보고서, 모니터링 프로그램 기록 및 측정 결과와 같은 기록
e) 데이터 요약, 분석 및 성과지표
f) 피심사조직의 샘플링 방식에 대한 정보 그리고 샘플링과 측정 프로세스의 관리 절차에 대한 정보
g) 기타 출처로부터의 보고서, 예를 들면 고객 피드백, 외부 조사와 측정, 외부 관계자와 외부 공급자 평가로부터의 기타 관련 정보
h) 데이터베이스와 웹사이트
i) 시뮬레이션과 모델링

A.15 피심사조직의 현장 방문

심사 활동과 피심사조직 업무 프로세스 간의 간섭을 최소화하고 방문 중 심사팀의 안전보건을 보장하기 위해 다음 사항을 고려하여야 할 것이다.

a) 방문 기획

- 심사 범위에 따라 방문할 피심사조직 현장의 해당 부문에 대한 허가와 접근을 보장
- 해당되는 경우, 요청되고 권장된 예방접종과 허가증을 포함하여 방문을 위한 보안, 건강(예: 검역), 안전보건 문제, 문화적 규범 및 근무시간에 대하여 심사원들에게 충분한 정보를 제공
- 해당되는 경우, 모든 요구되는 개인보호장비(PPE)를 심사팀이 이용할 수 있는지 피심사조직에 확인
- 보안과 기밀유지 문제를 고려하고, 위치 및 장비 사진, 스크린숏 사본 또는 문서 복사본, 활동 및 면담 비디오 등과 같은 기록 정보를 포함하여 모바일 장치와 카메라의 사용에 대한 준비를 피심사조직과 확인
- 예정되지 않은, 특별 심사를 제외하고, 방문대상 인원에게 심사 목표와 범위가 통보됨을 보장

b) 현장 활동

- 운용 프로세스에 대한 불필요한 방해를 피함.
- 심사팀이 개인보호장비(PPE)를 적절히 사용함을 보장(적용 가능한 경우)
- 비상 절차가 의사소통됨을 보장(예: 비상구, 집결지)
- 혼란을 최소화하기 위한 의사소통 일정
- 실행 가능한 한, 운용 프로세스 방해를 피하기 위해 심사범위에 따라 심사팀의 규모와 안내자및 참관인 수를 조절
- 역량이 있거나 자격증이 있을 때도 명확하게 허락받지 않은 한, 어떠한 설비든 접촉이나 조작금지
- 현장방문 중 사건(incident)이 발생한 경우, 심사팀장은 피심자조직, 그리고 필요하다면 심사의뢰자와 상황을 검토하여야 할 것이고 심사를 중단할지, 일정을 다시 잡을지 또는 계속하여야 할 것인지 여부에 대해 합의하여야 할 것임
- 어떤 매체에 있는 문서를 복사하는 경우 사전 허가 요청과 기밀유지 및 보안 문제를 고려
- 메모를 할 경우, 심사 목표 또는 심사기준에 의해 요구되지 않는 한, 개인 정보 수집을 피함

c) 가상 심사 활동

- 심사팀이 요청된 장치, 소프트웨어 등을 포함하여 합의된 원격 접근 프로토콜을 사용함을 보장
- 모든 종류의 문서 사본을 스크린숏으로 찍을 경우, 사전 허가를 요청하고 기밀유지 및 보안 문제를 고려하고 허가없이 개인정보를 기록하는 것은 피함
- 원격 접근 중 사건이 발생하는 경우, 심사팀장은 피심사조직, 그리고 필요하다면 심사의뢰자와 상황을 검토하여야 할 것이고 심사를 중단할지, 일정을 다시 잡을지 또는 계속하여야 할 것인지 여부에 대해 합의하여야 할 것임
- 참조용으로 원격 위치의 평면도/도표를 사용
- 심사 휴식 중 개인정보 보호 존중 유지

향후 정보 및 심사증거 보유 필요성이 사라지면 매체의 유형에 관계없이 그것의 폐기에 대한 고려가 필요하다.

A.16 가상 활동 및 가상 위치에 대한 심사

가상 심사는 조직이 온라인 환경을 사용하여 업무를 수행하거나 서비스를 제공할 때 수행되는데 물리적 위치와 관계없이 프로세스(예: 회사 인트라넷, “컴퓨팅 클라우드”)를 실행하도록 허용한다. 가상

위치의 심사는 때때로 가상 심사라고도 한다. 원격 심사는 "대면" 방법이 가능하지 않거나 원하는 경우 정보를 수집하고, 피심사조직과 면담 등을 위한 기술을 사용하는 것을 말한다.

가상심사는 객관적 증거를 검증하는 데 기술을 사용하면서 표준 심사 프로세스를 따른다. 피심사조직 및 심사팀은 다음 사항이 포함될 수 있는 가상 심사에 대한 적절한 기술 요구사항을 보장하여야 할 것이다.

- 심사팀이 요청된 장치, 소프트웨어 등을 포함하여 합의된 원격 접근 프로토콜을 사용하는지 보장
- 기술적 이슈를 해결하기 위해 심사 전에 기술적인 점검을 수행
- 필요하다면 추가 심사시간 제공을 포함하여 비상 계획이 이용 가능하고 의사소통됨을 보장(예: 접근 중단, 대체 기술 사용)

심사원 역량에는 다음이 포함되어야 할 것이다.

- 심사하는 동안 적절한 전자 장비 및 기타 기술을 사용하는 기술적 스킬
- 원격으로 심사를 수행하기 위해 가상 회의를 진행할 수 있는 능력

시작회의 또는 가상 심사를 수행할 때, 심사원은 다음을 고려하여야 할 것이다.

- 가상 또는 원격 심사와 관련된 리스크
- 전자 정보의 참조 또는 매핑을 위해 원격 위치의 평면도/도표 사용
- 배경 소음으로 인한 방해와 중단의 예방 촉진
- 문서 또는 모든 종류의 기록에 대한 스크린숏 사본을 얻기 위한 사전 허가 요청과 기밀유지 및 보안 문제 고려
- 예를 들면 마이크 음소거와 카메라 일시중단에 의해 심사 휴식 중 기밀유지와 개인 정보 보호를 보장

A.17 면담 수행

면담은 정보를 수집하는 중요한 수단이며 대면 또는 다른 의사소통 수단을 통하는 것 중 하나로 면담 대상자와 상황에 맞는 방식으로 수행되어야 할 것이다. 그러나 심사원은 다음 사항을 고려하여야 할 것이다.

a) 면담은 심사범위 내의 활동 또는 업무를 수행하는 적절한 계층 및 기능의 개인과 이루어져야 할 것이다.
b) 면담은 일반적으로 정상 근무시간에, 그리고 실제적으로 가능한 경우 면담 대상자가 정상적으로 근무하는 장소에서 수행되어야 할 것이다.
c) 면담 전과 면담 중에 면담 대상자를 편하게 해 주려는 시도가 이루어져야 할 것이다.
d) 면담과 메모하는 이유를 설명하여야 할 것이다.
e) 면담은 개인에게 그들의 업무를 설명하도록 요청함으로써 시작될 수 있다.
f) 사용되는 질문 유형은 주의 깊게 선택되어야 할 것이다(예: 개방적 질문, 폐쇄적 질문, 유도 질문, 강점/긍정 탐색 질문)
g) 가상 환경에서 제한된 비언어적 의사소통에 대한 인식 대신 객관적인 증거를 찾는 데 사용할 질문 유형에 초점을 두어야 할 것이다.

h) 면담결과는 면담한 개인과 함께 요약되고 검토되어야 할 것이다.
i) 면담한 개인의 참여와 협조에 대해 감사를 표해야 할 것이다.

A.18 심사 발견사항

A.18.1 심사 발견사항의 결정

심사 발견사항을 결정할 때 다음 사항이 고려되어야 할 것이다.

a) 이전 심사 기록과 결론의 후속 조치
b) 심사 의뢰자 요구사항
c) 심사 발견사항을 뒷받침하는 객관적인 증거의 정확성, 충분성 및 적절성
d) 계획된 심사 활동이 실현되고 계획된 결과가 달성되는 정도
e) 일반 관례를 넘는 발견사항 또는 개선을 위한 기회
f) 샘플 크기
g) 심사 발견사항의 분류(있는 경우)

A.18.2 적합에 대한 기록

적합에 대한 기록은 다음 사항이 고려되어야 할 것이다.

a) 적합성이 제시된 심사기준에 대한 기술 또는 인용
b) 적용되는 경우, 적합성과 효과성을 지원하기 위한 심사증거
c) 적용되는 경우, 적합 선언

A.18.3 부적합에 대한 기록

부적합에 대한 기록은 다음 사항이 고려되어야 할 것이다.

a) 심사기준에 대한 기술 또는 인용
b) 심사증거
c) 부적합 선언
d) 적용되는 경우, 관련 심사 발견사항

A.18.4 다수 기준과 관련된 발견사항의 취급

심사 중 다수 기준과 관련된 발견사항을 식별할 수 있다. 결합심사에서 심사원이 하나의 기준에 연관된 발견사항을 식별하는 경우, 심사원은 다른 경영시스템에 해당되는 또는 유사한 기준에 미칠 수 있는 영향을 고려하여야 할 것이다.

심사 의뢰자와의 합의에 따라 심사원은 다음 중 하나를 제기할 수 있다.

a) 각 기준에 대하여 별도의 발견사항, 또는
b) 다수 기준에 따라 결합한 하나의 발견사항

심사의뢰자와의 합의에 따라 심사원은 피심사조직에 발견사항을 어떻게 조치해야 하는지 안내해 줄 수 있다.

부록 5 허용물질

농림축산식품부 소관 친환경농어업 육성 및 유기식품 등의 관리·지원에 관한 법률 시행규칙 제3조(허용물질)

5.1 허용물질의 선정 기준 및 절차

표 5-1. 허용물질의 선정 기준 및 절차

항목	기준 및 절차
허용물질의 선정 기준	다음 각 목의 기준을 모두 갖출 것 가. 농산물·축산물·임산물·가공식품·비식용가공품 또는 농업자재를 유기적인 방법으로 생산, 제조·가공 또는 취급하는 데 적합한 물질일 것 나. 해당 물질이 사용목적에 필요하거나 필수적일 것 다. 해당 물질이 천연(식물, 동물, 광물 및 미생물 등을 말한다)에서 유래하고, 생물학적(퇴비화 및 발효 등을 말한다)·물리적 방법으로 제조되었을 것 라. 해당 물질의 제조, 사용 및 폐기 등의 과정에서 환경에 해로운 영향을 주지 않을 것 마. 해당 물질이 사람과 동물의 건강과 삶의 질에 중대한 영향을 미치지 않을 것
허용물질의 선정 절차	가. 허용물질은 제1호에 따른 선정 기준 및 물질의 유래, 제조방법, 사용목적과 효능 및 위해성 등을 종합적으로 평가하고, 이해관계자에게 정보를 공개하며, 공정하게 결정할 것 나. 모든 이해관계자는 허용물질의 선정을 국립농산물품질관리원장에게 신청할 수 있으며, 국립농산물품질관리원장은 선정 신청을 받은 물질에 대해 전문가에 의한 기초평가를 실시할 것 다. 국립농산물품질관리원장은 선정 신청을 받은 물질에 대해 7명 이상의 분야별 학계 전문가, 생산자단체 및 소비자단체 등을 포함한 전문가심의회를 구성하여 평가를 실시하고, 평가과정에 기초평가를 실시한 전문가를 출석시켜 그 의견을 들을 수 있으며, 그 결과가 인체 및 농업환경에 위해성이 없어 유기농업에 적합하다고 판단되는 경우에 해당 물질을 허용물질로 선정할 것
제1호 및 제2호에 따른 허용물질의 선정 기준 및 절차에 관한 세부사항은 국립농산물품질관리원장이 정하여 고시한다.	

5.2 허용물질

표 5-2. 유기식품, 무농약농산물, 무농약원료가공식품에 사용이 가능한 물질 및 유기농업자재 제조 시 보조제로 사용 가능한 물질

1. 유기식품등에 사용 가능한 물질		
가. 유기농산물 및 유기임산물		
1) 토양 개량과 작물 생육을 위해 사용 가능한 물질		
번호	사용 가능 물질	사용 가능 조건
1	가) 농장 및 가금류의 퇴구비[堆廏肥: 볏짚, 낙엽 등 부산물을 부숙(썩혀서 익히는 것을 말한다. 이하 같다)하여 만든 퇴비와 축사에서 나오는 두엄을 말한다] 나) 퇴비화된 가축배설물 다) 건조된 농장 퇴구비 및 탈수한 가금류의 퇴구비 라) 가축분뇨를 발효시킨 액상의 물질	(1) 제11조제2항에 따라 국립농산물품질관리원장이 정하여 고시하는 유기농산물 및 유기임산물 인증기준의 재배방법 중 가축분뇨를 원료로 하는 퇴비·액비의 기준에 적합할 것 (2) 사용 가능 물질 중 라)는 유기축산물 또는 무항생제축산물 인증 농장, 경축순환농법(耕畜循環農法: 친환경농업을 실천하는 자가 경종과 축산을 겸업하면서 각각의 부산물을 작물재배 및 가축사육에 활용하고, 경종작물의 퇴비소요량에 맞게 가축사육 마릿수를 유지하는 형태의 농법을 말한다) 등 친환경 농법으로 가축을 사육하는 농장 또는 「동물보호법」 제29조에 따른 동물복지축산농장 인증을 받은 농장에서 유래한 것만 사용하고, 「비료관리법」 제4조에 따른 공정규격설정등의 고시에서 정한 가축분뇨발효액의 기준에 적합할 것
2	식물 또는 식물 잔류물로 만든 퇴비	충분히 부숙된 것일 것
3	버섯재배 및 지렁이 양식에서 생긴 퇴비	버섯재배 및 지렁이 양식에 사용되는 자재는 이 표에서 사용 가능한 것으로 규정된 물질만을 사용할 것
4	지렁이 또는 곤충으로부터 온 부식토	부식토의 생성에 사용되는 지렁이 및 곤충의 먹이는 이 표에서 사용 가능한 것으로 규정된 물질만을 사용할 것
5	식품 및 섬유공장의 유기적 부산물	합성첨가물이 포함되어 있지 않을 것
6	유기농장 부산물로 만든 비료	화학물질의 첨가나 화학적 제조공정을 거치지 않을 것
7	혈분·육분·골분·깃털분 등 도축장과 수산물 가공공장에서 나온 동물부산물	화학물질의 첨가나 화학적 제조공정을 거치지 않아야 하고, 항생물질이 검출되지 않을 것
8	대두박(콩에서 기름을 짜고 남은 찌꺼기를 말한다. 이하 이 표에서 같다), 쌀겨 유박(油粕: 식물성 원료에서 원하는 물질을 짜고 남은 찌꺼기를 말한다. 이하 이 표에서 같다), 깻묵 등 식물성 유박류	(1) 유전자를 변형한 물질이 포함되지 않을 것 (2) 최종제품에 화학물질이 남지 않을 것 (3) 아주까리 및 아주까리 유박을 사용한 자재는 「비료관리법」 제4조에 따른 공정규격설정등의 고시에서 정한 리친(Ricin)의 유해성분 최대량을 초과하지 않을 것

9	제당산업의 부산물[당밀, 비나스(Vinasse: 사탕수수나 사탕무에서 알코올을 생산한 후 남은 찌꺼기를 말한다), 식품등급의 설탕, 포도당을 포함한다]	유해 화학물질로 처리되지 않을 것
10	유기농업에서 유래한 재료를 가공하는 산업의 부산물	합성첨가물이 포함되어 있지 않을 것
11	오줌	충분한 발효와 희석을 거쳐 사용할 것
12	사람의 배설물(오줌만인 경우는 제외한다)	(1) 완전히 발효되어 부숙된 것일 것 (2) 고온발효: 50°C 이상에서 7일 이상 발효된 것 (3) 저온발효: 6개월 이상 발효된 것일 것 (4) 엽채류 등 농산물·임산물 중 사람이 직접 먹는 부위에는 사용하지 않을 것
13	벌레 등 자연적으로 생긴 유기체	
14	구아노(Guano: 바닷새, 박쥐 등의 배설물)	화학물질 첨가나 화학적 제조공정을 거치지 않을 것
15	짚, 왕겨, 쌀겨 및 산야초	비료화하여 사용할 경우에는 화학물질 첨가나 화학적 제조공정을 거치지 않을 것
16	가) 톱밥, 나무껍질 및 목재 부스러기 나) 나무 숯 및 나뭇재	원목상태 그대로이거나 원목을 기계적으로 가공·처리한 상태의 것으로서 가공·처리과정에서 페인트·기름·방부제 등이 묻지 않은 폐목재 또는 그 목재의 부산물을 원료로 하여 생산한 것일 것
17	가) 황산칼륨, 랑베나이트(해수의 증발로 생성된 암염) 또는 광물염 나) 석회소다 염화물 다) 석회질 마그네슘 암석 라) 마그네슘 암석 마) 사리염(황산마그네슘) 및 천연석고(황산칼슘) 바) 석회석 등 자연에서 유래한 탄산칼슘 사) 점토광물(벤토나이트·펄라이트·제올라이트·일라이트 등) 아) 질석(Vermiculite: 풍화한 흑운모) 자) 붕소·철·망간·구리·몰리브덴 및 아연 등 미량원소	(1) 천연에서 유래하고, 단순 물리적으로 가공한 것일 것 (2) 사람의 건강 또는 농업환경에 위해(危害)요소로 작용하는 광물질(예: 석면광, 수은광 등)은 사용하지 않을 것
18	칼륨암석 및 채굴된 칼륨염	천연에서 유래하고 단순 물리적으로 가공한 것으로 염소함량이 60퍼센트 미만일 것
19	천연 인광석 및 인산알루미늄칼슘	천연에서 유래하고 단순 물리적 공정으로 가공된 것이어야 하며, 인을 오산화인(P2O5)으로 환산하여 1kg 중 카드뮴이 90mg/kg 이하일 것
20	자연암석분말·분쇄석 또는 그 용액	(1) 화학물질의 첨가나 화학적 제조공정을 거치지 않을 것 (2) 사람의 건강 또는 농업환경에 위해요소로 작용하는 광물질이 포함된 암석은 사용하지 않을 것

21	광물을 제련하고 남은 찌꺼기[광재(鑛滓) : 베이직 슬래그]	광물의 제련과정에서 나온 것으로서 화학물질이 포함되지 않을 것(예: 제조 시 화학물질이 포함되지 않은 규산질 비료)
22	염화나트륨(소금) 및 해수	(1) 염화나트륨(소금)은 채굴한 암염 및 천일염(잔류농약이 검출되지 않아야 함)일 것 (2) 해수는 다음 조건에 따라 사용할 것 (가) 천연에서 유래할 것 (나) 엽면시비용(葉面施肥用)으로 사용할 것 (다) 토양에 염류가 쌓이지 않도록 필요한 최소량만을 사용할 것
23	목초액	「산업표준화법」에 따른 한국산업표준의 목초액(KSM3939) 기준에 적합할 것
24	키토산	국립농산물품질관리원장이 정하여 고시하는 품질규격에 적합할 것
25	미생물 및 미생물 추출물	미생물의 배양과정이 끝난 후에 화학물질의 첨가나 화학적 제조공정을 거치지 않을 것
26	이탄(泥炭, Peat), 토탄(土炭, Peat moss), 토탄 추출물	
27	해조류, 해조류 추출물, 해조류 퇴적물	
28	황	
29	주정 찌꺼기(Stillage) 및 그 추출물(암모니아 주정 찌꺼기는 제외한다)	
30	클로렐라(담수녹조) 및 그 추출물	클로렐라 배양과정이 끝난 후에 화학물질의 첨가나 화학적 제조공정을 거치지 않을 것

2) 병해충 관리를 위해 사용 가능한 물질

번호	사용 가능 물질	사용 가능 조건
1	제충국 추출물	제충국(*Chrysanthemum cinerariaefolium*)에서 추출된 천연물질일 것
2	데리스(Derris) 추출물	데리스(*Derris spp., Lonchocarpus spp.* 및 *Tephrosia spp.*)에서 추출된 천연물질일 것
3	쿠아시아(Quassia) 추출물	쿠아시아(*Quassia amara*)에서 추출된 천연물질일 것
4	라이아니아(Ryania) 추출물	라이아니아(*Ryania speciosa*)에서 추출된 천연물질일 것
5	님(Neem) 추출물	님(*Azadirachta indica*)에서 추출된 천연물질일 것
6	해수 및 천일염	잔류농약이 검출되지 않을 것
7	젤라틴(Gelatine)	크롬(Cr)처리 등 화학적 제조공정을 거치지 않을 것
8	난황(卵黃, 계란노른자 포함)	화학물질의 첨가나 화학적 제조공정을 거치지 않을 것
9	식초 등 천연산	화학물질의 첨가나 화학적 제조공정을 거치지 않을 것
10	누룩곰팡이속(*Aspergillus spp.*)의 발효 생산물	미생물의 배양과정이 끝난 후에 화학물질의 첨가나 화학적 제조공정을 거치지 않을 것

11	목초액	「산업표준화법」에 따른 한국산업표준의 목초액(KSM3939) 기준에 적합할 것
12	담배잎차(순수 니코틴은 제외한다)	물로 추출한 것일 것
13	키토산	국립농산물품질관리원장이 정하여 고시하는 품질규격에 적합할 것
14	밀랍(Beeswax) 및 프로폴리스(Propolis)	
15	동·식물성 오일	천연유화제로 제조할 경우만 수산화칼륨을 동물성·식물성 오일 사용량 이하로 최소화하여 사용할 것. 이 경우 인증품 생산계획서에 기록·관리하고 사용해야 한다.
16	해조류·해조류가루·해조류추출액	
17	인지질(Lecithin)	
18	카제인(유단백질)	
19	버섯 추출액	
20	클로렐라(담수녹조) 및 그 추출물	클로렐라 배양과정이 끝난 후에 화학물질의 첨가나 화학적 제조공정을 거치지 않을 것
21	천연식물(약초 등)에서 추출한 제재(담배는 제외)	
22	식물성 퇴비발효 추출액	(1) 제1호가목1)에서 정한 허용물질 중 식물성 원료를 충분히 부숙시킨 퇴비로 제조할 것 (2) 물로만 추출할 것
23	가) 구리염 나) 보르도액 다) 수산화동 라) 산염화동 마) 부르고뉴액	토양에 구리가 축적되지 않도록 필요한 최소량만을 사용할 것
24	생석회(산화칼슘) 및 소석회(수산화칼슘)	토양에 직접 살포하지 않을 것
25	석회보르도액 및 석회유황합세	
26	에틸렌	키위, 바나나와 감의 숙성을 위해 사용할 것
27	규산염 및 벤토나이트	천연에서 유래하고 단순 물리적으로 가공한 것만 사용할 것
28	규산나트륨	천연규사와 탄산나트륨을 이용하여 제조한 것일 것
29	규조토	천연에서 유래하고 단순 물리적으로 가공한 것일 것
30	맥반석 등 광물질 가루	(1) 천연에서 유래하고 단순 물리적으로 가공한 것일 것 (2) 사람의 건강 또는 농업환경에 위해요소로 작용하는 광물질(예: 석면광 및 수은광 등)은 사용하지 않을 것
31	인산철	달팽이 관리용으로만 사용할 것
32	파라핀 오일	
33	중탄산나트륨 및 중탄산칼륨	

34	과망간산칼륨	과수의 병해관리용으로만 사용할 것
35	황	액상화할 경우에만 수산화나트륨을 황 사용량 이하로 최소화하여 사용할 것. 이 경우 인증품 생산계획서에 기록·관리하고 사용해야 한다.
36	미생물 및 미생물 추출물	미생물의 배양과정이 끝난 후에 화학물질의 첨가나 화학적 제조공정을 거치지 않을 것
37	천적	생태계 교란종이 아닐 것
38	성 유인물질(페로몬)	(1) 작물에 직접 처리하지 않을 것 (2) 덫에만 사용할 것
39	메타알데하이드	(1) 별도 용기에 담아서 사용할 것 (2) 토양이나 작물에 직접 처리하지 않을 것 (3) 덫에만 사용할 것
40	이산화탄소 및 질소가스	과실 창고의 대기 농도 조정용으로만 사용할 것
41	비누(Potassium Soaps)	
42	에틸알콜	발효주정일 것
43	허브식물 및 기피식물	생태계 교란종이 아닐 것
44	기계유	(1) 과수농가의 월동 해충 제거용으로만 사용할 것 (2) 수확기 과실에 직접 사용하지 않을 것
45	웅성불임곤충	

나. 유기축산물 및 비식용유기가공품

1) 사료로 직접 사용되거나 배합사료의 원료로 사용 가능한 물질(「사료관리법」 제11조에 따라 고시된 사료공정을 준수한 원료로 한정한다)

번호	구분	사용 가능 물질	사용 가능 조건
1	식물성	곡류(곡물), 곡물부산물류(강피류), 박류(단백질류), 서류, 식품가공부산물류, 조류(藻類), 섬유질류, 제약부산물류, 유지류, 전분류, 콩류, 견과·종실류, 과실류, 채소류, 버섯류, 그 밖의 식물류	가) 유기농산물(유기수산물을 포함한다. 이하 같다) 인증을 받거나 유기농산물의 부산물로 만들어진 것일 것 나) 천연에서 유래한 것은 잔류농약이 검출되지 않을 것
2	동물성	단백질류, 낙농가공부산물류	가) 수산물(골뱅이분을 포함한다)은 양식하지 않은 것일 것 나) 포유동물에서 유래된 사료(우유 및 유제품은 제외한다)는 반추가축[소·양 등 반추(反芻)류 가축을 말한다. 이하 같다]에 사용하지 않을 것
		곤충류, 플랑크톤류	가) 사육이나 양식과정에서 합성농약이나 동물용의약품을 사용하지 않은 것일 것 나) 야생의 것은 잔류농약이 검출되지 않은 것일 것
		무기물류	「사료관리법」 제2조제2호에 따라 농림축산식품부장관이 정하여 고시하는 기준에 적합할 것

<table>
<tr><td></td><td></td><td>유지류</td><td>가) 「사료관리법」 제2조제2호에 따라 농림축산식품부장관이 정하여 고시하는 기준에 적합할 것
나) 반추가축에 사용하지 않을 것</td></tr>
<tr><td>3</td><td>광물성</td><td>식염류, 인산염류 및 칼슘염류, 다량광물질류, 혼합광물질류</td><td>가) 천연의 것일 것
나) 가)에 해당하는 물질을 상업적으로 조달할 수 없는 경우에는 화학적으로 충분히 정제된 유사물질 사용 가능</td></tr>
<tr><td colspan="4">비고: 이 표의 사용 가능 물질의 구체적인 범위는 「사료관리법」 제2조제2호에 따라 농림축산식품부장관이 정하여 고시하는 단미사료의 범위에 따른다.</td></tr>
<tr><td colspan="4">2) 사료의 품질저하 방지 또는 사료의 효용을 높이기 위해 사료에 첨가하여 사용 가능한 물질</td></tr>
<tr><th>번호</th><th>구분</th><th>사용 가능 물질</th><th>사용 가능 조건</th></tr>
<tr><td rowspan="9">1</td><td>천연 결착제</td><td></td><td rowspan="9">가) 천연의 것이거나 천연에서 유래한 것일 것
나) 합성농약 성분 또는 동물용의약품 성분을 함유하지 않을 것
다) 「유전자변형생물체의 국가간 이동 등에 관한 법률」 제2조제2호에 따른 유전자변형생물체(이하 “유전자변형생물체”라 한다) 및 유전자변형생물체에서 유래한 물질을 함유하지 않을 것</td></tr>
<tr><td>천연 유화제</td><td></td></tr>
<tr><td>천연 보존제</td><td>산미제, 항응고제, 항산화제, 항곰팡이제</td></tr>
<tr><td>효소제</td><td>당분해효소, 지방분해효소, 인분해효소, 단백질분해효소</td></tr>
<tr><td>미생물제제</td><td>유익균, 유익곰팡이, 유익효모, 박테리오파지</td></tr>
<tr><td>천연 향미제</td><td></td></tr>
<tr><td>천연 착색제</td><td></td></tr>
<tr><td>천연 추출제</td><td>초목 추출물, 종자 추출물, 세포벽 추출물, 동물 추출물, 그 밖의 추출물</td></tr>
<tr><td>올리고당</td><td></td></tr>
<tr><td rowspan="4">2</td><td>규산염제</td><td></td><td rowspan="4">가) 천연의 것일 것
나) 가)에 해당하는 물질을 상업적으로 조달할 수 없는 경우에는 화학적으로 충분히 정제된 유사물질 사용 가능
다) 합성농약 성분 또는 동물용의약품 성분을 함유하지 않을 것
라) 유전자변형생물체 및 유전자변형생물체에서 유래한 물질을 함유하지 않을 것</td></tr>
<tr><td>아미노산제</td><td>아민초산, DL-알라닌, 염산L-라이신, 황산L-라이신, L-글루타민산나트륨, 2-디아미노-2-하이드록시메치오닌, DL-트립토판, L-트립토판, DL메치오닌 및 L-트레오닌과 그 혼합물</td></tr>
<tr><td>비타민제(프로비타민 포함)</td><td>비타민A, 프로비타민A, 비타민B1, 비타민B2, 비타민B6, 비타민B12, 비타민C, 비타민D, 비타민D2, 비타민D3, 비타민E, 비타민K, 판토텐산, 이노시톨, 콜린, 나이아신, 바이오틴, 엽산과 그 유사체 및 혼합물</td></tr>
<tr><td>완충제</td><td>산화마그네슘, 탄산나트륨(소다회), 중조(탄산수소나트륨·중탄산나트륨)</td></tr>
<tr><td colspan="4">비고: 이 표의 사용 가능 물질의 구체적인 범위는 「사료관리법」 제2조제4호에 따라 농림축산식품부장관이 정하여 고시하는 보조사료의 범위에 따른다.</td></tr>
</table>

3) 축사 및 축사 주변, 농기계 및 기구의 소독제로 사용 가능한 물질

「동물용 의약품등 취급규칙」 제5조에 따라 제조품목허가 또는 제조품목신고된 동물용의약외품 중 별표 4의 인증기준에서 사용이 금지된 성분을 포함하지 않은 물질을 사용할 것. 이 경우 가축 또는 사료에 접촉되지 않도록 사용해야 한다.

4) 비식용유기가공품에 사용 가능한 물질

제1호다목1)에 따른 식품첨가물 또는 가공보조제로 사용 가능한 물질. 이 경우 허용범위는 국립농산물품질관리원장이 정하여 고시한다.

5) 가축의 질병 예방 및 치료를 위해 사용 가능한 물질

가) 공통조건

(1) 유전자변형생물체 및 유전자변형생물체에서 유래한 원료는 사용하지 않을 것

(2) 「약사법」 제85조제6항에 따른 동물용의약품을 사용할 경우에는 수의사의 처방전을 갖추어 둘 것

(3) 동물용의약품을 사용한 경우 휴약기간의 2배의 기간이 지난 후에 가축을 출하할 것

나) 개별조건

번호	사용 가능 물질	사용 가능 조건
1	생균제, 효소제, 비타민, 무기물	가) 합성농약, 항생제, 항균제, 호르몬제 성분을 함유하지 않을 것 나) 가축의 면역기능 증진을 목적으로 사용할 것
2	예방백신	「가축전염병 예방법」에 따른 가축전염병을 예방하거나 퍼지는 것을 막기 위한 목적으로만 사용할 것
3	구충제	가축의 기생충 감염 예방을 목적으로만 사용할 것
4	포도당	가) 분만한 가축 등 영양보급이 필요한 가축에 대해서만 사용할 것 나) 합성농약 성분은 함유하지 않을 것
5	외용 소독제	상처의 치료가 필요한 가축에 대해서만 사용할 것
6	국부 마취제	외과적 치료가 필요한 가축에 대해서만 사용할 것
7	약초 등 천연 유래 물질	가) 가축의 면역기능의 증진 또는 치료 목적으로만 사용할 것 나) 합성농약 성분은 함유하지 않을 것 다) 인증품 생산계획서에 기록·관리하고 사용할 것

다. 유기가공식품

1) 식품첨가물 또는 가공보조제로 사용 가능한 물질

명칭(한)	명칭(영)	국제분류번호(INS)	식품첨가물로 사용 시		가공보조제로 사용 시	
			사용 가능 여부	사용 가능 범위	사용 가능 여부	사용 가능 범위
과산화수소	Hydrogen peroxide		×		○	식품 표면의 세척·소독제
구아검	Guar gum	412	○	제한 없음	×	
구연산	Citric acid	330	○	제한 없음	○	제한 없음

구연산삼나트륨	Trisodium citrate	331 (iii)	○	소시지, 난백의 저온살균, 유제품, 과립음료	×	
구연산칼륨	Potassium citrate	332	○	제한 없음	×	
구연산칼슘	Calcium citrate	333	○	제한 없음	×	
규조토	Diatomaceous earth		×		○	여과보조제
글리세린	Glycerin	422	○	사용 가능 용도 제한 없음. 다만, 가수분해로 얻어진 식물 유래의 글리세린만 사용 가능	×	
퀼라야추출물	Quillaia Extract	999	×		○	설탕 가공
레시틴	Lecithin	322	○	사용 가능 용도 제한 없음. 다만, 표백제 및 유기용매를 사용하지 않고 얻은 레시틴만 사용 가능	×	
로커스트콩검	Locust bean gum	410	○	식물성제품, 유제품, 육제품	×	
무수아황산	Sulfur dioxide	220	○	과일주	×	
밀납	Beeswax	901	×		○	이형제
백도토	Kaolin	559	×		○	청징(clarification) 또는 여과보조제
벤토나이트	Bentonite	558	×		○	청징(clarification) 또는 여과보조제
비타민 C	Vitamin C	300	○	제한 없음	×	
DL-사과산	DL-Malic acid	296	○	제한 없음	×	
산소	Oxygen	948	○	제한 없음	○	제한 없음
산탄검	Xanthan gum	415	○	지방제품, 과일 및 채소제품, 케이크, 과자, 샐러드류	×	
수산화나트륨	Sodium hydroxide	524	○	곡류제품	○	설탕 가공 중의 산도 조절제, 유지 가공
수산화칼륨	Potassium hydroxide	525	×		○	설탕 및 분리대두단백 가공 중의 산도 조절제
수산화칼슘	Calcium hydroxide	526	○	토르티야	○	산도 조절제
아라비아검	Arabic gum	414	○	식물성 제품, 유제품, 지방제품	×	
알긴산	Alginic acid	400	○	제한 없음	×	

알긴산나트륨	Sodium alginate	401	○	제한 없음	×	
알긴산칼륨	Potassium alginate	402	○	제한 없음	×	
염화마그네슘	Magnesium chloride	511	○	두류제품	○	응고제
염화칼륨	Potassium chloride	508	○	과일 및 채소제품, 비유화소스류, 겨자제품	×	
염화칼슘	Calcium chloride	509	○	과일 및 채소제품, 두류제품, 지방제품, 유제품, 육제품	○	응고제
오존수	Ozone water		×		○	식품 표면의 세척·소독제
이산화규소	Silicon dioxide	551	○	허브, 향신료, 양념류 및 조미료	○	겔 또는 콜로이드 용액제
이산화염소(수)	Chlorine dioxide	926	×		○	식품 표면의 세척·소독제
차아염소산수	Hypochlorous Acid Water		×		○	식품 표면의 세척·소독제
이산화탄소	Carbon dioxide	290	○	제한 없음	○	제한 없음
인산나트륨	Sodium phosphate (Mono-, Di-, Tribasic)	339 (i)(ii) (iii)	○	가공치즈	×	
젖산	Lactic acid	270	○	발효채소제품, 유제품, 식용케이싱	○	유제품의 응고제 및 치즈 가공 중 염수의 산도 조절제
젖산칼슘	Calcium Lactate	327	○	과립음료	×	
제일인산 칼슘	Calcium phosphate, monobasic	341 (i)	○	밀가루	×	
제이인산 칼륨	Potassium Phosphate, Dibasic	340 (ii)	○	커피화이트너	×	
조제해수 염화마그네슘	Crude Magnessium Chloride (Sea Water)		○	두류제품	○	응고제
젤라틴	Gelatin		×		○	포도주, 과일 및 채소 가공
젤란검	Gellan Gum	418	○	과립음료	×	
L-주석산	L-Tartaric acid	334	○	포도주	○	포도주 가공
L-주석산 나트륨	Disodium L-tartrate	335	○	케이크, 과자	○	제한 없음

L-주석산 수소칼륨	Potassium L-bitartrate	336	○	곡물제품, 케이크, 과자	○	제한 없음
주정 (발효주정)	Ethanol (fermented)		×		○	제한 없음
질소	Nitrogen	941	○	제한 없음	○	제한 없음
카나우바 왁스	Carnauba wax	903	×		○	이형제
카라기난	Carrageenan	407	○	식물성제품, 유제품	×	
카라야검	Karaya gum	416	○	제한 없음	×	
카제인	Casein		×		○	포도주 가공
탄닌산	Tannic acid	181	×		○	여과보조제
탄산나트륨	Sodium carbonate	500 (i)	○	케이크, 과자	○	설탕 가공 및 유제품의 중화제
탄산수소 나트륨	Sodium bicarbonate	500 (ii)	○	케이크, 과자, 액상 차류	×	
세스퀴탄산 나트륨	Sodium sesquicarbonate	500 (iii)	○	케이크, 과자	×	
탄산 마그네슘	Magnesium carbonate	504 (i)	○	제한 없음	×	
탄산암모늄	Ammonium carbonate	503 (i)	○	곡류제품, 케이크, 과자	×	
탄산 수소암모늄	Ammonium bicarbonate	503 (ii)	○	곡류제품, 케이크, 과자	×	
탄산칼륨	Potassium carbonate	501 (i)	○	곡류제품, 케이크, 과자	○	포도 건조
탄산칼슘	Calcium carbonate	170 (i)	○	식물성제품, 유제품 (착색료로는 사용하지 말 것)	○	제한 없음
d-토코페롤 (혼합형)	d-Tocopherol concentrate, mixed	306	○	유지류(산화방지제로만 사용할 것)	×	
트라가칸스검	Tragacanth gum	413	○	제한 없음	×	
퍼라이트	Perlite		×		○	여과보조제
펙틴	Pectin	440	○	식물성제품, 유제품	×	
활성탄	Activated carbon		×		○	여과보조제
황산	Sulfuric acid	513	×		○	설탕 가공 중의 산도 조절제
황산칼슘	Calcium sulphate	516	○	케이크, 과자, 두류제품, 효모제품	○	응고제

천연향료	Natural flavoring substances and preparations		○	사용 가능 용도 제한 없음. 다만, 「식품위생법」 제7조제1항에 따라 식품첨가물의 기준 및 규격이 고시된 천연향료로서 물, 발효주정, 이산화탄소 및 물리적 방법으로 추출한 것만 사용할 것	×	
효소제	Preparations of Microorganisms and Enzymes		○	사용 가능 용도 제한 없음. 다만, 「식품위생법」 제7조제1항에 따라 식품첨가물의 기준 및 규격이 고시된 효소제만 사용할 수 있다.	○	사용 가능 용도 제한 없음. 다만, 「식품위생법」 제7조제1항에 따라 식품첨가물의 기준 및 규격이 고시된 효소제만 사용할 수 있다.
영양강화제 및 강화제	Fortifying nutrients		○	「식품위생법」 제7조제1항 및 「축산물위생관리법」 제4조제2항에 따라 식품의약품안전처장이 고시하는 식품의 기준에 따라 사용 가능한 제품	×	

2) 기구·설비의 세척·살균소독제로 사용 가능한 물질
제1호다목1)에 따른 식품첨가물 또는 가공보조제로 사용 가능한 물질 중 사용 가능 범위가 식품 표면의 세척·소독제인 물질, 「식품위생법」 제7조제1항에 따라 식품첨가물의 기준 및 규격이 고시된 기구 등의 살균소독제 및 「위생용품 관리법」 제10조에 따라 고시된 위생용품의 기준 및 규격에서 정한 1·2·3종 세척제를 사용할 수 있다.

라. 그 밖에 제3조제2항에 따라 국립농산물품질관리원장이 별표 2의 허용물질 선정 기준 및 절차에 따라 추가로 선정하여 고시한 허용물질

2. 무농약농산물·무농약원료가공식품에 사용 가능한 물질
가. 무농약농산물: 병해충 관리에는 제1호가목2)에 따른 사용 가능한 물질만을 사용할 수 있다.
나. 무농약원료가공식품: 제1호다목에 따라 유기가공식품에 사용 가능한 물질만을 사용할 수 있다.

3. 유기농업자재 제조 시 보조제로 사용 가능한 물질

사용 가능 물질	사용 가능 조건
미국 환경보호국(EPA)에서 정한 농약제품에 허가된 불활성 성분 목록(Inert Ingredients List) 3 또는 4에 해당하는 보조제	가. 제1호가목2)의 병해충 관리를 위해 사용 가능한 물질을 화학적으로 변화시키지 않으면서 단순히 산도(pH) 조정 등을 위해 첨가하는 것으로만 사용할 것

	나. 유기농업자재를 생산 또는 수입하여 판매하는 자는 물을 제외한 보조제가 주원료의 투입비율을 초과하지 않았다는 것을 유기농업자재 생산계획서에 기록·관리하고 사용할 것 다. 유기식품등을 생산, 제조·가공 또는 취급하는 자가 유기농업자재를 제조하는 경우에는 물을 제외한 보조제가 주원료의 투입비율을 초과하지 않았다는 것을 인증품 생산계획서에 기록·관리하고 사용할 것 라. 불활성 성분 목록 3의 식품등급에 해당하는 보조제는 식품의약품안전처장이 식품첨가물로 지정한 물질일 것

부록 6 기구 등의 살균·소독제[3]

기준 항목	세부 기준
성분 및 규격	1) 기구등의 살균·소독제는 유해 미생물에 대해 살균·소독 작용을 하는 유효성분을 함유하여야 한다. 2) 제조된 기구등의 살균·소독제는 개별 품목별 성분규격에 적합하여야 한다. 3) 기구등의 살균·소독제의 제조에 사용하는 물은 「먹는물관리법」의 먹는물 수질기준에 적합한 것이어야 한다. 4) 기구등의 살균·소독제 품목으로 등재되지 아니한 품목이거나 등재된 품목을 혼합하여 제조하고자 하는 경우에는 「식품등의 한시적 기준 및 규격 인정 기준」(식약처 고시)에 따라 한시적 기준 및 규격을 인정받아야 한다.
사용	1) 기구등의 살균·소독제는 기구등의 살균·소독 목적으로 개별품목에서 정해진 사용기준에 적합하게 사용하여야 하고, 사용한 살균·소독제 용액은 식품과 접촉하기 전에 자연건조, 열풍건조 등의 방법으로 제거하여야 한다. 2) 기구등의 살균·소독제는 기구등의 표면을 침지하거나 표면에 직접 뿌리는 방법으로 사용하여야 하며, 공간 등에 분무하여서는 아니 된다. 3) 기구등의 살균·소독제는 세척제나 다른 살균·소독제 등과 혼합하여 사용하여서는 아니된다. 4) 기구등의 살균·소독제는 그 자체로 직접 섭취하거나 흡입하는 목적으로 사용하여서는 아니 된다.
보존 및 유통	1) 제품의 보관 및 판매 장소는 청결하고 통풍이 잘 되는 곳에 위치하여야 한다. 2) 제품은 변질되지 않도록 직사광선 및 열을 피한 서늘하고 건조한 곳에서 밀봉하여 보관하여야 한다. 3) 제품은 식품, 식품첨가물 등을 오염시키지 않도록 분리 보관하여야 한다. 4) 제품은 화공약품, 농약, 독극물 등 다른 제품과 함께 보관하지 말아야 한다. 5) 제품의 운반 및 포장과정에서 용기·포장이 파손되지 않도록 하여야 하며, 가능한 한 심한 충격을 주지 않도록 주의하여야 한다. 6) 보관과정 중 부주의로 인하여 변질 또는 파손된 제품은 판매하지 말아야 한다.
제조성분	기구등의 살균·소독제에 사용할 수 있는 성분은 아래 표와 같다. 다만, 우리나라에서 허용된 식품첨가물(최종제품 완성 전에 중화 또는 제거하여야 하는 것은 제외)이거나 식품원료로 인정된 경우에는 기구등의 살균·소독제의 보조성분으로 사용할 수 있다.

번호	성분명		
	한글	영문	CAS No.
1	과산화수소	Hydrogen peroxide	7722-84-1
2	과산화옥탄산	Peroxyoctanoic acid	33734-57-5
3	과산화초산	Peroxyacetic acid	79-21-0
4	구연산	Citric acid	77-92-9
5	D-글루콘산나트륨	D-Gluconic acid, monosodium salt	527-07-1
6	네오데칸산	Neodecanoic acid	26896-20-8

3) 식품공전. 2022.

번호	성분명		
	한글	영문	CAS No.
7	노나논산	Nonanoic acid	112-05-0
8	데칸산	Decanoic acid	334-48-5
9	도데실벤젠설폰산	Benzenesulfonic acid, dodecyl-	27176-87-0
10	도데실벤젠설폰산나트륨	Benzenesulfonic acid, dodecyl-, sodium salt	25155-30-0
11	디메틸벤젠설폰산나트륨	Sodium dimethylbenzene sulfonate(Xylenesulfonic acid, sodium salt)	1300-72-7
12	N,N-디메틸-1-옥탄아민	1-Octanamine, N,N-dimethyl-	7378-99-6
13	4-(1,1-디메틸프로필)페놀	Phenol, 4-(1,1-dimethyl-propyl)-	80-46-6
14	디옥틸설포석신산나트륨	Dioctyl sodium sulfosuccinate	577-11-7
15	메틸렌블루	Methylene blue	61-73-4
16	2-메틸-2,4-펜탄디올	2,4-Pentanediol, 2-methyl-	107-41-5
17	모노도데실에스테르황산나트륨	Sulfuric acid monododecyl ester, sodium salt (sodium lauryl sulfate)	151-21-3
18	2-부톡시-에탄올	Ethanol, 2-butoxy-	111-76-2
19	붕산나트륨	Boric acid, sodium salt	7775-19-1
20	브롬화칼륨	Potassium bromide	7758-02-3
21	산화마그네슘	Magnesium oxide	1309-48-4
22	삼염화이소시아뉼산	Trichloroisocyanuric acid (1,3,5-Triazine-2,4,6(1H,3H,5H)-trione,1,3,5-trichloro)	87-90-1
23	삼염화이소시아뉼산나트륨	Sodium trichloroisocyanurate	29680-41-9
24	삼염화이소시아뉼산칼륨	Potassium trichloroisocyanurate	-
25	설포-1,4-디옥틸부탄산나트륨	Butanedioic acid, sulfo-, 1,4-dioctyl ester, sodium salt	1639-66-3
26	9-설포옥타데센산(9Z)	9-Octadecenoic acid(9Z)-, sulfonated	68988-76-1
27	9-설포옥타데센산(9Z)나트륨	9-Octadecenoic acid(9Z)-, sulfonated, sodium salts	68443-05-0
28	설포지방산나트륨	Fatty acids, tall-oil, sulfonated, sodium salts	68309-27-3
29	2-설피노-1-옥탄설폰산	1-Octanesulfonic acid, 2-sulfino-	113652-56-5
30	2-[시클로헥실(1-옥소헥사데실)아미노]-에탄설폰산나트륨	Ethanesulfonic acid, 2-[cyclohexyl (1-oxohexadecyl) amino]-, sodium salt	132-43-4

번호	성분명		
	한글	영문	CAS No.
31	아염소산염	Chlorite	14998-27-7
32*	α -알킬(C_6이상)-ω -하이드록시 폴리(옥시프로필렌) 및/또는 폴리(옥시에틸렌) 공중합체	α -alkyl-ω -hydroxypoly (oxypropylene) and/or poly (oxyethylene) polymers where the alkyl chain contains a minimum of six carbons	-
33	α -알킬(C_{12}-C_{15})-ω -하이드록시 폴리(옥시에틸렌)황산나트륨 (폴리옥시에틸렌이 평균 1몰)	Sodium-α -alkyl(C_{12}-C_{15})-ω -hydroxy poly(oxyethylene) sulfate with the poly(oxyethylene) content averaging one mole	-
34	에탄올	Ethanol	64-17-5
35	2-(2-에톡시에톡시)에탄올	Ethanol, 2-(2-ethoxyethoxy)-	111-90-0
36	에틸렌디아민테트라아세트산, 사나트륨	Ethylenediaminetetraacetic acid(EDTA), tetrasodium salt	64-02-08
37	에틸렌디아민테트라아세트산, 이나트륨	Ethylenediaminetetraacetic acid(EDTA), disodium salt	139-33-3
38	염소산염	Chlorate	14866-68-3
39	염화-N-데실-N,N-디메틸-1-데칸아미늄	N-Decyl-N,N-dimethyl-1-decanaminium chloride	7173-51-5
40	염화디-n-알킬(C_8-C_{10})디메틸 암모늄 (평균분자량 332 ~ 361)	Di-n-alkyl(C_8-C_{10}) dimethyl ammonium chloride, average molecular weight(in amu), 332 to 361	-
41	염화멜라민	Chloromelamine(1,3,5-Triazine, N,N',N"-trichloro-2,4,6-triamino-)	7673-09-8
42	염화-n-알킬(C_{12}-C_{14})디메틸에틸 벤질암모늄 (평균분자량 377 ~ 384)	n-Alkyl(C_{12}-C_{14}) dimethyl ethylbenzyl ammonium chloride, average molecular weight(in amu), 377 to 384	-
43	염화-n-알킬(C_{12}-C_{18})디메틸에틸 벤질암모늄 (평균분자량 384)	n-Alkyl(C_{12}-C_{18}) dimethyl ethylbenzyl ammonium chloride, average molecular weight(in amu), 384	
44	염화알킬(C_{12}-C_{18})벤질디메틸 암모늄	Alkyl(C_{12}-C_{18}) benzyldimethyl chlorides	-
45	염화암모늄	Ammonium chloride	12125-02-9

번호	성분명		
	한글	영문	CAS No.
46*	옥시란과 메틸옥시란의 공중합체 (최소분자량 1,900)	Oxirane, methyl-, polymer with oxirane, minimum molecular weight (in amu), 1,900	9003-11-6
47	옥시란과 메틸옥시란의 블록공중합체 (평균분자량 1,900)	Oxirane, methyl-, polymer with oxirane, block, average molecular weight (in amu), 1,900	106392-12-5
48	옥시란과 메틸옥시란의 블록공중합체 (최소평균분자량 2,000)	Oxirane, methyl-, polymer with oxirane, block, minimum average molecular weight(in amu), 2,000	-
49	옥시란과 메틸옥시란의 블록공중합체 (메틸옥시란이 27~31몰, 평균분자량 2,000)	Oxirane, methyl-, polymer with oxirane, block, 27 to 31 moles of polyoxypropylene, average molecular weight (in amu), 2,000	-
50	옥시클로로 물질	Oxychloro species	-
51	옥타데칸산칼슘	Octadecanoic acid, calcium salt (Calcium stearate)	1592-23-0
52	1,2-옥탄디설폰산	1,2-Octanedisulfonic acid	113669-58-2
53	옥탄산	Octanoic acid	124-07-2
54	1-옥탄설폰산	1-Octanesulfonic acid	3944-72-7
55	1-옥탄설폰산나트륨	1-Octanesulfonic acid, sodium salt	5324-84-5
56	옥테닐부탄디오익산	Butanedioic acid, octenyl-	28805-58-5
57	요오드	Iodine	7553-56-2
58	요오드나트륨	Sodium iodide	7681-82-5
59	요오드칼륨	Potassium iodide	7681-11-0
60	요오드화수소산	Hydriodic acid	10034-85-2
61	이산화염소	Chlorine dioxide	10049-04-4
62	이염화이소시아뉼산	Dichloroisocyanuric acid (1,3,5-Triazine-2,4,6(1H,3H,5H)-trione, 1,3-dichloro-)	2782-57-2
63	이염화이소시아뉼산나트륨	Sodium dichloroisocyanurate (1,3,5-Triazine-2,4,6(1H,3H,5H)-trione, 1,3-dichloro-, sodium salt)	2893-78-9
64	이염화이소시아뉼산나트륨 이수화물	Sodium dichloroisocyanurate dihydrate(1,3,5-Triazine-2,4,6(1H,3H,5H)-trione, 1,3-dichloro-, sodium salt)	51580-86-0

번호	성분명		
	한글	영문	CAS No.
65	이염화이소시아뉼산칼륨	Dichloroisocyanuric acid, potassium salt (1,3,5-Triazine-2,4,6(1H,3H,5H)-trione,1,3-dichloro-, potassium salt)	2244-21-5
66	인산	Phosphoric acid	7664-38-2
67	인산나트륨	Phosphoric acid, monosodium salt	7558-80-7
68	인산삼나트륨	Phosphoric acid, trisodium salt	7601-54-9
69	일염화요오드	Iodine monochloride	7790-99-0
70	전해반응에 의해 생성된 은이온 [구연산으로 안정화시킨 구연산 이수소은의 형태. 단, 금속성 은(metallic silver)은 제외]	Silver ions resulting from the use of electrolytically-generated silver ions stabilized in citric acid as silver dihydrogen citrate (does not include metallic silver)	14701-21-4
71	젖산	Lactic acid	50-21-5
72*	질산	Nitric acid	7697-37-2
73	차아염소산	Hypochlorous acid	7790-92-3
74	차아염소산나트륨	Sodium hypochlorite	7681-52-9
75	차아염소산리튬	Lithium hypochlorite	13840-33-0
76	차아염소산칼륨	Potassium hypochlorite	7778-66-7
77	차아염소산칼슘	Calcium hypochlorite	7778-54-3
78	초산	Acetic acid	64-19-7
79	n-카르복실산(C_6-C_{12}) [56% 이상 옥탄산 및 40% 이상 데칸산의 혼합물로 구성]	n-Carboxylic acids(C_6-C_{12}) [consisting of a mixture of not less than 56% octanoic acid and not less than 40% decanoic acid]	-
80	코코지방산칼륨	Fatty acids, coco, potassium salts	61789-30-8
81	클로로아세트산나트륨 4,5-디하이드로-2-언데실-1H-이미다졸-1-에탄올과 수산화나트륨의 반응물	Acetic acid, chloro-, sodium salt, reaction products with 4,5-dihydro-2-undecyl-1H-imidazole-1-ethanol and sodium hydroxide	68608-66-2
82	4-클로로-2-(페닐메틸)-페놀	Phenol, 4-chloro-2-(phenylmethyl)-	120-32-1
83	α,α,4-트리메틸-3-시클로헥센-1-메탄올	3-Cyclohexene-1-methanol, α,α,4-trimethyl-	98-55-5
84	페닐페놀	Phenylphenol ([1,1'-Biphenyl]-2-ol)	90-43-7

번호	성분명		
	한글	영문	CAS No.
85*	폴리알킬렌 (에틸렌-프로필렌 포함) 글리콜부톡시모노에테르 (최소분자량 2,400)	Butoxy monoether of mixed (ethylene-propylene) polyalkylene glycol, minimum average molecular weight (in amu), 2,400	-
86	폴리알킬렌 (에틸렌-프로필렌 포함) 글리콜부톡시모노에테르 (평균분자량 3,300)	Butoxy monoether of mixed (ethylene-propylene) poly alkylene glycol, cloud point of 90-100° in 0.5 aqueous solution, average molecular weight (in amu), 3,300	-
87*	폴리(옥시-1,2-에탄디일), α -[(1,1,3,3-테트라메틸부틸) 페닐]-ω -하이드록시, 페놀 1몰과 에틸렌옥사이드 4~14몰의 생성물	Poly(oxy-1,2-ethanediyl), α -[(1,1,3,3-tetramethylbutyl) phenyl]-ω -hydroxy-, produced with one mole of the phenol and 4 to 14 moles ethylene oxide	-
88	폴리옥시에틸렌폴리옥시 프로필렌블록공중합체 (분자량 2,800)	Polyoxyethylene polyoxypropylene block polymer(MW 2,800)	-
89	폴리(헥사메틸렌비구아니드) 하이드로클로라이드	Poly(hexamethylene biguanide) hydrochloride	32289-58-0
90	2-프로판올(이소프로판올)	2-Propanol(isopropanol)	67-63-0
91	프로피온산	Propionic acid	79-09-4
92	2,6-피리딘디카르복실산	2,6-Pyridine dicarboxylic acid	499-83-2
93	1-하이드록시에틸리덴-1,1- 디포스포닌산	1-Hydroxyethylidene-1,1-diphosph onic aicd	2809-21-4
94	황산	Sulfuric acid	7664-93-9
위의 * 표시된 성분은 기구등의 살균·소독제에 유효성분으로 사용하여서는 아니 된다.			

부록 7 식품 제조·가공업의 업종별 시설기준

표 7-1. 식품 또는 식품첨가물의 제조업, 가공업, 운반업, 판매업 및 보존업의 업종별 시설기준

업종별시설기준(제36조 관련)
식품위생법 시행규칙 [별표 14] <개정 2022. 4. 28>

1\. 식품제조·가공업의 시설기준

가. 식품의 제조시설과 원료 및 제품의 보관시설 등이 설비된 건축물(이하 "건물"이라 한다)의 위치 등

1) 건물의 위치는 축산폐수·화학물질, 그 밖에 오염물질의 발생시설로부터 식품에 나쁜 영향을 주지 아니하는 거리를 두어야 한다.
2) 건물의 구조는 제조하려는 식품의 특성에 따라 적정한 온도가 유지될 수 있고, 환기가 잘 될 수 있어야 한다.
3) 건물의 자재는 식품에 나쁜 영향을 주지 아니하고 식품을 오염시키지 아니하는 것이어야 한다.

나. 작업장

1) 작업장은 독립된 건물이거나 식품제조·가공 외의 용도로 사용되는 시설과 분리(별도의 방을 분리함에 있어 벽이나 층 등으로 구분하는 경우를 말한다. 이하 같다)되어야 한다.
2) 작업장은 원료처리실·제조가공실·포장실 및 그 밖에 식품의 제조·가공에 필요한 작업실을 말하며, 각각의 시설은 분리 또는 구획(칸막이·커튼 등으로 구분하는 경우를 말한다. 이하 같다)되어야 한다. 다만, 제조공정의 자동화 또는 시설·제품의 특수성으로 인하여 분리 또는 구획할 필요가 없다고 인정되는 경우로서 각각의 시설이 서로 구분(선·줄 등으로 구분하는 경우를 말한다. 이하 같다)될 수 있는 경우에는 그러하지 아니하다.
3) 작업장의 바닥·내벽 및 천장 등은 다음과 같은 구조로 설비되어야 한다.
   가) 바닥은 콘크리트 등으로 내수처리를 하여야 하며, 배수가 잘 되도록 하여야 한다.
   나) 내벽은 바닥으로부터 1.5미터까지 밝은 색의 내수성으로 설비하거나 세균방지용 페인트로 도색하여야 한다. 다만, 물을 사용하지 않고 위생상 위해발생의 우려가 없는 경우에는 그러하지 아니하다.
   다) 작업장의 내부 구조물, 벽, 바닥, 천장, 출입문, 창문 등은 내구성, 내부식성 등을 가지고, 세척·소독이 용이하여야 한다.
4) 작업장 안에서 발생하는 악취·유해가스·매연·증기 등을 환기시키기에 충분한 환기시설을 갖추어야 한다.
5) 작업장은 외부의 오염물질이나 해충, 설치류, 빗물 등의 유입을 차단할 수 있는 구조이어야 한다.
6) 작업장은 폐기물·폐수 처리시설과 격리된 장소에 설치하여야 한다.

다. 식품취급시설 등

1) 식품을 제조·가공하는데 필요한 기계·기구류 등 식품취급시설은 식품의 특성에 따라 식품의약품안전처장이 고시하는 식품등의 기준 및 규격(이하 "식품등의 기준 및 규격"이라 한다)에서 정하고 있는 제조·가공기준에 적합한 것이어야 한다.
2) 식품취급시설 중 식품과 직접 접촉하는 부분은 위생적인 내수성재질[스테인레스·알루미늄·

강화플라스틱(FRP)·테프론 등 물을 흡수하지 아니하는 것을 말한다. 이하 같다)로서 씻기 쉬운 것이거나 위생적인 목재로서 씻는 것이 가능한 것이어야 하며, 열탕·증기·살균제 등으로 소독·살균이 가능한 것이어야 한다.

3) 냉동·냉장시설 및 가열처리시설에는 온도계 또는 온도를 측정할 수 있는 계기를 설치하여야 한다.

라. 급수시설

1) 수돗물이나 「먹는물관리법」 제5조에 따른 먹는 물의 수질기준에 적합한 지하수 등을 공급할 수 있는 시설을 갖추어야 한다.
2) 지하수 등을 사용하는 경우 취수원은 화장실·폐기물처리시설·동물사육장, 그 밖에 지하수가 오염될 우려가 있는 장소로부터 영향을 받지 아니하는 곳에 위치하여야 한다.
3) 먹기에 적합하지 않은 용수는 교차 또는 합류되지 않아야 한다.

마. 화장실

1) 작업장에 영향을 미치지 아니하는 곳에 정화조를 갖춘 수세식화장실을 설치하여야 한다. 다만, 인근에 사용하기 편리한 화장실이 있는 경우에는 화장실을 따로 설치하지 아니할 수 있다.
2) 화장실은 콘크리트 등으로 내수처리를 하여야 하고, 바닥과 내벽(바닥으로부터 1.5미터까지)에는 타일을 붙이거나 방수페인트로 색칠하여야 한다.

바. 창고 등의 시설

1) 원료와 제품을 위생적으로 보관·관리할 수 있는 창고를 갖춰야 한다. 다만, 다음의 어느 하나에 해당하는 경우에는 창고를 갖추지 않을 수 있다.
   가) 창고에 갈음할 수 있는 냉동·냉장시설을 따로 갖춘 경우
   나) 같은 영업자가 다음의 어느 하나에 해당하는 영업을 하면서 해당 영업소의 창고 등 시설을 공동으로 이용하는 경우
      (1) 영 제21조제3호에 따른 식품첨가물제조업
      (2) 「약사법」 제31조제1항에 따른 의약품제조업 또는 같은 조 제4항에 따른 의약외품제조업
      (3) 「축산물 위생관리법」 제21조제1항제3호에 따른 축산물가공업
      (4) 「건강기능식품에 관한 법률 시행령」 제2조제1호가목에 따른 건강기능식품전문제조업
2) 창고의 바닥에는 양탄자를 설치하여서는 아니 된다.

사. 검사실

1) 식품등의 기준 및 규격을 검사할 수 있는 검사실을 갖추어야 한다. 다만, 다음 각 호의 어느 하나에 해당하는 경우에는 이를 갖추지 아니할 수 있다.
   가) 법 제31조제2항에 따라 「식품·의약품분야 시험·검사 등에 관한 법률」 제6조제3항제2호에 따른 자가품질위탁 시험·검사기관 등에 위탁하여 자가품질검사를 하려는 경우
   나) 같은 영업자가 다른 장소에 영업신고한 같은 업종의 영업소에 검사실을 갖추고 그 검사실에서 법 제31조제1항에 따른 자가품질검사를 하려는 경우
   다) 같은 영업자가 설립한 식품 관련 연구·검사기관에서 자사 제품에 대하여 법 제31조제1항에 따른 자가품질검사를 하려는 경우
   라) 「독점규제 및 공정거래에 관한 법률」 제2조제2호에 따른 기업집단에 속하는 식품관련 연구·검사기관 또는 같은 조 제3호에 따른 계열회사가 영업신고한 같은 업종의 영업소의 검사실에서 법 제31조제1항에 따른 자가품질검사를 하려는 경우

마) 같은 영업자, 동일한 기업집단(「독점규제 및 공정거래에 관한 법률」 제2조제2호에 따른 기업집단을 말한다)에 속하는 식품관련 연구·검사기관 또는 영업자의 계열회사(같은 법 제2조제3호에 따른 계열회사를 말한다)가 영 제21조제3호에 따른 식품첨가물제조업, 「축산물 위생관리법」 제21조제1항제3호에 따른 축산물가공업, 「건강기능식품에 관한 법률 시행령」 제2조제1호가목에 따른 건강기능식품전문제조업, 「약사법」 제2조제4호·제7호에 따른 의약품·의약외품의 제조업, 「화장품법」 제2조제10호에 따른 화장품제조업, 「위생용품 관리법」 제2조제2호에 따른 위생용품제조업을 하면서 해당 영업소에 검사실 또는 시험실을 갖추고 법 제31조제1항에 따른 자가품질검사를 하려는 경우

2) 검사실을 갖추는 경우에는 자가품질검사에 필요한 기계·기구 및 시약류를 갖추어야 한다.

아. 운반시설

식품을 운반하기 위한 차량, 운반도구 및 용기를 갖춘 경우 식품과 직접 접촉하는 부분의 재질은 인체에 무해하며 내수성·내부식성을 갖추어야 한다.

자. 시설기준 적용의 특례

1) 선박에서 수산물을 제조·가공하는 경우에는 다음의 시설만 설비할 수 있다.

가) 작업장

작업장에서 발생하는 악취·유해가스·매연·증기 등을 환기시키는 시설을 갖추어야 한다.

나) 창고 등의 시설 등

냉동·냉장시설을 갖추어야 한다.

다) 화장실

수세식 화장실을 두어야 한다.

2) 식품제조·가공업자가 제조·가공시설 등이 부족한 경우에는 다음의 어느 하나에 해당하는 영업자에게 위탁하여 식품을 제조·가공할 수 있다.

가) 영 제21조제1호에 따른 식품제조·가공업의 영업자

나) 영 제21조제2호에 따른 즉석판매제조·가공업의 영업자

다) 영 제21조제3호에 따른 식품첨가물제조업의 영업자

라) 「축산물 위생관리법」 제21조제1항제3호에 따른 축산물가공업의 영업자

마) 「건강기능식품에 관한 법률 시행령」 제2조제1호가목에 따른 건강기능식품전문제조업의 영업자

3) 하나의 업소가 둘 이상의 업종의 영업을 할 경우 또는 둘 이상의 식품을 제조·가공하고자 할 경우로서 각각의 제품이 전부 또는 일부의 동일한 공정을 거쳐 생산되는 경우에는 그 공정에 사용되는 시설 및 작업장을 함께 쓸 수 있다. 이 경우 「축산물 위생관리법」 제22조에 따라 축산물가공업의 허가를 받은 업소, 「먹는물관리법」 제21조에 따라 먹는샘물제조업의 허가를 받은 업소, 「주세법」 제6조에 따라 주류제조의 면허를 받아 주류를 제조하는 업소 및 「건강기능식품에 관한 법률」 제5조에 따라 건강기능식품제조업의 허가를 받은 업소 및 「양곡관리법」 제19조에 따라 양곡가공업 등록을 한 업소의 시설 및 작업장도 또한 같다.

4) 「농업·농촌 및 식품산업 기본법」 제3조제2호에 따른 농업인, 같은 조 제4호에 따른 생산자단체, 「수산업·어촌 발전 기본법」 제3조제2호에 따른 수산인, 같은 조 제3호에 따른 어업인, 같은 조 제5호에 따른 생산자단체, 「농어업경영체 육성 및 지원에 관한 법률」 제16조에 따른 영농조합법인·영어조합법인 또는 같은 법 제19조에 따른 농업회사법인·어업회사법인이 국내산 농산물과 수산물을 주된 원료로 식품을 직접 제조·가공하는 영업과 「전통시장 및 상점가 육성을 위한 특별법」 제2조제1호에 따른 전통시장에서 식품을 제조·가공하는 영업에 대해서는 특별자치도지사·시장·군수·구청장은 그 시설기준을 따로 정할 수 있다.

5) 식품제조·가공업을 함께 영위하려는 의약품제조업자 또는 의약외품제조업자는 제조하는 의약품 또는 의약외품 중 내복용 제제가 식품에 전이될 우려가 없다고 식품의약품안전처장이 인정하는 경우에는 해당 의약품 또는 의약외품 제조시설을 식품제조·가공시설로 이용할 수 있다. 이 경우 식품제조·가공시설로 이용할 수 있는 기준 및 방법 등 세부사항은 식품의약품안전처장이 정하여 고시한다.

6) 「곤충산업의 육성 및 지원에 관한 법률」 제2조제3호에 따른 곤충농가가 곤충을 주된 원료로 하여 식품을 제조·가공하는 영업을 하려는 경우 특별자치시장·특별자치도지사·시장·군수·구청장은 그 시설기준을 따로 정할 수 있다.

7) 식품제조·가공업자가 바목1)에 따른 창고의 용량이 부족하여 생산한 반제품을 보관할 수 없는 경우에는 영업등록을 한 영업소의 소재지와 다른 곳(영업등록관청의 관할 구역 안에 있는 경우에 한정한다)에 설치하거나 임차한 창고에 일시적으로 보관할 수 있다.

8) 공유주방 운영업의 시설을 사용하는 경우에는 제10호의 공유주방 운영업의 시설기준에 따른다.

2. 즉석판매제조·가공업의 시설기준

가. 건물의 위치 등

1) 독립된 건물이거나 즉석판매제조·가공 외의 용도로 사용되는 시설과 분리 또는 구획되어야 한다. 다만, 백화점 등 식품을 전문으로 취급하는 일정장소(식당가·식품매장 등을 말한다) 또는 일반음식점·휴게음식점·제과점 영업장과 직접 접한 장소에서 즉석판매제조·가공업의 영업을 하려는 경우, 「축산물 위생관리법」 제21조제7호가목에 따른 식육판매업소에서 식육을 이용하여 즉석판매제조·가공업의 영업을 하려는 경우 및 「건강기능식품에 관한 법률 시행령」 제2조제3호가목에 따른 건강기능식품일반판매업소에서 즉석판매제조·가공업의 영업을 하려는 경우로서 식품위생상 위해발생의 우려가 없다고 인정되는 경우에는 그러하지 아니하다.

2) 건물의 위치·구조 및 자재에 관하여는 1. 식품제조·가공업의 시설기준 중 가. 건물의 위치 등의 관련 규정을 준용한다.

나. 작업장

1) 식품을 제조·가공할 수 있는 기계·기구류 등이 설치된 제조·가공실을 두어야 한다. 다만, 식품제조·가공업 영업자가 제조·가공한 식품 또는 「수입식품안전관리 특별법」 제15조제1항에 따라 등록한 수입식품등 수입·판매업 영업자가 수입·판매한 식품을 소비자가 원하는 만큼 덜어서 판매하는 것만 하고, 식품의 제조·가공은 하지 아니하는 영업자인 경우에는 제조·가공실을 두지 아니할 수 있다.

2) 제조가공실의 시설 등에 관하여는 1. 식품제조·가공업의 시설기준 중 나. 작업장의 관련규정을 준용한다.

다. 식품취급시설 등

식품취급시설 등에 관하여는 1. 식품제조·가공업의 시설기준 중 다. 식품취급시설 등의 관련규정을 준용한다.

라. 급수시설

급수시설은 1. 식품제조·가공업의 시설기준 중 라. 급수시설의 관련 규정을 준용한다. 다만, 인근에 수돗물이나 「먹는물관리법」 제5조에 따른 먹는물 수질기준에 적합한 지하수 등을 공급할 수 있는 시설이 있는 경우에는 이를 설치하지 아니할 수 있다.

마. 판매시설

식품을 위생적으로 유지·보관할 수 있는 진열·판매시설을 갖추어야 한다. 다만, 신고관청은 즉석판매제조·가공업의 영업자가 제조·가공하는 식품의 형태 및 판매 방식 등을 고려해 진열·판매의 필요성 및 식품위생에의 위해성이 모두 없다고 인정하는 경우에는 진열·판매시설의 설치를 생략하게 할 수 있다.

바. 화장실

1) 화장실을 작업장에 영향을 미치지 아니하는 곳에 설치하여야 한다.
2) 정화조를 갖춘 수세식 화장실을 설치하여야 한다. 다만, 상·하수도가 설치되지 아니한 지역에서는 수세식이 아닌 화장실을 설치할 수 있다.
3) 2)단서에 따라 수세식이 아닌 화장실을 설치하는 경우에는 변기의 뚜껑과 환기시설을 갖추어야 한다.
4) 공동화장실이 설치된 건물 안에 있는 업소 및 인근에 사용이 편리한 화장실이 있는 경우에는 따로 설치하지 아니할 수 있다.

사. 시설기준 적용의 특례

1) 「전통시장 및 상점가 육성을 위한 특별법」 제2조제1호에 따른 전통시장 또는 「관광진흥법 시행령」 제2조제1항제5호가목에 따른 종합유원시설업의 시설 안에서 이동판매형태의 즉석판매제조·가공업을 하려는 경우에는 특별자치시장·특별자치도지사·시장·군수·구청장이 그 시설기준을 따로 정할 수 있다.
2) 「도시와 농어촌 간의 교류촉진에 관한 법률」 제10조에 따라 농어촌체험·휴양마을사업자가 지역 농·수·축산물을 주재료로 이용한 식품을 제조·판매·가공하는 경우에는 특별자치시장·특별자치도지사·시장·군수·구청장이 그 시설기준을 따로 정할 수 있다.
3) 지방자치단체의 장이 주최·주관 또는 후원하는 지역행사 등에서 즉석판매제조·가공업을 하려는 경우에는 특별자치시장·특별자치도지사·시장·군수·구청장이 그 시설기준을 따로 정할 수 있다.
4) 지방자치단체 및 농림축산식품부장관이 인정한 생산자단체등에서 국내산 농·수·축산물을 주재료로 이용한 식품을 제조·판매·가공하는 경우에는 특별자치시장·특별자치도지사·시장·군수·구청장이 그 시설기준을 따로 정할 수 있다.
5) 「전시산업발전법」 제2조제4호에 따른 전시시설 또는 「국제회의산업 육성에 관한 법률」 제2조제3호에 따른 국제회의시설에서 즉석판매제조·가공업을 하려는 경우에는 특별자치시장·특별자치도지사·시장·군수·구청장이 그 시설기준을 따로 정할 수 있다.
6) 그 밖에 특별자치시장·특별자치도지사·시장·군수·구청장이 별도로 지정하는 장소에서 즉석판매제조·가공업을 하려는 경우에는 특별자치시장·특별자치도지사·시장·군수·구청장이 그 시설기준을 따로 정할 수 있다.
7) 공유주방 운영업의 시설을 사용하는 경우에는 제10호의 공유주방 운영업의 시설기준에 따른다.

아. 삭제 <2017. 12. 29>

자. 삭제 <2017. 12. 29>

3. 식품첨가물제조업의 시설기준

식품제조·가공업의 시설기준을 준용한다. 다만, 건물의 위치·구조 및 작업장에 대하여는 신고관청이 위생상 위해발생의 우려가 없다고 인정하는 경우에는 그러하지 아니하다.

4. 식품운반업의 시설기준

가. 운반시설

1) 냉동 또는 냉장시설을 갖춘 적재고(積載庫)가 설치된 운반 차량 또는 선박이 있어야 한다. 다만, 다음의 어느 하나에 해당하는 경우에는 냉동 또는 냉장시설을 갖춘 적재고를 갖추지 않을 수 있다.

가) 어패류에 식용얼음을 넣어 운반하는 경우

나) 냉동 또는 냉장시설이 필요 없는 식품만을 취급하는 경우

다) 염수로 냉동된 통조림제조용 어류를 식품등의 기준 및 규격에서 정하고 있는 보존 및 유통기준에 따라 운반하는 경우

라) 식품운반업자가 「축산물 위생관리법 시행령」 제21조제6호에 따른 축산물운반업을 함께 하면서 해당 영업소의 적재고를 공동으로 이용하여 밀봉 포장된 식품과 밀봉 포장된 축산물(「축산물 위생관리법」에 따른 축산물을 말한다. 이하 같다)을 섞이지 않게 구별하여 보관·운반하는 경우

2) 냉동 또는 냉장시설로 된 적재고의 내부는 식품등의 기준 및 규격 중 운반식품의 보존 및 유통기준에 적합한 온도를 유지하여야 하며, 시설외부에서 내부의 온도를 알 수 있도록 온도계를 설치하여야 한다. 이 경우 온도계의 온도를 식품등의 기준 및 규격에서 정한 기준에 적합하게 보이도록 조작(造作)할 수 있는 장치를 설치해서는 안 된다.

3) 적재고는 혈액 등이 누출되지 아니하고 냄새를 방지할 수 있는 구조이어야 한다.

나. 세차시설

세차장은 「수질환경보전법」에 적합하게 전용세차장을 설치하여야 한다. 다만, 동일 영업자가 공동으로 세차장을 설치하거나 타인의 세차장을 사용계약한 경우에는 그러하지 아니하다.

다. 차고

식품운반용 차량을 주차시킬 수 있는 전용차고를 두어야 한다. 다만, 타인의 차고를 사용계약한 경우와 「화물자동차 운수사업법」 제55조에 따른 사용신고 대상이 아닌 자가용 화물자동차의 경우에는 그러하지 아니하다.

라. 사무소

영업활동을 위한 사무소를 두어야 한다. 다만, 영업활동에 지장이 없는 경우에는 다른 사무소를 함께 사용할 수 있고, 「화물자동차 운수사업법 시행령」 제3조제2호에 따른 개별화물자동차 운송사업의 영업자가 식품운반업을 하려는 경우에는 사무소를 두지 아니할 수 있다.

5. 식품소분·판매업의 시설기준

가. 공통시설기준

1) 작업장 또는 판매장(식품자동판매기영업 및 유통전문판매업을 제외한다)

가) 건물은 독립된 건물이거나 주거장소 또는 식품소분·판매업 외의 용도로 사용되는 시설과 분리 또는 구획되어야 한다.

나) 식품소분업의 소분실은 1. 식품제조·가공업의 시설기준 중 나. 작업장의 관련규정을 준용한다.

2) 급수시설(식품소분업 등 물을 사용하지 아니하는 경우를 제외한다)

수돗물이나 「먹는물관리법」 제5조에 따른 먹는 물의 수질기준에 적합한 지하수 등을 공급할 수 있는 시설을 갖추어야 한다.

3) 화장실(식품자동판매기영업을 제외한다)

가) 화장실은 작업장 및 판매장에 영향을 미치지 아니하는 곳에 설치하여야 한다.

나) 정화조를 갖춘 수세식 화장실을 설치하여야 한다. 다만, 상·하수도가 설치되지 아니한 지역에서는 수세식이 아닌 화장실을 설치할 수 있다.

다) 나)단서에 따라 수세식이 아닌 화장실을 설치한 경우에는 변기의 뚜껑과 환기시설을 갖추어야 한다.

라) 공동화장실이 설치된 건물 안에 있는 업소 및 인근에 사용이 편리한 화장실이 있는 경우에는 따로 화장실을 설치하지 아니할 수 있다.

4) 공통시설기준의 적용특례

가) 지방자치단체 및 농림축산식품부장관이 인정한 생산자단체 등에서 국내산 농·수·축산물의 판매촉진 및 소비홍보 등을 위하여 14일 이내의 기간에 한하여 특정장소에서 농·수·축산물의 판매행위를 하려는 경우에는 공통시설기준에 불구하고 특별자치도지사·시장·군수·구청장(시·도에서 농·수·축산물의 판매행위를 하는 경우에는 시·도지사)이 시설기준을 따로 정할 수 있다.

나) 공유주방 운영업의 시설을 사용하여 식품소분업을 하는 경우에는 제10호의 공유주방 운영업의 시설기준에 따른다.

나. 업종별 시설기준

1) 식품소분업

가) 식품등을 소분·포장할 수 있는 시설을 설치하여야 한다.

나) 소분·포장하려는 제품과 소분·포장한 제품을 보관할 수 있는 창고를 설치하여야 한다.

2) 식용얼음판매업

가) 판매장은 얼음을 저장하는 창고와 취급실이 구획되어야 한다.

나) 취급실의 바닥은 타일·콘크리트 또는 두꺼운 목판자 등으로 설비하여야 하고, 배수가 잘 되어야 한다.

다) 판매장의 주변은 배수가 잘 되어야 한다.

라) 배수로에는 덮개를 설치하여야 한다.

마) 얼음을 저장하는 창고에는 보기 쉬운 곳에 온도계를 비치하여야 한다.

바) 소비자에게 배달판매를 하려는 경우에는 위생적인 용기가 있어야 한다.

3) 식품자동판매기영업

가) 식품자동판매기(이하 "자판기"라 한다)는 위생적인 장소에 설치하여야 하며, 옥외에 설치하는 경우에는 비·눈·직사광선으로부터 보호되는 구조이어야 한다.

나) 더운 물을 필요로 하는 제품의 경우에는 제품의 음용온도는 68℃ 이상이 되도록 하여야 하고, 자판기 내부에는 살균등(더운 물을 필요로 하는 경우를 제외한다)·정수기 및 온도계가 부착되어야 한다. 다만, 물을 사용하지 않는 경우는 제외한다.

다) 자판기 안의 물탱크는 내부청소가 쉽도록 뚜껑을 설치하고 녹이 슬지 아니하는 재질을 사용하여야 한다.

라) 삭제 <2011.8.19>

4) 유통전문판매업

가) 영업활동을 위한 독립된 사무소가 있어야 한다. 다만, 영업활동에 지장이 없는 경우에는 다른 사무소를 함께 사용할 수 있으며, 「방문판매 등에 관한 법률」 제2조제1호·제3호·제5호에 따른 방문판매·전화권유판매·다단계판매 및 「전자상거래 등에서의 소비자보호에 관한 법률」 제2조제1호·제2호에 따른 전자상거래·통신판매 형태의 영업으로서 구매자가 직접 영업활동을 위한 사무소를 방문하지 않는 경우에는 「건축법」에 따른

주택 용도의 건축물을 사무소로 사용할 수 있다.

나) 식품을 위생적으로 보관할 수 있는 창고를 갖추어야 한다. 이 경우 보관창고는 영업신고를 한 영업소의 소재지와 다른 곳에 설치하거나 임차하여 사용할 수 있다.

다) 나)에 따른 창고를 전용으로 갖출 수 없거나 전용 창고만으로는 그 용량이 부족할 경우에는 다음의 어느 하나에 해당하는 시설을 구분하여 사용할 수 있다.

(1) 같은 영업자가 식품제조·가공업 또는 식품첨가물제조업을 하는 경우 해당 영업에 사용되는 창고 등 시설

(2) 식품 또는 식품첨가물의 제조·가공을 의뢰받은 식품제조·가공업 또는 식품첨가물제조업을 하는 자와 창고 등 시설 사용에 관한 계약을 체결한 경우 해당 영업에 사용되는 창고 등 시설

(3) 같은 영업자가 「먹는물관리법」 제21조제4항에 따라 유통전문판매업을 하는 경우 해당 영업에 사용되는 「먹는물관리법 시행규칙」 별표 3 제3호나목에 따른 보관시설

라) 상시 운영하는 반품·교환품의 보관시설을 두어야 한다.

5) 집단급식소 식품판매업

가) 사무소

영업활동을 위한 독립된 사무소가 있어야 한다. 다만, 영업활동에 지장이 없는 경우에는 다른 사무소를 함께 사용할 수 있다.

나) 작업장

(1) 식품을 선별·분류하는 작업은 항상 찬 곳(0~18℃)에서 할 수 있도록 하여야 한다.

(2) 작업장은 식품을 위생적으로 보관하거나 선별 등의 작업을 할 수 있도록 독립된 건물이거나 다른 용도로 사용되는 시설과 분리되어야 한다.

(3) 작업장 바닥은 콘크리트 등으로 내수처리를 하여야 하고, 물이 고이거나 습기가 차지 아니하게 하여야 한다.

(4) 작업장에는 쥐, 바퀴 등 해충이 들어오지 못하게 하여야 한다.

(5) 작업장에서 사용하는 칼, 도마 등 조리기구는 육류용과 채소용 등 용도별로 구분하여 그 용도로만 사용하여야 한다.

(6) 신고관청은 집단급식소 식품판매업의 영업자가 판매하는 식품 형태 및 판매 방식 등을 고려해 작업장의 필요성과 식품위생에의 위해성이 모두 없다고 인정하는 경우에는 작업장의 설치를 생략하게 할 수 있다.

다) 창고 등 보관시설

(1) 식품등을 위생적으로 보관할 수 있는 창고를 갖추어야 한다. 이 경우 창고는 영업신고를 한 소재지와 다른 곳에 설치하거나 임차하여 사용할 수 있다.

(2) 창고에는 식품의약품안전처장이 정하는 보존 및 유통기준에 적합한 온도에서 보관할 수 있도록 냉장시설 및 냉동시설을 갖추어야 한다. 다만, 창고에서 냉장처리나 냉동처리가 필요하지 아니한 식품을 처리하는 경우에는 냉장시설 또는 냉동시설을 갖추지 아니하여도 된다.

(3) 서로 오염원이 될 수 있는 식품을 보관·운반하는 경우 구분하여 보관·운반하여야 한다.

라) 운반차량

(1) 식품을 위생적으로 운반하기 위하여 냉동시설이나 냉장시설을 갖춘 적재고가 설치된 운반차량을 1대 이상 갖추어야 한다. 다만, 법 제37조에 따라 허가, 신고 또는 등록한 영업자와 계약을 체결하여 냉동 또는 냉장시설을 갖춘 운반차량을 이용하는 경우에는 운반차량을 갖추지 아니하여도 된다.

(2) (1)의 규정에도 불구하고 냉동 또는 냉장시설이 필요 없는 식품만을 취급하는 경우에는 운반차량에 냉동시설이나 냉장시설을 갖춘 적재고를 설치하지 아니하여도 된다.

6) 삭제 <2016.2.4>

7) 기타식품판매업

가) 냉동시설 또는 냉장고·진열대 및 판매대를 설치하여야 한다. 다만, 냉장·냉동 보관 및 유통을 필요로 하지 않는 제품을 취급하는 경우는 제외한다.

나) 삭제 <2012.1.17>

6. 식품보존업의 시설기준

가. 식품조사처리업

원자력관계법령에서 정한 시설기준에 적합하여야 한다.

나. 식품냉동·냉장업

1) 작업장은 독립된 건물이거나 다른 용도로 사용되는 시설과 분리되어야 한다. 다만, 다음 각 호의 어느 하나에 해당하는 경우에는 그러하지 아니할 수 있다.

가) 밀봉 포장된 식품과 밀봉 포장된 축산물을 같은 작업장에 보관하는 경우

나) 「수입식품안전관리 특별법」 제15조제1항에 따라 등록한 수입식품등 보관업의 시설과 함께 사용하는 작업장의 경우

2) 작업장에는 적하실(積下室)·냉동예비실·냉동실 및 냉장실이 있어야 하고, 각각의 시설은 분리 또는 구획되어야 한다. 다만, 냉동을 하지 아니할 경우에는 냉동예비실과 냉동실을 두지 아니할 수 있다.

3) 작업장의 바닥은 콘크리트 등으로 내수처리를 하여야 하고, 물이 고이거나 습기가 차지 아니하도록 하여야 한다.

4) 냉동예비실·냉동실 및 냉장실에는 보기 쉬운 곳에 온도계를 비치하여야 한다.

5) 작업장에는 작업장 안에서 발생하는 악취·유해가스·매연·증기 등을 배출시키기 위한 환기시설을 갖추어야 한다.

6) 작업장에는 쥐·바퀴 등 해충이 들어오지 못하도록 하여야 한다.

7) 상호오염원이 될 수 있는 식품을 보관하는 경우에는 서로 구별할 수 있도록 하여야 한다.

8) 작업장 안에서 사용하는 기구 및 용기·포장 중 식품에 직접 접촉하는 부분은 씻기 쉬우며, 살균소독이 가능한 것이어야 한다.

9) 수돗물이나 「먹는물관리법」 제5조에 따른 먹는 물의 수질기준에 적합한 지하수 등을 공급할 수 있는 시설을 갖추어야 한다.

10) 화장실을 설치하여야 하며, 화장실의 시설은 2. 즉석판매제조·가공업의 시설기준 중 바. 화장실의 관련규정을 준용한다.

7. 용기·포장류 제조업의 시설기준

식품제조·가공업의 시설기준을 준용한다. 다만, 신고관청이 위생상 위해발생의 우려가 없다고 인정하는 경우에는 그러하지 아니하다.

용어 정리

- **1년생 작물**(一年生作物) - 벼, 콩, 옥수수 등과 같이 봄에 파종하여 그 해 안에 성숙하는 작물을 말한다.
- **2년생 작물**(二年生作物) - 무, 사탕무 등과 같이 봄에 파종하여 그 다음 해에 성숙하는 작물을 말한다.
- **pH** - 수소이온 농도(산도)를 나타내는 단위이다.
- **가공 조리** - 조리, 굽기, 가열, 건조, 혼합, 분쇄, 교반, 분리, 추출, 절단 발효, 내장적출, 절임, 탈수, 냉동 또는 여타의 조제 방법을 의미하며 포장, 통조림, 병조림 또는 식품을 용기에 넣는 여타의 방법을 포함한다.
- **가공**(加工) - 조리, 굽기, 가열, 건조, 혼합, 분쇄, 교반, 분리, 추출, 절단, 발효, 절임, 탈수, 냉동 또는 여타의 조제 방법을 의미하며 포장, 통조림, 병조림 또는 식품을 용기에 넣는 여타의 방법을 포함한다.
- **가공보조제** - 식품첨가물 가운데 식품의 제조과정에서 기술적 목적을 달성하려고 일부러 사용되고 최종제품 완성 전에 분해, 제거되어 잔류하지 않거나 비의도적으로 미량 잔류할 수 있는 식품첨가물로 식품첨가물의 용도 중 '살균제', '여과보조제', '이형제', '제조용제', '청관제', '추출용제', '효소제'가 가공보조제에 해당한다.
- **가공식품** - 식품원료(농/임/축/수산물 등)에 식품 또는 식품첨가물을 가하거나, 그 원형을 알아볼 수 없을 정도로 변형(분쇄, 절단 등)시키거나, 이처럼 변형시킨 것을 서로 혼합 또는 이 혼합물에 식품 또는 식품첨가물을 사용하여 제조/가공/포장한 식품을 말한다. 다만, 식품첨가물이나 다른 원료를 사용하지 아니하고 원형을 알아볼 수 있는 정도로 농·임·축·수산물을 단순히 자르거나 껍질을 벗기거나 소금에 절이거나 숙성하거나 가열(살균의 목적 또는 성분의 현격한 변화를 유발하는 경우를 제외한다) 등의 처리 과정 중 위생상 위해 발생의 우려가 없고 식품의 상태를 관능으로 확인할 수 있도록 단순 처리한 것은 제외한다.
- **가금류**(家禽類) - 가축 중에 조류에 속하는 동물로 고기와 알 생산을 목적으로 사육되는 조류로 닭, 오리, 거위, 메추리 등을 말한다.
- **가급태**(可給態, Available Form) - 토양의 양분 가운데 실제로 작물이 이용할 수 있는 형태이며 질소(N)의 경우 NO_3^-와 NH_4^+, 인산(P)은 $H_2PO_4^-$와 HPO_4^{2-}, 칼륨(K)은 K^+ 등의 형태를 말한다.
- **가축**(家畜) - 사육하는 소/말/양(염소 등 산양을 포함한다. 이하 같다)/돼지/닭, 그 밖에 농림수산식품부령으로 정하는 짐승/가금(家禽) 등을 말한다.
- **가축입식**(家畜入殖) - 가축을 사육하기 위해 들이는 것을 말한다.
- **간작**(間作, 사이짓기) - 한 가지 작물이 재배되고 있는 토지에서 그 이랑이나 포기 사이에 다른 작물을 파종 정식하여 재배하는 것을 말한다.
- **감미료** - 식품에 단맛을 부여하는 식품첨가물을 말한다.
- **객토**(客土) - 경작지 토양의 성질을 개량할 목적으로 다른 장소로부터 개량 목적에 적합한 토양을 운반하여 살포하는 것을 말한다.
- **거래증명**(Transaction Certification, TC) - 특정한 단위의 제품을 거래할 때 해당 제품이 인증 받은 사업자로부터 공급되었다는 것을 증명하는 문서로서 인증기관에 의뢰하거나 또는 사업자가 직접 발급할 수 있다.
- **거품제거제** - 식품의 거품 생성을 방지하거나 감소시키는 식품첨가물을 말한다.
- **건유우**(乾乳牛) - 젖소 등이 임신말기(보통 2달 정도)에 젖을 짜지 않는 기간에 있는 소, 건유기 중에 우유를 분비하는 기관 등의 휴식과 소에게 영양 보충 등이 이루어진다.

- **건조감자** - 생감자를 절단해서 가열한 다음 그대로 건조한 것이거나 분말, 과립, 얇은 조각 형태 등의 제품도 포함된다.
- **건조과일류** - 곶감, 마른 살구와 같이 과일류를 원형 그대로 건조한 것이거나, 감, 배, 자두 등의 과일을 주원료로 하여 과일 고유의 수분함량이 40% 이하가 되도록 건조 등의 가공공정을 거친 것으로 슬라이스, 칩(chips) 형태 등의 제품도 포함된다.
- **건조채소류 또는 건조버섯류** - 각각 시금치 등 채소류 또는 표고버섯 등 버섯류를 주원료로 하여 채소류 또는 버섯류 고유의 수분함량이 40% 이하가 되도록 건조 등의 가공공정을 거친 것을 말한다.
- **경산우**(經産牛) - 새끼를 낳은 경험이 있는 암소를 말한다.
- **경운**(耕耘) - 작물의 재배에 적합하도록 작물을 재배하기 전에 토양을 교반 또는 반전하여 부드럽게 하고 흙덩이를 작게 부수며 지표면을 평평하게 하는 작업을 말한다. 이 작업은 지표면의 잡초와 작물 잔재의 처리, 통기와 투수성의 개선, 양분의 유효화를 돕는다. 경운의 깊이는 작물의 종류, 토양의 상태에 따라서 달라진다. 일반적인 경운 깊이보다 깊게 하는 것을 심경(깊은 갈이), 얕게 하는 것을 천경(얕은 갈이)이라고 한다.
- **경작지**(耕作地) - 작물을 재배하는 농경지를 말한다.
- **경축순환농법**(耕畜循環農法) - 친환경농업을 실천하는 자가 경종과 축산을 겸업하면서 각각의 부산물을 작물 재배 및 가축사육에 활용하고, 경종 작물의 퇴비소요량에 맞게 가축사육 마릿수를 유지하는 형태의 농법을 말한다.
- **고결방지제** - 식품의 입자 등이 서로 부착되어 고형화되는 것을 감소시키는 식품첨가물을 말한다.
- **곤약분** - 구약나물의 뿌리줄기를 가공하여 만든 것을 말한다.
- **과실류의 저장품, 채소류의 저장** - 과일·채소류를 건조, 절임 등의 방법으로 가공하여 캔, 병 등에 저장한 것을 말한다.
- **관개**(灌漑) - 작물의 생육에 필요한 물과 알맞은 토양환경을 만드는 데 필요한 물을 인공적으로 농지에 공급해 주는 일을 말한다.
- **관행농업**(慣行農業) - 화학비료와 유기합성농약을 사용하여 작물을 재배하는 일반 관행적인 농업 형태를 말한다.
- **구비**(廏肥) - 외양간에서 나오는 두엄으로 짚, 건초 등이 가축의 배설물과 함께 섞여 있는 거름을 말한다.
- **구충제**(驅蟲劑) - 기생충 가운데 소화관 내를 포함해서 체내에 기생하는 내부기생충과 원충류를 제외한 연충류를 구제하는 것으로 알벤다졸, 메벤다졸, 플루벤다졸 등이 있다.
- **국제유기농업연맹**(International Federation of Organic Agriculture Movements, IFOAM) - IFOAM은 유기산업의 국제연맹으로 국제기준 설정의 선구자이며, 25년여에 걸친 전 세계 기관/단체 회원들의 실질적인 현장 작업 및 과학적인 연구를 수행하여 국제기준 설정 기관으로 ISO에 등록하고 있다. 유기 생산 및 가공에 관한 IFOAM의 기준은 작물, 축산, 어류 등으로 대상이 광범위하며, 민간기준의 기초가 되고 있을 뿐 아니라, CODEX 유기식품 가이드라인 제정의 기본자료로 활용되고 있다.
- **군사**(群飼) - 가축을 무리를 지어 사육하는 것을 말한다.
- **군집**(群集) - 일정한 지역 내에서 생활하고 있는 모든 생물 개체군의 모임을 말한다.
- **권장 시비량** - 작물 재배 시 최적의 수량을 거둘 수 있도록 특정한 지역, 토양의 종류, 작물, 품종, 재배법, 이용목적 및 비료의 종류 등에 따라 시비처방서에서 권장하고 있는 비료의 사용량을 말한다.
- **기구 등의 살균·소독제** - 기구 및 용기·포장을 살균·소독하는 데에 사용되어 간접적으로 식품으로 옮아갈 수 있는 물질
- **기비**(基肥, 밑거름) - 작물의 파종, 식재 또는 생육 개시 전에 주는 거름을 말한다.
- **기타 식품** - 품목별 사용기준에서 정하여진 식품 및 건강기능식품 이외의 식품 및 건강기능식품을

말한다.

- **길항작용**(拮抗作用) - 생체에 약물을 투여했을 때 약물의 존재에 의하여 그 작용의 일부 또는 전부가 감쇄되는 약물의 작용. 여러 종류의 균이 혼재해 있을 때 그중 어떤 균의 발육조건 그 발육을 억제하는 작용. 대항작용. 2종 이상의 미생물이 같이 서식할 때 영양분, 산소, 생활공간 등의 결합적 섭취, 혹은 균의 대사산물에 의하여 다른 균의 생육이 억제되는 현상. 생물체 상호 간 상대의 작용을 억제하는 작용이다. 협력 작용의 반대어로 생체에서 어떤 인자의 작용을 감소 또는 소멸시키거나 억제하는 작용을 말한다.
- **껌 기초제** - 적당한 점성과 탄력성을 갖는 비영양성의 씹는 물질로서 껌 제조의 기초 원료가 되는 식품첨가물을 말한다.
- **내부관리자** - 단체의 소속 회원을 자체 관리하고 소속 회원을 대상으로 정기적으로 인증기준 준수 여부를 확인하고 위반 시 자체 벌칙을 부과하는 등의 업무를 담당하는 자를 의미한다.
- **녹비작물**(綠肥作物) - 일정 기간 재배한 후 베어서 경작지에 그대로 공급하는 비료용 작물을 말한다. (귀리, 호밀, 자운영 등)
- **농산물의 단순 처리** - 식품첨가물이나 다른 원료를 사용하지 아니하고 원형을 알아볼 수 있을 정도로 농산물을 단순히 자르거나 껍질을 벗기거나 소금에 절이거나 숙성하거나 가열(살균의 목적 또는 성분의 현격한 변화를 유발하는 경우를 제외한다) 등의 처리 과정 중 위생상 위해 발생의 우려가 없고 식품의 상태를 관능으로 확인할 수 있도록 단순 처리한 경우를 말한다.
- **농후사료**(濃厚飼料) - 가소화영양소 농도가 높고 섬유질 함량이 낮으며(조섬유 18% 이하), 영양소 농도가 높은 사료의 총칭이다.
- **다년생 작물**(多年生作物) - 호프, 아스파라거스, 오래살이 목초류 등과 같이 생존 연한과 경제적 이용 연한이 여러 해인 작물을 말한다.
- **단무지** - 무말랭이 또는 식염에 절인 무를 소금, 조미액에 담가 절인 것으로서 염도 6% 이하인 것을 말한다.
- **단미사료**(單味飼料) - 식물성/동물성 또는 광물성 물질로서 사료로 직접 사용되거나 배합사료의 원료로 사용되는 것으로서 농림수산식품부 장관이 정하여 고시하는 것을 말한다.
- **답전윤환**(畓田輪換) - 토지를 논 상태와 밭 상태로 서로 바꾸어 가면서 작물을 재배하는 것을 말한다.
- **대상재배**(帶狀栽培) - 지형적으로 경사지에서 토양침식을 억제할 목적으로 이용되는 농법이다. 불규칙한 경사도나 지형적인 특성으로 테라스를 설치할 수 없는 경우에 띠 모양으로 작물을 재배하여 토양유실을 억제하는 방법이다. 완충대나 수로 등을 배치하기도 하고, 풍식인 경우는 최대 풍향에 직각이 되게 대상재배를 하기도 한다.
- **도계장**(屠鷄場) - 닭을 도살하는 곳을 말한다.
- **도압장**(屠鴨場) - 오리를 도살하는 곳을 말한다.
- **도체**(屠體) - 도축한 개체에서 가죽, 머리, 내장과 다리를 제거한 것을 말한다.
- **도축장**(屠畜場) - 소와 돼지를 도축하는 곳을 말한다.
- **동물용 의약품** - 동물 질병의 예방/치료 및 진단을 위하여 사용하는 의약품을 말한다.
- **두과식물**(豆科植物) - 콩과 식물이라고도 하며 식물분류학상 장미목에 속한다.
- **등고선경작**(等高線耕作) - 경사지에서 등고선을 따라 이랑을 만드는 방식인데, 비가 올 때 이랑 사이의 골에 물이 괴어서 유거수가 생기지 않고, 토양 속에 침투하게 되므로 이랑이 무너지지 않으면 침식이 방지된다.
- **등록성분** - 사료의 품질관리에 필요한 일반 조성분/광물질/아미노산/비타민/에너지가 또는 유효성분 등으로서 별표 2 또는 별표 6 상의 등록성분을 말한다. (유기사료의 수입자 인증 관련 용어)
- **망고 처트니** - 껍질 벗긴 망고를 자르거나 조각내거나 분쇄한 다음 설탕, 과채류, 식초, 마늘 등을

혼합하여 가열·가공한 것을 말한다.

- **멀칭**(Mulching) - 작물을 재배하는 경작지표면을 덮어씌워 주는 일이며, 멀칭재료로서는 짚, 건초, 비닐 등이 있다. 멀칭의 주요 목적은 지온의 상승, 토양 건조 방지, 토양침식 방지, 잡초 발생의 억제, 병해충 방제 등이다.
- **모돈**(母豚) - 어미 돼지
- **목초**(牧草) - 일반적으로 조사료용으로 재배되는 풀을 말하는데, 곡식의 수확 후 나오는 부산물(짚류 등)을 이에 포함하지 않는다.
- **목초지**(牧草地) - 목초지는 가축의 방목과 먹이가 되는 풀의 채취를 위한 자리라는 점에 있어서 목야지와 다를 바 없으나, 목야지가 자생초본 위주인 데 반하여 목초지는 개량된 목초를 집약적으로 재배하고 있다는 차이점이 있다.
- **무농약원료 가공식품** - 무농약농산물을 원료 또는 재료로 하거나 유기식품과 무농약농산물을 혼합하여 제조·가공·유통되는 식품을 말한다.
- **무항생제사료** - 사료 안에 항생제, 합성항균제, 호르몬제 등 동물용 의약품이 포함되지 아니하도록 적합하게 생산된 사료를 말한다.
- **문서작업공정도** - 원료구매에서 수송, 수납, 저장, 가공, 창고 선적과 판매의 전 과정에서 상품을 추적하여 문서로 나타낸 도표를 말한다.
- **미강**(쌀겨) - 쌀겨, 벼에서 왕겨를 뽑고 난 다음 현미를 백미로 도정하는 공정에서 분리되는 고운 속겨를 말한다.
- **미경산우**(未經産牛) - 새끼를 낳은 경험이 없는 암소
- **미량원소**(微量元素) - 식물의 생육에 필요한 16가지 원소 가운데 비교적 소량으로 요구되는 원소로 철(Fe), 망간(Mn), 구리(Cu), 아연(Zn), 붕소(B), 몰리브덴(Mo), 염소(Cl) 등을 말한다.
- **미숙퇴비**(未熟堆肥) - 완전히 발효되지 않은 퇴비를 말한다.
- **밀가루개량제** - 밀가루나 반죽에 첨가되어 제빵 품질이나 색을 증진하는 식품첨가물을 말한다.
- **밀식**(密植) - 씨를 뿌리거나 어린 모종을 옮겨 심을 때 촘촘하게 심는 것을 말한다.
- **박고지** - 박의 속을 제거하고 육질을 잘라내어 건조한 것을 말한다.
- **반추동물**(反芻動物) - 되새김동물이라고도 하며 반추위를 갖고 있어 반추 작용을 한다.
- **발색제** - 식품의 색을 안정시키거나, 유지 또는 강화하는 식품첨가물을 말한다.
- **발아**(發芽) - 종자에서 어린 눈, 어린뿌리가 출현하는 일을 말하며 발아한 새싹이 지상에 출현하는 것을 출아라고 하는데 출아까지를 발아로 간주하는 경우가 많다.
- **방목**(放牧) - 가축을 초지 등에 놓아 기르는 행위를 말한다.
- **방사**(放飼) - 가축을 가두어 기르지 않고 사육하는 것을 말한다.
- **방사선 조사** - 살균, 살충, 발아억제, 성숙의 지연, 선도 유지, 식품 특성의 개선 등을 목적으로 식품을 방사선에 노출시키는 것을 의미한다.
- **방풍**(防風) - 강한 바람에 의한 농작물의 피해를 막기 위한 조치로서 방풍림, 방풍벽, 방풍막 등을 이용하고 있다.
- **배수**(排水) - 농경지의 침수나 과잉수분에 의한 피해를 방지하고 작물의 정상적인 생육을 위하여 과잉수분을 제거하는 것을 말한다.
- **배지**(培地) - 버섯류, 양액재배 농산물 등의 생육에 필요한 양분의 전부 또는 일부를 공급하거나 작물체가 자랄 수 있도록 하기 위해 조성된 토양 이외의 물질을 말한다.
- **배토**(培土) - 이랑 사이의 토양을 작물의 포기 밑에 모아주는 작업. 중경(中耕)의 일종으로 맥류/채소류/밭벼/감자/옥수수 등의 작물에 실시하는데, 작물의 뿌리줄기를 고정하므로 비바람에 대한 저항력이 증대되어 쓰러지는 것을 방지한다.

- **배합사료**(配合飼料) - 단미사료/보조사료 등을 적정한 비율로 배합 또는 가공한 것으로서 용도에 따라 농림수산식품부 장관이 정하여 고시하는 것을 말한다.
- **번식돈**(繁殖豚) - 새끼를 낳기 위해 사육되는 암컷 돼지로 임신한 돼지와 임신 가능한 돼지가 모두 포함된다.
- **벌크**(Bulk) - 어떤 제품이 그 판매 수량이나 중량을 구매자가 결정할 수 있도록 포장되지 않고 낱개로 유통되는 상태를 의미한다.
- **벼과**(화본과) - 원통형 또는 넓죽한 간은 속이 비어있으며 엽초는 터져있고 열매는 유과이다. 벼, 보리, 밀을 비롯하여 식량이나 사료로 이용되는 매우 중요한 종류가 많다.
- **병해충종합관리**(Intergrated Pest Management, IPM) - 병해충 방제를 하는데 농약사용을 최대한 줄이고, 이용 가능한 방제 방법들을 적절히 이용하여 병해충의 밀도를 경제적 피해 수준 이하로 낮추는 방제체계를 말한다.
- **병행생산**(Parallel Production) - 인증을 받은 자가 인증을 받은 품목과 같은 품목의 일반 농산물 또는 인증 종류가 다른 농산물을 생산/수입/취급하는 것을 말한다.
- **병행운영**(Parallel Operation) - 동종의 유기 및 관행 식품을 동일한 운영 단위에서 취급하는 것을 의미하며, 분리 운영의 특수한 형태이다.
- **보급종**(普及種) - 원종포에서 생산된 종자를 일반농가에 다량 보급하기 위하여 종자증식체계의 최종 단계인 씨받이밭에서 일반재배법으로 재배하여 이형주를 제거하고 집단 씨를 받아 농가에 보급할 종자를 말한다.
- **보조사료**(補助飼料) - 사료의 품질 저하 방지 또는 사료의 효용을 높이기 위하여 사료에 첨가하는 것으로서 농림수산식품부 장관이 정하여 고시하는 것으로써 을 말한다.
- **보존료** - 미생물에 의한 품질 저하를 방지하여 식품의 보존기간을 연장하는 식품첨가물을 말한다.
- **복토**(覆土) - 씨앗을 뿌린 다음 씨앗이 싹을 틔우는 데 필요한 수분을 간직하고 비, 바람에 씨앗이 날아가 버리는 것을 막기 위해 덮는 흙과 그러한 일을 말한다. 흙덮기가 너무 두꺼우면 싹을 틔우기 위한 산소가 부족해 불량한 상태로 싹이 난다.
- **본답**(本畓) - 벼 재배에 있어서 못자리에 육묘가 끝나면 모를 쪄서 논에 옮겨 심게 되는데 옮겨 심어진 모가 수확할 때까지 자라는 논, 즉 벼가 자라는 기본이 되는 장소라는 뜻에서 본답이라 한다.
- **부분육**(部分肉) - 농림수산식품부 고시 제2011-50호(식육의 부위별/등급별 및 종류별 구분 방법)의 부위별 정형 기준에 따라 도체를 분할/정형한 것을 말한다.
- **부산물비료**(Byproduct Fertilizer) - 농업/임업/축산업/수산업/제조업 또는 판매업을 영위하는 과정에서 나온 부산물(副產物), 사람의 분뇨(糞尿), 음식쓰레기, 토양미생물 제제(제제, 토양효소 제제를 포함한다), 토양활성제 등을 이용하여 제조한 비료로서 농림수산식품부 장관이 지정하는 것을 말한다.
- **부숙퇴비**(腐熟堆肥) - 완전히 발효된 퇴비를 말한다.
- **부형제**(浮衡劑) - 단미사료 또는 보조사료 중에서 미량으로 사용되는 사료를 균일하게 혼합하기 위하여 예비 배합하는데 사용되는 희석물질을 말한다.
- **분리 운영**(Split Operation) - 일부의 운영 단위에 대해서만 유기 인증을 받고 유기 및 관행 식품을 시간 또는 공간적으로 분리하여 함께 취급하는 것을 의미한다.
- **분사제** - 용기에서 식품을 방출시키는 가스 식품첨가물을 말한다.
- **분할생산**(Spilt Production) - 같은 농장 단위에서 유기 작물과 비 유기 작물을 함께 재배하여 생산하는 것을 말한다.
- **비농업 물질**(Nonagricultural Substance) - 무기질 또는 배양균과 같이 농산물이 아닌 물질로서, 식품의 원료로 사용되는 것을 의미한다. 여기에는 농산물로부터 추출, 분리 또는 분류된 검, 구연산, 펙틴과 같이 원래의 농산물과 구별할 수 없는 모든 물질이 포함된다.

- **비단백태 질소화합물** - non-protein nitrogen compound(NPN) 단백질을 제외한 질소 화합물로서 소와 같은 반추위 내에 공생하는 미생물의 단백질과 아미노산 합성을 위한 질소 공급원으로 이용될 수 있다.
- **비료**(肥料) - 식물에 영양을 주거나 식물의 재배를 돕기 위하여 흙에서 화학적 변화를 가져오게 하는 물질, 식물에 영양을 주는 물질, 그 밖에 농림수산식품부령으로 정하는 토양개량용 자재 등을 말한다.
- **비산**(Drift) - 금지된(또는 허용되지 않은) 물질이 그 사용 장소로부터 유기 사업장으로 물리적으로 이동하는 것을 의미한다.
- **비식용유기가공품** - 사람이 직접 섭취하지 아니하는 방법으로 사용하거나 소비하기 위하여 유기농수산물을 원료 또는 재료로 사용하여 유기적인 방법으로 생산, 제조·가공 또는 취급되는 가공품을 말한다. 다만, 「식품위생법」에 따른 기구, 용기·포장, 「약사법」에 따른 의약
- **뻥튀기** - 곡류, 서류 등의 원료에 식품 또는 식품첨가물을 가하여 압착·가열·팽윤 등의 과정을 거친 과자를 말한다.
- **사료**(飼料) - 「축산법」에 따른 가축이나 그 밖에 농림수산식품부 장관이 정하여 고시하는 동물/어류 등(이하 "동물 등"이라 한다)에 영양이 되거나 그 건강 유지 또는 성장에 필요한 것으로서 단미사료(單味飼料)/배합사료(配合飼料) 및 보조사료(補助飼料)를 말한다. 다만, 동물용 의약으로서 섭취하는 것을 제외한다.
- **사료수입업자** - 전항의 수입 사료를 수입하여 판매하는 자 또는 직접 수입하여 사용하는 자를 말한다.
- **사료작물**(飼料作物) - 가축의 사료로 사용할 목적으로 재배하는 작물로 작물 자체나 열매, 잎, 줄기, 뿌리 등을 이용한다.
- **사료제조업자** - 수입 사료를 원료로 하여 배합사료, 단미사료, 보조사료를 제조하는 자를 말한다.
- **사업자** - 친환경농수산물, 유기식품등·무농약원료가공식품 또는 유기 농어업 자재를 생산, 제조·가공하거나 취급하는 것을 업(業)으로 하는 개인 또는 법인을 말한다.
- **사육장**(飼育場) - 가축사육을 목적으로 하는 축사 시설이나 방목/운동장을 말한다.
- **사일리지**(엔실리지) - 옥수수, 쌀보리 등의 푸른 잎 혹은 채소 쓰레기, 고구마 덩굴 따위를 잘게 썰어 사일로에 채워 젖산 발효시킨 가축 사료를 말한다.
- **산도조절제** - 식품의 산도 또는 알칼리도를 조절하는 식품첨가물을 말한다.
- **산화방지제** - 산화에 의한 식품의 품질 저하를 방지하는 식품첨가물을 말한다.
- **살균제** - 식품 표면의 미생물을 단시간 내에 사멸시키는 작용을 하는 식품첨가물로서 기구 등의 살균·소독제와 구분한다.
- **살수관개**(撒水灌漑) - 인공적으로 물을 작은 입자 상태로 만들어 인공우(人工雨)의 형태로 하는 관개를 말한다.
- **상업적 조달 가능성** - 유기적 생산 또는 가공 체계가 정상적으로 작동될 수 있도록 적절한 형태, 품질, 수량의 원료 또는 투입재를 조달할 수 있는 상태를 의미한다.
- **상토**(床土) - 모종을 가꾸는 온상에 쓰는 토양. 부드럽고 물 빠짐과 물 지님이 좋으며 여러 가지 양분을 고루 갖춘 흙이다. 잘 썩은 퇴비와 산의 황토를 반반씩 섞어 만든다.
- **생물농약**(生物農藥) - 생물 자체나 생물에서 유래한 물질을 농작물의 병해충 방제 등에 이용하는 것을 생물농약이라고 한다. 효과가 늦고 안정되지 못한 점도 있지만, 생태계 파괴 위험성은 낮다.
- **생물학적 방제**(生物學的防除) - 해충의 천적이나 미생물 같은 생물을 이용하여 작물의 병해충을 방제하는 것을 말하며 길항미생물, 약독바이러스 천적, 저항성 품종 및 페로몬을 이용하는 방법 등이 있다. 생물학적 방제에 사용되는 제제를 생물농약이라 한다.
- **생물화학적 산소요구량**(Biochemical Oxygen Demand, BOD) - 호기성 미생물이 일정 기간 물속에

있는 유기물을 분해할 때 사용하는 총산소량을 ppm(또는 mg/l)의 단위로 표시한 것을 말한다. 물의 오염된 정도를 표시하는 지표로 사용된다.

- **생산/가공 작업공정도** - 원료의 수납에서 가공과 보관을 거쳐 최종제품의 선적에 이르는 가공 절차를 나타낸 도표를 말한다.
- **생산관리자** - 생산지침서 작성 및 관리, 영농 관련 자료의 기록 및 관리, 인증을 받으려는 신청인에 대한 인증기준 준수 교육 및 지도, 인증품 출하량 관리 등을 담당하는 자로 신청 단체에서 지정한 자를 의미한다.
- **생산지침서** - 인증을 받으려는 신청인이 인증기준을 준수할 수 있도록 하기 위해 인증품을 생산하는 전 과정에 대해 구체적인 영농방법을 상세히 기술한 문서를 말한다.
- **생장조절제**(生長調節劑) - 체내의 일정 장소에서 생성되어 반드시 작용 부위로 이동하는 성질을 가지며 극미량으로 식물의 생장과 발육을 조절하는 물질을 식물호르몬이라 한다. 식물호르몬과 같거나 유사한 생리작용을 하는 호르몬성 약제를 생장조절제하고 한다. 식물이나 미생물 등에서 직접 추출하는 것도 있으나 대게 인공적으로 합성된 것이 많으며 농업에 실용적으로 이용되고 있는 조절제로서 NAA, 2,4-D, 지베레린, 에세폰, CCC 등이 있다.
- **생장촉진물질**(生長促進物質) - 식물의 생장을 조절하는 물질 가운데서 생장을 촉진하는 물질로서 옥신, 지베레린, 사이토키닌 등이 있다.
- **생축**(生畜) - 살아있는 가축을 말한다.
- **생태적 잡초방제**(生態的雜草防除) - 파종량 시비 방법, 관배수관리, 토양의 피복, 작부체계 등을 통하여 잡초의 경합력을 줄여줌으로써 작물에게 유리하도록 해주는 방제법이다.
- **석회비료**(石灰肥料) - 생석회(CaO), 소석회($Ca(OH)_2$), 탄산석회($CaCO_3$) 등 칼슘(Ca)을 주성분으로 하는 비료. 석회비료는 농작물의 양분으로서도 필요하지만, 그것보다도 농경지의 물리 화학적, 미생물적 성질을 개선하여 작물의 생육을 간접적으로 돕는데 큰 효과가 있다. 즉, 산성토양을 교정하여 토양 양분을 식물이 쉽게 이용할 수 있게 하며 토양미생물이 활동이 활발해져서 각종 비료 성분의 분해가 촉진되어 작물생육이 양호해진다.
- **선하증권**(Bill Of Lading) - 해상운송계약에 따른 운송화물의 수령 또는 선적(船積)을 인증하고, 그 물품의 인도 청구권을 문서로 만든 증권을 말한다. 증권에 기재된 조건에 따라 운송하며 지정된 양륙항(揚陸港)에서 증권의 정당한 소지인에게 그 화물을 인도할 것을 약정하는 유가증권이다.
- **설탕 대체식품** - 설탕을 대체하여 커피, 홍차 등에 직접 넣어 사용하는 것을 말한다.
- **소토법**(燒土法) - 모종을 쓰는 온상용 흙이나 모판흙을 불에 구워 소독하는 것을 말한다. 대개 철판 위에 모판흙을 얹고 철판 밑에서 불로 가열한다. 이를 통해 잡초나 해충 등을 없애고 유효인산과 유효 칼립분을 증가시킬 수 있다.
- **속효성비료**(速效性肥料) - 물에 잘 녹아 작물이 쉽게 흡수할 수 있는 양분의 형태로 가용화되기 쉬운 성질을 가진 비료를 말한다.
- **수경재배**(水耕栽培) - 영양분을 갖춘 물에서 작물을 재배하는 방법이다.
- **수입 사료** - 외국으로부터 수입하는 단미사료, 배합사료 및 보조사료를 말한다.
- **수정란이식**(受精卵移殖) - 생체나 시험관에서 난자와 정자가 결합하여 분열 중인 수정란을 착상 전에 회수하여 다른 암가축에게 직접 주입하여 착상과 임신을 유도하는 방법을 말한다.
- **습윤제** - 식품이 건조되는 것을 방지하는 식품첨가물을 말한다.
- **시비**(施肥) - 식물 생육을 위하여 토양에 비료를 사용하는 것을 말한다.
- **시비법** - 비료를 주는 방법으로 주는 위치에 따라 표층 및 전층 시비, 시기에 따라 기비(밑거름) 및 추비(웃거름), 시용량에 따라 분시(나누어 주기), 전량 시비 등으로 구분된다.
- **시설재배**(施設栽培) - 유리온실이나 비닐하우스와 같은 인공시설 하에서 인위적으로 재배환경을 조

절하면서 작물을 재배하는 방법을 총칭한다.

- **시유**(市乳) - 원유를 소비자가 안정하게 음용할 수 있도록 단순 살균처리 한 것을 말한다.
- **식물호르몬** - 식물체 내에 극미량으로 존재하면서 생장이나 발육에 절대적인 영향을 미치는 물질. 반드시 체내에서 생성되며 생성장소와 적용하는 장소가 다르다. 지금까지 알려진 식물호르몬을 옥신, 지베레린, 사이토키닌, ABA, 에틸렌이 있다.
- **식생**(植生) - 주어진 장소에서 생육하고 있는 식물의 집단을 막연히 가리키는 말로서 식피라고도 한다. 인위적인 영향을 받지 않는 식생을 자연 식생이라 하여 구별한다.
- **식재거리** - 모나 작물 등의 심는 거리 또는 간격을 말한다.
- **식품산업진흥법** - 식품산업을 육성하여 부가가치를 높일 수 있는 기반을 마련하고, 식품의 상품성 제고와 공정한 거래의 실현을 도모하기 위한 법률. 2007년 12월 27일 식품산업진흥법(법률 제8796호)의 제정됨으로써, 이 전의 농산물가공산업육성법이 폐지되고, 2008년 6월 28일 시행되었다.
- **식품원료** - 식품 제조에 투입되는 물질로서 식용이 가능한 동물, 식물 등이나 이를 가공 처리한 것, 「식품첨가물의 기준 및 규격」에 허용된 식품첨가물, 그리고 또 다른 식품의 제조에 사용되는 가공식품 등
- **식품조사 처리** - 식품 등의 발아억제, 살균, 살충 또는 숙도 조절을 목적으로 감마선 또는 전자선 가속기에서 방출되는 에너지를 복사(radiation)의 방식으로 식품에 조사하는 것으로, 선종과 사용 목적 또는 처리방식(조사)에 따라 감마선 살균, 전자선 살균, 엑스선 살균, 감마선 살충, 전자선 살충, 엑스선 살충, 감마선 조사, 전자선 조사, 엑스선 조사 등으로 구분하거나, 통칭하여 방사선 살균, 방사선 살충, 방사선 조사 등으로 구분할 수 있다. 다만, 검사를 목적으로 엑스선이 사용되는 경우는 제외한다.
- **식품첨가물** - 식품을 제조·가공·조리 또는 보존하는 과정에서 감미(甘味), 착색(着色), 표백(漂白) 또는 산화 방지 등을 목적으로 식품에 사용되는 물질을 말한다. 이 경우 기구(器具)·용기·포장을 살균·소독하는 데에 사용되어 간접적으로 식품으로 옮아갈 수 있는 물질을 포함한다.
- **심근성작물**(深根性作物) - 뿌리가 길게 뻗는 작물. 작물의 뿌리는 재배환경, 토양의 이화학적 성질, 토양수분상태에 따라 뿌리 뻗음이 다르지만 대체로 동일 조건에서도 뿌리가 길게 자라는 작물을 말한다.
- **심층시비**(深層施肥) - 작토의 하부에 시비하는 방법이다. 비료를 살포한 후 갈아엎는 전층시비와는 조금 차이가 있는 시비법으로서 원하는 깊이에 일렬로 정확한 양의 비료를 강제로 투입하여 사용하는 방법과 완효성 비료 시용에서와 같이 정확한 위치와 깊이에 비료를 시용하는 방법이다.
- **싹을 틔워 직접 먹는 농산물** - 종실의 싹을 틔워 일정 기간 재배하여 종식, 어린싹, 어린줄기, 어린뿌리를 먹는 농산물을 말한다.
- **써레질** - 써레를 사용하여 모내기 전 갈아놓은 논바닥의 흙덩이를 부수어 논바닥을 판판하게 고르는 작업을 말한다.
- **안정제** - 두 가지 또는 그 이상의 성분을 일정한 분산 형태로 유지하는 식품첨가물을 말한다.
- **액비**(液肥) - 분말 또는 입자 모양의 비료를 희석하여 액상(液狀)으로 해서 시여하는 비료로 액체 비료라고도 한다.
- **야생종**(野生種) - 돌연변이 형에 대한 보통 자연 상태에서 보이는 정상형을 가리킨다. 또한 야생집단 중에서 가장 높은 빈도로 보이는 표현형을 갖는 계통을 말한다. 그러나 재배종에 대응하여 자연에서 보이는 동일 종을 말할 때도 있다.
- **양분유효도**(養分有效度, Nutrient Availability) - 식물이 흡수/이용할 수 있는 양분에 대한 토양의 공급 정도 또는 식물의 흡수 정도를 가리키는 말이다.
- **양분종합관리**(Integrated Nutrition Management, INM) - 작물의 양분 요구에 맞춰 시비량과 시비

방법을 정하여 알맞은 퇴비와 비료 시용으로 환경 부담을 최소화하고 농업 생산성은 최적화하는 관리 방법. 즉, 자연환경이 공급해 줄 수 있는 양분의 양, 비료의 환경영향 등을 고려하여, 작물이 생육하는 데 필요로 하는 양분의 요구량만을 사용하는 것이다.

- **양이온교환용량**(Cation Exchange Capacity, CEC) - 일정한 토양 또는 교질물이 가지고 있는 치환성 양이온의 총량을 당량으로 표시한 것이며 토양 100g이 보유하는 치환성 양이온의 총량을 mg 당량으로 표시한 것을 말한다.
- **어패 건제품** - 어패류를 생것 또는 절임, 삶기 또는 찌기, 굽기 등의 처리한 것을 건조하여 수분함량이 50% 이하가 되도록 가공공정을 거친 것을 말하며, 훈연 건조한 오징어 또는 문어 제품, 식염, 장류, 설탕 등으로 조미한 건조 어패류 및 말린 대구를 조미한 형태 등의 제품을 말한다.
- **어패 냉동품** - 어패류를 제조·가공한 식품(어육가공품은 제외) 및 절단한 선 어패류(생굴 제외)를 동결한 것으로 용기포장에 담긴 것을 말한다.
- **어패류** - 「식품의 기준 및 규격」(식품의약품안전처 고시) 제1. 총칙 4. 식품 원재료 분류 2) 동물성 원료의 어류나 연체류를 말한다.
- **어패 염장품** - 어패류에 식염을 뿌리거나, 어패류를 식염수에 담그거나 적신 것으로 장기간의 보존을 목적으로 한 것이 아닌 선 어패류(어육 중의 염분농도 3% 이하의 것)는 제외한다.
- **에틸렌**(Ethylene) - 성숙에 관여하는 식물호르몬의 일종. 과실의 성숙촉진, 신장생장 저해 및 비대생장 촉진, 낙엽 낙과 등에 관여한다.
- **여과보조제** - 불순물 또는 미세한 입자를 흡착하여 제거하기 위해 사용되는 식품첨가물을 말한다.
- **연작**(連作, 이어짓기) - 같은 포장에 같은 종류의 작물을 계속해서 재배하는 것을 말한다.
- **연작장해**(連作障害) - 해마다 계속하여 같은 작물을 재배함으로써 작물이 피해를 입는 증상이다.
- **염류집적**(鹽類集積) - 강우가 적고 증발량이 많은 건조, 반건조 지대에서는 토양 상층에서 하층으로의 세탈작용이 적고, 증발에 의한 염류의 상승량이 많아 표층에 염류가 집적하는 현상이다.
- **염수선**(鹽水選) - 소금물에 종자를 넣고 비중에 따라 종자를 선별하는 방법으로 일반적으로 벼나 보리의 종자를 소금물에 담가서, 뜨는 것을 버리고 가라앉은 것을 종자용으로 가려낸다.
- **엽면시비**(葉面施肥) - 비료나 농약을 물에 타서 식물의 잎에 뿌려 양분이나 약액을 흡수하게 하는 것을 말한다.
- **영양강화제** - 식품의 영양학적 품질을 유지하기 위해 제조공정 중 손실된 영양소를 복원하거나, 영양소를 강화하는 식품첨가물을 말한다.
- **영양번식**(營養繁殖) - 잎, 줄기, 뿌리 등의 영양기관의 일부를 가지고 새로운 개체로 증식시켜 나가는 번식 방법이다.
- **예초**(刈草) - 풀베기를 말한다.
- **온탕처리**(溫湯處理) - 뜨거운 물에 집어넣어 소독하는 것으로 주로 종자소독에 많이 이용되는데 작물의 종류에 따라 45~55℃의 더운물에 8~10시간 정도 담가 실시한다.
- **온탕침법**(溫湯浸法) - 적당한 온도의 온수탕을 만들어 파종 종자를 일정 시간 동안 침지시킴으로써 병원균 포자나 유해 미생물을 살균, 예방하는 방법이다.
- **올리브가공품** - 올리브 과실을 식염, 간장, 식초 또는 기름 등에 절이거나 이를 혼합하여 가공한 것을 말한다.
- **완숙퇴비**(完熟堆肥) - 어떤 열이나 수분을 가하여 짚이나 나뭇잎 등을 완전히 썩혀 고루 부수어 만드는 것으로 미생물에 의한 발효가 종료되어 안정된 상태의 퇴비를 말한다.
- **완충지대**(Buffer Zone) - 인접 지역에서 사용한 금지물질이 인증 포장에 유입되지 않도록 인증을 받은 지역을 두르는 일정한 지역을 말한다.
- **완효성 비료**(緩效性肥料) - 효과가 서서히 나타나는 비료로 거름효과가 오랫동안 지속되는 유기질

비료나 화학비료 가운데서도 특수 가공처리를 하여 토양 중에서 천천히 용해되도록 만든 비료를 말한다.

- **왕겨** - 벼의 껍질로 벼의 겉겨를 말한다.
- **용존산소량**(Dissolved Oxygen, DO) - 물에 녹아 있는 산소량을 나타낸 것으로, 수온이 높아질수록 용존산소량은 낮아진다. 용존산소량이 낮아지면 생물화학적 산소요구량이나 화학적 산소요구량이 많아지게 된다.
- **용탈**(溶脫) - 토양 중에서 작물의 양분을 비롯한 가용성 물질이 물에 녹아 이동하는 가운데 지하로 씻겨 내려가는 현상을 말한다.
- **원료**(Ingredient) - 식품의 조제에 사용되고 최종제품에 남아 있는 모든 물질로서 첨가물을 포함한다.
- **월년생 작물**(越年生作物) - 가을보리, 가을밀 등과 같이 가을에 파종하여 그다음 해 초여름에 성숙하는 작물을 말한다.
- **위해요소중점관리기준**(HACCP, Hazard Analysis and Critical Control Point) - 식품안전위해성, 위험관리기준, 위험한계, 교정작업과 문서작업을 확인하며 식품 안전을 보장하는 감시 절차를 통합하는 체계적 과정을 말한다.
- **유기**(Organic) - 생물의 다양성을 증진하고, 토양의 비옥도를 유지하여 환경을 건강하게 보전하기 위하여 허용물질을 최소한으로 사용하고, 제19조 제2항의 인증기준에 따라 유기식품 및 비식용유기가공품(이하 "유기식품 등"이라 한다)을 생산, 제조·가공 또는 취급하는 일련의 활동과 그 과정을 말한다.
- **유기가공식품** - 유기농수산물을 원료 또는 재료로 하여 제조·가공·유통되는 식품 및 수산 식품을 말한다.
- **유기 관리점**(Organic Control Point, OCP) - 유기적 가공 시스템의 모든 단계에서 적절한 관리가 실패하여 유기적 순수성을 훼손시킬 수 있는 잠재적 위험 요소를 확인하고 평가하는 방법론이다.
- **유기농 어업 자재** - 유기농수산물을 생산, 제조·가공 또는 취급하는 과정에서 사용할 수 있는 허용물질을 원료 또는 재료로 하여 만든 제품을 말한다.
- **유기 배합사료** - 제17조 제9항/제10항에 따른 단미/보조사료를 원료로 제조한 배합사료를 말한다. (사료공정서 제2조 제1항 제6호)
- **유기사료** - 유기농산물 인증기준에 맞게 재배/생산된 사료 [국제식품규격위원회(Codex Alimentarius Commission)에서 정한 기준에 적합하게 생산/수입된 사료를 포함한다.]를 말한다.
- **유기식품** - 「농업·농촌 및 식품산업 기본법」 제3조 제7호의 식품과 「수산식품산업의 육성 및 지원에 관한 법률」 제2조 제3호의 수산식품 중에서 유기적인 방법으로 생산된 유기농수산물과 유기가공식품(유기농수산물을 원료 또는 재료로 하여 제조·가공·유통되는 식품 및 수산식품을 말한다. 이하 같다)을 말한다.
- **유기적 순수성** - 유기적으로 생산된 원료(유기농산물, 유기축산물 등)의 물성이 훼손되지 않은 상태를 의미한다.
- **유기취급계획**(OHP, Organic Handling Plan) - 원료의 입고에서부터 최종제품의 출고에 이르기까지 모든 과정에 걸쳐 법의 기준을 준수하기 위하여 사업자가 문서로 작성한 유기적 관리 계획을 의미한다.
- **유기합성농약** - 「농약관리법」 제2조 제1호에 따른 농약 중 유기화학적인 과정을 거쳐 제조된 것을 말한다.
- **유기합성농약으로 처리된 종자** - 종자를 소독하기 위해 유기합성농약으로 분의, 도포, 침지 등의 처리를 한 종자를 말한다.
- **유살법**(誘殺法) - 빛, 냄새 등으로 해충을 유인하여 살충하는 해충 구제법이다.

- **유아등**(誘蛾燈) - 주광성이 강한 동물(곤충)의 성질을 이용하여 빛에 이끌려 모이도록 해서 잡는 장치로서 백열등/형광등의 여러 가지 색의 광을 쓴다.
- **유인제**(誘引劑) - 해충 따위를 유인할 목적으로 사용하는 약제로서 해충방제에 이용할 수 있다.
- **유전자변형농산물**(Genetically Modified Organisms, GMO) - 유전공학 기술에 의하여 형질 전환된 작물이 생산한 농산물을 말한다.
- **유치작물**(誘致作物) - 품종에 따라서 해충의 기호 정도가 다른데, 포장의 일부 또는 주위에 해충이 특별히 좋아하는 작물을 심고 여기에 해충을 모이게 하여 구제하고, 본 포장의 작물의 피해를 막을 경우, 희생적으로 심는 작물을 말한다.
- **유해잔류물질**(有害殘留物質) - 항생제/합성항균제 및 호르몬 등 동물의약품의 인위적인 사용으로 인하여 동물에 잔류 되거나 농약/유해 중금속 등 환경적인 요소에 의한 자연적인 오염으로 인하여 축산물 내에 잔류 되는 화학물질과 그 대사산물을 말한다.
- **유화제** - 물과 기름 등 섞이지 않는 두 가지 또는 그 이상의 상(phases)을 균질하게 섞어주거나 유지하는 식품첨가물을 말한다.
- **유효양분**(有效養分, Available Nutrients) - 작물이 이용할 수 있는 형태의 양분을 말한다.
- **육묘**(育苗) - 이식재배를 할 때 옮겨 심을 어린 묘를 집약적인 관리로 키우는 일을 말한다. 육묘함으로써 토지이용을 고도화하고 유묘기 때의 철저한 보호 관리가 가능하며 위험을 회피할 수 있으며 종자의 절약이 가능하다.
- **육성돈**(育成豚) - 30kg 이상 60kg 미만의 돼지로 2개월에서 4개월 사이가 해당한다.
- **육종**(育種) - 생명체의 유전적 성질을 이용하여 새로운 품종을 만들어 내거나 기존 품종을 개량하는 일을 말하며 품종육성, 품종개량이라고도 한다.
- **윤작**(輪作) - 같은 재배포장에서 같은 작물을 연이어 재배하지 않고, 서로 다른 작물을 순차적으로 조합/배열하는 방식의 작부체계를 말한다.
- **응고제** - 식품 성분을 결착 또는 응고시키거나, 과일 및 채소류의 조직이 단단하거나 바삭하게 유지하는 식품첨가물을 말한다.
- **이식**(移植) - 온상 등 묘판에서 어린 모종을 가꾸어 본 밭에 옮겨 심는 작업을 말한다.
- **이앙**(移秧) - 벼를 모대에서 본 논에 옮겨 심는 작업을 말한다. 옮겨심기를 밭작물에서는 이식이라 하고 논에서는 이앙이라고 하여 구분한다.
- **이유**(離乳) - 어미로부터 젖을 떼는 것을 말한다.
- **이탄토**(泥炭土) - 이탄이 집적된 유기질 토양. 수성토양의 일종으로 배수가 나쁘고 온대의 산림지에서 생성된다. 환원 상태의 유기물이 오랫동안 쌓이면 이탄이 생기고 이런 곳을 이탄지라 한다.
- **이형제** - 식품의 형태를 유지하기 위해 원료가 용기에 붙는 것을 방지하여 분리하기 쉽게 하는 식품첨가물을 말한다.
- **인공수정**(人工受精) - 수컷에게서 정자만을 따로 모아 번식이 가능한 정도의 정자를 번식 적기의 암컷에게 직접 주입하는 행위를 말한다.
- **인정**(Accreditation) - 법에 따라 어떤 개인 또는 법인이 인증 활동을 수행할 수 있도록 장관이 그 권한을 부여하는 절차를 의미한다.
- **일대잡종**(一代雜種) - 어떤 두 순계 간 교잡에서 나온 잡종. 잡종강세 현상이 두드러지게 나타나는 교잡 제1세대에서 형성된 품종이다. 일반적으로 품질이 균일하고 세력이 강하며 수량이 높다. 시판되고 있는 옥수수, 채소 작물의 보급종은 대부분 일대잡종이다.
- **일라이트**(Illite) - 2:1형 점토광물로서 이 군의 점토는 수화 운모라고도 한다. Si 판의 규소 원자 가운데 약 15%가 Al로 치환되어 있으며 이 치환으로 생긴 음성 원자가 주로 칼륨으로 채워져 있다. 크기는 카오리나이트와 몬모릴로나이트의 중간이며 일라이트의 결정격자는 몬모릴로나이트 보다

덜 팽윤하므로 수확, 양이온 흡착, 팽윤, 수축, 가소성, 분산성은 이보다 약하다.

- **일반농산물**(一般農産物) - 관행농업을 영위하는 과정에서 생산된 농산물을 말한다.
- **자가수분**(自家受粉) - 같은 개체에서 형성된 암술과 수술 간에 이루어지는 수분을 말한다.
- **자가수정**(自家受精) - 같은 개체에서 형성된 암수배우자들이 융합하여 접합자를 만드는 과정으로 자식(自殖)이라고도 한다.
- **자가수정작물** - 자가 꽃가루를 받아 수정하는 작물을 말한다.
- **자가채종**(自家採種) - 농가에서 자급용 종자를 직접 생산하는 것을 말한다.
- **자급비료**(自給肥料) - 농가에서 자급 가능한 유기물질을 주체로 한 비료를 말하며, 퇴비, 구비, 녹비, 인분뇨, 초목회 등이 있다.
- **자돈**(仔豚) - 새끼 돼지를 말하며 친환경 인증에서는 30kg 미만의 돼지를 말한다.
- **자연교배**(自然交配) - 암수가 직접 성행위를 하여 번식하는 것으로 현대의 상업적인 축산에서는 거의 사용되지 않고 있다.
- **자연치즈 및 가공치즈의 표면** - 치즈의 표면층을 말하는 것으로 슬라이스 된 것, 채를 친 것, 분쇄된 것의 형태도 이에 포함된다.
- **자운영**(紫雲英) - 중국 원산인 콩과 식물의 녹비작물. 잎 모양은 아카시아와 비슷하며 자주색 또는 흰색의 꽃이 핀다. 8월 하순~9월 중순 사이에 파종하고 월동한 후 꽃이 필 무렵 베어서 논에 깔고 경운하여 거름으로 이용한다.
- **작기**(作期) - 한 작물의 생육기간을 1작기로 한다.
- **작부체계**(作付體系) - 포장의 효율적 이용을 도모하고 노동력의 배분 등 합리적인 농업경영을 위하여 계획된 재배작물의 종류, 순서, 조합 또는 배열의 방식을 말한다. 작부체계는 동일포장에 같은 종류의 작물을 반복적으로 재배해 가는 연작과 작물의 종류를 변화시켜 재배해 가는 돌려짓기의 방법이 있으며 이외에도 2개 이상의 작물을 함께 심는 혼식 또는 혼작 등이 있다.
- **잡초**(雜草) - 농경지에서 인간이 영위하는 경제행위에 반하여 직간접으로 작물에 해를 주어 생산을 감소시켜 농경지의 경제적 가치를 저하시키는 작물 이외의 초본류를 통칭한다.
- **잡초종합관리**(Integrated Weed Management, IWM) - 여러 가지 방법(화학적, 경종적, 예방적, 물리적, 생물적 방제법 등)을 이용하여 종합적이고 체계적으로 잡초를 방제하는 것을 말한다.
- **재배포장** - 작물을 재배하는 일정 구역을 말한다.
- **재포장**(과정) - 인증품의 포장을 뜯어 내용물이나 포장단위를 변경하거나 가공하지 않은 상태로 단순 처리한 후 다시 포장하는 것을 말한다.
- **저항성** - 병해충이나 온도/수분 등 환경 스트레스에 대해 견디는 식물의 성질을 말한다. 스트레스에 약한 식물의 성질은 감수성이라 한다.
- **전리방사선** - 방사선은 물질을 통과할 때 물질의 원자, 원자단, 분자 등을 전리시켜 이온을 생성하게 되는데, 이와 같은 성질을 지닌 방사선을 전리방사선이라고 한다.
- **전면관개**(全面灌漑) - 지표면 전면에 물을 흘려 대는 방법이다.
- **전면시비**(全面施肥) - 재배포장 전체에 살포하는 시비 방법이다.
- **전작**(田作) - 밭에서 재배하는 작부 식생을 말한다.
- **전착제**(展着劑) - 농약을 식물의 경엽(줄기와 잎)에 잘 붙도록 해주고 또한 골고루 퍼지게 해주는 약제를 말한다.
- **전층시비**(全層施肥) - 비료 등을 논 전면에 뿌린 다음 갈고 써려서 작토의 전층(대부분이 환원층)에 섞이도록 하는 것을 말한다.
- **점적관개**(點滴農法) - 지하에 묻은 파이프나 호스로 물을 끌어올려 흐르도록 한 뒤, 점적기를 이용하여 정밀한 양의 물과 양분을 작물의 뿌리둘레에 공급하는 방법이다. 항상 알맞은 토양수분을 유지하

도록 고안된 관개 시스템으로 시설재배에서 주로 이용된다.

- **접목**(椄木) - 접붙이기라고도 하며 서로 다른 두 나무의 일부를 잘라서 연결, 하나의 개체로 만드는 인위적인 재배 기술. 눈 또는 눈이 붙은 줄기(접수)를 뿌리가 있는 줄기 또는 뿌리(대목)에 접착시켜 접붙이 묘를 생산하는 방법이다. 대목과 접수의 형성층에서 형성된 유상조직에 의하여 서로 밀착하고 관다발로 연결되어 완전한 식물체로 생장하게 된다.
- **정식**(定植) - 온상이나 묘상에서 기른 모를 본포에 옮겨 심는 것을 말한다.
- **정지**(整枝) - 과수 등에서 수관의 골격을 구성하는 원줄기, 원가지, 덧원가지 등을 전정, 유인, 가지 벌려주기, 가지 비틀기 등의 방법으로 수형을 조정하는 것을 말한다.
- **정지**(整地) - 파종과 이식에 알맞은 토양상태를 조성하기 위하여 토양에 가해지는 처리를 말한다. 경운, 쇄토(흙부수기), 작휴(이랑짓기), 진압(눌러주기, 다져주기) 등의 작업이 포함된다.
- **제조용제** - 식품의 제조·가공 시 촉매, 침전, 분해, 청징 등의 역할을 하는 보조제 식품첨가물을 말한다.
- **젤 형성제** - 젤을 형성하여 식품에 물성을 부여하는 식품첨가물을 말한다.
- **조사료**(粗飼料) - 영양성분 중에 지방, 단백질, 탄수화물 등의 함량이 적고 섬유질 함량(18% 이상)이 높은 사료(건초, 볏짚 등)
- **종묘**(種苗) - 식물번식의 시발점이 되는 종자(seed)와 모(seedling, 苗)를 합하여 종묘라 하며 번식에 쓰이는 줄기와 잎도 종묘에 포함된다.
- **종자소독** - 종자 내나 종자 위에 붙어 있는 병원체를 살상시키거나, 싹튼 어린식물을 토양의 병원미생물과 해충으로부터 보호하기 위하여 종자를 물리적/화학적 방법으로 소독하는 것을 말한다.
- **종축**(種畜) - 우수한 새끼를 낳게 하기 위하여 기르는 우량 품종의 가축을 말한다.
- **주표시면**(Principle Display Panel) - 실제 판매를 위해 진열을 하였을 때 진열, 제시 또는 관찰되기 가장 쉬운 표시 부분을 의미한다.
- **증점제** - 식품의 점도를 증가시키는 식품첨가물을 말한다.
- **지베레린**(Gibberellin) - 주로 세포의 신장을 촉진시켜 고등식물의 생장을 촉진하는 식물 호르몬이다.
- **직파**(直播) - 묘상에서 육묘하여 본토에 정식하는 것이 아니라 본토에 씨를 직접 뿌리는 것을 말한다.
- **착색료** - 식품에 색을 부여하거나 복원시키는 식품첨가물을 말한다.
- **착유우**(搾乳牛) - 현재 젖이 분비되어 우유가 생산되는 소를 말한다.
- **채종**(採種) - 씨앗을 골라서 따는 것을 말한다.
- **채종재배** - 종자를 받을 목적으로 재배하는 것을 말한다.
- **천근성식물**(淺根性植物) - 뿌리가 대체로 땅 표면 가까이에 분포하는 식물을 말한다. 벼, 배추, 감자, 시금치 등 뿌리 뻗음이 얕은 식물이 이에 해당된다.
- **청관제**(Boiler Water Additives) - 식품에 직접 접촉하는 스팀을 생산하는 보일러 내부의 결석, 물때 형성, 부식 등을 방지하기 위하여 투입하는 식품첨가물을 말한다.
- **청예사료**(青刈飼料) - 사료용 작물을 완전히 성숙하기 전 생육이 가장 왕성할 때 푸른 상태로 베어 먹이는 가축의 먹이를 말한다.
- **초생재배**(草生栽培) - 목초, 녹비 등을 나무 밑에 가꾸는 재배법으로 이를 통해 토양침식 방지, 제초 노력 절감, 지력 증진, 수분보존 등의 효과를 얻을 수 있다.
- **초식가축** - 식물을 먹이로 하여 생활하는 가축을 말한다.
- **최아**(催芽) - 종자의 싹틔우기를 말한다.
- **추경**(秋耕, 가을갈이) - 논이나 밭을 가을에 갈아놓는 일을 말한다. 유기물의 분해 촉진, 토양통기의 조장, 충해경감 등의 효과가 있으나 비료 성분 및 토양의 유실이 조장된다.
- **추비**(웃거름) - 작물의 생육 도중에 주는 비료를 말한다.

- **추적조사**(추적감사, Audit Trail) - 생산에서 출하까지 기록에 의해 순방향 또는 역방향으로 추적할 수 있는지를 확인하는 것을 의미한다. 일반적으로 추적조사는 역방향 감사를 의미한다.
- **추출용제** - 유용한 성분 등을 추출하거나 용해시키는 식품첨가물을 말한다.
- **충전제** - 산화나 부패로부터 식품을 보호하기 위해 식품의 제조 시 포장 용기에 의도적으로 주입시키는 가스 식품첨가물을 말한다.
- **취급** - 농수산물, 식품, 비식용 가공품 또는 농어업용 자재를 저장, 포장[소분(小分) 및 재포장을 포함한다.], 운송, 수입 또는 판매하는 활동을 말한다.
- **측조시비**(側條施肥) - 이랑의 측면, 작물의 조간에 하는 시비를 말한다.
- **친환경농수산물** - 친환경농어업을 통하여 얻는 것으로 다음 각 목의 어느 하나에 해당하는 것을 말한다. 가. 유기농수산물, 나. 무농약농산물, 다. 무항생제 수산물 및 활성 처리제 비사용 수산물.
- **친환경농어업** - 생물의 다양성을 증진하고, 토양에서의 생물적 순환과 활동을 촉진하며, 농어업생태계를 건강하게 보전하기 위하여 합성농약, 화학비료, 항생제 및 항균제 등 화학 자재를 사용하지 아니하거나 사용을 최소화한 건강한 환경에서 농산물·수산물·축산물·임산물(이하 "농수산물"이라 한다)을 생산하는 산업을 말한다.
- **침지**(浸漬) - 씨앗, 식물섬유의 줄기 등을 물, 온탕, 약품 등에 담가 적시는 것을 말한다.
- **케이지**(Cage) - 사육의 효율을 높이기 위하여 가축을 가두어 기르는 곳이다.
- **콕시듐증**(Coccidiosis) - 포유동물이나 조류에서 발생하는 원충성 질병으로 소장 또는 결장에 병변을 보인다. 발열, 복통, 설사, 체중감소 등을 주 증상으로 한다. 원인체는 콕시듐 원충이며 감염된 아이메리아 종류에 따라 숙주와 기생 부위, 증상이 다르며 약제로는 합성 항균제인 설파제와 항생물질인 살리노마이신과 모넨신이 주로 쓰인다.
- **타가수분**(他家受粉) - 서로 다른 개체에서 형성된 암술과 수술 간에 이루어지는 수분을 말한다.
- **타가수정**(他家受精) - 서로 다른 개체에서 형성된 배우자들이 융합하여 접합자를 만드는 과정으로 타식(他殖) 이라고도 한다.
- **탄산비료**(炭酸肥料) - 시설하우스 내에 작물의 생산성을 높이기 위해 공급해 주는 탄산가스를 말한다.
- **탄질률**(Carbon-Nitrogen Ratio, C/N 율) - 토양, 식물체, 유기질비료 등의 탄소와 질소의 함유비를 말한다.
- **토양개량제**(土壤改良劑) - 토양의 여러 가지 성질을 개선하기 위해 사용하는 물질로 유기물과 석회 등이 주요한 토양개량제이다.
- **토양비옥도**(土壤肥沃度) - 토양온도 등 다른 특별한 요인들이 적합하다는 전제로 주어진 작물의 건전한 생육을 위하여 적당한 종류의 양분과 이들 양분의 적당한 양을 적절히 균형 있게 공급해 줄 수 있는 능력이라고 정의된다. 토양비옥도는 토양 물리성과 화학성의 조화로운 합으로 결정되며, 토양비옥도가 높은 토양이란 토양 물리성과 화학성이 좋아서 특수한 노력을 들이지 않아도 평균 이상의 작물 수량을 기대할 수 있는 토양이라고 할 수 있다.
- **토양유기물** - 동식물의 유체가 분해되어 미생물체 또는 부식으로 변환된 토양 중의 유기물을 말한다.
- **토양침식**(土壤浸蝕) - 비바람의 작용으로 토양이 유실 또는 비산 이동하는 현상을 말한다. 물에 의한 것을 수식, 바람에 의한 것을 풍식이라 한다.
- **투입/산출 분석** - 원료의 투입량과 유기식품의 산출량 또는 유기식품의 구매량과 판매량을 측정하고 비교함으로써 같은 종류의 유기와 비유기를 혼합하는 등 기만행위의 가능성을 탐지하는 절차를 의미한다.
- **파종**(播種) - 종자를 땅에 뿌리는 것을 말한다.
- **팽창제** - 가스를 방출하여 반죽의 부피를 증가시키는 식품첨가물을 말한다.
- **페로몬**(Pheromone) - 같은 종 내의 한 개체가 외부로 방출하는 물질인데 다른 개체에 감지되어

특이한 행동반응을 보이게 하는 물질이다.

- **표면처리제** - 식품의 표면을 매끄럽게 하거나 정돈하기 위해 사용되는 식품첨가물을 말한다.
- **표백제** - 식품의 색을 제거하기 위해 사용되는 식품첨가물을 말한다.
- **프리믹스용 배합사료** - 배합사료를 제조할 때 사용하는 사료로서 비타민제와 미량 광물질류를 주원료로 하고 여기에 필요에 따라 아미노산제 등의 보조사료와 부형제를 혼합하여 균질화한 것을 말한다.
- **플라워페이스트** - 밀가루, 전분, 견과류 또는 그 가공품, 코코아, 초콜릿, 커피, 과즙, 서류, 콩류 또는 채소류를 주원료로 하여 이에 설탕, 식용유지, 식용 우지, 식용 돈지, 분유, 계란 등을 가하고 가열살균한 페이스트상으로 식품에 사용되는 것을 말한다.
- **피막제** - 식품의 표면에 광택을 내거나 보호막을 형성하는 식품첨가물을 말한다.
- **피복작물**(被覆作物) - 땅 표면을 덮어서 토양의 침식을 막는 효과가 있는 작물을 말한다.
- **필수원소**(必須元素) - 작물이 생육하는 데 반드시 있어야 하는 원소로 현재까지 16가지의 원소가 필수원소로 알려져 있다. 필수원소에는 다량이 있어야 하는 다량원소 탄소(C), 수소(H), 산소(O), 질소(N), 유황(S), 인(P), 칼륨(K), 마그네슘(Mg), 칼슘(Ca)과 미량을 필요로 하는 미량요소 몰리브덴(Mo), 구리(Cu), 아연(Zn), 망간(Mn), 붕소(B), 철(Fe), 염소(Cl)가 있다.
- **합성물질** - 화학적 공정에 의해 또는 자연 상태의 식물, 동물 또는 광물원에서 추출된 물질을 화학적으로 변화시키는 공정에 의해 조제 또는 생산된 물질을 의미한다. 단, 자연적인 생물학적 과정에 의해 형성된 물질에 대해서는 이 용어를 적용하지 아니한다.
- **합성항균제**(合成抗菌劑) - 화학적인 방법으로 합성되는 화합물 중에서 미생물을 제어할 목적으로 이용되는 화합물을 말한다.
- **향료** - 식품에 특유한 향을 부여하거나 제조공정 중 손실된 식품 본래의 향을 보강하는 식품첨가물을 말한다.
- **향미증진제** - 식품의 맛 또는 향미를 증진시키는 식품첨가물을 말한다.
- **허용된 합성물질** - 유기적 생산 또는 취급에 사용할 수 있도록 법으로 허용된 합성물질을 의미한다.
- **허용물질** - 유기식품 등, 무농약농산물·무농약원료 가공식품 및 무항생제 수산물 등 또는 유기 농어업자재를 생산, 제조·가공 또는 취급하는 모든 과정에서 사용 가능한 것으로서 농림축산식품부령 또는 해양수산부령으로 정하는 물질을 말한다.
- **호르몬제** - 호르몬 성분 또는 기능을 가진 물질로 사료에 첨가되거나 가축의 체 조직에 주사하면 성장을 촉진하거나 비유 및 비육 효과를 증진할 수 있는 제제이며 이를 응용하여 분만 시기를 조절하기도 한다.
- **혼입**(Commingling) - 생산, 가공, 수송, 저장 등의 과정에서 발생하는 미포장의 유기 식물과 비 유기식품 간의 물리적 접촉을 의미한다. 단 '유기'와 '비유기'를 모두 포함하는 복수 원료 제품의 제조과정은 예외이다.
- **혼작**(混作) - 생육기간이 비슷한 두 종류 이상의 작물을 같은 토지에 동시에 심는 재배방식을 말한다.
- **혼파**(混播) - 생산성과 품질을 높이기 위하여 두 가지 이상 작물의 씨앗을 섞어 뿌리는 것을 말한다.
- **화학비료** - 「비료관리법」 제2조 제1호에 따른 비료 중 화학적인 과정을 거쳐 제조된 것을 말한다.
- **화학적 산소요구량**(Chemical Oxygen Demand, COD) - 물의 오염정도를 나타내는 기준으로 유기물 등의 오염물질을 산화제로 산화 분해시켜 정화하는 데 소비되는 산소량을 ppm(또는 mg/l)로 나타낸 것이다.
- **홰**(횃대) - 닭 등이 쉴 수 있게 가로질러놓은 막대를 말한다.
- **효소제** - 특정한 생화학 반응의 촉매 작용을 하는 식품첨가물을 말한다.
- **휴약기간**(休藥期間) - 사육되는 가축에 대하여 그 생산물이 식용으로 사용하기 전에 동물용 의약품의 사용을 제한하는 일정 기간을 말한다.

참 고 문 헌

Sams C. 1994. Ch 1. Introuction. Handbook of Organic Food Processing and Production, S. Wright Ed, Blackie Academic and Professional, Blackie Academic and Professional, Glasgow, England

Michaud M., Redman M. and Dailey J. 1994. Ch 3. Organic Certification and the Importation of Organically Produced Foods. Handbook of Organic Food Processing and Production, S. Wright Ed, Blackie Academic and Professional, Glasgow, England

IFOAM and IOIA. 2000. IFOAM/IOIA International Organic Inspection Manual

IFOAM/IOIA. 2006. 국제 유기 인증심사 매뉴얼 - 유기 농장 부문 번역자료

IFOAM/IOIA. 2011. 국제 유기 심사 매뉴얼 - 기본 가공과정 번역자료

IFOAM. 2012. IFOAM Norms for Organic Production and Processing

IFOAM. 2014. IFOAM Norms for Organic Production and Processing

ISO. 1996. ISO/IEC Guide 65: General Requirements for Bodies Operating Product Certification Systems

ISO. 2019. ISO/IEC 17065: General Requirements for Bodies Operating Product Certification Systems

ISO. 2018. ISO 19011:2018 - Auditing Management System

Schumacher EF. 1973. Small is beautiful: A study of economics as if people mattered, Bland and Briggs, London, England

김명호. 2014. 미국 유기식품 인증제도. 세계농업 161:1-67

김선오. 2002. 친환경농산물 관리의 이해. 한국방송통신대학교 평생교육원

김철호. 2011. 재포장과정(취급자)인증, 인증심사원 교육교재, (사)친환경인증기관협회

김태연. 2004. 영국 유기농업정책의 변화과정과 시사점. 한국유기농업학회지 12:333-344

김태연. 2015. EU 농업환경정책의 변화과정 분석. 한국유기농업학회지 23:401-421

김태연. 2016. 영국 농업환경정책의 도입 및 정착 과정 분석. 한국유기농업학회지 24:315-336

김호. 2004. 미국 유기농업의 추진 동향과 전망. 한국유기농업학회지 12:135-152

농수산물 유통공사. 2010. 유기가공식품 표준모델 – 유기적 관리를 위한 가이드라인. 농림축산식품부

류수노, 박무언. 2009. 환경 친화형 농업, 한국방송통신대학교출판부

산업표준 심의회. 2021. KS Q ISO 19011:2018 – 경영시스템 심사 가이드라인

손상목. 2010. 유기농업 – 참 먹거리 생산의 이론과 기술, 향문사

식품공전. 2022. 식품의 기준 및 규격 고시 제2022-48호, 식품의약품안전처

신용광, 황윤재 2007. 해외농산물 인증제도와 시사점, KREI 농정연구속보

유병덕. 2010. 친환경농산물 인증심사 보고서 작성 요령 교육자료

유기식품 등 인증통계. 2022. 국립농산물 품질관리원

이승주, 이광근. 2005. 유기식품 가공학 개론(역), 문운당

이효원. 2004. 생태 유기농업, 한국방송통신대학교출판부

이효원. 2009. 유기농업 원론, 한국방송통신대학교출판부

정학균, 박단비. 2013. 주요국의 유기농업 정책 추진현황. 세계농업 154:123-135

친환경농산물 인증심사 매뉴얼. 2012. 국립농산물 품질관리원
친환경농어업 육성 및 유기식품 등의 관리·지원에 관한 법률. 2021. 법률 제18026호
친환경 인증심사 및 관리업무 매뉴얼. 2014. 국립농산물 품질관리원
침묵의 봄. 2019, 김은령 역, 에코리브르, 서울
한국 제품 인정기구. 2015. KS Q ISO/IEC 17065:2014 - 적합성 평가 - 제품, 프로세스 및 서비스 인증기관에 대한 요구사항 해설 및 적용 지침서
한옥수, 김태옥. 2020. 유기농축산물 인증론
한옥수, 한중열. 2014. 유기가공품 인증심사 방법론, 전남대학교출판부
한옥수, 한중열, 임병창, 서형주, 안진철, 김연화, 정진욱, 이규희, 김하연, 김태옥, 정완호. 2013. 유기농산물 인증심사론: 이론과 실제, 한국 친환경농산물 인증기관협회

저자 약력

한옥수

1990 - 현재 전남대학교 농업생명과학대학 교수
2015 - 현재 전남대학교 농식품인증센터장
2009 - 2013 친환경농산물 인증기관 협회 부회장/회장
2009 - 2011 IFOAM 총회 한국 유치위원회 공동위원장
2006 - 2013 전남대학교 친환경농산물인증센터장
1989 - 1990 미국 위스콘신대학교 박사후 연구원
1984 - 1989 미국 미네소타대학교 박사
1982 - 1984 서울대학교 대학원 화학과 석사
1978 - 1982 서울대학교 화학교육과 학사

유기가공식품 인증심사론

2022년 11월 25일 인쇄
2022년 11월 30일 발행

저 자 한옥수
발행인 정성택

발행처 전남대학교출판문화원
등 록 1981. 5. 21. 제53호
주 소 61186 광주광역시 북구 용봉로 77
전 화 (062) 530-0571~2
마케팅 (062) 530-0573
팩 스 (062) 530-0579
홈페이지 http://www.cnup.co.kr

값 24,000 원

ISBN 978-89-6849-920-3 (93520)

*잘못된 책은 바꿔드립니다.
*이 책의 전부 또는 일부 내용을 재사용하려면 사전에 반드시 저작권자와 전남대학교출판문화원의 동의를 받아야 합니다.